PKPM软件操作及案例实战

鞠小奇　廖平平　庄　伟　主编

化学工业出版社

·北京·

本书通过三个实际工程案例，介绍 PKPM 软件的应用与操作，本书的编写注重规范与实际工程的联系，三个案例分别讲述框架结构、剪力墙结构、底框结构的设计步骤及注意事项，同时介绍了 PKPM 设计中的参数设置。另外，本书还配有相关工程文件，帮助读者提高学习效率。

本书适合结构设计师、工程技术人员自学，也可作为各高等院校及高职高专建筑、结构专业教学教材。

图书在版编目（CIP）数据

PKPM 软件操作及案例实战/鞠小奇，廖平平，庄伟主编. 北京：化学工业出版社，2016.6（2024.8重印）

ISBN 978-7-122-26783-2

Ⅰ.①P… Ⅱ.①鞠…②廖…③庄… Ⅲ.①建筑结构-计算机辅助设计-应用软件 Ⅳ.①TU311.41

中国版本图书馆 CIP 数据核字（2016）第 078487 号

责任编辑：刘丽菲　　文字编辑：云　雷

责任校对：宋　玮　　装帧设计：韩　飞

出版发行：化学工业出版社（北京市东城区青年湖南街 13 号　邮政编码 100011）

印　　装：北京盛通数码印刷有限公司

787mm×1092mm　1/16　印张 15¼　字数 379 千字　2024 年 8 月北京第 1 版第 7 次印刷

购书咨询：010-64518888　　售后服务：010-64518899

网　　址：http://www.cip.com.cn

凡购买本书，如有缺损质量问题，本社销售中心负责调换。

定　　价：68.00 元

前 言

掌握和使用PKPM系列结构设计软件，是每个结构设计人员必须具备的一项技能。本书的思路是根据作者多年工作经验，通过实际案例，详细地讲解利用PKPM软件设计三种常见的结构形式（框架结构、剪力墙结构、底框结构）的建模、参数填写、计算分析及施工图绘制过程，让结构设计新手快速了解、熟悉并快速使用PKPM软件，懂怎么操作，同时明白其中的道理和有关要求。

本书全文由鞠小奇、廖平平、庄伟编写，在书的编写过程中参考了大量的书籍、文献及所在公司的一些技术措施，在书的编写及修改过程中，得到了中南大学土木工程学院余志武教授、卫军教授、周朝阳教授、匡亚川教授、刘小洁教授，北京市建筑设计研究院戴夫聪，华阳国际设计集团（长沙）田伟、吴应昊，中机国际有限公司（原机械工业第八设计研究院）罗炳贵、吴建高，中国轻工业长沙工程有限公司张露、余宽，湖南省建筑设计研究院黄子瑜，广东博意建筑设计院长沙分公司黄喜新，湖南方圆建筑工程设计有限公司姜亚鹏、陈荔枝，北京清城华筑建筑设计研究院徐珂，香港邵贤伟建筑结构事务所顾问唐习龙，中科院建筑设计研究院有限公司（上海）鲁钟富，淄博格匠设计顾问公司徐传亮，广州容柏生建筑结构设计事务所、广州老庄结构院邓孝祥的帮助和鼓励，同行郛亮、余宏、苗峰、刘强、谢杰光、张露、彭汶、李子运、李佳瑶、姚松学、文艾、谢东江、郭枫、李伟、邱杰、杨志、苏霞、谭细生等参与了全书内容收集、编写及图片绘制，在此表示感谢。

本书含有3个工程实例的结构施工图图纸和模型，请读者发送邮件至pkpmalsz@163.com获取。如有疑问，欢迎来邮件咨询。由于作者理论水平和实践经验有限，时间紧迫，书中难免存在不足之处，恳请读者批评指正。

编者

2016年1月

目 录

绪 论

0.1 结构设计中的一些常用思维

（1）二八定律 一组事物中，一般最重要的只占其中一小部分，约20%。例如在建筑结构中外围、拐角的剪力墙抵抗水平风荷载与水平地震作用的贡献最大。独立基础受到较大弯矩时，独立基础外围部分的贡献更大（力臂更大）。分清结构或构件中的主次要因素后，便可更有效地根据结构或构件计算指标调整结构或构件布置以满足规范要求。

（2）类比的思维方式 钢结构设计与混凝土结构设计类比，如钢梁与混凝土梁（翼缘与腹板受力分析）类比、加钢梁翼缘厚度的效果类比多放一排面筋或底筋（抗弯）。混凝土结构设计中，不连续的地方要加强，如边缘构件、板边、角柱、底柱和顶柱，可以类比钢结构设计中，不连续的地方（节点处）也应加强。

在理解结构设计时，可以用生活中一些易理解的现象来帮助类比理解，如地震类似于紧急刹车或紧急加速，大底盘结构比独立结构更稳类比坐着比站着稳，脚张开比脚并立稳当类比建筑结构要控制高宽比、避免地震力过大、楼板开洞使得水平力在该开洞位置处传力中断，造成应力集中，和当把洗车用的水管直径减小，压强会增大是一个道理。

（3）极限思维 在结构设计中，用极端的思维方法会很容易明白，比如把梁的两个支座中一个支座刚度变为无穷小（或足够软）去解释力沿刚度大的位置传递。

（4）正反思维 如延性的反面是脆性破坏。

（5）逆推思维 撇开手段，从手段的目的、效应等源头考虑，再逆推。比如为什么框架结构首层与其他层反弯点位置不同，因为反弯点的位置变化能体现结构或构件刚度的变化，刚度的变化与长度、约束有关，首层一般刚度更弱（首层柱顶的约束相对于柱底基础的约束更弱），于是柱子反弯点一般在层高的2/3处，而其他楼层框架柱的反弯点一般在层高的1/2处。为什么框架结构底层与其他层柱子计算长度不一样（首层要小），因为计算长度系数能控制构件的稳定性，首层一般比较弱，所以设计时，应让首层稳定性更好一些，即计算长度更小一些。

0.2 从学生到合格的结构工程师

0.2.1 端正工作态度

端正工作态度，这是成为一个合格的结构工程师最基本的要求。土木工程专业毕业的学生，到建筑设计单位工作必须扎扎实实地从制图开始。通过制图的学习过程，逐渐掌握规范、规程和设计的基本步骤以及计算软件等，把学的理论与实践结合起来，将来逐渐成长为工程师、高级工程师、项目负责人。绘图的过程可以了解工程的难易程度，了解一个工程需多少张图，每张图需要多少时间，因此学习制图是设计工作的第一步。

刚毕业的大学生要有正确的心态，不要骄傲，其实不会的东西很多。要努力学习，也不计较工程大小、难易，多锻炼是最重要的。做设计、制图不要怕麻烦，不抱怨变更多，工程设计反复讨论、修改是很正常的。

0.2.2 锤炼自己当结构工程师的基本功

(1) 要有坚实的数学力学基础，尤其力学概念要清楚　单靠学校中学到的理论知识和技术，解决设计工作中遇到的所有技术问题是不可能的，许多新技术问题要从头学。从头学就要靠过去的数学、力学基础，基础好了，接受新技术新概念的能力就会强，对自己技术进步极为有利。原来在学校中，数学、力学底子不太好怎么办？工作中下工夫学，结合工程应用去学习，有的放矢，事半功倍。

(2) 要善于总结，能快速、熟练地完成工作　同时参加工作的学生，进步快慢不一，主要原因之一在于是否善于学习、善于总结。

① 收集必要的数据，记熟常用数字、钢筋面积、构件种类、大致允许荷载等，记住各种节点构造并明白道理。

② 学习他人之长，多请教并真正消化。既向设计院的同志请教，也要向开发、施工、监理单位的技术人员请教，多问为什么，真正消化。

③ 注意工程问题、事故的原因分析及处理。

④ 总结工作程序，先做什么，后做什么，要明白哪些环节容易出问题，什么部位的安全度需要特别注意等，每做一个工程要小结一下，成功与失误之处。

⑤ 快速熟练完成工作。善于总结就会取得经验，有利于快速完成工作，提前完成就可腾出时间思考问题，搞创新。快了自己主动，慢了可能会穷于应付，设计质量也不会提高。当然提倡快并不是不要设计深度，并不是粗制滥造。

⑥ 怎样才能快？确定好结构设计方案，必要时先请专业总工审查方案，发现问题早解决，争取不做大的返工，设计时考虑问题要周到，并及时与相关专业沟通，养成良好的工作习惯，不拖拉，熟练才能快，表示方法、设计软件都要用熟。

(3) 要善于同别的专业、同施工单位、监理单位、建设单位配合协作　要有团结协作的意识，树立团队精神。设计是合作的产物，不能只顾自己方便。要善于同别的专业共同配合，要能说服建筑专业修改不合理之处，以保证结构方案尽量合理，同时要照顾到其他专业的要求。要掌握别的专业的基本知识，知己知彼，不易遗漏。要懂一些施工知识，设计中要考虑施工的方便，要多跑工地。要了解各种建筑用材的性质、特点、优缺点、适用范围及价格。同施工单位、监理单位、建设单位搞好关系。工程技术问题多与施工单位、监理单位、建设单位沟通、交流，有问题早解决。

(4) 要掌握熟练的施工图技巧和构造知识　施工图是表达设计意图的依据，图纸的不明确或错误常能造成很大的危害，因此图纸必须明确、简洁、清楚，对计算机绘图不能迷信，图纸要自校。构造节点要明白其道理。结构的构造作法，基本上是力的传递和平衡问题，构造和节点的设计必须符合结构力学原理，否则就会出问题。要争取用最少的、简洁的图纸表达清楚设计意图，同样内容不重复表达。图纸的表达必须准确，不致产生歧义。

(5) 锻炼自己解决施工中出现问题的能力　设计人员常接到工地电话或来人，要求处理墙裂了、混凝土打坏了、强度不足、材料缺货、构件裂了等问题，解决这些问题有的是比较麻烦的，需要经验和理论知识的结合，查明原因是较为关键的一步。要多去工程现场搞调查研究，多分析，分析原因时往往使用排除法。解决处理问题要多想办法，知识面宽广很有用。处理此类问题，制约因素较多，要考虑全面。

(6) 要灵活处理问题，有创新魄力 应该有雄心壮志，有所创新与突破，不怕反对，当然前提是理论功底扎实、实践经验丰富。不能瞎冒险，要多论证，并把不利因素考虑全面。工作要有灵活性，不死板，要想有所创新，首先要钻进去，把规范、规程记熟弄懂，把规范条文的真正含义弄明白，才能灵活运用，否则只会死板教条。我们所遇到的工程性质千变万化，单靠书本、规范条文是不够的，只有灵活运用，才能成为受欢迎的、能解决各种问题的结构工程师。

设计时要考虑结构的实际受力情况，要了解施工过程，知道荷载是如何加上去的，是一步步加载还是一次性加到结构构件上的。如转换层施加预应力时，就可能要根据加载的情况分步施加，应该根据受力情况进行设计，分步施工。如拆墙开洞，上部荷载可能是要一次性加到托换构件上的，设计时应注意。再比如若施工荷载超过结构设计的活载时，可能会导致结构不安全等。

(7) 保证安全非常重要 工作中要养成细致、严谨、不拖拉的工作习惯，遇到急事不忙不乱，无论什么情况，保证安全最重要，不管是领导要求还是建设单位要求，违反工程建设强制性条文和法律法规的事情坚决不能做。

(8) 注重图面美观 设计图纸是最终产品，图面美观非常重要，上面有你的签字，即使过了很多年，无论什么时候拿出图纸来就知道是你的作品，优美的图纸总会给人以好感。

0.2.3 逐渐培养自己做好结构方案的能力

建筑物的设计分方案、初设、施工图等几个阶段，方案主要是建筑师根据业主要求，按所给的面积、高度、使用要求、规划要求等做出建筑方案，在做方案过程中就要与结构工程师商量，特别是比较特殊的构思或结构复杂的建筑。

很多情况下结构专业是一个被动的专业，是由建筑方案来主导确定结构方案的，等于人家点菜我做菜，好的厨师会做的菜很多，客人怎么点，都能够做出来，并让客人满意。好的结构工程师要能很好地配合建筑师的要求，满足他们在功能、立面美观等方面的要求，同时必须保证满足工程建设标准强制性条文，保证安全性。

好的结构工程师要熟悉本地区的地基情况，熟悉本地区基础的各种手段和做法，这些都是确定基础方案所需的知识。对于上部结构，需对各种结构体系的适用范围、优缺点有明确的了解，并尽可能了解施工可能和材料供应。

怎样才算是一个好的结构方案呢？首先是满足建筑功能的要求。一个建筑物的设计，如果参加设计的各专业都只片面要求本专业合理，就做不出总体合理的设计；一个建筑物是一个整体，各专业要共同研究，各作让步。其次结构合理。要选用承载能力高，抗风力及地震作用性能好的结构体系和方案，保证结构体系和结构构件的承载力、刚度和延性，做到受力明确传力简捷，保证安全。第三要有先进性。尽可能采用成熟的先进技术否则应充分论证试验。第四必须考虑经济性。第五结构方案要考虑施工方便，材料供应落实。复杂的结构，大跨度建筑等，结构方案起主导作用，对这类建筑应该在结构方案阶段多花些时间，确定方案后绘图就容易了。

0.2.4 结构设计工作应注意的三个基本问题

(1) 数学力学计算不能代表结构设计 现在计算技术日益发达，手段也越来越先进。不少刚工作的设计人员迷信一体化的设计软件，以为电脑万能，什么都可以算，不注意工程结构概念，只相信电算结果，不注意检验判断结果究竟是否符合实际情况，这是容易出问题的。电脑不能替代人脑。要掌握最基本的手算估算方法，现在有的设计单位已要求有手算估算的计算书，这是很好的做法。

即使最先进的计算，也须有一些假设条件，进行完全符合构件实际受力情况的运算在目前是不可能的，如任何构件的计算都须假设支座条件，一般只有铰结、嵌固两种，这与实际情况都不相符，实际条件下，任何支座都要下沉，次梁架在主梁上，主梁受力要下沉；主梁架在柱子上，柱子要压缩；混凝土要徐变，基础也会下沉，有的软黏土基础下沉要近十年才基本稳定，目前的计算手段要完全模拟这种变化是不可能的。因为支座数量太多，而且变形是非线性的，有的荷载的施加没有一定的规律。精确的模拟支座受力及变形情况也是不必要的，钢筋混凝土构件本身有较好适应支座变形的能力，即塑性变形能力，对于不大的变形自己能调整各部分的应力，即使变形较大，在某一部分构件上出现裂缝后，即可缓降其应力，而不大的裂缝往往对构件的承载力无多大影响。再比如地震作用，它的随机性很强，抗震设计中也有很多的不确定性，因此国外有的专家认为，截至目前，抗震设计还不能算是一门科学，许多问题需要靠结构工程师的经验去判断。

因此结构工程师应知道，在结构设计中没有精确计算，也不能太相信电算，电算需要人工输入数据，这就有可能出错，软件本身也会存在问题。要锻炼自己利用工程概念对计算结果进行判断分析的能力，判断分析目的是去伪存真，不符合工程实际情况的结果要找出原因，重新计算分析。

当然绝对不是说不要计算，不要准确，准确与“精确”不是一回事。结构设计的依据还是计算，同时结构设计、结构构造与结构计算同样重要。

(2) 要有整体的概念，要做“结构”工程师而不是“构件”工程师　有的工程师在设计时，只是把建筑物分解为一个个构件，逐一计算，拼凑起来，这是很不够的。必须把结构作为一个整体来看，要明确知道自己所设计的结构，薄弱环节在什么地方，各个构件有多大的安全度等，做到心中有数。对于结构传力途径、结构的关键部位与薄弱部位、在荷载万一超载时或特殊荷载到来时（地震强风）预期会破坏的部位等都要给予特殊注意。对于一般计算，都有一个假设的简化了的力学数学模型，这种简化必须与实际出入不大，并偏于安全，否则不能用。实际的构造要符合计算模型的要求。

(3) 结构设计必须树立经济的观点　结构工程师必须树立经济的概念。有整体的概念才可做到节约。在建筑物中，大量应用的构件，万一坏了会不会引起连锁反应，都应整体考虑力求节约，如单房厂房，屋面板材料消耗占主要位置，一旦坏了只是局部问题，就应精打细算，柱子、基础较关键就要适当留有余地。结构的薄弱环节、关键部位，有时非但不能节约，反而需要加大安全系数，例如大悬挑结构。基础也是重要构件，万一出问题，很难加固，所以一般也须留有余地。因此对整个结构的安全有关键影响，施工质量好坏影响很大的部位与构件都需要特别注意。同样的构件，在不同的结构中，是否关键就不一样，框剪结构的剪力墙，与剪力墙结构中的剪力墙，重要程度不一样，重视程度及构造要求是不一样的。

0.2.5 珍惜设计机遇

结构工程设计对我们来说是一种谋生的手段，也是我们的事业。要珍惜每一次设计机遇，不论是大工程还是小工程，要掌握各种各样类型的工程设计，努力扩展自己的“面”，面广了，经验丰富了，解决问题的方法就多了，能承担各种类型的结构设计任务，解决处理各种结构技术问题，才能称得上合格的结构工程师。“面”有了，发展自己的专长也很重要。通过自己工程经验的不断积累，概念、悟性、判断力和创造力都会不断加强，在工程设计中激发自我挑战感、创造感和乐趣感，在设计实践中不断地探求自然原则，不懈地追求最佳最优，通过反思、比较，充实自己，顺从自然，发展自己的专长，你将会成为一名优秀的结构工程师。

1 框架结构设计

1.1 工程概况

湖南省长沙市某项目，结构形式为框架结构，抗震设防烈度6度，设计基本地震加速度0.05g，设计地震分组为第一组，设计使用年限为50年。建设场地Ⅱ类，特征周期值为0.35s，框架抗震等级为四级。基本风压值0.35kN/m^2，基本雪压值0.45kN/m^2，结构层数2层，1层地下室，建筑高度为8.25m，屋面板顶标高为7.770m，地基基础设计等级为丙级，采用独立基础。

1.2 上部构件截面估算

1.2.1 梁

(1) 截面高度　框架主梁：$h=L(1/8\sim1/12)$，一般可取1/12，梁高的取值还要看荷载大小和跨度，有的地方荷载不是很大，主梁高度可以取1/15。

框架次梁：$h=L(1/12\sim1/20)$，一般可取1/15。当跨度较小、受荷较小时，可取1/18。

简支梁：$h=L(1/12\sim1/15)$，一般可取1/15。楼梯中平台梁、电梯吊钩梁，可按简支梁取。

悬挑梁：当荷载比较大时，$h=L(1/5\sim1/6)$；当荷载不大时，$h=L(1/7\sim1/8)$。

单向密肋梁：$h=L(1/18\sim1/22)$，一般取1/20。

井字梁：$h=L(1/15\sim1/20)$。跨度≤2m时，可取1/18，2m<跨度≤3m时，可取1/17。

转换梁：抗震时$h=L/6$；非抗震时$h=L/7$。

(2) 截面宽度　一般梁高是梁宽的2～3倍，但不宜超过4倍。当梁宽比较大，比如400mm、500mm时，可以把梁高做成1～2倍梁宽。

主梁$b\geqslant$200mm，一般≥250mm；次梁$b\geqslant$150mm。

(3) 梁截面估算时应注意的问题

① 以上L均为梁的计算跨度（井字梁为短边跨度）。当均布线荷载≥40kN/m时可认为是较大线荷载，梁的高度可以取大值。一般主梁$H\geqslant$次梁$H+$50mm（双排筋时加100mm）。

② 对于一些大跨度公共建筑，梁宽应适当加大，取300mm以上，最好取350mm或400mm，因为梁宽度大，抗剪有利，易放钢筋。如写字楼、商场等8m左右跨度的梁，截面取300mm×800mm不好，应取350mm×700mm，350mm宽的梁，用四肢箍可以使箍筋直径减小，主梁加宽，有利于次梁钢筋的锚固。

③ 梁高一般是梁宽的2～3倍，但梁宽也可以大于梁高，此时梁要满足抗弯、抗剪、强度与刚度等要求。

④ 住宅、公寓、宾馆或写字楼等，当楼面活荷载不大时，8m 左右跨度的梁可做到宽 400mm、高 500～550mm（可以减小结构层高）。

⑤ 由建筑立面图或剖面图中可以查看梁高最大允许值，如果梁高估算值与建筑梁高最大允许值相差在 200mm 以内，一般可以直接按梁高最大允许值取。也可以就按估算值布置，同时吊一块薄板。也可以反提给建筑，让建筑改梁高最大允许值。

⑥ 一般外圈的边框架梁都会与柱外皮齐，梁柱偏心不宜小于 1/4 柱边长，当不满足这条规定时，可以把梁宽加大，比如梁宽加大到 400mm 或者 450mm，同时减小梁高（7m 跨度取到 450～500mm），不一定要水平加腋。如果柱截面不宜加大，可以不满足上述规定，让施工方按照混凝土结构总说明中加腋。

⑦ 如果计算不需要配置腰筋，当板厚 100mm，梁高≤570mm（570－100－20＝450mm）时可以不配腰筋，也可以结合实际工程及经验，适当配置。

（4）本工程梁截面取值　本工程梁截面取值如图 1-1～图 1-3 所示。

（5）梁布置的一些方法技巧及应注意事项

① 无论次梁是横向布置还是纵向布置，都要满足建筑对梁高的限制，这个是主要矛盾。还应满足管道、设备的要求。一般填充墙下应布置梁，但有时候，填充墙下的小次梁可以不布置，墙下楼板附近增加附加板钢筋即可。布置梁时，不同楼层中的填充墙位置改变，有些房间可能露梁（如果不二次装修），少部分的房间内露梁是可以的。

② 无论次梁是横向布置还是纵向布置，都对横向刚度与纵向刚度帮助不大（对支撑的主梁刚度还是有一点提高，但次梁与楼板基本是一块，对结构体系刚度帮助不大），刚度的增加，主要还是由柱（墙）与主框梁所提供。当把次梁当主梁输入时，刚度的计算会有误差。

③ 在满足主要矛盾的前提下，应考虑设计的经济性。梁的布置要连续，充分利用梁端的负弯矩来协同工作，并且次梁的传力途径要尽量短，即选择次梁跨度比较小又连续的布置方式（实际工程中能让次梁连续布置，但不一定能让次梁的计算跨度比较小）。

④ 次梁与次梁之间的间距一般为 2～3m。

⑤ 入口大堂顶部完整空间内不宜露梁，以保持大堂顶部空间完整。特殊情况设梁时，梁高应尽可能小。公共空间尽可能不露梁。户内梁布置时，梁不应穿越客餐一体厅、客厅、餐厅、卧室，以保证各功能空间完整及美观；梁不宜穿越厨、厕、阳台，如确有必须穿越的梁，梁高应尽可能小。户内梁不露出梁角线的优先顺序：客厅＞餐厅＞主卧室＞次卧室＞内走道＞其他空间。

⑥ 户内卫生间做沉箱时，周边梁高仍按普通梁考虑，卫生间楼板按吊板的要求补充相应大样。当周边梁对房间内空间无影响时，梁高也可统一取 500mm，即周边次梁梁底平沉箱板底。户内走道上方梁高尽可能小，不应大于 600mm。阳台封口梁根据建筑立面确定，不宜大于 400mm。楼梯梯级处梁高注意不得影响建筑使用。梁不宜穿越门洞正上方（当甲方不对造价苛刻时，梁截面可按以上要求）。

⑦ 梁底标高。门窗洞口顶处梁底标高不得低于门窗洞口顶面标高；飘窗梁底标高、设排气孔的卫生间窗顶梁底标高、客厅出阳台门顶梁底标高必须等于门窗洞口顶标高；电梯门洞顶梁底标高必须等于电梯洞口顶标高。其余位置门窗洞口处梁，梁高按以下取用：结构计

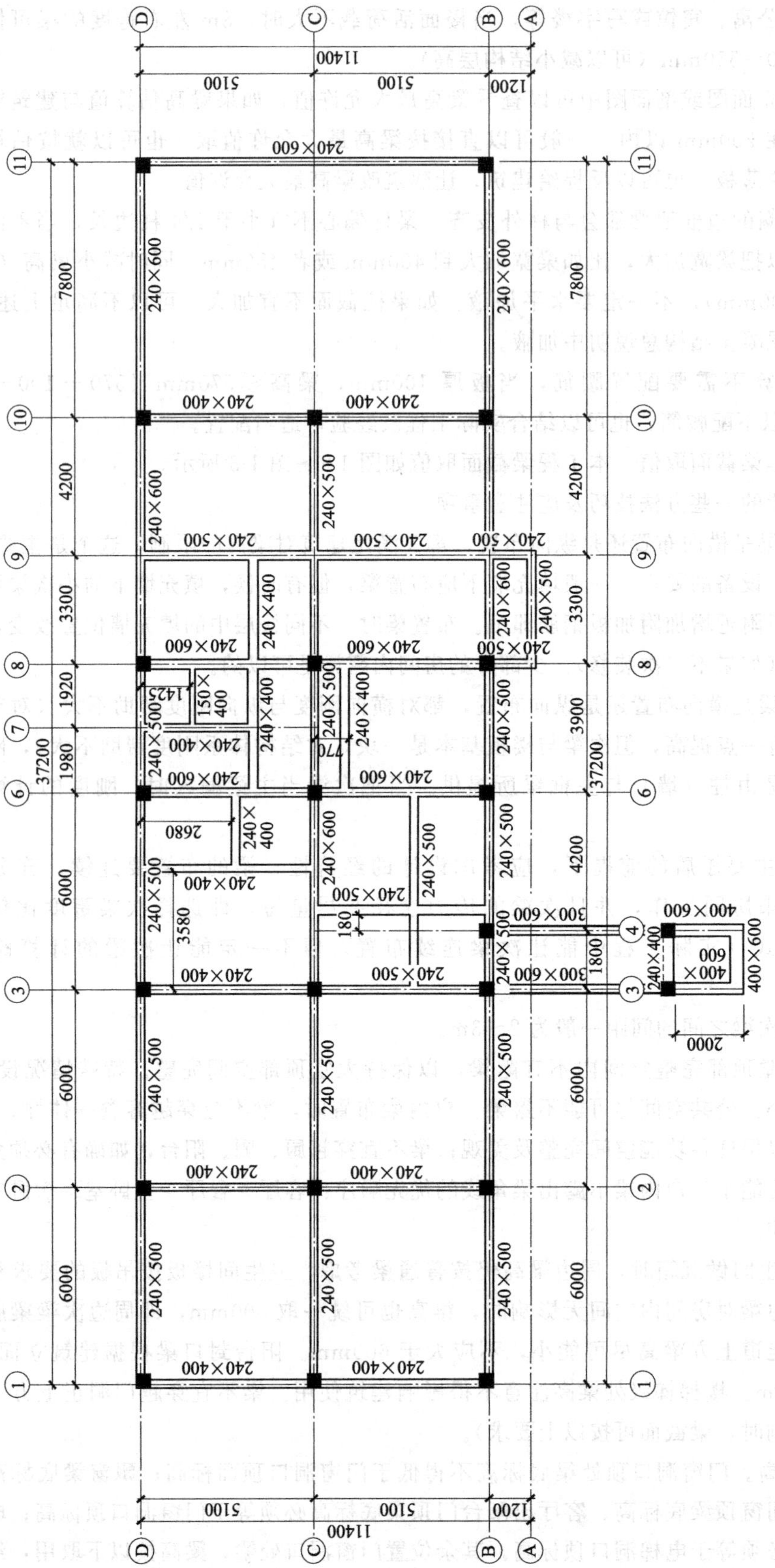

图1-1 基础梁截面(本层基准标高H=-0.030)

注：砖墙宽度为240mm，所以梁截面取240mm，下同。

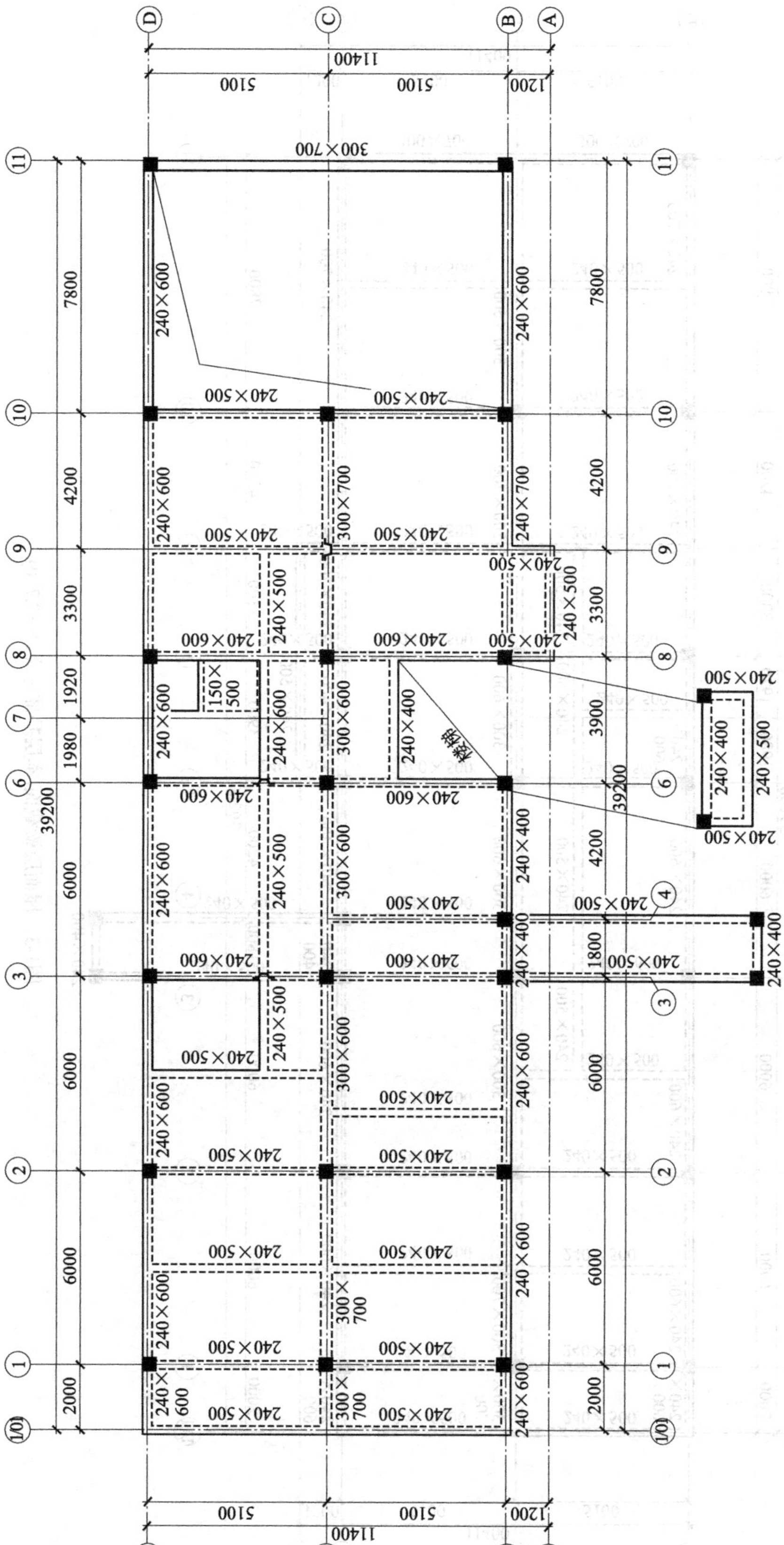

图1-2 二层梁截面(本层基准标高$H=4.170$)

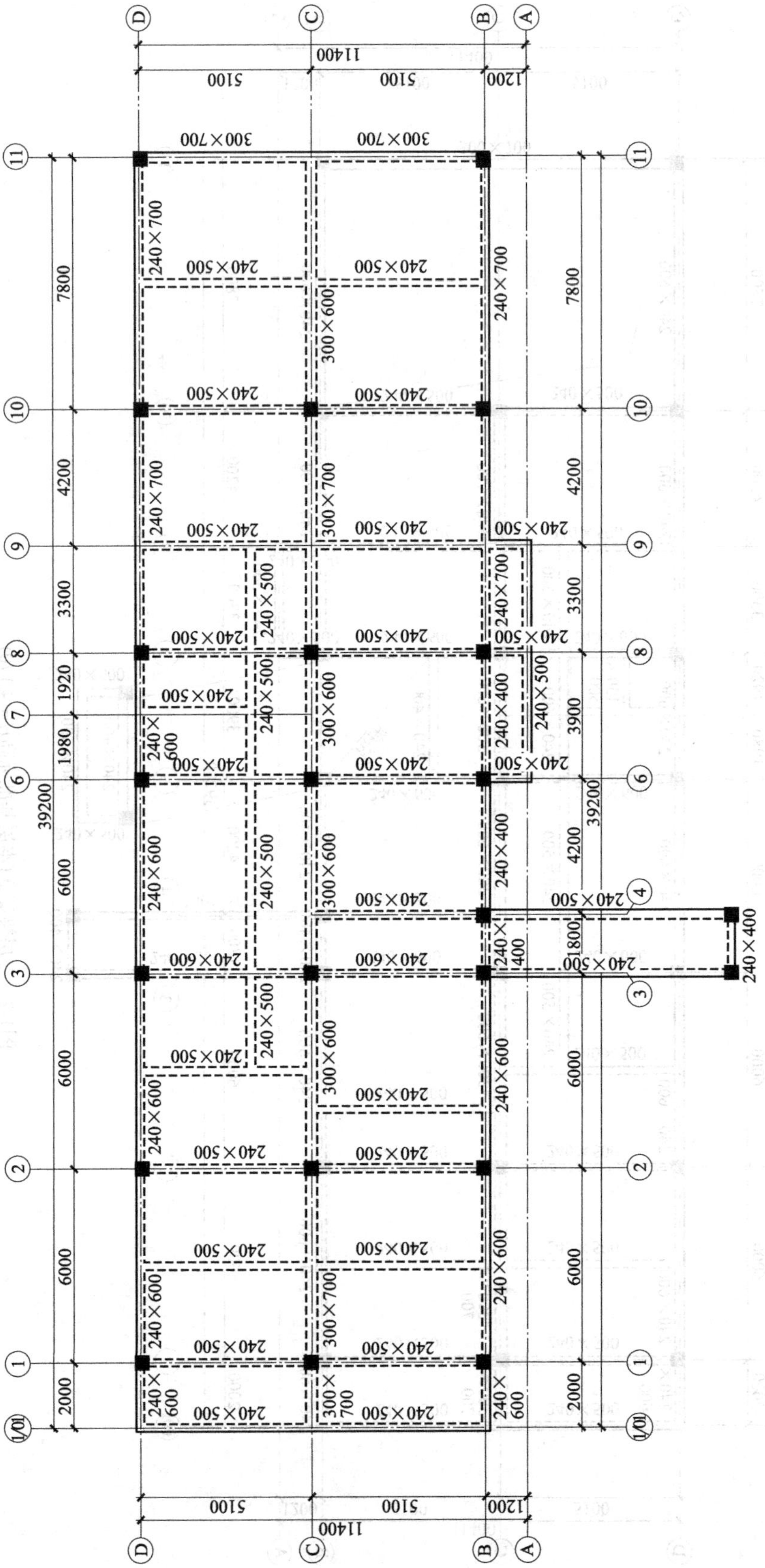

图1-3 屋面层梁截面(本层基准标高$H=7.770$)

算梁高与门窗顶距离≤200mm，或无法做过梁，或门窗洞口较大时，结构梁直接做到门窗顶面。除上述情况外，结构梁高按计算确定，门窗顶用过梁处理。

1.2.2 柱

（1）规范规定

《建筑抗震设计规范》（GB 50011—2010，以下简称《抗规》）

6.3.5 柱的截尺寸，宜符合下列各项要求：

截面的宽度和高度，四级或不超过2层时不宜小于300mm，一、二、三级且超过2层时不宜小于400mm；圆柱的直径，四级或不超过2层时不宜小于350mm，一、二、三级且超过2层时不宜小于450mm。

（2）经验

① 表1-1是北京市建筑设计研究院原总工郁彦的经验总结，编制表格时以柱网8m×8m，轴压比0.9为计算依据。

表1-1 正方形柱及圆柱截面尺寸参考（轴压比为0.9）

每层平均荷载标准值 q/(kN/m^2)	层数	截面尺寸(单位:mm)				
		C20	C30	C40	C50	C60
12.5	10层	方形柱 1050^2 圆柱 $\phi1200$	方形柱 900^2 圆柱 $\phi1000$	方形柱 750^2 圆柱 $\phi850$		
13	20层	方形柱 1550^2 圆柱 $\phi1750$	方形柱 1250^2 圆柱 $\phi1400$	方形柱 1100^2 圆柱 $\phi1250$	方形柱 1000^2 圆柱 $\phi1150$	
13.5	30层		方形柱 1550^2 圆柱 $\phi1750$	方形柱 1400^2 圆柱 $\phi1550$	方形柱 1250^2 圆柱 $\phi1400$	方形柱 1200^2 圆柱 $\phi1350$
14	40层			方形柱 1600^2 圆柱 $\phi1800$	方形柱 1500^2 圆柱 $\phi1650$	方形柱 1400^2 圆柱 $\phi1550$
14.5	50层				方形柱 1700^2 圆柱 $\phi1900$	方形柱 1600^2 圆柱 $\phi1800$

② 柱网不是很大时，一般每10层柱截面按0.3～0.4m^{2}取。当结构为多层时，每隔3层柱子可以收小一次，模数≥50mm；高层，5～8层可以收小一次，顶层柱子截面一般不要小于400mm×400mm。当楼层受剪承载力不满足规范要求时，常会改变柱子截面大小。

③ 对于矩形柱截面，不宜小于400mm，但经过强度、稳定性验算并留有足够的安全系数时，某些位置处的柱截面可以取350mm。

（3）本工程柱截面取值　本工程柱截面取值如图1-4所示。

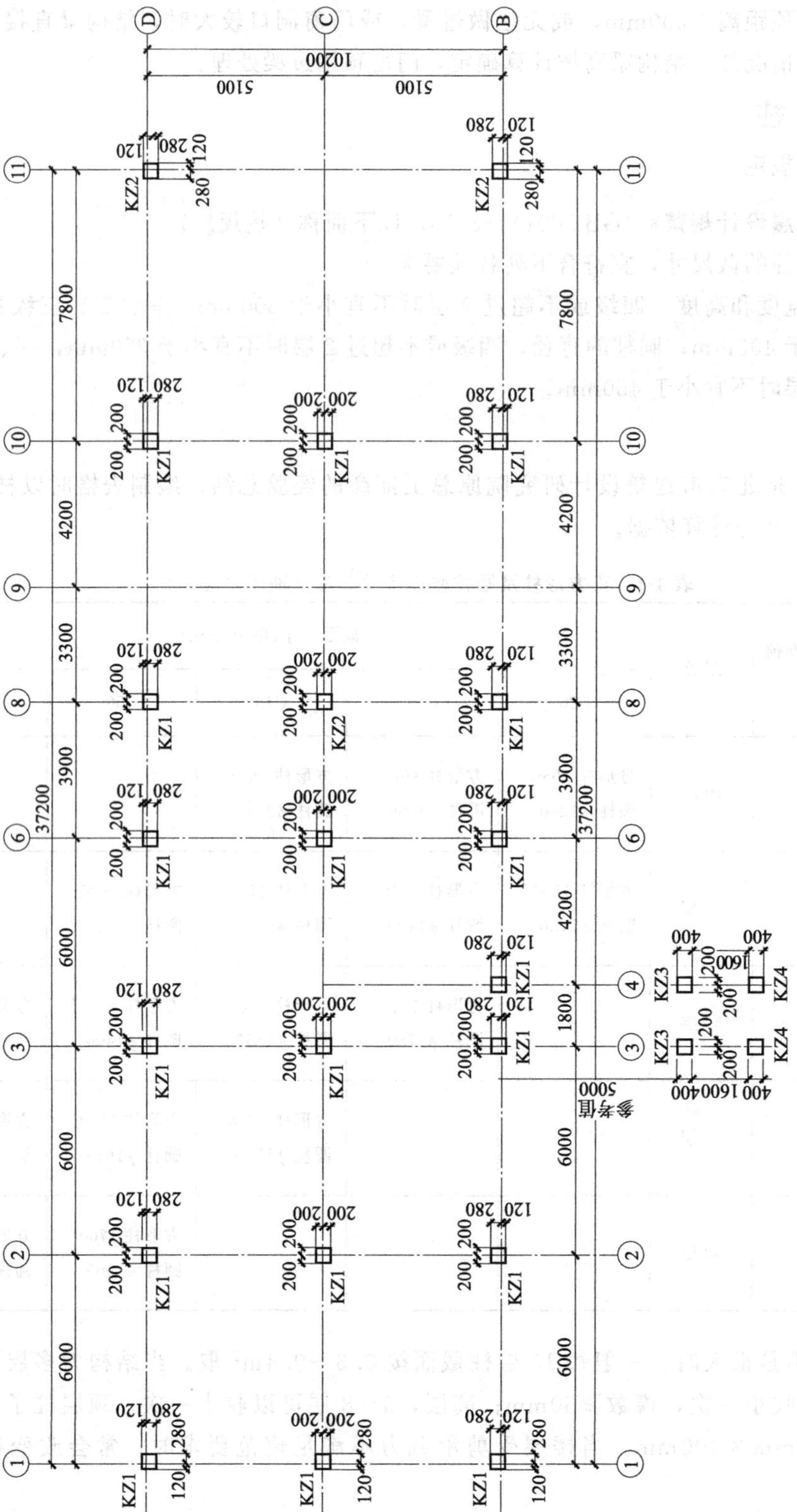

图1-4 本工程柱截面取值

1.2.3 板

（1）规范规定

《混凝土结构设计规范》（GB 50010—2010，以下简称《混规》）

9.1.2 现浇混凝土板的尺寸宜符合下列规定。

① 板的跨厚比：钢筋混凝土单向板不大于 30，双向板不大于 40；无梁支承的有柱帽板不大于 35，无梁支承的无柱帽板不大于 30。预应力板可适当增加；当板的荷载、跨度较大时宜适当减小。

② 现浇钢筋混凝土板的厚度不应小于表 1-2 规定的数值。

表 1-2 现浇钢筋混凝土板的最小厚度 单位：mm

板的类别		最小厚度
单向板	屋面板	60
	民用建筑楼板	60
	工业建筑楼板	70
	行车道下的楼板	80
双向板		80
密肋楼盖	面板	50
	肋高	250
悬臂板(根部)	悬臂长度不大于 500mm	60
	悬臂长度 1200mm	100
无梁楼板		150
现浇空心楼盖		200

（2）经验

① 单向板：两端简支时，$h=(L/35\sim L/25)$，单向连续板更有利，$h=(L/40\sim L/35)$，设计时，可以取 $h=L/30$。

② 双向板：$h=(L/45\sim L/40)$，L 为板块短跨尺寸，设计时，可以取 $h=L/40$。

③ 一般来说住宅房间开间不大，一般为 3.5～4.5m，此时楼板厚度一般为 100～120mm，开间不大于 4m 时，板厚度为 100mm，客厅处的异形板可取 120～150mm，普通屋面板可取 120mm，管线密集处可取 120mm，嵌固端地下室顶板应取 180mm，非嵌固端地下室顶板可取 160mm。

当板内埋的管线比较密集时，板厚应可取 120～150mm。设计考虑加强部位，如转角窗、平面收进或大开洞的相邻区域，其板厚根据情况取 120～150mm。覆土处顶板厚度不小于 250mm。

现浇预应力混凝土楼板厚度可按跨度的 1/50～1/45 采用，且不宜小于 150mm。

挑板，一般 $h=L_0/12\sim L_0/10$，L_0 为净挑跨度。前者用于轻挑板，一般记住 1/10 即可，以上是针对荷载标准值在 $15kN/m^2$ 左右时的取值，一般跨度≤1.5m，但也可以做到 2m。

（3）本工程板截面取值 本工程板截面取值如图 1-5、图 1-6 所示。

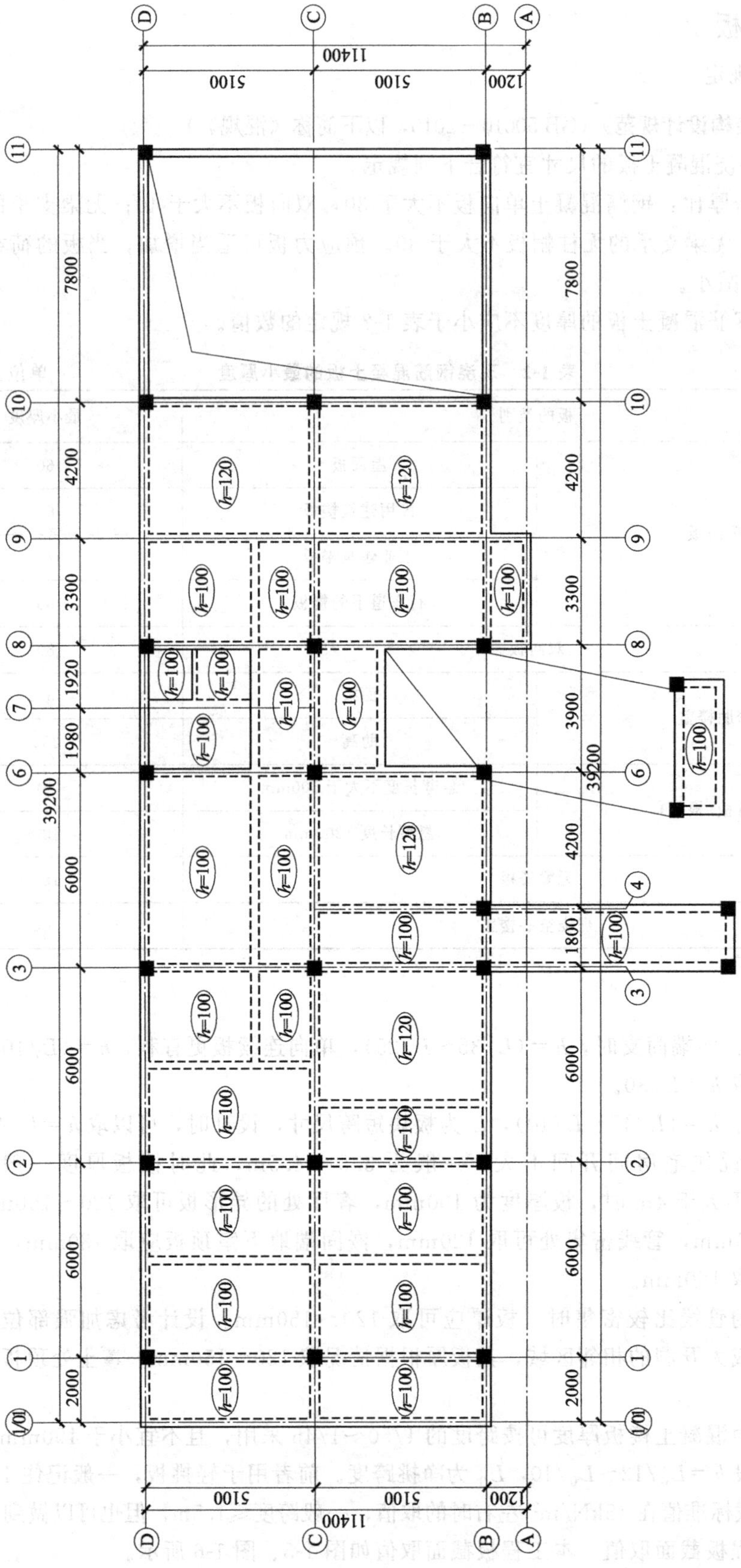

图1-5　二层板截面取值(本层基准标高H=4.170)

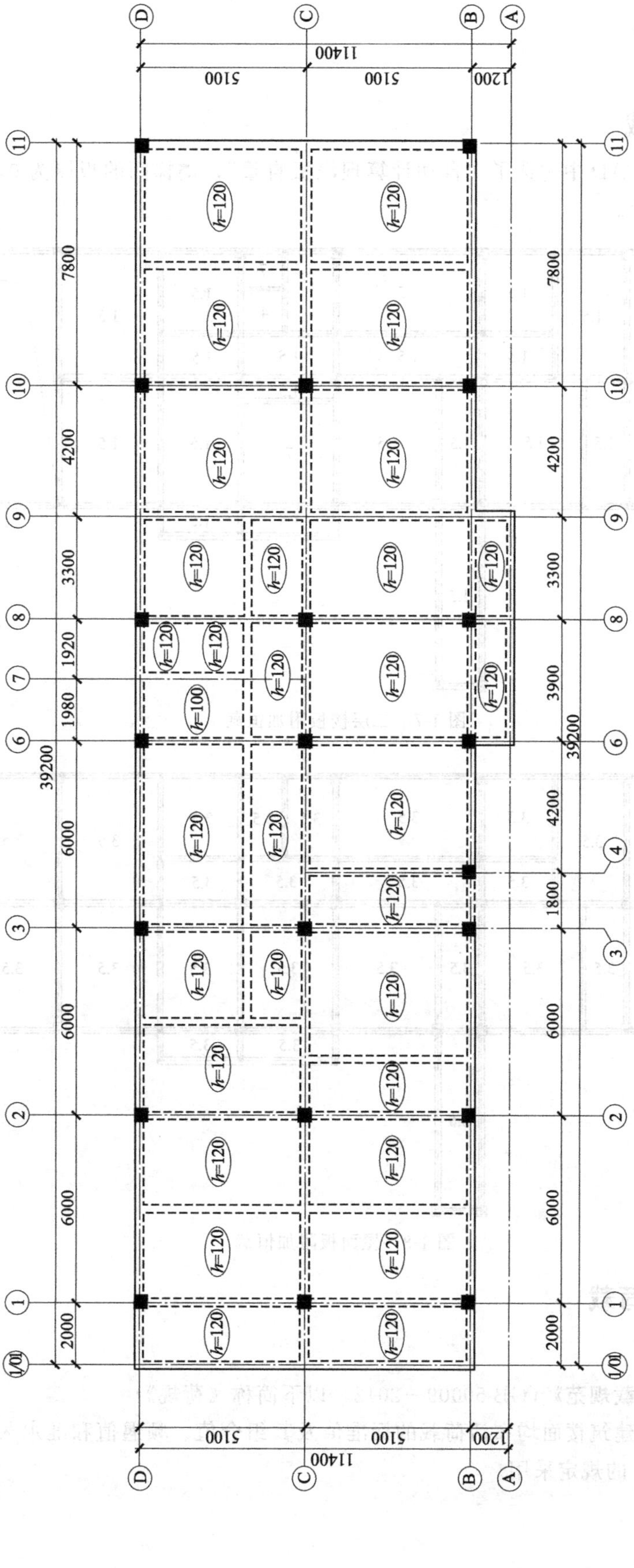

图1-6 屋面板截面取值(本层基准标高$H=7.770$)

1.3 荷载

1.3.1 恒载

本工程在 PMCAD 中勾选了“自动计算现浇板自重”，楼梯间的板厚为 0，附加恒载如图 1-7、图 1-8 所示。

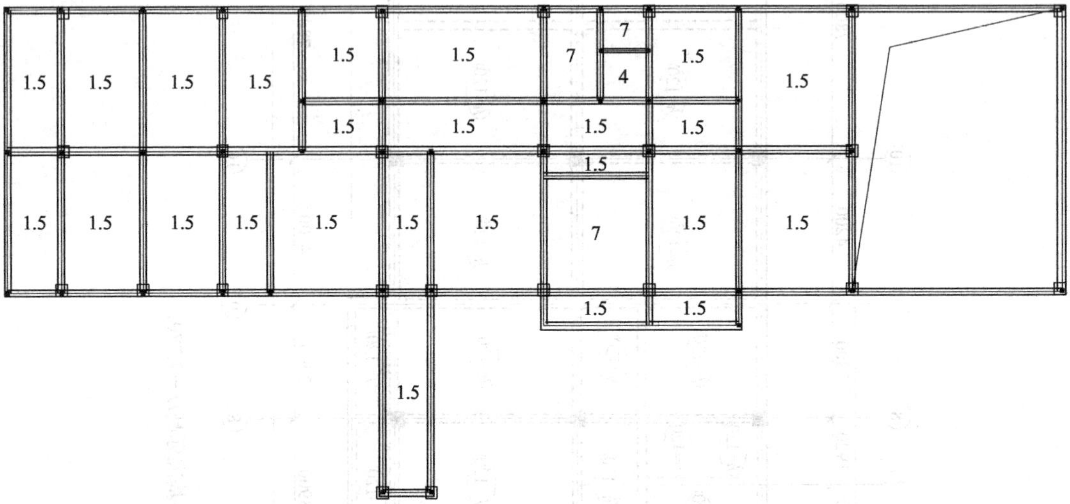

图 1-7 二层楼板附加恒载

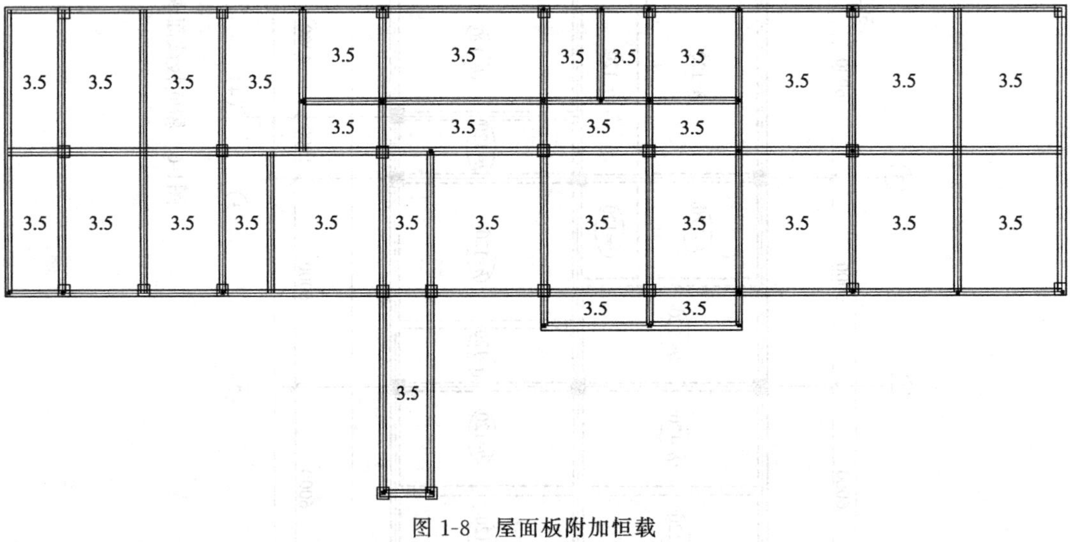

图 1-8 屋面板附加恒载

1.3.2 活荷载

（1）规范规定

《建筑结构荷载规范》（GB 50009—2012，以下简称《荷规》）

5.1.1 民用建筑楼面均布活荷载的标准值及其组合值、频遇值和准永久值系数的最小值，应按表 1-3 的规定采用。

表 1-3 民用建筑楼面均布活荷载标准值及其组合值、频遇值和准永久值系数

项次	类别	标准值/(kN/m²)	组合值系数 Ψ_c	频遇值系数 Ψ_f	准永久值系数 Ψ_q
1	(1)住宅、宿舍、旅馆、办公楼、医院病房、托儿所、幼儿园 (2)试验室、阅览室、会议室、医院门诊室	2.0	0.7	0.5 0.6	0.4 0.5
2	教室、食堂、餐厅、一般资料档案室	2.5	0.7	0.6	0.5
3	(1)礼堂、剧场、影院、有固定座位的看台 (2)公共洗衣房	3.0 3.0	0.7 0.7	0.5 0.6	0.3 0.5
4	(1)商店、展览厅、车站、港口、机场大厅及其旅客等候室 (2)无固定座位的看台	3.5 3.5	0.7 0.7	0.6 0.5	0.5 0.3
5	(1)健身房、演出舞台 (2)运动场、舞厅	4.0 4.0	0.7 0.7	0.6 0.6	0.5 0.4
6	(1)书库、档案库、贮藏室、百货食品超市 (2)密集柜书库	5.0 12.0	0.9	0.9	0.8
7	通风机房、电梯机房	7.0	0.9	0.9	0.8
8	汽车通道及停车库： (1)单向板楼盖(板跨不小于 2m)和双向板楼盖(板跨不小于 3m×3m) 客车 消防车 (2)双向板楼盖(板跨不小于 6m×6m)和无梁楼盖(柱网不小于 6m×6m) 客车 消防车	 4.0 35.0 2.5 20.0	 0.7 0.7 0.7 0.7	 0.7 0.5 0.7 0.5	 0.6 0.2 0.6 0.2
9	厨房： (1)一般的 (2)餐厅的	 2.0 4.0	 0.7 0.7	 0.6 0.7	 0.5 0.7
10	浴室、卫生间、盥洗室	2.5	0.7	0.6	0.5
11	走廊、门厅： (1)宿舍、旅馆、医院病房、托儿所、幼儿园、住宅 (2)办公楼、教学楼、餐厅、医院门诊部 (3)当人流有可能密集时	 2.0 2.5 3.5	 0.7 0.7 0.7	 0.5 0.6 0.5	 0.4 0.5 0.3
12	楼梯： (1)多层住宅 (2)其他	 2.0 3.5	 0.7 0.7	 0.5 0.5	 0.4 0.3
13	阳台： (1)一般情况 (2)当人群有可能密集时	 2.5 3.5	 0.7	 0.6	 0.5

注：1. 本表所给各项活荷载适用于一般使用条件，当使用荷载较大、情况特殊或有专门要求时，应按实际情况采用。

2. 第 12 项楼梯活荷载，对预制楼梯踏步平板，尚应按 1.5kN 集中荷载验算。

3. 本表各项荷载不包括隔墙自重和二次装修荷载。对固定隔墙的自重应按恒荷载考虑，当隔墙位置可灵活自由布置时，非固定隔墙的自重可取每延米长墙重（kN/m）的 1/3 作为楼面活荷载的附加值（kN/m²）计入，附加值不小于 1.0kN/m²。

（2）本工程活荷载取值　本工程活荷载取值如图1-9、图1-10所示。

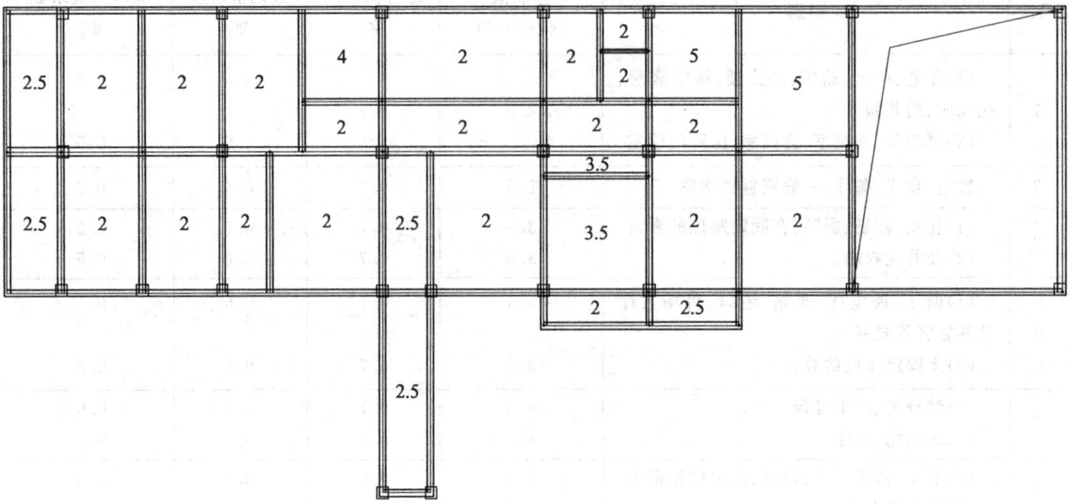

图1-9　二层楼面活荷载取值

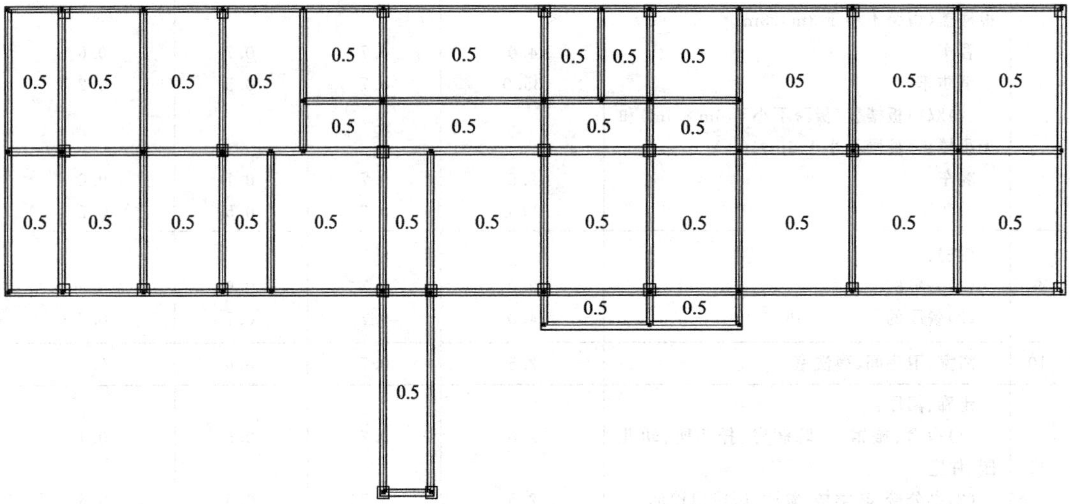

图1-10　屋面活荷载取值（不上人屋面）

1.3.3　线荷载取值

（1）线荷载（kN/m）=容重（kN/m^3）×宽度（m）×高度（m）　容重根据《荷规》附录A采用材料和构件的自重取，混凝土25kN/m^3，普通实心砖18～19kN/m^3，空心砖≈10kN/m^3，石灰砂浆、混合砂浆17kN/m^3。普通住宅和公建，线荷载一般在7～15kN/m，在设计时应根据具体工程计算确定。

线荷载应根据开窗的大小确定，可以乘以折减系数：0.6～0.8。

可以用线荷载计算小程序或者自己用手算（乘以折减系数），如图1-11所示。

（2）本工程线荷载取值　本工程线荷载取值如图1-12～图1-14所示。

装修荷载		墙体线荷载计算											
		墙体容重	窗高	窗宽	墙高	梁高	墙长	墙厚	线荷载比	整墙线荷载	实际线荷载	窗荷载	最终荷载
0.0	0.0	10.0	0.00	0.00	2.90	0.35	5.70	0.20	1.00	5.1	5.1	0.0	5.1

装修荷载		墙体线荷载计算											
		墙体容重	窗高	窗宽	墙高	梁高	墙长	墙厚	线荷载比	整墙线荷载	实际线荷载	窗荷载	最终荷载
0.0	0.0	10.0	1.65	2.10	2.90	0.35	5.00	0.20	0.73	5.1	3.7	0.3	4.0

图 1-11　线荷载 Excel 计算小程序

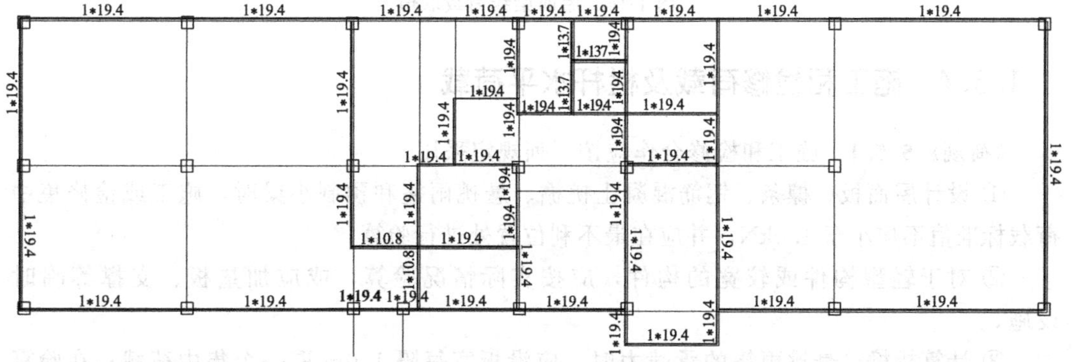

图 1-12　地梁层线荷载取值

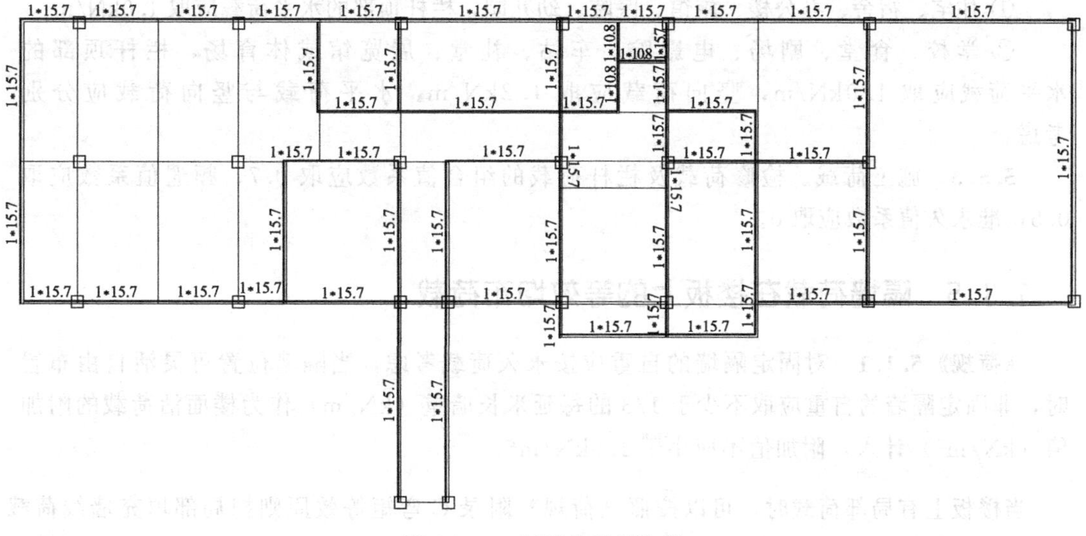

图 1-13　二层梁线荷载取值

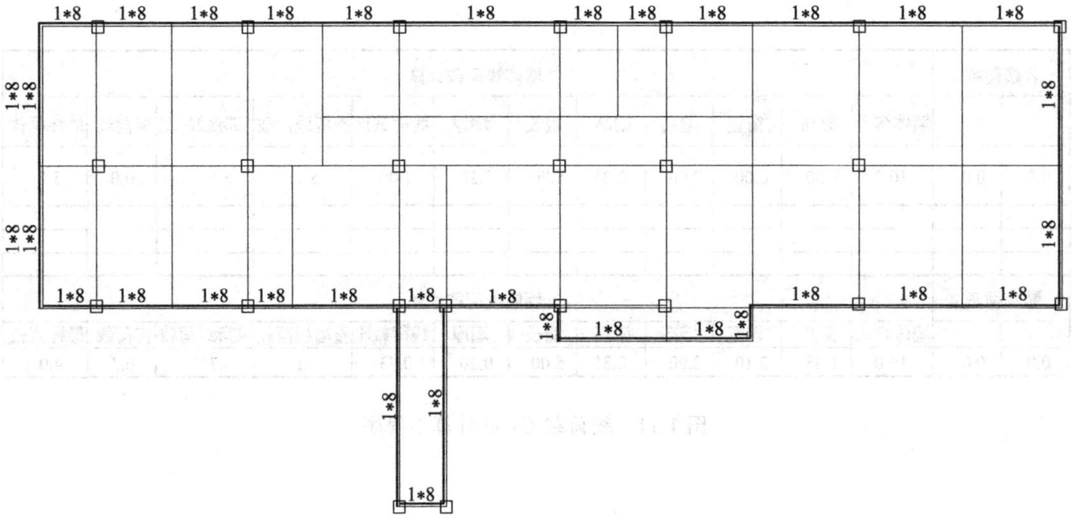

图 1-14 屋面梁线荷载取值

1.3.4 施工和检修荷载及栏杆水平荷载

《荷规》5.5.1 施工和检修合作应按下列规定采用：

① 设计屋面板、檩条、钢筋混凝土挑檐、悬挑雨篷和预制小梁时，施工或检修集中荷载标准值不应小于 1.0kN，并应在最不利位置处进行验算；

② 对于轻型构件或较宽的构件，应按实际情况验算，或应加垫板、支撑等临时设施；

③ 计算挑檐、悬挑雨篷的承载力时，应沿板宽每隔 1.0m 取一个集中荷载；在验算挑檐、悬挑雨篷的倾覆时，应沿板宽每隔 2.5～3.0m 取一个集中荷载。

5.5.2 楼梯、看台、阳台和上人屋面等的栏杆活荷载标准值，不应小于下列规定：

① 住宅、宿舍、办公楼、旅馆、医院、幼儿园，栏杆顶部的水平荷载应取 1.0kN/m；

② 学校、食堂、剧场、电影院、车站、礼堂、展览馆或体育场，栏杆顶部的水平荷载应取 1.0kN/m，竖向荷载应取 1.2kN/m，水平荷载与竖向荷载应分别考虑。

5.5.3 施工荷载、检修荷载及栏杆荷载的组合值系数应取 0.7，频遇值系数应取 0.5，准永久值系数应取 0。

1.3.5 隔墙荷载在楼板上的等效均布荷载

《荷规》5.1.1 对固定隔墙的自重应按永久荷载考虑，当隔墙位置可灵活自由布置时，非固定隔墙的自重应取不少于 1/3 的每延米长墙重（kN/m）作为楼面活荷载的附加值（kN/m^2）计入，附加值不应小于 1.0kN/m^2。

当楼板上有局部荷载时，可以按照《荷规》附录 C 弯矩等效原则把局部填充墙线荷载等效为板面荷载（活），比较精确的是用 SAP2000 进行有限元计算。中国中元国际工程公司的王继涛、常亚飞在《隔墙荷载在楼板上的等效均布荷载》一文中利用SAP2000有限元软件按照《荷规》附录C给出的楼面等效均布活荷载的确定方法，计算了隔墙直接砌筑于楼板上的等效均布荷载取值，编制了表格，供工程设计人员查用，表1-4为隔墙平行于长跨的情况，表1-5为隔墙平行于短跨的情况，其中b为板短边尺寸，l为板长边尺寸，x为填充墙与平行板的最短距离，如图1-15所示。

表 1-4 隔墙平行于长跨

等效均布荷载		b/l													
		0.4		0.6			0.8				1.0				
		x/l													
		0.1	0.2	0.1	0.2	0.3	0.1	0.2	0.3	0.4	0.1	0.2	0.3	0.4	0.5
Λ_m	3	1.11	1.44	0.71	1.07	1.18	0.56	0.86	0.94	0.97	0.50	0.75	0.85	0.88	0.88
	4	0.81	1.09	0.54	0.80	0.88	0.42	0.64	0.70	0.73	0.38	0.58	0.63	0.65	0.66
	5	0.66	0.88	0.44	0.64	0.71	0.34	0.51	0.57	0.58	0.31	0.46	0.51	0.53	0.53
	6	0.54	0.72	0.36	0.53	0.58	0.28	0.42	0.47	0.49	0.26	0.38	0.43	0.44	0.44
	7	0.47	0.62	0.31	0.46	0.50	0.24	0.36	0.41	0.42	0.22	0.33	0.37	0.38	0.38
	7.2	0.45	0.61	0.30	0.44	0.49	0.24	0.35	0.39	0.40	0.21	0.32	0.35	0.37	0.37
	8	0.41	0.55	0.27	0.41	0.44	0.21	0.32	0.35	0.36	0.19	0.29	0.32	0.33	0.33
	8.4	0.39	0.52	0.26	0.38	0.42	0.20	0.30	0.34	0.35	0.18	0.27	0.30	0.31	0.31
	9	0.36	0.49	0.24	0.36	0.39	0.19	0.28	0.31	0.32	0.17	0.25	0.28	0.29	0.29

注：等效弯矩为等效系数（查表）×填充墙线荷载（标准值）。

表 1-5 隔墙平行于短跨

等效均布荷载		b/l																			
		0.4					0.6					0.8					1.0				
		x/l																			
		0.1	0.2	0.3	0.4	0.5	0.1	0.2	0.3	0.4	0.5	0.1	0.2	0.3	0.4	0.5	0.1	0.2	0.3	0.4	0.5
Λ_m	3	0.72	0.72	0.72	0.72	0.78	0.57	0.71	0.71	0.71	0.71	0.53	0.72	0.75	0.75	0.75	0.50	0.75	0.85	0.88	0.88
	4	0.53	0.56	0.53	0.56	0.56	0.44	0.52	0.52	0.52	0.52	0.39	0.53	0.56	0.56	0.56	0.38	0.58	0.63	0.65	0.66
	5	0.42	0.44	0.44	0.44	0.46	0.35	0.42	0.42	0.42	0.42	0.31	0.43	0.45	0.45	0.45	0.28	0.45	0.49	0.51	0.51
	6	0.37	0.38	0.37	0.38	0.38	0.30	0.35	0.35	0.35	0.36	0.27	0.36	0.39	0.39	0.39	0.26	0.38	0.43	0.44	0.44
	7	0.31	0.32	0.31	0.32	0.33	0.25	0.30	0.30	0.29	0.30	0.22	0.30	0.32	0.32	0.32	0.22	0.32	0.36	0.37	0.37
	7.2	0.28	0.30	0.30	0.31	0.32	0.24	0.29	0.29	0.28	0.29	0.22	0.30	0.31	0.31	0.31	0.21	0.32	0.35	0.37	0.37
	8	0.27	0.28	0.27	0.28	0.29	0.22	0.27	0.27	0.26	0.27	0.19	0.27	0.28	0.28	0.28	0.19	0.29	0.32	0.33	0.33
	8.4	0.24	0.26	0.26	0.27	0.28	0.21	0.25	0.25	0.25	0.25	0.18	0.25	0.27	0.27	0.27	0.18	0.27	0.30	0.31	0.31
	9	0.23	0.25	0.24	0.25	0.25	0.19	0.23	0.23	0.23	0.23	0.17	0.24	0.25	0.25	0.25	0.17	0.25	0.28	0.29	0.29

注：等效弯矩为等效系数（查表）×填充墙线荷载（标准值）。

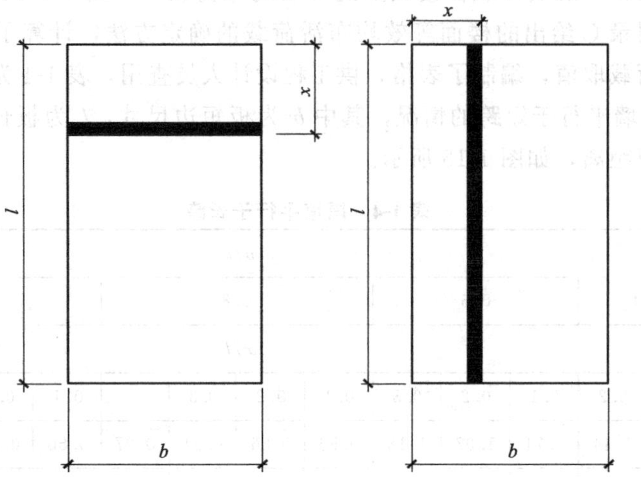

图 1-15 x 取值示意图

1.4 混凝土与砌体强度等级

1.4.1 理论分析与经验

混凝土强度等级越高水泥用量越大，现在多采用商品混凝土，混凝土的水灰比和塌落度大，在现浇梁、板和墙构件中会产生裂缝。柱子的混凝土强度等级取高，可减小抗震设计中柱轴压比；由于剪压比与混凝土的轴心受压强度设计值成反比，提高混凝土强度等级可减小梁、柱、墙的剪压比。提高混凝土强度等级可提高框架或墙的抗侧刚度，提高受剪承载力，但混凝土强度等级越高，这种影响越小。

为了控制裂缝，楼盖的板、梁混凝土强度等级宜低不宜高。地下室外墙的混凝土强度等级宜采用 C30，不宜大于 C35。

正常情况下，混凝土强度等级的高低对梁的受弯承载力影响较小，对梁的截面及配筋影响不大，所以梁不宜采用高强度等级混凝土，无论是从强度还是耐久性角度考虑，C25～C30 是比较合适的。混凝土强度等级对板的承载力也几乎没有影响，增大板混凝土强度等级可能会提高板的构造配筋率，同时还会增加板开裂的可能性，对现浇板来说，无论是从强度还是耐久性角度考虑，C25～C30 是比较合适的。普通的结构梁板混凝土强度等级一般控制在 C25～C30，转换层梁板宜采用高强度等级，如当地施工质量有保证时，可采用 C50 及以上强度等级。

对于高层建筑，下部力大，所以墙柱往往用高强等级混凝土，有时候是为了保持刚度不变。梁板没有必要太高强度等级，除非耐久性有特别要求，或者是非常重要的构件，一般 C30 就足够了，所以一般梁板的强度等级在加强区以上就开始取为一个值。除非有特别要求，否则梁板的强度等级不应比柱子的强度等级还高。柱子尽量渐变截面尺寸减小的大小应≥100mm，梁板则没有此要求，但柱子渐变一般是比较合理的。节点墙柱与梁板混凝土强度等级尽量不要超过两个级别，否则施工麻烦。实验研究表明，当梁柱节点混凝土强度比柱低 30%～40%时，由于与节点相交梁的扩散作用，一般也能满足柱轴压比。

多层建筑一般取C30～C35，高层建筑要分段设置柱的混凝土强度等级，比如一栋30层的房屋，柱子的混凝土强度等级C25～C45，竖向每隔7层变一次，竖向与水平混凝土强度等级应合理匹配，柱子混凝土强度等级与柱截面不同时变。

1.4.2 本工程混凝土与砌体强度等级

本工程混凝土强度等级如表1-6所示，砌体强度等级如表1-7所示。

表1-6 混凝土强度等级

项目名称	构件部件	混凝土强度等级	备注
基础部分	基础梁	C30	
主体部分	梁、板、柱	C30	
所有项目	基础垫层	C15	
	构造柱、现浇过梁	C25	
	标准构件		按标准图要求

表1-7 砌体强度等级

项目名称	构件部位	砖、砌块强度等级	砂浆强度等级	
所有项目	填充墙	Mu10.0烧结多孔砖（容重≤12.5kN/m³）	基础部分	M7.5水泥砂浆
			其余部分	M5.0混合砂浆

1.5 保护层厚度

1.5.1 规范规定

《混规》8.2.1 构件中普通钢筋及预应力筋的混凝土保护层厚度应满足下列要求。

① 构件中受力钢筋的保护层厚度不应小于钢筋的公称直径d；

② 设计使用年限为50年的混凝土结构，最外层钢筋的保护层厚度应符合表1-8的规定；设计使用年限为100年的混凝土结构，最外层钢筋的保护层厚度不应小于表1-8中数值的1.4倍。

表1-8 混凝土保护层的最小厚度c 单位：mm

环境类别	板、墙、壳	梁、柱、杆
一	15	20
二a	20	25
二b	25	35
三a	30	40
三b	40	50

注：1. 混凝土强度等级不大于C25时，表中保护层厚度数值应增加5mm。

2. 钢筋混凝土基础宜设置混凝土垫层，基础中钢筋的混凝土保护层厚度应从垫层顶面算起，且不应小于40mm。

《混规》8.2.1条文说明：从混凝土碳化、脱钝和钢筋锈蚀的耐久性角度考虑，不再以纵向受力钢筋的外缘，而以最外层钢筋（包括箍筋、构造筋、分布筋等）的外缘计算混凝土保护层厚度。

《混规》3.5.2 混凝土结构暴露的环境类别应按表 1-9 的要求划分。

表 1-9 混凝土结构的环境类别

环境类别	条 件
一	室内干燥环境； 无侵蚀性静水浸没环境
二 a	室内潮湿环境； 非严寒和非寒冷地区的露天环境； 非严寒和非寒冷地区与无侵蚀性的水或土壤直接接触的环境； 严寒和寒冷地区的冰冻线以下与无侵蚀性的水或土壤直接接触的环境
二 b	干湿交替环境； 水位频繁变动环境； 严寒和寒冷地区的露天环境； 严寒和寒冷地区冰冻线以上与无侵蚀性的水或土壤直接接触的环境
三 a	严寒和寒冷地区冬季水位变动区环境； 受除冰盐影响环境； 海风环境
三 b	盐渍土环境； 受除冰盐作用环境； 海岸环境
四	海水环境
五	受人为或自然的侵蚀性物质影响的环境

1.5.2 本工程构件保护层厚度取值

本工程室内的梁、柱、板环境类别为一类，板保护层厚度为 15mm，梁、柱保护层厚度为 20mm。由于屋面板有防水层，室外的梁柱一般都有砂浆面层、保温层等，其环境类别可取一类，则板保护层厚度为 15mm，梁、柱保护层厚度为 20mm。

1.6 框架结构建模

（1）设置 PMCAD 操作快捷命令 PKPM 支持快捷命令的自定义，这给录入工作带来便利。可按如下步骤设置 PMCAD 操作快捷命令。

① 以文本形式打开 PKPM \ PM \ WORK. ALI。该文本分两部分，第一部分是以三个“EndOfFile”作为结束行的已完成命令别名定义的命令项；第二部分是“命令别名、命令全名、说明文字”，如图 1-16、图 1-17 所示。

② 在第二部分中选取常用的命令项，按照文件说明的方法在命令全名前填写命令别名，然后复制已完成命令别名定义的命令项，粘贴到第一部分中以三个 EndOfFile 作为结束的行之前。保存后重启 PKPM，完成。如图 1-18 所示。

（2）PMCAD 中建模

① 首先在 F 盘新建一个文件夹，命令为“框架”，打开桌面上“PKPM”，点击【改变目录】，选择“框架”，点击“确认”，如图 1-19 所示。

图 1-16 PKPM\PM 对话框

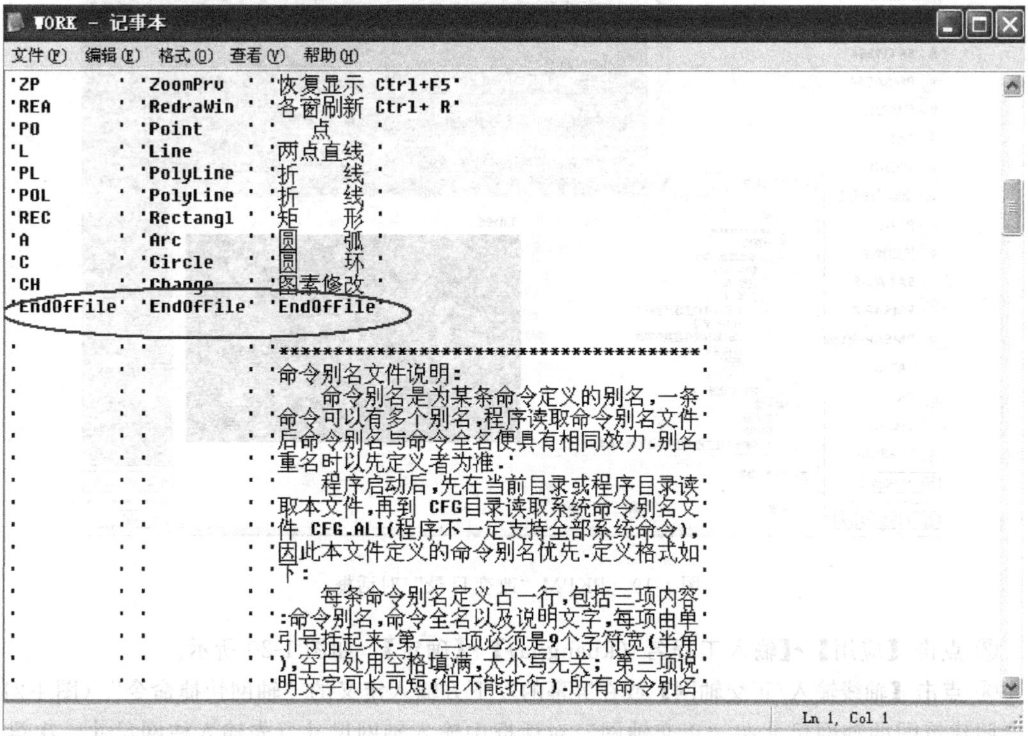

图 1-17 WORK. ALI 对话框

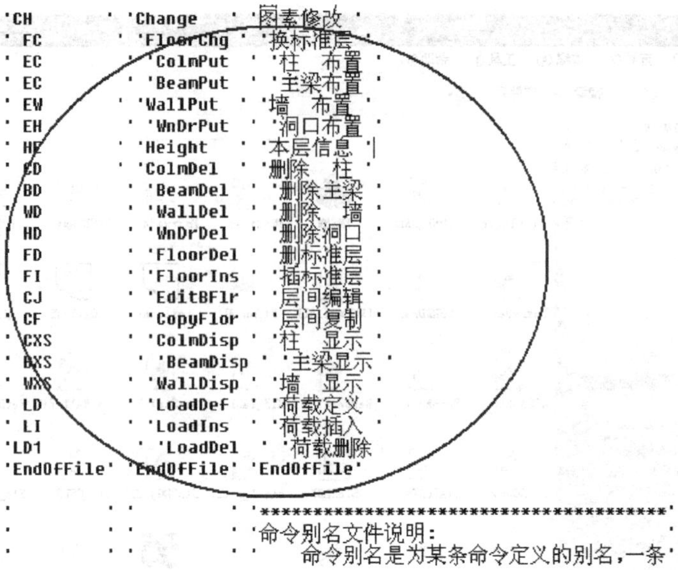

```
'CH        'Change      '图素修改 '
' FC       'FloorChg    '换标准层 '
' EC       'ColmPut     '柱  布置 '
' EC       'BeamPut     '主梁布置 '
' EW       'WallPut     '墙  布置 '
' EH       'WnDrPut     '洞口布置 '
' HE       'Height      '本层信息 '
' CD       'ColmDel     '删除  柱 '
' BD       'BeamDel     '删除主梁 '
' WD       'WallDel     '删除  墙 '
' HD       'WnDrDel     '删除洞口 '
' FD       'FloorDel    '删标准层 '
' FI       'FloorIns    '插标准层 '
' CJ       'EditBFlr    '层间编辑 '
' CF       'CopyFlor    '层间复制 '
' CXS      'ColmDisp    '柱  显示 '
' BXS      'BeamDisp    '主梁显示 '
' WXS      'WallDisp    '墙  显示 '
' LD       'LoadDef     '荷载定义 '
' LI       'LoadIns     '荷载插入 '
'LD1       'LoadDel     '荷载删除 '
'EndOfFile' 'EndOfFile' 'EndOfFile'
'          ''           '*****************************************'
'          ''           '命令别名文件说明:                          '
'          ''           '    命令别名是为某条命令定义的别名,一条'
```

图 1-18 修改后的 WORK. ALI 对话框

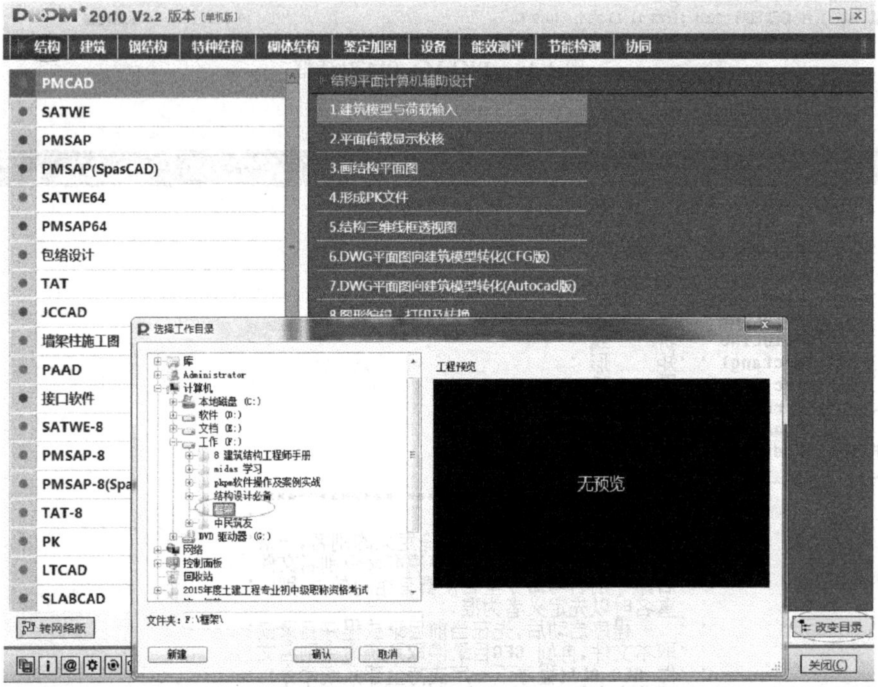

图 1-19 PKPM“改变目录”对话框

② 点击【应用】→【输入工程名（kuangjia)】→【确定】，如图 1-20 所示。

③ 点击【轴线输入/正交轴网】或在屏幕的左下方输入定义的“轴网快捷命令”（图 1-21），再参照建筑图的轴网尺寸在“正交轴网”对话框中输入轴网尺寸（先输入柱网尺寸，次梁及阳台等布置可放在后一步操作），如图 1-22 所示。

图 1-20 交互式数据输入对话框

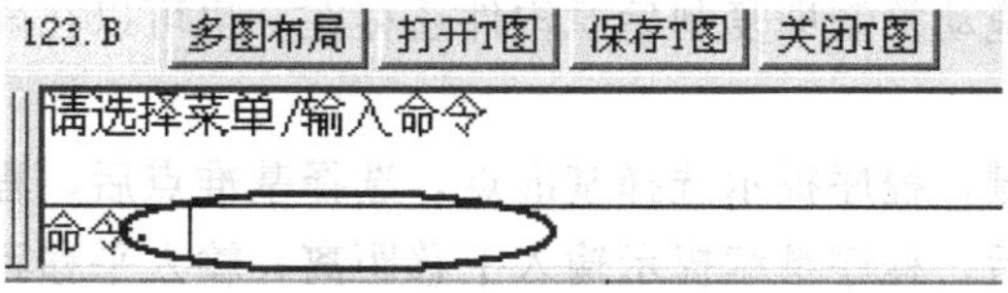

图 1-21 PMCAD“快捷命令”输入对话框

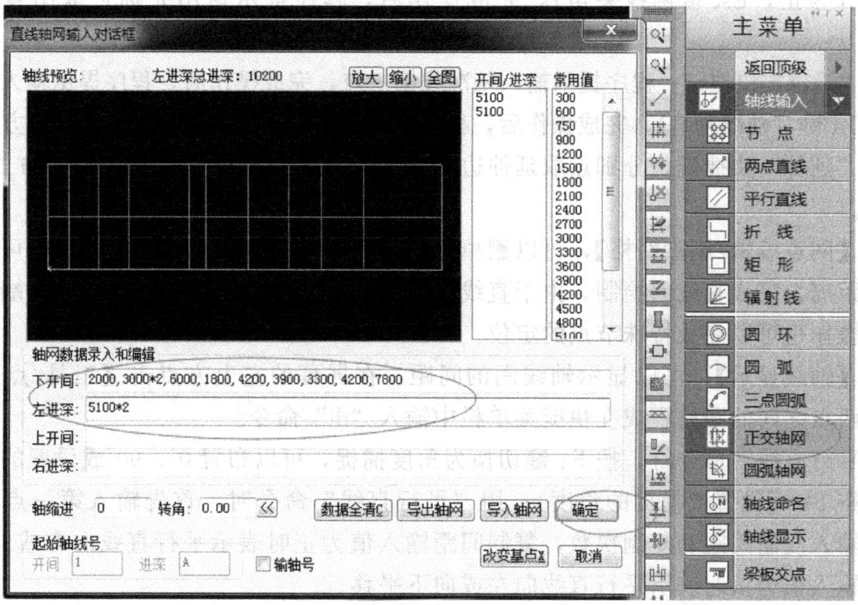

图 1-22 直线轴网输入对话框

注：开间指沿着 X 方向（水平方向），进深指沿着 Y 方向（竖直方向）；“正交轴网”对话框中的旋转角度以逆时针为正，可以点击“改变基点”命令改变轴网旋转的基点。

在 PMCAD 中建模时应选择平面比较大的一个标准层建模，其他标准层在此标准层基础上修改。建模时应根据建筑图选择“正交轴网”或“圆弧轴网”建模，再进行局部修改

（挑梁、阳台、局部柱网错位等），局部修改时可以用“两点直线”“平行直线”“平移复制”“拖动复制”“镜像复制”等命令。

点击“删除”快捷键，程序有5种选择，分别为“光标点取图素”“窗口围取图素”“直线截取图素”“带窗围取图素”“围栏”，一般采用“光标点取图素”“窗口围取图素”居多。“光标点取图素”要和轴线一起框选，才能删除掉构件。“窗口围取图素”要注意“从左上向右下”框选和“从右下向左上”框选的区别。“从左上向右下”相选，只删除被完整选择到的轴线与构件，而“从右下向左上”框选，只要构件与轴线被框选到，则被删除掉。

点击“拖动复制”快捷键，程序有5种选择图素的方法，分别为“光标点取图素”“窗口围取图素”“直线截取图素”“带窗围取图素”“围栏”，一般采用“光标点取图素”“窗口围取图素”居多。选取图素构件后，程序提示：请移动光标拖动图素，用窗口的方式选取后，应点击键盘上的字母A（继续选择），继续框选要选择的构件，按Esc键退出，程序会提示输入基准点，选择基准点后，自己选择拖动复制的方向，按F4键（轴线垂直），可以输入拖动复制的距离。拖动复制即复制后原构件还存在。也可以在屏幕左上方点击【图素编辑/拖点复制】。

点击“移动”快捷键，程序提示选择基准点，选择基准点后，程序提示请用光标点明要平移的方向，选择方向后，程序继续提示输入平移距离，输入平移距离后，程序提示请用光标点取图素（可以用窗口的方式选取）。

点击“旋转”快捷键，程序提示输入基准点，选择基准点后，程序提示输入选择角度（逆时针为正，Esc取两线夹角），完成操作后，程序提示请用光标点取图素（Tab窗口方式）。

点击“镜像”快捷键，程序提示输入基准线第一点，完成操作后，程序提示输入基准线第二点，按F4键（轴线垂直），完成操作后，程序提示请用光标点取图素（Tab 窗口方式）。

点击“延伸”快捷键，分别点取延伸边界线和用光标点取图素（Tab窗口方式），即可完成延伸。

点击【网点编辑/删除网格】，可以删掉轴线。点击【轴线输入/两点直线】，可以输入两点之间的距离，完成直线的绘制，由于直线绘制完成后，程序会自动在直线的两端点生成节点，故此操作也可以完成特殊节点的定位。

点击【轴线显示】，可以显示轴线间的间距。在屏幕的左上方点击【工具/点点距离】，可以测量两点之间的距离，或在快捷菜单栏中输入“di”命令。

用“平行直线”命令时，按F4键切换为角度捕捉，可以布置0°、90°或设置的其他角度的直线（按F9可设置要捕捉的角度）；用“平行直线”命令时，首先输入第一点，再输入下一点，输入复制间距和复制次数，复制间距输入值为正时表示平行直线向右或向上平移，复制间距输入值为负时表示平行直线向左或向下平移。

根据建筑图在PMCAD中对生成的轴网进行修改，点击【轴线输入/平行直线】、【轴线输入/两点直线】、【网格生成/删除网格】、【网格生成/删除节点】，最后完成的二层轴网如图1-23所示。需要注意的是，删除多余节点时，可用“光标方式”“轴向方式”“窗口方式”“围栏方式”。一般用“窗口方式”，并“从左上向右下”框选。

④ 点击【楼层定义/柱布置】或输入“柱布置”快捷键命令，在弹出的对话框中定义柱子的尺寸，然后选择合适的布置方式，如图1-24～图1-37所示。

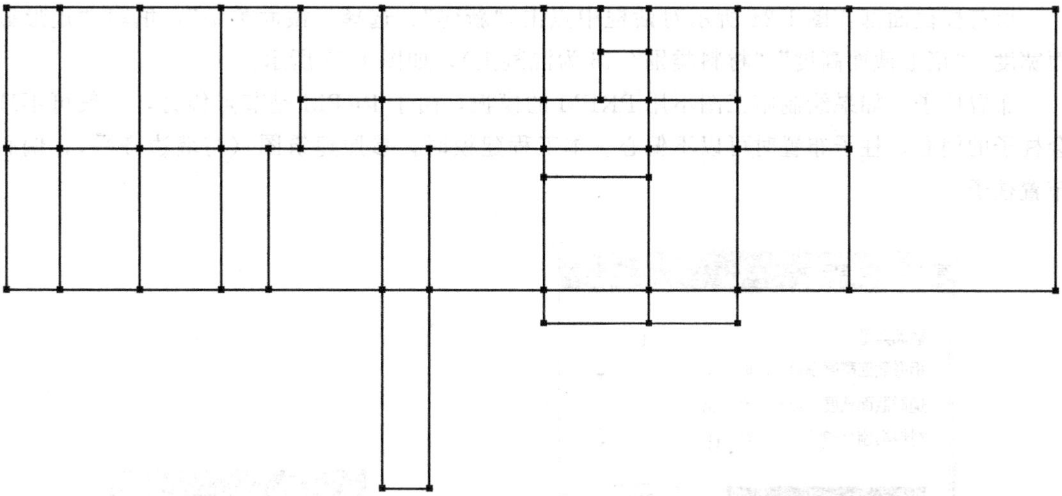

图 1-23　二层轴网

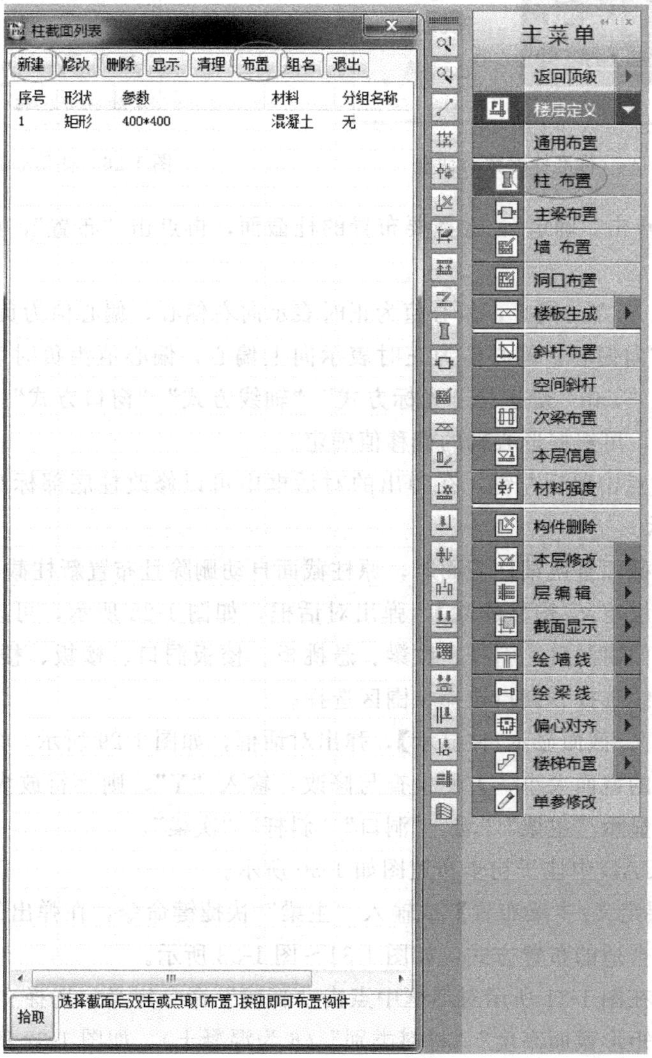

图 1-24　柱布置对话框

所有柱截面都在图1-24所示对话框中点击“新建”，选择“截面类型”，填写“矩形截面宽度”“矩形截面高度”“材料类别”（6为混凝土），如图1-25所示。

布置柱子，如果绘制施工图不用PKPM的模板，由于PKPM是节点传力，一般可不理会柱子的偏心，柱子布置时可以不偏心。本工程建模时，参照建筑图（与墙边齐平），偏心布置柱子。

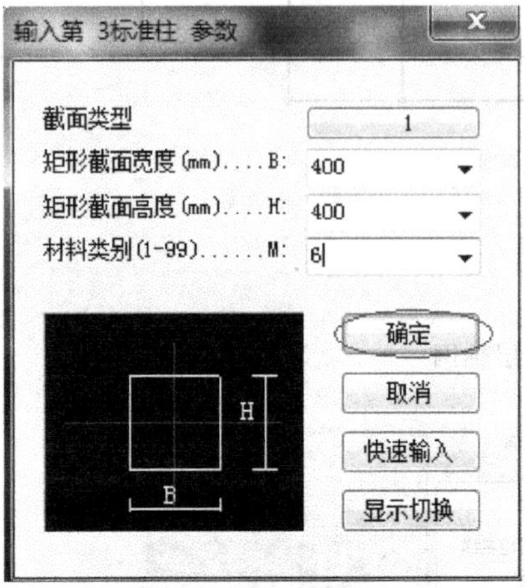

图1-25 标准柱参数对话框

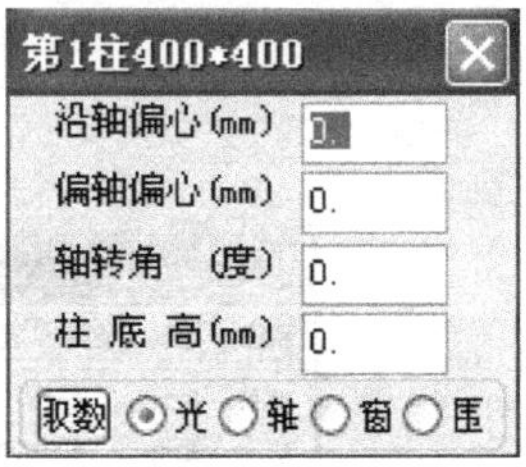

图1-26 柱偏心布置对话框

填写参数后，点击“确定”，选择要布置的柱截面，再点击“布置”，如图1-24、图1-26所示。

沿轴偏心指沿X方向偏心，偏心值为正时表示向右偏心，偏心值为负时表示向左偏心。偏轴偏心指沿Y方向偏心，偏心值为正时表示向上偏心，偏心值为负时表示向下偏心。可以根据实际需要按“Tab”键选择“光标方式”“轴线方式”“窗口方式”“围栏方式”布置柱。确定偏心值时，可根据形心轴的偏移值确定。

在PMCAD中点击鼠标左键，在弹出的对话框中可以修改柱底部标高实现柱长度的修改，如图1-27所示。

当用另一个柱截面替换某柱截面时，原柱截面自动删除且布置新柱截面；当要删除某柱截面时，点击【楼层定义/构件删除】，弹出对话框，如图1-28所示，可以勾选柱（程序还可以选择梁、墙、门窗洞口、斜杆、次梁、悬挑板、楼板洞口、楼板、楼梯）；删除的方式有：光标选择、轴线选择、窗口选择、围区选择。

点击【楼层定义/截面显示/柱显示】，弹出对话框，如图1-29所示，勾选“数据显示”，可以查看布置柱子的截面大小，方便检查与修改，输入“Y”，则字符放大，输入“N”，则字符缩小。还可以显示“主梁”“墙”“洞口”“斜杆”“次梁”。

该框架在PMCAD中柱子初步布置图如1-30所示。

⑤ 点击【楼层定义/主梁布置】或输入“主梁”快捷键命令，在弹出的对话框中定义主梁尺寸，然后选择合适的布置方式，如图1-31～图1-33所示。

所有梁截面都在图1-31所示对话框中点击“新建”命令定义，选择“截面类型”，填写“矩形截面宽度”“矩形截面高度”“材料类别”（6为混凝土），如图1-32所示。

可以参照柱子程序操作，进行“构件删除”“截面显示”操作。

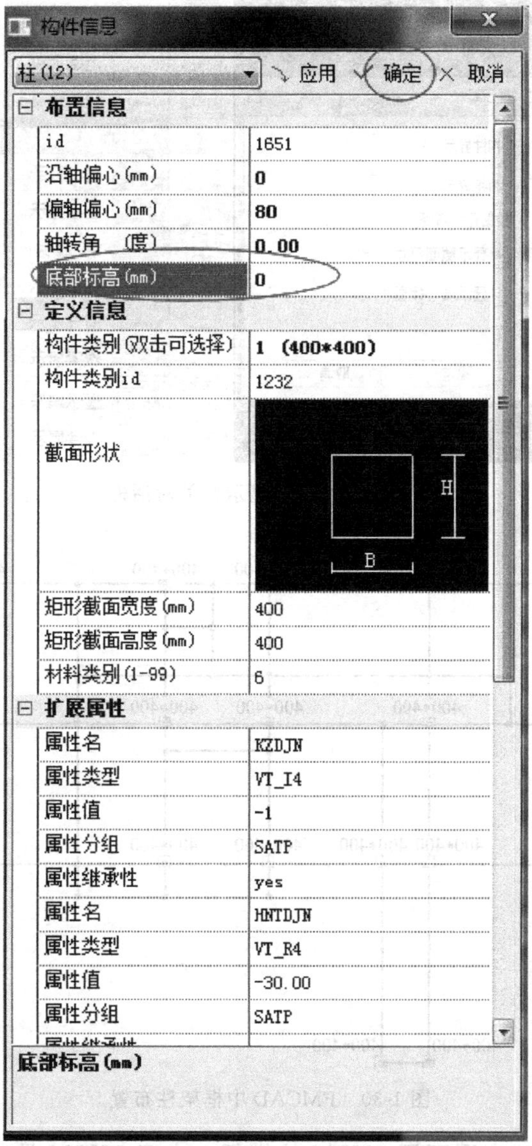

图 1-27 柱构件信息对话框

注：当有跃层柱时，跃层柱的建模可以采用如下操作，假如一个柱子穿越第一、第二、第三层，第一、第二层跃层柱处没有楼板，第三层有楼板，则可以在第三层布置柱子，再改变“底部标高”，把柱子拉下来，程序可以正确计算其受力及配筋。

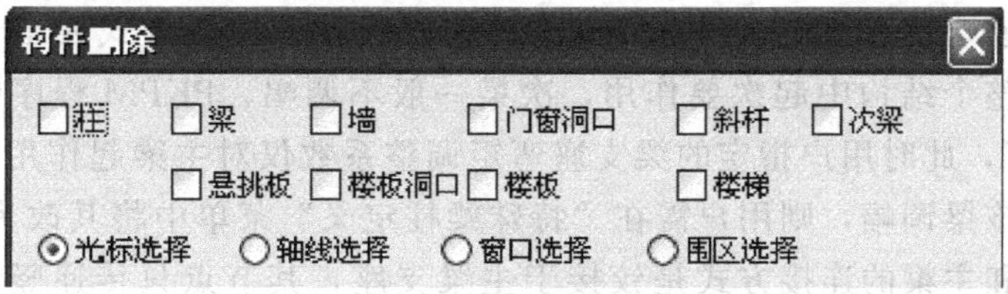

图 1-28 构件删除对话框

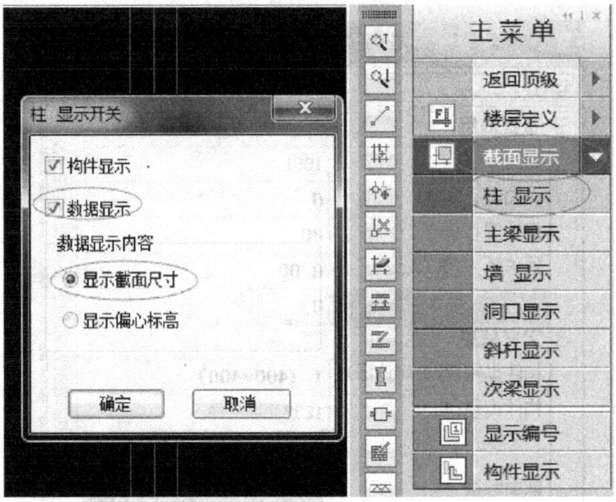

图 1-29 柱截面显示开关对话框

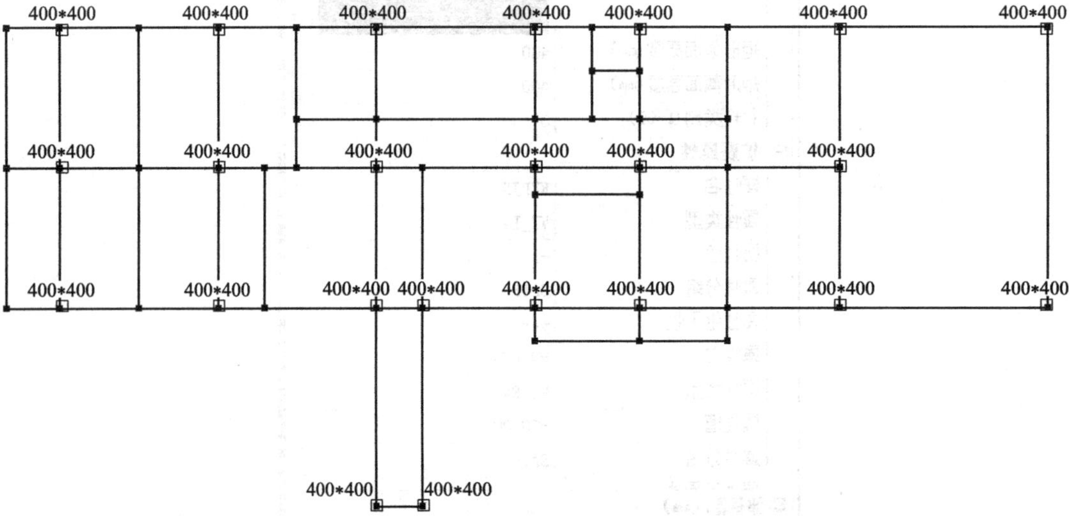

图 1-30 PMCAD 中框架柱布置

布置梁，如果绘制施工图不用 PKPM 的模板，由于 PKPM 是节点传力，一般不用理会梁的偏心，梁布置时可以不偏心。本工程建模时，参照建筑图（与墙边齐平），偏心布置梁。

填写参数后，点击“确定”，选择要布置的梁截面，再点击“布置”，如图 1-31、图 1-33 所示。

次梁一般可以以主梁的形式输入建模，按主梁输入的次梁与主梁刚接连接，不仅传递竖向力，还传递弯矩和扭矩，用户可对这种程序隐含的连接方式人工干预指定为铰接端，由于次梁在整个结构中起次要作用，次梁一般不调幅，PKPM 程序中次梁均隐含设定为“不调幅梁”，此时用户指定的梁支座弯矩调整系数仅对主梁起作用，对不调幅梁不起作用。如需对该梁调幅，则用户需在“特殊梁柱定义”菜单中将其改为“调幅梁”。按次梁输入的次梁和主梁的连接方式是铰接于主梁支座，其节点只传递竖向力，不传递弯矩和扭矩。

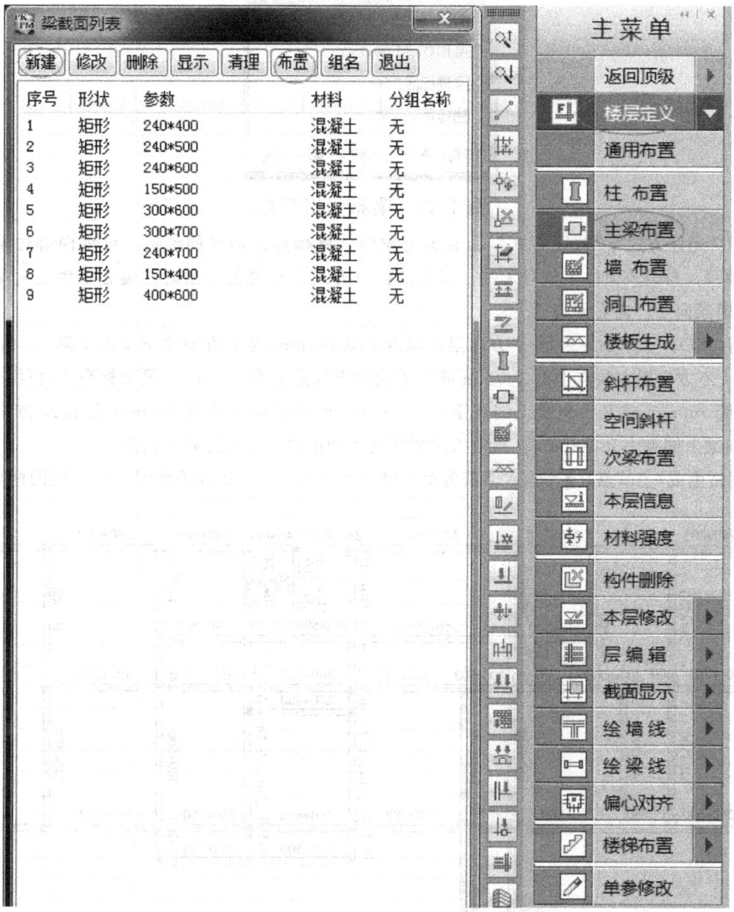

图 1-31 梁截面列表对话框

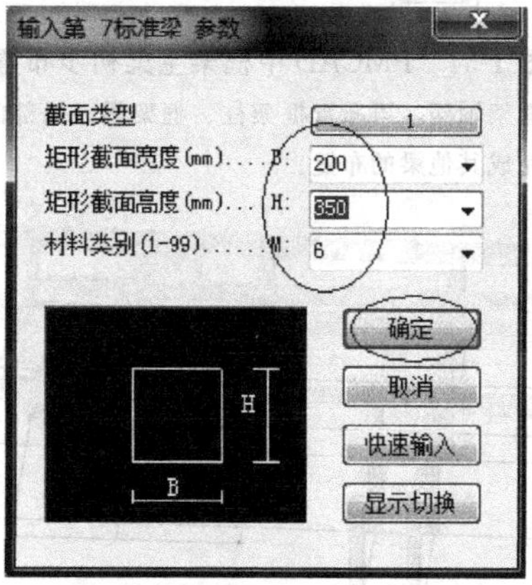

图 1-32 标准梁参数对话框

把定义的梁截面依次在 PMCAD 中布置，第二层梁最终布置图如图 1-34 所示。

当柱、梁布置后，可以点击屏幕上方的快捷键“透视视图”，通过查看该标准层的结构三维图，检查建模是否正确，如图 1-35 所示。

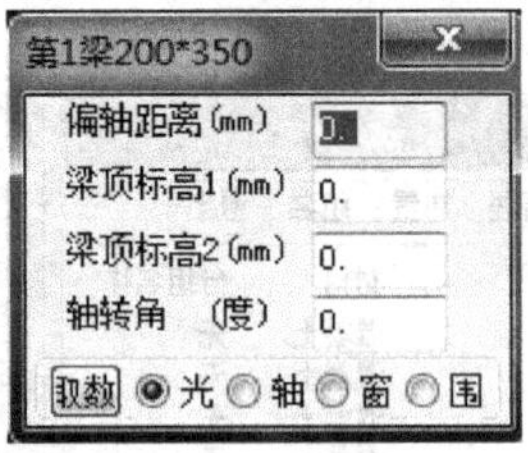

图 1-33 梁布置对话框

注：① 当用“光标方式”“轴线方式”布置偏心梁时，鼠标点击轴线的哪边，梁就向哪边偏心，偏心值在“偏轴距离”中填写，与输入值的正负号无关。当用“窗口方式”布置偏心梁时，偏心值为正时梁向上、向左偏心，偏心值为负时梁向下、向右偏心。

② 梁顶标高 1 填写－100mm 表示 X 方向梁左端点下降 100mm 或 Y 方向梁下端点下降 100mm；梁顶标高 1 填写 100mm 表示 X 方向梁左端点上升 100mm 或 Y 方向梁下端点上升 100mm；梁顶标高 2 填写－100mm 表示 X 方向梁右端点下降 100mm 或 Y 方向梁上端点下降 100mm；梁顶标高 2 填写 100mm 表示 X 方向梁右端点上升 100mm 或 Y 方向梁上端点上升 100mm。当输入梁顶标高改变值时，节点标高不改变。

③ 点击【网格生成/上节点高】，输入值若为负，则节点下降，与节点相连的梁、柱、墙的标高也随之下降。

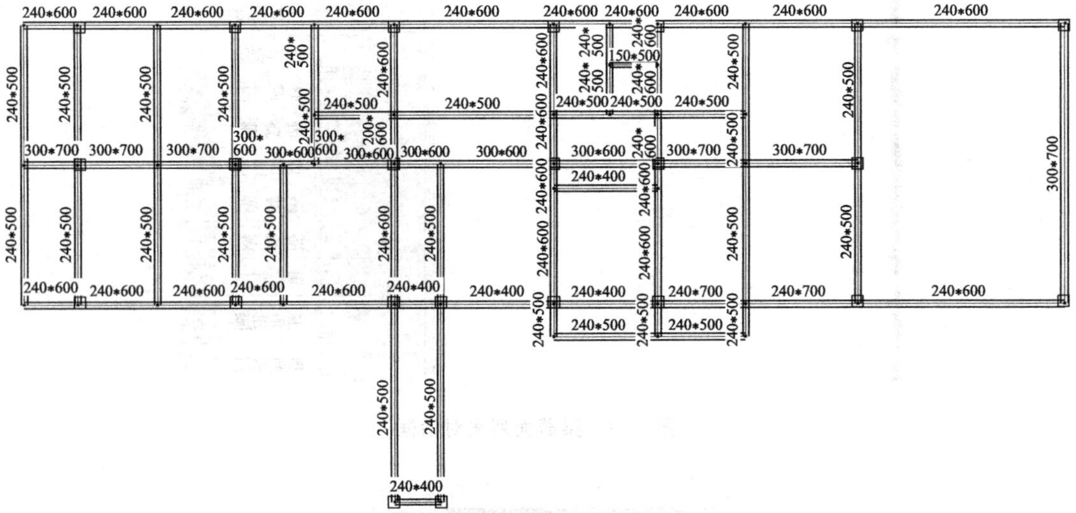

图 1-34 PMCAD 中框架主梁初步布置

注：建模时，也可以只先绘制主框架轴网，再布置框架柱、框架梁。局部的次梁、阳台等，可以利用“拖动复制”“平行直线”“两点直线”等命令完成其他梁的布置。

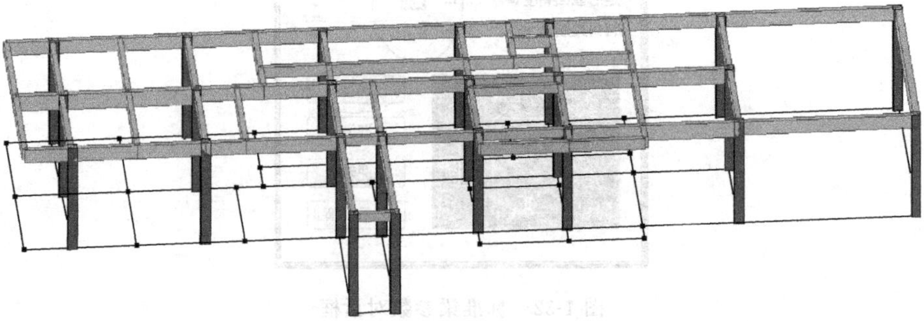

图 1-35 第二层“透视视图”

注：① 点击快捷键“实时漫游开关”，可以查看被渲染后的三维图。

② 按住键盘“Ctrl”，同时按住鼠标中键，移动鼠标，可以从不同的角度查看该层结构三维图。

③ 点击快捷键“平面视图”，可恢复到建模时的平面布置图。

⑥ 点击【楼层定义/楼板生成/生成楼板/修改板厚】，根据 1.2.3（图 1-5）布置楼板。程序默认为板厚为 100mm，应在“修改板厚”对话框中填写板厚度 120mm，用“光标选择”方式点击板厚为 120mm 的位置，最后将楼梯间处板厚改为 0，如图 1-36 所示。

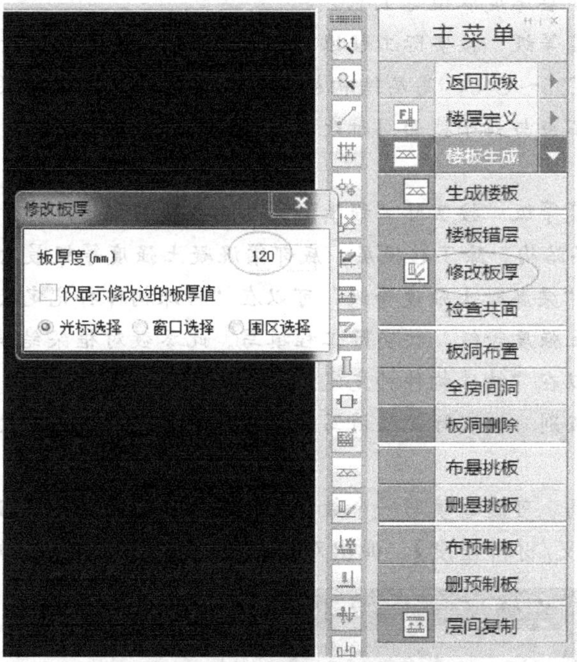

图 1-36　修改板厚对话框

注：① 点击【楼板生成/生成楼板】，查看板厚，如果与设计板厚不同，则点击【修改板厚】，填写实际板厚值(mm)，也可以布置悬挑板、错层楼板等。

② 除非定义弹性板，程序默认所有的现浇楼板都是刚性板。

⑦ 点击【楼层定义/本层信息】，弹出对话框，如图 1-37 所示。

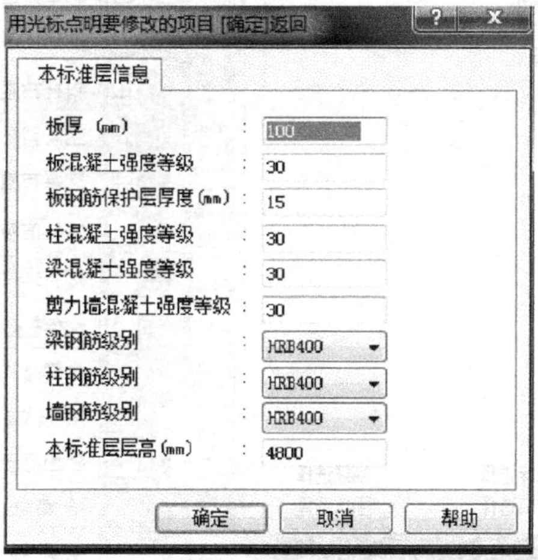

图 1-37　本层信息对话框

【参数注释】

(1) 板厚　此处软件自动生成的板厚，默认为 100mm，本工程板厚取值见 1.2.3。

(2) 板混凝土强度等级　对于普通的混凝土结构，“板混凝土强度等级”应根据实际工程填写，一般可取C25或C30。本工程填写C30。

(3) 板钢筋保护层厚度　应根据《混规》8.2.1、《混规》3.5.2选取，如表1-8、表1-9所示。一般C30时取15mm，C25时取20mm。对于屋面板，由于有防水层，其环境类别可取一类。本工程构件保护层厚度取值见1.5.2。

(4) 柱混凝土强度等级　按实际工程填写，本工程填写C30。对于多层结构，顶层一般取C30，底层一般取C35～C40，高层结构柱混凝土强度等级可能取更高。需要注意的是，柱子混凝土强度等级不应与柱子截面同时改变。“柱混凝土强度等级”可以在“特殊构件补充定义”中修改。

(5) 梁混凝土强度等级　按实际工程填写，本工程填写C30。对于多层结构，一般可取C25或C30，对于高层结构，除了转换层，底部梁混凝土强度等级最大值可取C35，顶部楼层一般取C25～C30。“梁混凝土强度等级”可以在“特殊构件补充定义”中修改。

(6) 剪力墙混凝土强度等级　按实际工程填写。此参数对框架结构不起作用。“剪力墙混凝土强度等级”可以在“特殊构件补充定义”中修改。

(7) 梁柱墙钢筋级别　按实际工程填写，现在大多采用三级钢HRB400，本工程采用三级钢HRB400。

(8) 本标准层层高　可随意填写一个数字。本层标准层高以楼层组装时的层高为准。

⑧ 点击【楼层定义/材料强度】，弹出对话框，如图1-38所示，可以显示在“本层信

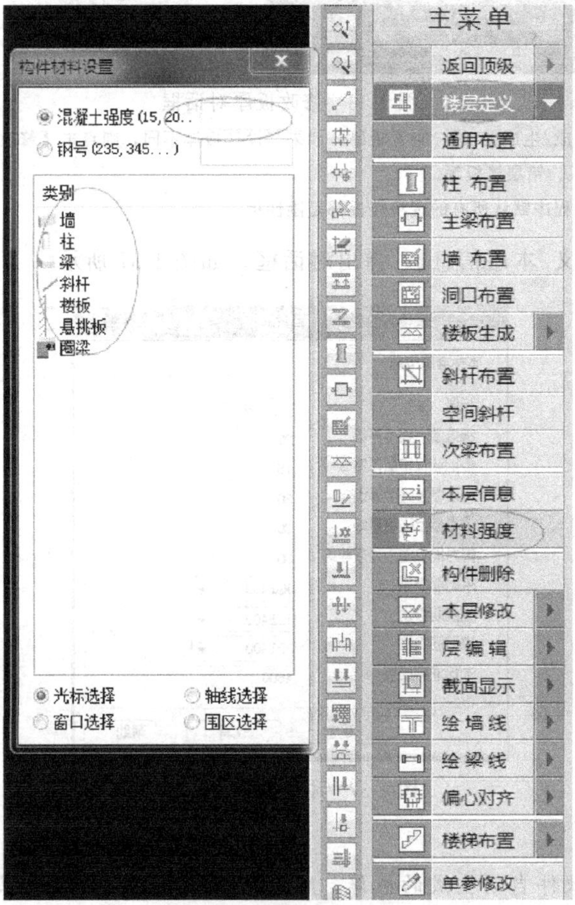

图1-38　材料强度对话框

息”中定义的各构件混凝土强度等级，在此对话框中，可以通过点击不同构件查看其混凝土强度等级，也可以单独设定某构件的混凝土强度等级，通过“光标选择”“轴线选择”“窗口选择”“围区选择”来布置构件的混凝土强度等级。

⑨ 点击【荷载输入/恒活设置】，如图 1-39 所示。

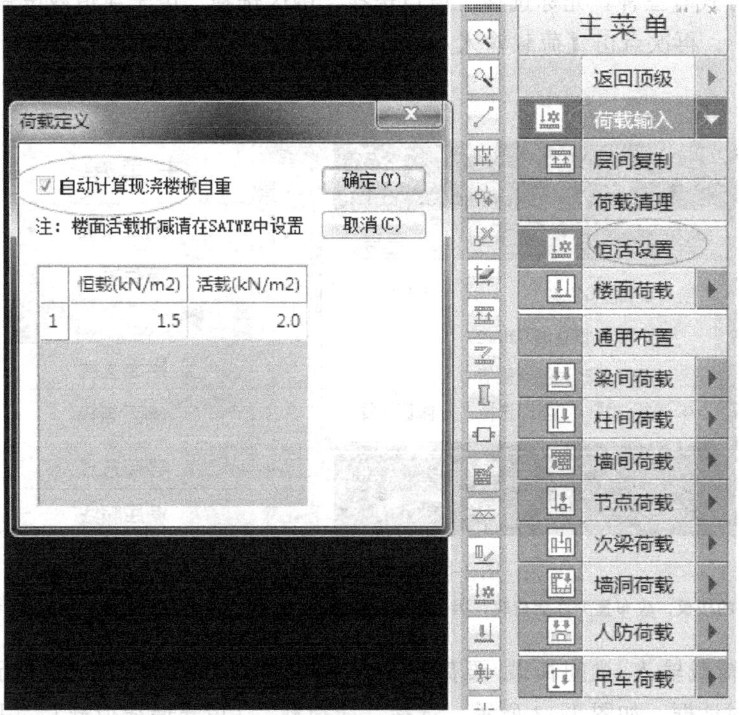

图 1-39 恒活设置对话框

注：①“自动计算现浇板自重”选项可勾选也可不勾选。勾选后，恒载（标准值）只需填写附加恒载，不勾选，则恒载为：板自重+附加恒载。本工程勾选，第一标准层楼板附加恒载按图 1-7 输入。

② 输入楼板荷载前必须生成楼板，没有布置楼板的房间不能输入楼板荷载。所有的荷载值均为标准值。

③ 二跑楼梯均可以面荷载的形式导入楼梯荷载，板梯间处的板可以按程序默认的板导荷方式，而不用将导荷方式改为单向传力，配筋时，适当放大楼梯间框架梁底筋。

点击【荷载输入/楼面荷载/楼面恒载】，弹出对话框，如图 1-40 所示，可以输入恒载

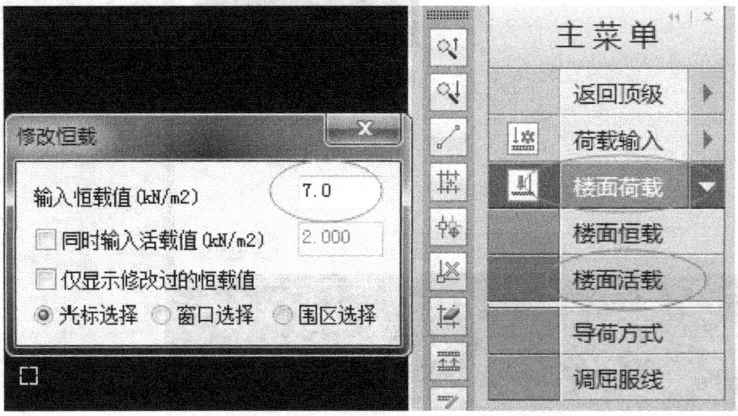

图 1-40 楼面恒载对话框

值，恒载布置方式有三种：光标选择、窗口选择、围区选择。由于在恒载设置里面将恒载设为1.5kN/m²，参照图1-7，多次点击【荷载输入/楼面荷载/楼面恒载】，将楼梯间恒载改为7.0kN/m²，卫生间恒载改为4kN/m²。

点击【荷载输入/楼面荷载/楼面活载】，弹出对话框，如图1-41所示；可以输入活载值，活载布置方式有三种：光标选择、窗口选择、围区选择。由于在恒载设置里面将活载设置为2.0kN/m²，再次点击【荷载输入/楼面荷载/楼面活载】，采用光标选择，按照图1-41修改活荷载。

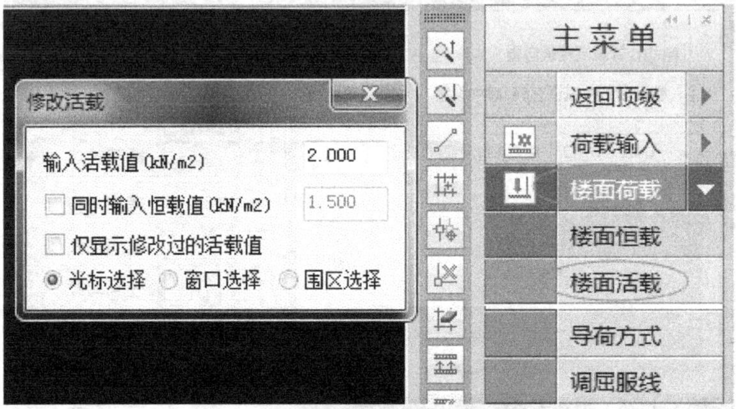

图1-41 楼面活载对话框

注：板厚为0的楼板，应布置少许活荷载，因为没有活荷载，程序不能进行荷载组合，容易使计算分析失误。

⑩ 点击【荷载输入/梁间荷载/梁荷定义】，弹出对话框，如图1-42所示；点击添加，弹出选择类型对话框，如图1-43所示，选择“线荷载”（填充墙线荷载），用鼠标点击“线

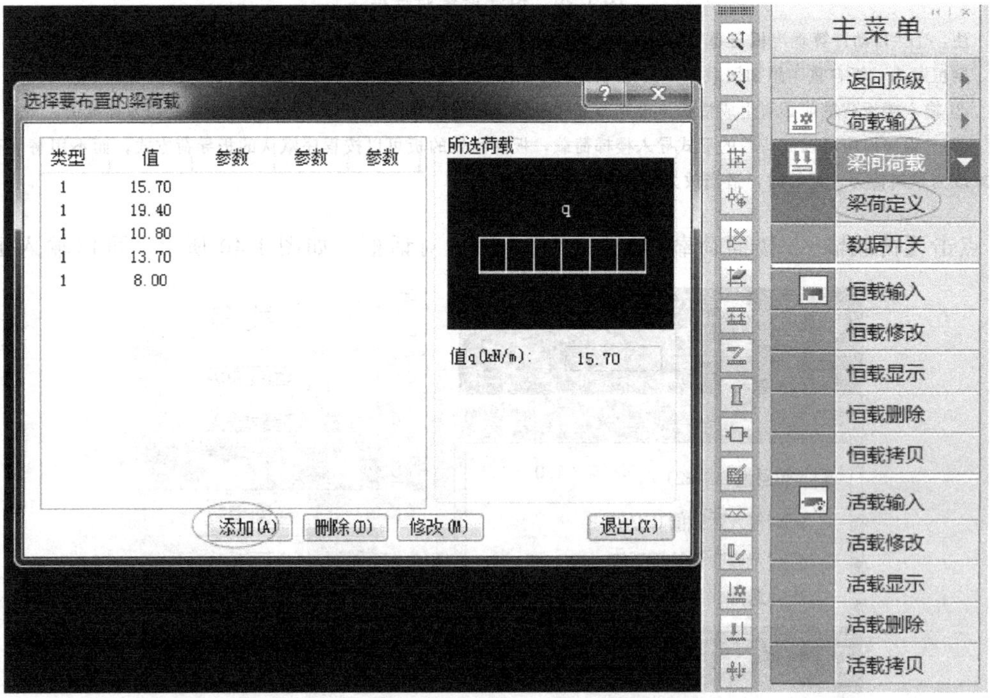

图1-42 梁荷定义对话框

荷载"，弹出"竖向线荷载"定义对话框，如图1-44所示，参照图1-42，依次定义所有类型线荷载。

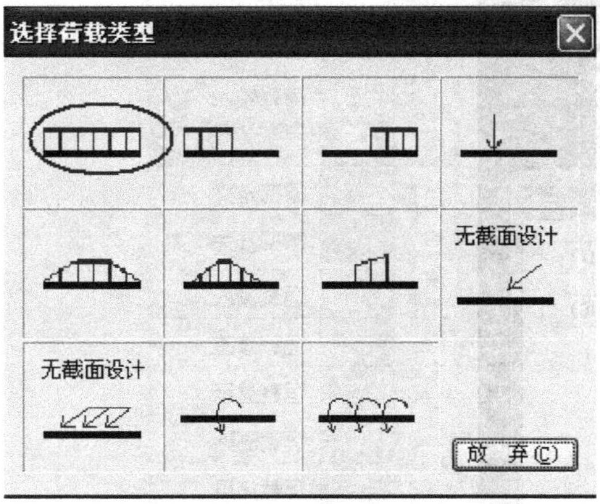

图1-43 选择荷载类型对话框

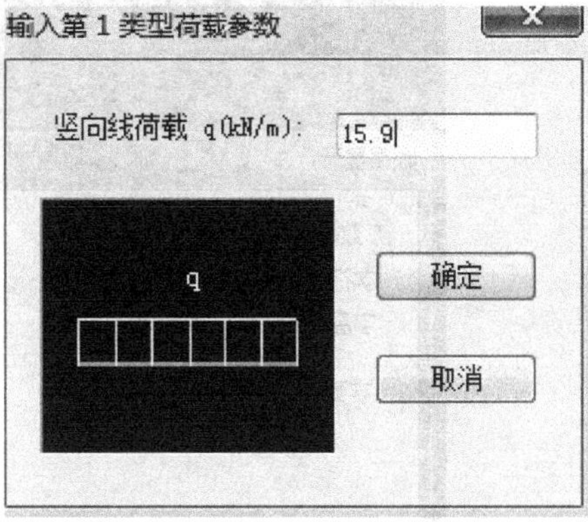

图1-44 竖向线荷载定义对话框

点击【恒载输入】，弹出布置的梁荷载对话框，如图1-45所示。用鼠标选择15.7kN/m，再点击"布置"，采用光标方式，参照图1-12，把15.7kN/m布置在指定的梁上。再点击【恒载输入】，选择线其他荷载，参照图1-12，将其布置在指定的梁上。

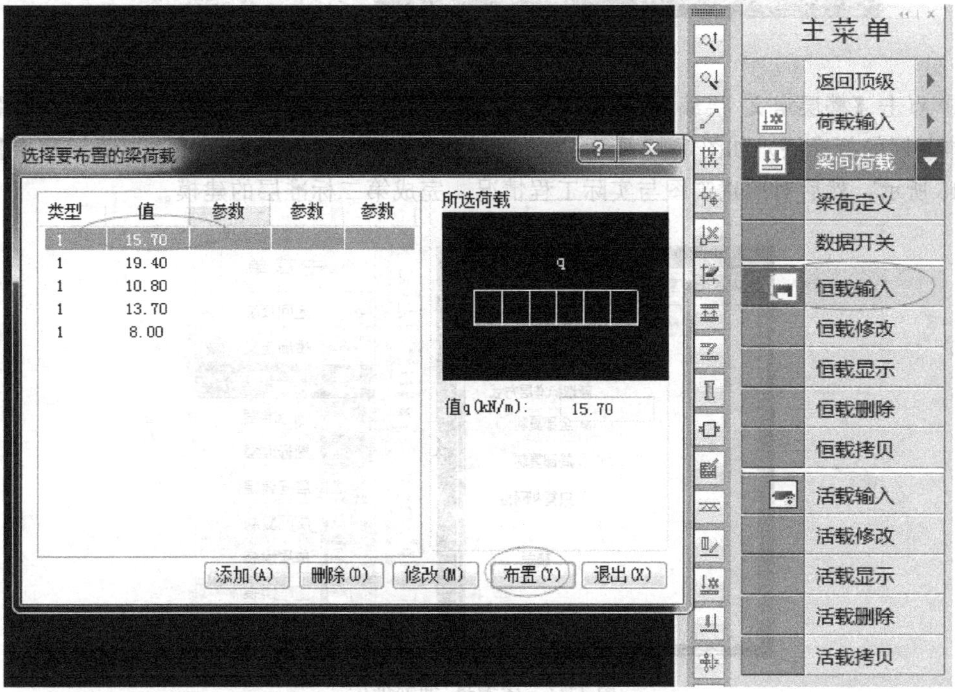

图1-45 恒载输入对话框

注：按"Tab"键可以切换梁布置方式：光标方式、窗口方式、围栏方式、轴线方式；当大部分梁线荷载相同时，可以用轴线方式或窗口方式，局部不同的线荷载可以单独布置。梁线荷载可以叠加。

点击【梁间恒载/数据开关】，弹出对话框，如图1-46所示，勾选"数据显示"，点击"确定"，可以显示布置的梁线荷载大小，方便检查与修改。当线荷载布置错误时，点击【恒载删除】，可以删除布置的线荷载，删除方式有：光标方式、轴线方式、窗口方式、围栏方式。

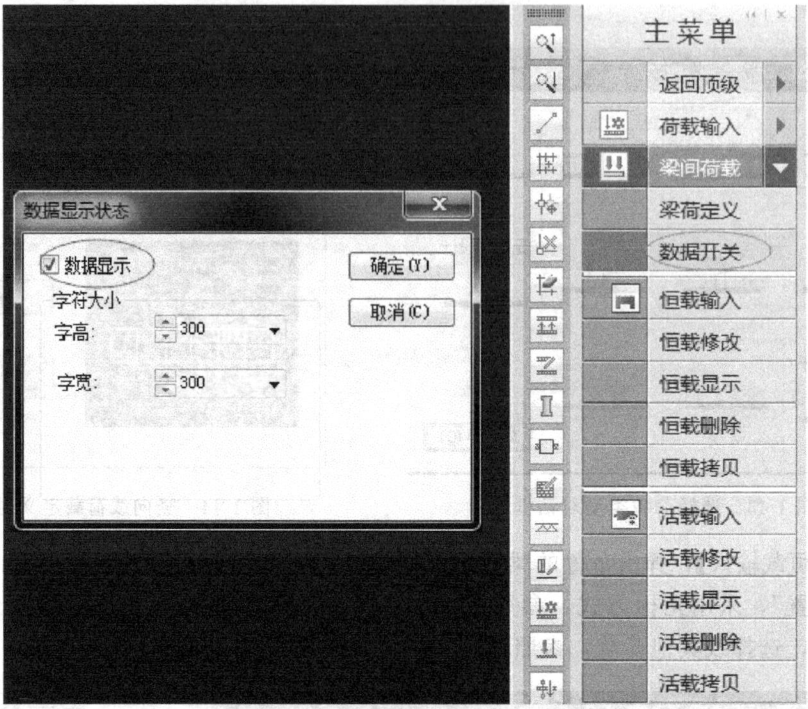

图 1-46　数据开关对话框

⑪ 点击【楼层定义/层编辑/插标准层】，定义第二标准层。一般选择全部复制（用于复制基本相同的标准层）如图 1-47 所示，也可点击屏幕的左上方，选择【添加新标准层】，如图 1-48 所示，然后对照建筑图与实际工程情况，完成第二标准层的建模。

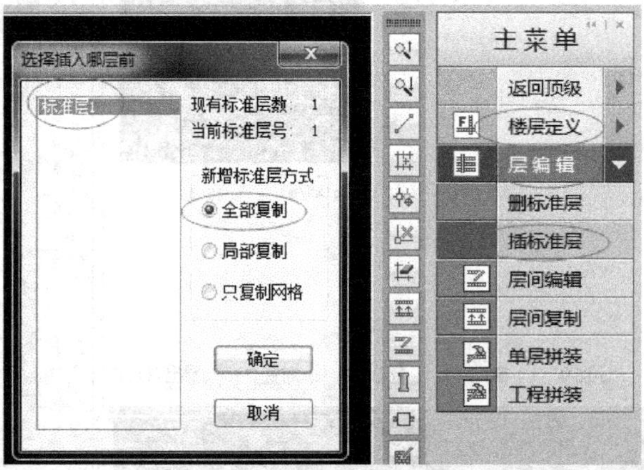

图 1-47　层编辑/插标准层

注：① 选择的是"标准层 1"，则添加新的标准层是以"标准层 1"为模板复制。

②【局部复制】是用于复制局部楼层相同的标准层，【只复制网格】用于复制楼层布置不相同的标准层。

⑫ 点击【楼层定义/层编辑/插标准层】，在第一标准层前面，以第一标准层为模板，对照图 1-1、图 1-12，完成地梁层的建模，点击【楼层定义/楼板生成/全房间洞口】，完成地梁标准层的建模。

图 1-48 添加新标准层对话框

⑬ 点击【结构/PMCAD/建筑模型与荷载输入】→【设计参数】，如图 1-49～图 1-53 所示。点击【总信息】，如图 1-49 所示。

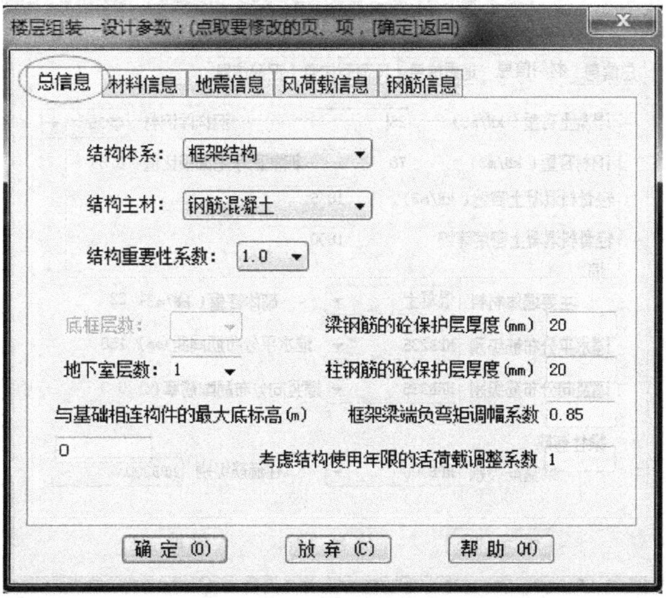

图 1-49 总信息对话框

注：以上参数填写后，有些仍可以在 SATWE 中修改，以 SATWE 为准。

【参数注释】

(1) 结构体系 根据工程实际填写，本工程为框架结构。

(2) 结构主材 根据实际工程填写。框架、框-剪、剪力墙、框筒、框支剪力墙等混凝土结构可选择“钢筋混凝土”；对于砌体与底框，可选择“砌体”；对于单层、多层钢结构厂房及钢框架结构，可选择“钢”，本工程为钢筋混凝土。

(3) 结构重要性系数 1.1、1.0、0.9 三个选项，《建筑结构可靠度设计统一标准》(GB 50068—2001) 规定：对安全等级分别为一、二、三级或设计使用年限分别为 100 年及以上、50 年、5 年时，重要性安全系数分别不应小于 1.1、1.0、0.9，一般工程可填写 1.0，本工程填写 1.0。

(4) 地下室层数 如实填写，本工程填写 1。

(5) 梁、柱钢筋的混凝土保护层厚度 根据《混规》第 8.2.1 条、《混规》3.5.2 如实填写，对于普通的混凝土结构，梁、柱钢筋的混凝土保护层厚度一般可取 20mm，规范规定纵筋保护层厚度不应小于纵筋公称直径，20＋箍筋，一般都能大于纵筋公称直径，本工程填写 20。

(6) 框架梁端负弯矩调幅系数　一般可填写 0.85，本工程填写 0.85。

(7) 考虑结构使用年限的活荷载调整系数　一般可填写 1.0，本工程填写 1.0。

(8) 与基础相连构件的最大底标高（m）　程序默认值为 0。某坡地框架结构，若局部基础顶标高分别为－2.00m，－6.00m，楼层组装时底标高为 0.00 时，则“与基础相连构件的最大底标高”填写 4.00m 时程序才能分析正确，程序会把低于此数值的构件节点设为嵌固，这样就能兼顾不同基础埋深的情况。如果楼层组装时底标高填写－6.00，则与基础相邻构件的最大底标高填写－2.00 才能分析正确。本工程填写 0。

点击【材料信息】，如图 1-50 所示。

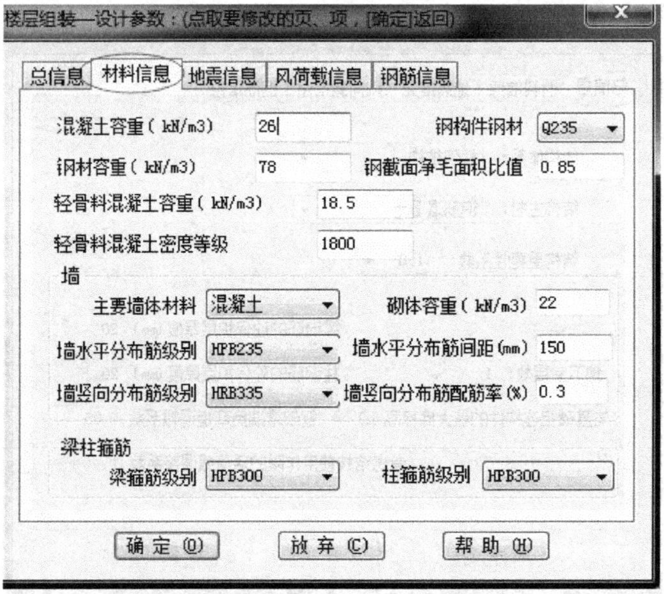

图 1-50　材料信息对话框

注：以上参数填写后，有些仍可以在 SATWE 中修改，以 SATWE 为准。

【参数注释】

(1) 混凝土容重　对于框架结构，可取 26；对于框剪结构，可取 26.5；对于剪力墙结构，可取 27；本工程填写 26。

(2) 墙　“主要墙体材料”一般可填写混凝土；“墙水平分布筋类别、墙竖向分布筋类别”应按实际工程填写，一般可填写 HRB400；当结构为框架结构时，各个参数对框架结构不起控制作用，如框架结构中有少量的墙，应如实填写。本工程可按默认值。

(3) 梁、柱箍筋类别　应按设计院规定或当地习惯、市场购买情况填写；规范规定 HPB300 级钢筋为箍筋的最小强度等级；钢筋强度等级越低延性越好，强度等级越高，一般比较省钢筋。现多数设计院在设计时，梁、柱箍筋类别一栏填写 HRB400，有的设计院也习惯选取 HPB300，本工程跨度不大，荷载较小，不是强度控制，填写 HPB300。

(4) 钢构件钢材　按实际工程填写。此参数对混凝土结构不起作用，本工程可按默认值。

(5) 钢截面净毛面积比重　按实际工程填写，一般可填写 0.85～1.0，此参数对混凝土结构不起作用；一般来说，为了安全，可以取 0.85，在实际工程中，由于钢结构开孔比较少，为了节省材料，可取 0.9；本工程按默认值。

(6) 钢材容重　按实际工程填写，此参数对混凝土结构不起作用。对于钢结构，可按默认值 78。本工程按默认值。

(7) 轻骨料混凝土容重、轻骨料混凝土密度等级、砌体容重”　可按默认值，分别为 18.5、1800、22。

(8) 墙水平分布筋间距　一般可填写 200mm。此参数对框架结构不起作用，本工程可按默认值。

(9) 墙竖向分布筋配筋率　《抗规》6.4.3 中“一、二、三级抗震墙的竖向和横向分布钢筋最小配筋率均不应小于 0.25%，四级抗震墙分布钢筋最小配筋率不应小于 0.2%”；需要注意的是，高度小于 24m 且剪压比很小的四级抗震墙，其竖向分布筋的最小配筋率允许按 0.15%采用，本工程可按默认值。

点击【地震信息】，如图 1-51 所示。

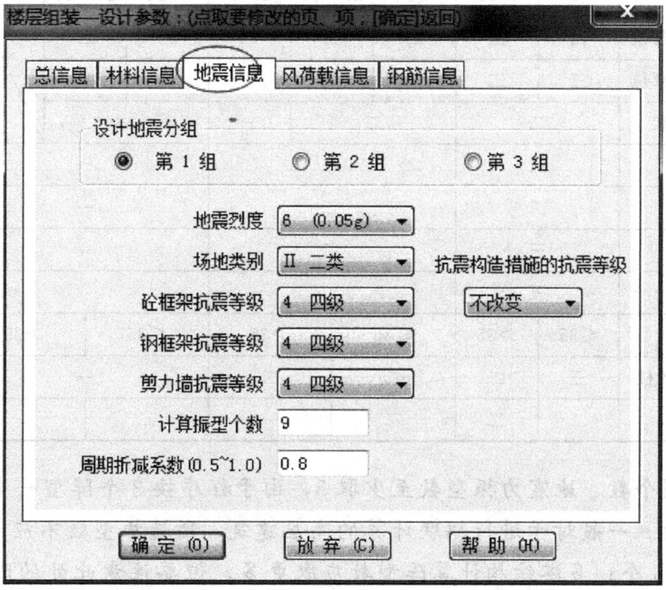

图 1-51　地震信息对话框

注：以上参数填写后，有些仍可以在 SATWE 中修改，以 SATWE 为准。

【参数注释】

(1) 设计地震分组　根据实际工程情况查看《抗规》附录 A。本工程为第一组。

(2) 地震烈度　根据实际工程情况查看《抗规》附录 A。本工程为 6 度设防。

(3) 场地类别　根据《地质勘测报告》测试数据计算判定。本工程为Ⅱ类。

注意：地震烈度、设计地震分组、场地土类型三项直接决定了地震计算所采用的反应谱形状，对水平地震力的大小起到决定性作用。

(4) 混凝土框架抗震等级、剪力墙抗震等级、钢框架抗震等级　丙类建筑按本地区抗震设防烈度计算，根据《抗规》6.1.2 或《高层建筑混凝土结构技术规程》(简称《高规》，JGJ 3—2010)。3.9.3 选择，如表 1-10 所示。乙类建筑，按本地区抗震设防烈度提高一度查表选择。建筑分类见《建筑工程抗震设防分类标准》(GB 50223—2008)。

混凝土框架抗震等级、剪力墙抗震等级根据实际工程情况查看表 1-10，本工程框架为四级。

表 1-10 现浇钢筋混凝土房屋的抗震等级

<table>
<tr><td colspan="3" rowspan="2">结构类型</td><td colspan="12">设防烈度</td></tr>
<tr><td colspan="2">6</td><td colspan="4">7</td><td colspan="4">8</td><td colspan="2">9</td></tr>
<tr><td rowspan="3">框架结构</td><td colspan="2">高度/m</td><td>≤24</td><td>>24</td><td colspan="2">≤24</td><td colspan="2">>24</td><td colspan="2">≤24</td><td colspan="2">>24</td><td colspan="2">≤24</td></tr>
<tr><td colspan="2">框架</td><td>四</td><td>三</td><td colspan="2">三</td><td colspan="2">二</td><td colspan="2">二</td><td colspan="2">一</td><td colspan="2">一</td></tr>
<tr><td colspan="2">大跨度框架</td><td colspan="2">三</td><td colspan="4">二</td><td colspan="4">一</td><td colspan="2">一</td></tr>
<tr><td rowspan="3">框架-抗震墙结构</td><td colspan="2">高度/m</td><td>≤60</td><td>>60</td><td>≤24</td><td colspan="2">25～60</td><td>>60</td><td>≤24</td><td colspan="2">25～60</td><td>>60</td><td>≤24</td><td>25～50</td></tr>
<tr><td colspan="2">框架</td><td>四</td><td>三</td><td>四</td><td colspan="2">三</td><td>二</td><td>三</td><td colspan="2">二</td><td>一</td><td>二</td><td>一</td></tr>
<tr><td colspan="2">抗震墙</td><td colspan="2">三</td><td>三</td><td colspan="3">二</td><td>二</td><td colspan="3">一</td><td colspan="2">一</td></tr>
<tr><td rowspan="2">抗震墙结构</td><td colspan="2">高度/m</td><td>≤80</td><td>>80</td><td>≤24</td><td colspan="2">25～80</td><td>>80</td><td>≤24</td><td colspan="2">25～80</td><td>>80</td><td>≤24</td><td>25～60</td></tr>
<tr><td colspan="2">剪力墙</td><td>四</td><td>三</td><td>四</td><td colspan="2">三</td><td>二</td><td>三</td><td colspan="2">二</td><td>一</td><td>二</td><td>一</td></tr>
<tr><td rowspan="4">部分框支抗震墙结构</td><td colspan="2">高度/m</td><td>≤80</td><td>>80</td><td>≤24</td><td colspan="2">25～80</td><td>>80</td><td>≤24</td><td colspan="2">25～80</td><td rowspan="4"></td><td colspan="2" rowspan="4"></td></tr>
<tr><td rowspan="2">抗震墙</td><td>一般部位</td><td>四</td><td>三</td><td>四</td><td colspan="2">三</td><td>二</td><td>三</td><td colspan="2">二</td></tr>
<tr><td>加强部位</td><td>三</td><td>二</td><td>三</td><td colspan="2">二</td><td>一</td><td>二</td><td colspan="2">一</td></tr>
<tr><td colspan="2">框支层框架</td><td colspan="2">二</td><td colspan="3">二</td><td>一</td><td colspan="3">一</td></tr>
<tr><td rowspan="2">框架-核心筒结构</td><td colspan="2">框架</td><td colspan="2">三</td><td colspan="4">二</td><td colspan="4">一</td><td colspan="2">一</td></tr>
<tr><td colspan="2">核心筒</td><td colspan="2">二</td><td colspan="4">二</td><td colspan="4">一</td><td colspan="2">一</td></tr>
<tr><td rowspan="2">筒中筒结构</td><td colspan="2">外筒</td><td colspan="2">三</td><td colspan="4">二</td><td colspan="4">一</td><td colspan="2">一</td></tr>
<tr><td colspan="2">内筒</td><td colspan="2">三</td><td colspan="4">二</td><td colspan="4">一</td><td colspan="2">一</td></tr>
<tr><td rowspan="3">板柱-抗震墙结构</td><td colspan="2">高度/m</td><td>≤35</td><td>>35</td><td colspan="2">≤35</td><td colspan="2">>35</td><td colspan="2">≤35</td><td colspan="2">>35</td><td colspan="2" rowspan="3"></td></tr>
<tr><td colspan="2">框架、板柱的柱</td><td>三</td><td>二</td><td colspan="2">二</td><td colspan="2">二</td><td colspan="4">一</td></tr>
<tr><td colspan="2">抗震墙</td><td>二</td><td>二</td><td colspan="2">二</td><td colspan="2">一</td><td colspan="2">二</td><td colspan="2">一</td></tr>
</table>

(5) 计算振型个数　地震力振型数至少取3，由于程序按3个阵型一页输出，所以振型数最好为3的倍数。一般对于进行耦联计算的高层建筑，所选振型数不应小于9个，对于高层建筑应至少取15个；多塔结构计算阵型数应取更多，但要注意此处的阵型数不能超过结构的固有阵型的总数（刚性楼板假定时），比如一个规则的两层结构，采用刚性楼板假定，共6个有效自由度，此时阵型个数最多取6，否则会造成地震力计算异常。对于复杂、多塔以及平面不规则的建筑计算振型个数要多选，一般要求有效质量数大于90%。振型数取得越多，计算一次时间越长。本工程由于建了地梁层，可取9。

(6) 地震影响系数　计算各振型地震影响系数所采用的结构自振周期应考虑非承重填充墙体对结构刚度增强的影响，采用周期折减予以反应。因此当承重墙体为填充砖墙时，高层建筑结构的计算自振周期折减系数可按《高规》4.3.17取值：①框架结构可取0.6～0.7；②框架-剪力墙结构可取0.7～0.8；③框架-核心筒结构可取0.8～0.9；④剪力墙结构可取0.8～1.0。注：厂房和砖墙较少的民用建筑，周期折减系数一般取0.80～0.85，砖墙较多的民用建筑取0.6～0.7，（一般取0.65）。框架-剪力墙结构：填充墙较多的民用建筑取0.70～0.80，填充墙较少的公共建筑可取大些（0.80～0.85）。剪力墙结构：取0.9～1.0，有填充墙取低值，无填充墙取高值，一般取0.95。本工程填写0.8。

(7) 抗震构造措施的抗震等级　一般选择不改变。当建筑类别不同（比如甲类、乙类），场地类别不同时，应按相关规定填写，如表1-11所示。本工程不改变。

表 1-11 决定抗震构造措施的烈度

建筑类别	场地类别	设计基本地震加速度(g)和设防烈度					
		0.05	0.1	0.15	0.2	0.3	0.4
		6	7	7	8	8	9
甲、乙类	Ⅰ	6	7	7	8	8	9
	Ⅱ	7	8	8	9	9	9+
	Ⅲ、Ⅳ	7	8	8+	9	9+	9+
丙类	Ⅰ	6	6	6	7	7	8
	Ⅱ	6	7	7	8	8	9
	Ⅲ、Ⅳ	6	7	8	8	9	9

点击【风荷载信息】，如图 1-52 所示。

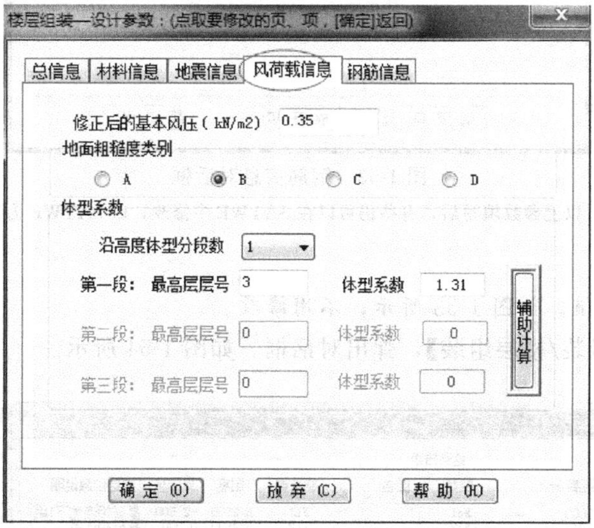

图 1-52 风荷载信息对话框

注：以上参数填写后，有些仍可以在 SATWE 中修改，以 SATWE 为准。

【参数注释】

(1) 修正后的基本风压　一般工程按荷载规范给出的 50 年一遇的风压采用（直接查《荷规》）；对于沿海地区或强风地带等，应将基本风压放大 1.1～1.2 倍；本工程为 0.35。

注：风荷载计算自动扣除地下室的高度。

(2) 地面粗糙类别　该选项是用来判定风场的边界条件，直接决定了风荷载沿建筑高度的分布情况，必须按照建筑物所处环境正确选择。相同高度建筑风荷载 A>B>C>D。本工程为 B 类。

A 类：近海海面，海岛、海岸、湖岸及沙漠地区。

B 类：指田野、乡村、丛林、丘陵及中小城镇和大城市郊区。

C 类：指有密集建筑群的城市市区。

D 类：指有密集建筑群且房屋较高的城市市区。

(3) 体型分段数　默认 1，一般不改。现代多、高层结构立面变化较大，不同的区段内的体型系数可能不一样，程序限定体型系数最多可分三段取值。若建筑物立面体型无变化时填 1。对于（基础梁与上部结构共同分析计算的）多层框架或（地下室顶板不作为上部结构嵌固端的）高层当定义底层为地下室后，体形分段数应只考虑上部结构，程序会自动扣除地下室部分的风载。

点击【钢筋信息】，如图 1-53 所示。

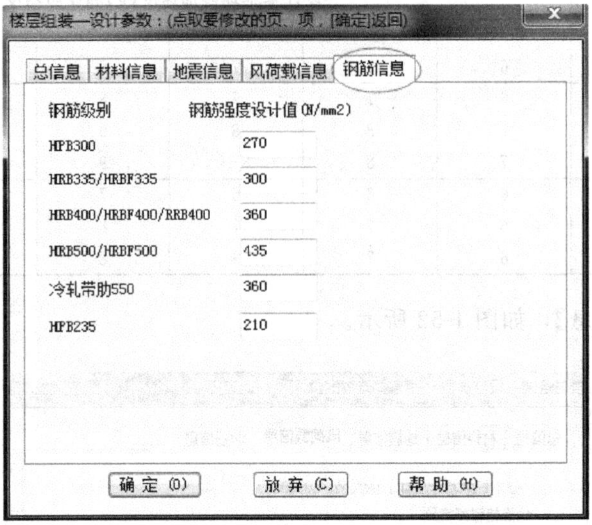

图 1-53 钢筋信息对话框

注：以上参数填写后，有些仍可以在 SATWE 中修改，以 SATWE 为准。

【参数注释】

一般可采用默认值，如图 1-53 所示，不用修改。

⑭ 点击【楼层组装/楼层组装】，弹出对话框，如图 1-54 所示。

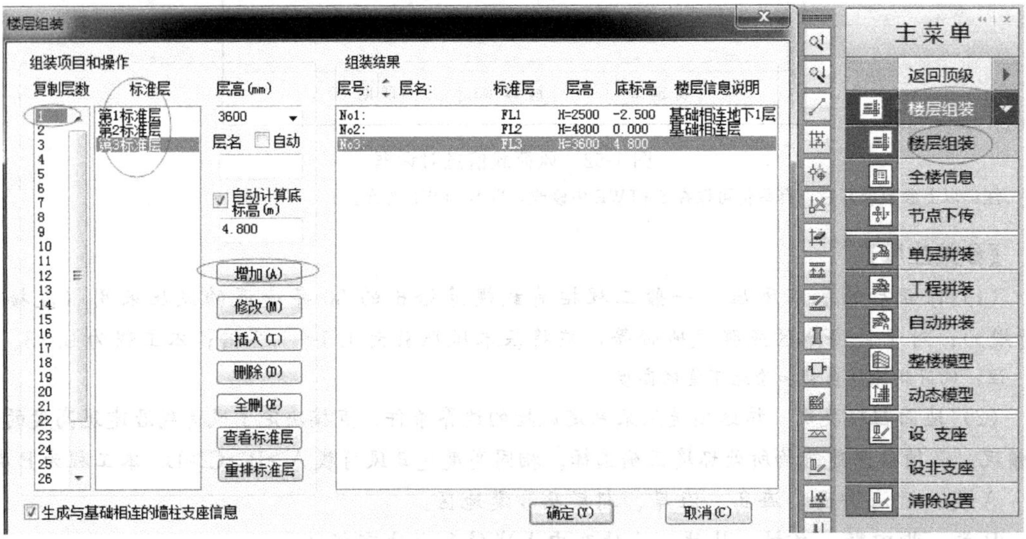

图 1-54 楼层组装对话框

注：① 楼层组装的方法是：选择“标准层”号，输入层高，选择“复制层数”，点击“增加”，在右侧“组装结果”栏中显示组装后的自然楼层。需要修改组装后的自然楼层，可以点击“修改”“插入”“删除”等进行操作。为保证首层竖向构件计算长度正确，该层层高通常从基础顶面算起。结构标准层仅要求平面布置相同，不要求层高相同。

② 普通楼层组装应选择“自动计算底标高（m）”，以便由软件自动计算各自然层的底标高，如采用广义楼层组装方式不选择该项。

③ 广义楼层组装时可以为每个楼层指定“层底标高”，该标高是相对于±0.000 标高，此时应不勾选“自动计算底标高（m）”，填写要组装的标准层相对于±0.000 标高。广义楼层组装允许每个楼层不局限于和唯一的上、下层相连，而可能上接多层或下连多层。广义楼层组装方式适用于错层多塔、连体结构的建模。

④ 首层层高通常从基础顶面算起。本工程嵌固端取在－0.500m 处，－0.500m 以下做短柱。

点击【整楼模型】，弹出“组装方案对话框”，如图 1-55 所示。点击确定，出现该工程三维模型，如图 1-56 所示。

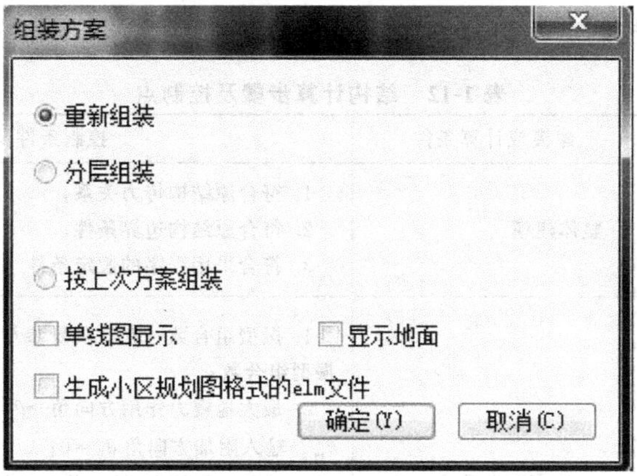

图 1-55 组装方案对话框

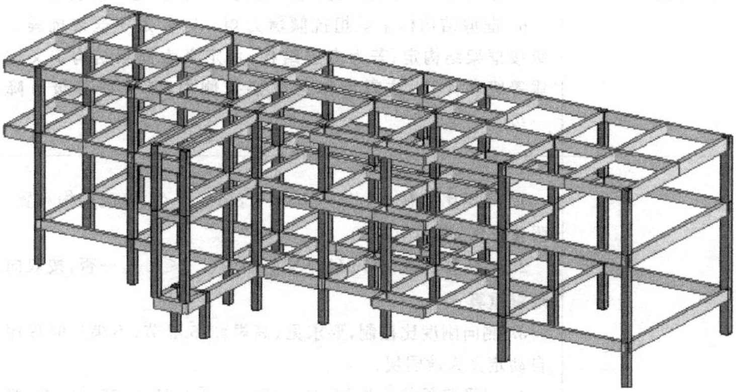

图 1-56 派出所楼层组装三维模型图

图 1-57 PMCAD 主菜单

⑮ 点击【保存/退出】，如图 1-57～图 1-59 所示。

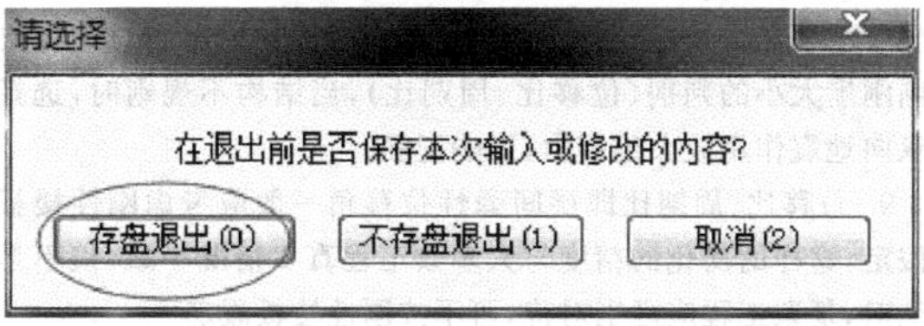

图 1-58 存盘退出（1）

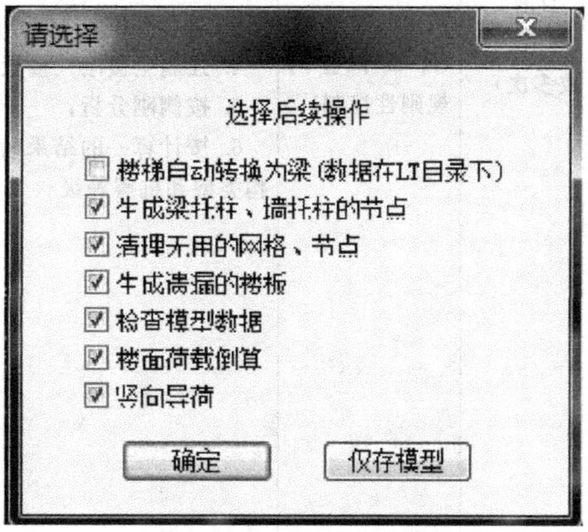

图 1-59 存盘退出（2）

1.7 结构计算步骤及控制点

“结构计算步骤及控制点”如表1-12所示。

表1-12 结构计算步骤及控制点

计算步骤	步骤目标	建模或计算条件	控制条件及处理
1. 建模	几何及荷载模型	整体建模	1. 符合原结构传力关系； 2. 符合原结构边界条件； 3. 符合采用程序的假定条件
2. 计算一（一次或多次）	整体参数的正确确定	1. 地震方向角 $\theta_0=0$； 2. 单向地震； 3. 不考虑偶然偏心； 4. 不强制刚性楼板； 5. 按总刚分析	1. 振型组合数→有效质量参与系数>0.9吗？→否则增加振型组合数； 2. 最大地震力作用方向角→$\theta_0-\theta_m>15°$？→是，输入 $\theta_0=\theta_m$。输入附加方向角 $\theta_0=0$； 3. 结构自振周期，输入值与计算值相差>10%时，按计算值改输入值； 4. 查看三维振型图，确定裙房参与整体计算范围→修正计算简图； 5. 短肢墙承担的抗倾覆力矩比例>50%？是→修改设计； 6. 框剪结构框架承担抗倾覆力矩>50？是→框架抗震等级按框架结构定；若为多层结构，可定义为框架结构定义抗震等级和计算，抗震墙作为次要抗侧力，其抗震等级可降一级
3. 计算二（一次或多次）	判定整体结构的合理性（平面和竖向规则性控制）	1. 地震方向角 $\theta_0=0,\theta_m$； 2. 单（双）向地震； 3.（不）考虑偶然偏心； 4. 强制全楼刚性楼板； 5. 按侧刚分析； 6. 按计算一的结果确结构类型和抗震等级	1. 周期比控制，$T_t/T_1\leqslant0.9(0.85)$？→否，修改结构布置，强化外围，削弱中间； 2. 层位移比控制，$[\Delta U_m/\Delta U_a, U_m/U_a]\leqslant1.2$，→否，按双向地震重算； 3. 侧向刚度比控制，要求见《高规》3.5.2节，不满足时程序自动定义为薄弱层； 4. 层受剪承载力控制；$Q_i+Q_{i+1}<[0.65(0.75)]$？否，修改结构布置→$0.65(0.75)\leqslant Q_i/Q_{i+1}<0.8$？→否，强制指定为薄弱层（注：括号中数据B级高层）； 5. 整体稳定控制，刚重比≥[10（框架），1.4（其他）]； 6. 最小地震剪力控制，剪重比≥$0.2\alpha_{max}$？→否，增加振型数或加大地震剪力系数 7. 层位角控制，$\Delta U_{ei}/h_i\leqslant$[1/550（框架），1/800（框剪），1/1000（其他）]； $\Delta U_{pi}/h_i\leqslant$[1/50（框架），1/100（框剪），1/120（剪力墙、筒中筒）] 8. 偶然偏心是客观存在的，对地震作用有影响，层间位移角只需考虑结构自身的扭转耦联，不考虑偶然偏心与双向地震作用，双向地震作用本质是对抗侧力构件承载力的一种放大，属于承载能力计算范畴，不涉及对结构扭转控制和对结构抗侧刚度大小的判别（位移比、周期比），当结构不规则时，选择双向地震作用放大地震力，影响配筋； 9. 位移比、周期比即层间弹性位移角一般应考虑刚性楼板假定，这样的简化的精度与大多数工程真实情况一致，但不是绝对，复杂工程应区别对待，可不按刚性楼板假定

续表

计算步骤	步骤目标	建模或计算条件	控制条件及处理
4. 计算三（一次或多次）	构件优化设计（构件超筋超限控制）	1. 按计算一、二确定的模型和参数； 2. 取消全楼强制刚性板，定义需要的弹性板； 3. 按总刚分析； 4. 对特殊构件人工指定	1. 构件构造最小断面控制和截面抗剪承载力验算； 2. 构件斜截面承载力验算（剪压比控制）； 3. 构件正截面承载力验算； 4. 构件最大配筋率控制； 5. 纯弯和偏心构件受压区高度限制； 6. 竖向构件轴压比控制； 7. 剪力墙的局部稳定控制； 8. 梁柱节点核心区抗剪承载力验算
5. 绘制施工图	结构构造	抗震构造措施	1. 钢筋最大最小直径限制； 2. 钢筋最大最小间距要求； 3. 最小配筋配箍率要求； 4. 重要部位的加强和明显不合理部分局部调整

1.8 SATWE 前处理、内力配筋计算

1.8.1 SATWE 参数设置

上部结构完成建模后，点击【SATWE/接 PM 生成 SATWE 数据】→【分析与设计参数补充定义（必须执行）】，如图 1-60 所示。进入 SATWE 参数填写对话框，如图 1-61～图 1-69 所示。

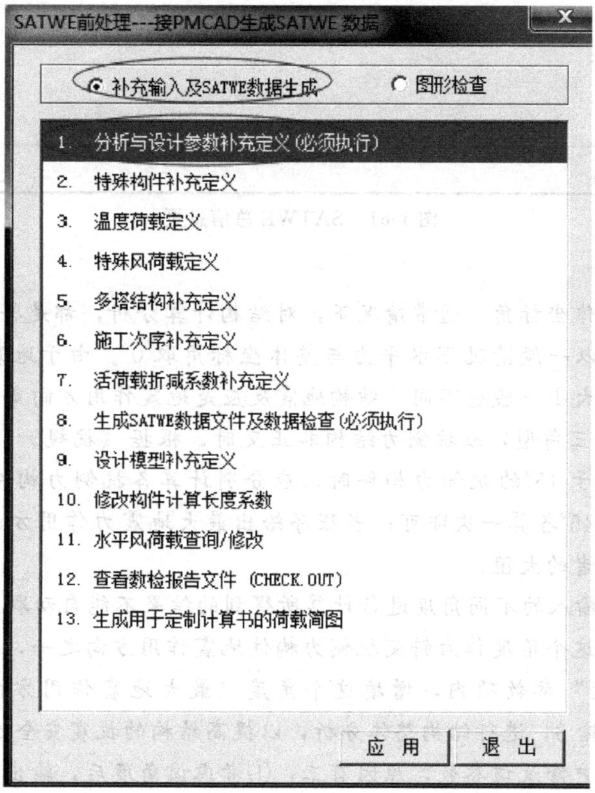

图 1-60　SATWE 前处理-接 PMCAD 生成 SATWE 数据

1.8.1.1 总信息

本项目 SATWE 总信息见图 1-61。参数注释如下。

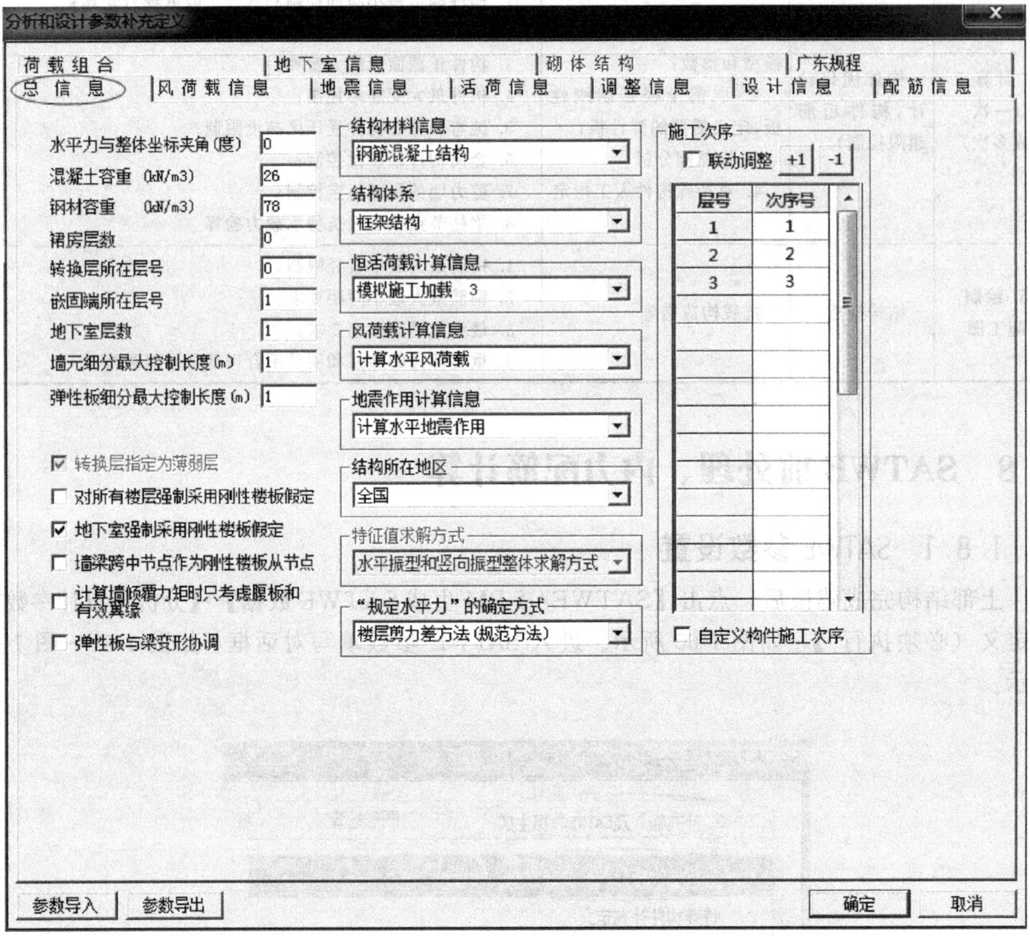

图 1-61 SATWE 总信息页

【参数注释】

(1) 水平力与整体坐标角 通常情况下，对结构计算分析，都是将水平地震沿结构 X、Y 两个方向施加，所以一般情况下水平力与整体坐标角取 0°。由于地震沿着不同的方向作用，结构地震反应的大小一般也不同，结构地震反应是地震作用方向角的函数。因此当结构平面复杂（如 L 型、三角型）或抗侧力结构非正交时，根据《抗规》5.1.1 中第 2 条规定，当结构存在相交角大于 15°的抗侧力构件时，应分别计算各抗侧力构件方向的水平地震作用，但实际上按 0°、45°各算一次即可；当程序给出最大地震力作用方向时，可按该方向角输入计算，配筋取三者的大值。

SATWE 软件对输入的不同角度进行计算所得到的结果不能自动取最不利情况，为了简化设计过程，可以把这个角度作为斜交抗侧力构件地震作用方向之一，即在“斜交抗侧力构件方向的附加地震数”参数项内，增填这个角度（最大地震作用方向大于 15°的角度与 45°），附加地震数中输 3，进行结构整体分析，以提高结构的抗震安全性。

一般并不建议用户修改该参数，原因有三：①考虑该角度后，输出结果的整个图形会旋转一个角度，会给识图带来不便；②构件的配筋应按“考虑该角度”和“不考虑该角度”两次的计算结果做包络设计；③旋转后的方向并不一定是用户所希望的风荷载作用方向。综上所述，建议用户将“最不利地震作用方向角”填到“斜交抗侧力构件夹角”栏，这样程序可以自动按最不利工况进行包络设计。

(2) 混凝土容重（kN/m^3） 由于建模时没有考虑墙面的装饰面层，因此钢筋混凝土计算重度，考虑饰面的影响应大于25，不同结构构件的表面积与体积比不同饰面的影响不同，一般按结构类型取值：框架结构取26；框剪结构取26～27；剪力墙结构取27。

注：① 中国建筑设计研究院姜学诗在“SATWE结构整体计算时设计参数合理选取（一）”做了相关规定：钢筋混凝土容重应根据工程实际取，其增大系数一般可取1.04～1.10，钢材容重的增大系数一般可取1.04～1.18。即结构整体计算时，输入的钢筋混凝土材料的容重可取为26～27.5。

② PKPM程序在计算混凝土容重时，没有扣除板、梁、柱、墙之间重叠的部分。

(3) 钢材容重（kN/m^3） 一般取78，不必改变。钢结构工程时要改，钢结构时因装修荷载钢材连接附加重量及防火、防腐等影响通常放大1.04～1.18，即取82～93。

(4) 裙房层数 按实际情况输入。《抗规》6.1.10条文说明指出：有裙房时，加强部位的高度也可以延伸至裙房以上一层。SATWE在确定剪力墙底部加强部位高度时，总是将裙房以上一层作为加强区高度判定的一个条件，如果不需要，直接将该层数填零即可。

SATWE软件规定，裙房层数应包括地下室层数（包括人防地下室层数）。例如，建筑物在±0.000以下有2层地下室，在±0.000以上有3层裙房，则在总信息的参数“裙房层数”项内应填5。

(5) 转换层所在层号 按实际情况输入。该指定只为程序决定底部加强部位及转换层上下刚度比的计算和内力调整提供信息，同时，当转换层号大于等于三层时，程序自动对落地剪力墙、框支柱抗震等级增加一级，对转换层梁、柱及该层的弹性板定义仍要人工指定。若有地下室，转换层号从地下室算起，假设地上第三层为转换层，地下两层，则转换层号填：5。

(6) 嵌固端所在层号 《抗规》6.1.3中第3款规定了地下室作为上部结构嵌固部位时应满足的要求；《抗规》6.1.10条规定剪力墙底部加强部位的确定与嵌固端有关；《抗规》6.1.14条提出了地下室顶板作为上部结构的嵌固部位时的相关计算要求；《高规》3.5.2中第2款规定结构底部嵌固层的刚度比不宜小于1.5。

当地下室顶板作为嵌固部位时，那么嵌固端所在层为地上一层，即地下室层数+1；而如果在基础顶面嵌固时，嵌固端所在层号为1。如果修改了地下室层数，应注意确认嵌固端所在层号是否需相应修改。

注：① 一般可以认为嵌固端为力学概念，即约束所有自由度，嵌固部位是预期塑性铰出现的部位，其水平位移为零，规范和众多文章中对与嵌固端和嵌固部位的用词不做区分不是很合理，规范中确定剪力墙底部加强部位的嵌固端可以认为是嵌固部位。在设计时，地下一层与首层侧向刚度比不宜小于2，加上覆土的约束作用，预期塑性铰会出现在地下室顶板部位。

② 满足刚度比时，不考虑覆土的作用，地下室水平位移比较小。覆土的作用是约束地下室的水平扭转变形，逐步“吃掉”上部结构的地震作用，不约束竖向位移和竖向转动。在设计时，我们要用程序模拟结构受力，就要符合程序计算的边界条件，程序是采用弹簧刚度法，将上部结构和地下室作为整体考虑，嵌固端取基础底板处，并在每层的地下室楼板处引入水平土弹簧刚度，反映回填土对地下室的约束作用，所以在实际设计中，嵌固端设在地下室顶板时，除了满足刚度比、板厚、梁板楼盖、水平力传递要连续的要求外，还要满足四周均有覆土，或者三面有覆土且基本上能约束住地下室部分的水平扭转变形的要求，某些局部构件的设计应进行包络设计（三面有覆土时，将嵌固端下移）。如果实际情况与程序计算的边界条件不符，应将嵌固端下移。

③ SATWE中有“嵌固端所在层号”此项重要参数，程序根据此参数实现以下功能：确定剪力墙底部

加强部位，延伸到嵌固层下一层；根据《抗规》6.1.14和《高规》12.2.1条将嵌固端下一层的柱纵向钢筋相对上层相应位置柱纵筋增大10%；梁端弯矩设计值放大1.3倍；按《高规》3.5.2.2条规定，当嵌固层为模型底层时，刚度比限值取1.5；涉及到“底层”的内力调整等，程序针对嵌固层进行调整。

④ 在计算地下一层与首层侧向刚度比时，可用剪切刚度计算，如用“地震剪力与地震层间位移比值(抗震规范方法)”，应将地下室层数填写0或将“土层水平抗力系数的比值系数”填为0。新版本的PKPM已在SATWE“结构设计信息”中自动输入“Ratx，Raty：X，Y方向本层塔侧移刚度与下一层相应塔侧移刚度的比值（剪切刚度)”，不必再人为更改参数设置。

《抗规》6.1.3第3款 当地下室顶板作为上部结构的嵌固部位时，地下一层的抗震等级应与上部结构相同，地下一层以下抗震构造措施的抗震等级可逐层降低一级，但不应低于四级。地下室中无上部结构的部分，抗震构造措施的抗震等级可根据具体情况采用三级或四级。

6.1.10 抗震墙底部加强部位的范围，应符合下列规定。

① 底部加强部位的高度，应从地下室顶板算起。

② 部分框支抗震墙结构的抗震墙，其底部加强部位的高度，可取框支层加框支层以上两层的高度及落地抗震墙总高度的1/10二者的较大值。其他结构的抗震墙，房屋高度大于24m时，底部加强部位的高度可取底部两层和墙体总高度的1/10二者的较大值；房屋高度不大于24m时，底部加强部位可取底部一层。

③ 当结构计算嵌固端位于地下一层的底板或以下时，底部加强部位尚宜向下延伸到计算嵌固端。

6.1.14 地下室顶板作为上部结构的嵌固部位时，应符合下列要求。

① 地下室顶板应避免开设大洞口；地下室在地上结构相关范围的顶板应采用现浇梁板结构，相关范围以外的地下室顶板宜采用现浇梁板结构；其楼板厚度不宜小于180mm，混凝土强度等级不宜小于C30，应采用双层双向配筋，且每层每个方向的配筋率不宜小于0.25%。

② 结构地上一层的侧向刚度，不宜大于相关范围地下一层侧向刚度的0.5倍；地下室周边宜有与其顶板相连的抗震墙。

③ 地下室顶板对应于地上框架柱的梁柱节点除应满足抗震计算要求外，尚应符合下列规定之一。

a. 地下一层柱截面每侧纵向钢筋不应小于地上一层柱对应纵向钢筋的1.1倍，且地下一层柱上端和节点左右梁端实配的抗震受弯承载力之和应大于地上一层柱下端实配的抗震受弯承载力的1.3倍。

b. 地下一层梁刚度较大时，柱截面每侧的纵向钢筋面积应大于地上一层对应柱每侧纵向钢筋面积的1.1倍；同时梁端顶面和底面的纵向钢筋面积均应比计算增大10%以上。

④ 地下一层抗震墙墙肢端部边缘构件纵向钢筋的截面面积，不应少于地上一层对应墙肢端部边缘构件纵向钢筋的截面面积。

(7) 地下室层数 此参数按工程实际情况填写。程序据此信息决定底部加强区范围和内力调整。当地下室局部层数不同时，以主楼地下室层数输入。地下室一般与上部共同作用分析；地下室刚度大于上部层刚度的2倍，可不采用共同分析。

(8) 墙元细分最大控制长度 一般可按默认值1.0。长度控制越短计算精度越高，但计算耗时越多。当高层调方案时此参数可改为2，振型数可改小（如9个），地震分析方法可改为侧刚，当仅看参数而不用看配筋时“SATWE计算参数”也可不选“构件配筋及验算”，以达到加快计算速度的目的。

(9) 弹性板细分最大控制长度　可按默认值1m。

(10) 转换层指定为薄弱层　默认不让选，填转换层后，默认勾选，不需要改。软件默认转换层不作为薄弱层，需要用户人工指定。此项打勾与在“调整信息”栏中“指定薄弱层号”直接填写转换层号的效果一样。转换层不论层刚度比如何，都应强制指定为薄弱层。

(11) 对所有楼层强制采用刚性楼板假定　“强制刚性楼板假定”和“刚性楼板假定”是两个相关但不等同的概念。“刚性楼板假定”指楼板平面内无限刚，平面外刚度为零的假定，每块刚性楼板有三个公共的自由度（两个平动，一个转角），而“强制刚性楼板假定”则不区分刚性板、弹性板，或独立的弹性节点，只要位于该层楼面处的所有节点，在计算时都将强制从属同一刚性板。

“强制刚性楼板假定”可能改变结构初始的分析模型，一般仅在计算位移比和周期比的时候采用，而在进行结构内力分析与配筋计算时，仍要遵循结构的真实模型，不再选择“强制刚性楼板假定”。

(12) 地下室强制采用刚性楼板假定　一般可以勾选。如果地下室顶板开大洞，强制刚性板假定会使跃层柱的计算长度系数判断错误，从而影响柱内力及配筋。此时应取消勾选，由程序自动判断柱计算长度。本参数将影响周期、内力、长度系数等。如不勾选，则相当于旧版程序中“强制刚性板假定时保留弹性板面外刚度”。如已勾选“对所有楼层强制采用刚性楼板假定”，则本参数是否勾选已无意义。

(13) 墙梁跨中节点作为刚性板楼板从节点　一般可按默认值勾选。如不勾选，则认为墙梁跨中结点为弹性结点，其水平面内位移不受刚性板约束，即类似于框架梁的算法，此时墙梁剪力一般比勾选时小，但相应结构整体刚度变小、周期加长，侧移加大。

(14) 计算墙倾覆力矩时只考虑腹板和有效翼缘　一般应勾选，程序默认不勾选。此参数用来调整倾覆力矩的统计方式。勾选后，墙的无效翼缘部分内力计入框架部分，这使结构中框架、短肢墙、普通墙倾覆力矩结果更为合理。墙的有效翼缘定义见《混规》9.4.3条及《抗规》6.2.13条文说明。

《抗规》6.2.13条文说明　抗震墙应计入腹板与翼墙共同工作。对于翼墙的有效长度，89规范和2001规范有不同的具体规定，本次修订不再给出具体规定。2001规范规定：“每侧由墙面算起可取相邻抗震墙净间距的一半、至门窗洞口的墙长度及抗震墙总高度的15%三者的最小值”，可供参考。

(15) 弹性板与梁变形协调　此参数应勾选。此参数相当于旧版程序中的“强制刚性板假定时保留弹性板面外刚度”。勾选后，程序在进行弹性板划分时自动实现梁、板边界变形协调，计算结果符合实际受力。

(16) 参数导入、参数导出　此参数可以把参数设置导入或导出的制定文件，以便形成统一设计参数。

(17) 结构材料信息　程序提供钢筋混凝土结构、钢与混凝土混合结构、钢结构、砌体结构共4个选项。应根据实际项目选择该选项，现在做的住宅、高层等一般都是钢筋混凝土结构。

(18) 结构体系　软件共提供16个选项，常用的是：框架、框剪、框筒、筒中筒、剪力墙、砌体结构、底框结构、部分框支剪力墙结构等。

(19) 恒活荷载计算信息

① 一次性加载计算。主要用于多层结构，而且多层结构最好采用这种加载计算法。因为

施工的层层找平对多层结构的竖向变位影响很小，所以不要采用模拟施工方法计算。对于框架-核心筒类结构，由于框架和核心筒的刚度相差较大，使核心筒承受较大的竖向荷载，导致二者之间产生较大的竖向位移差。这种位移差常会使结构中间支柱出现较大沉降，从而使上部楼层与之相连的框架梁端负弯矩很小或不出现负弯矩，造成配筋困难。一次性加载的计算方法仅适合用于低层结构或有上传荷载的结构，如吊柱以及采用悬挑脚手架施工的长悬臂结构等。

② 模拟施工方法1加载。按一般的模拟施工方法加载，对高层结构，一般都采用这种方法计算。但是对于“框架-剪力墙结构”，采用这种方法计算在导给基础的内力中剪力墙下的内力特别大，使得其下面的基础难于设计。于是就有了下一种竖向荷载加载法。

③ 模拟施工方法2加载。这是在“模拟施工方法1”的基础上将竖向构件（柱墙）的刚度增大10倍的情况下再进行结构的内力计算，也就是仍然按模拟施工方法1加载的情况下进行计算。采用这种方法计算出的传给基础的力比较均匀合理，可以避免墙的轴力远远大于柱的轴力的不合理情况。由于竖向构件的刚度放大，使得水平梁的两端的竖向位移差减少，从而其剪力减少，这样就削弱了楼面荷载因刚度不均而导致的内力重分配，所以这种方法更接近手工计算。在进行上部结构计算时采用“模拟施工方法1”或“模拟施工方法3”；在基础计算时，用“模拟施工方法2”的计算结果。

④ 模拟施工加载3加载。采用分层刚度、分层加载型，适用于多高层无吊车结构，更符合工程实际情况，推荐适用；模拟施工加载1和3的比较计算表明，模拟施工加载3计算的梁端弯矩，角柱弯矩更大，因此，在进行结构整体计算时，如条件许可，应优先选择模拟施工加载3来进行结构的竖向荷载计算，以保证结构的安全。模拟施工加载3的缺点是计算工作量大。

（20）风荷载计算信息　SATWE提供三类风荷载，一是程序依据《荷规》风荷载的公式在“生成SATWE数据和数据检查”时自动计算的水平风荷载；二是在“特殊风荷载定义”菜单中自定义的特殊风荷载，三是计算水平和特殊风荷载。

一般来说，大部分工程采用SATWE默认的“水平风荷载”即可，如需考虑更细致的风荷载，则可通过“特殊风荷载”实现或选择计算水平和特殊风荷载。

（21）地震作用计算信息　程序提供4个选项，分别是：不计算地震作用、计算水平地震作用、计算水平和规范简化方法竖向地震、计算水平和反应谱方法竖向地震。

不计算地震作用：对于不进行抗震设防的地区或者地震设防烈度为6度时的部分结构，《抗规》3.1.2条规定可以不进行地震作用计算。《抗规》5.1.6条规定：6度时的部分建筑，应允许不进行截面抗震验算，但应符合有关的抗震措施要求。因此在选择“不计算地震作用”的同时，仍要在“地震信息”页中指定抗震等级，以满足抗震构造措施的要求。

计算水平地震作用：计算X、Y两个方向的地震作用，普通工程选择该项；计算水平和规范简化方法竖向地震：按《抗规》5.3.1条规定的简化方法计算竖向地震；计算水平和反应谱方法竖向地震：《抗规》4.3.14规定：跨度大于24m的楼盖结构、跨度大于12m的转换结构和连体结构，悬挑长度大于5m的悬挑结构，结构竖向地震作用效应标准值宜采用时程分析方法或振型分解反应谱方法进行计算。

（22）特征值求解方法　默认不让选，一般不用改，仅需反应谱法计算竖向时选；仅在选择了“计算水平和反应谱方法竖向地震”时，此参数才激活。当采用“整体求解”时，在“地震信息”栏中输入的振型数为水平与竖向振型数的总和；且“竖向地震参与振型数”选项为灰，用户不能修改。当采用“独立求解”时，在“地震信息”栏中需分别输入水平与竖向的振型个数。注意：计算用振型数一定要足够多，以使得水平和竖向地震的有效质量系数都满足90%。振型数一定的情况下，选择“独立求解”可以有效克服“整体求解”无法得到足够竖向振动、竖向振动有效系数不够的问题。一般首选“独立求解”，当选择“整体求解”时，与水平地震力振型相同给出每个振型的竖向地震力；而选择“独立求解方式”时，还给出竖向振型的各个周期值。计算后程序给出每个楼层、各塔的竖向总地震力，且在最后给出按《高规》4.3.15条进行的调整信息。

(23) 结构所在地区　一般选择全国，上海、广州的工程可采用当地的规范。B类建筑选项和A类建筑选项只在鉴定加固版本中才选择。

(24) 规定水平力的确定方式　默认规范算法一般不改，仅楼层概念不清晰时改，规定水平力主要用于新规范中位移比和倾覆力矩的计算，详见《抗规》3.4.3条、6.1.3条和《高规》3.4.5条、8.1.3条；计算方法见《抗规》3.4.3-2条文说明和《高规》3.4.5条文说明。程序中“规范算法”适用于大多数结构；“CQC算法”（由CQC组合的各个有质量节点上的地震力）主要用于不规则结构，即楼层概念不清晰，剪力差无法计算的情况。

(25) 施工次序/联动调整　程序默认不勾选，只当需要考虑构件级施工次序时才需要勾选。

1.8.1.2 风荷载信息

本工程SATWE风荷载信息见图1-62。参数注释如下。

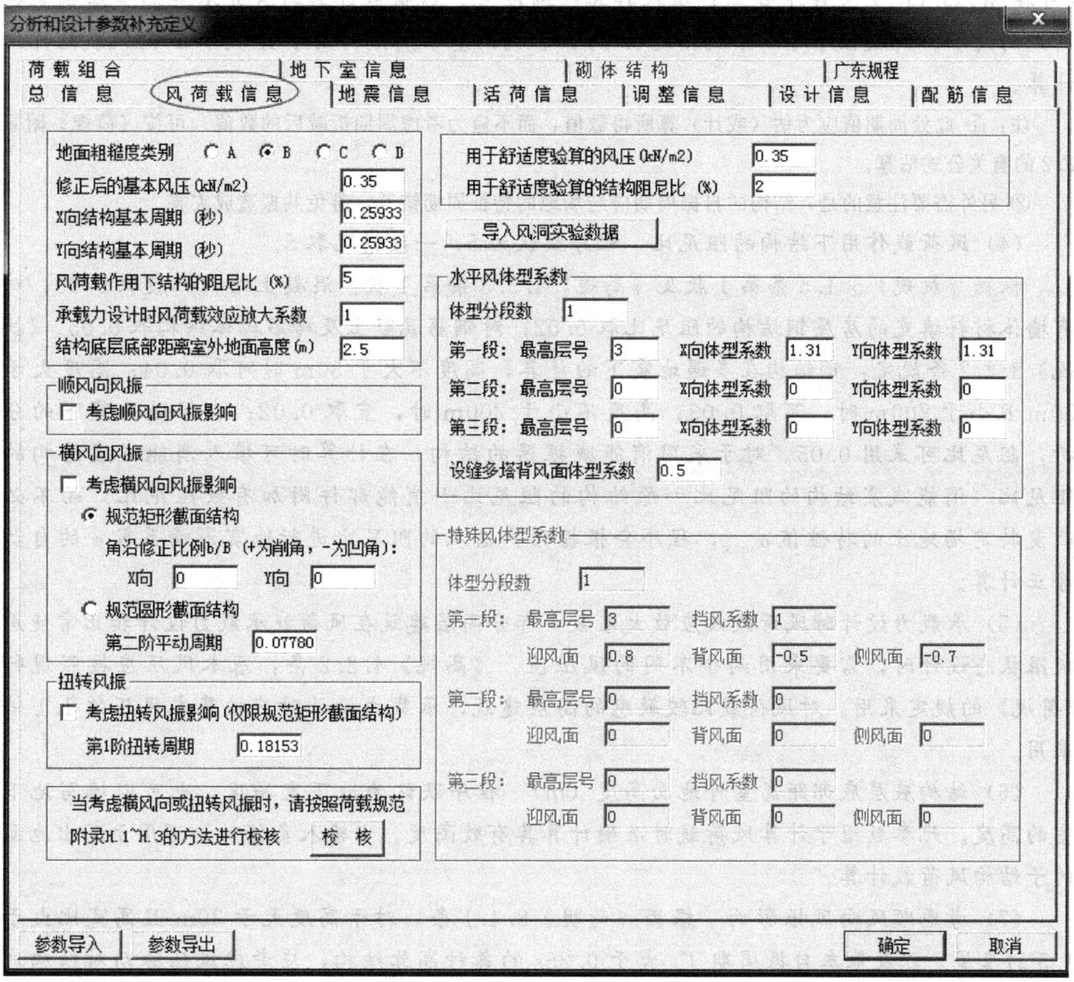

图1-62　SATWE风荷载信息页

【参数注释】

（1）地面粗糙类别　该选项是用来判定风场的边界条件，直接决定了风荷载沿建筑高度的分布情况，必须按照建筑物所处环境正确选择。相同高度建筑风荷载 A＞B＞C＞D。

A 类：近海海面，海岛、海岸、湖岸及沙漠地区。

B 类：指田野、乡村、丛林、丘陵及中小城镇和大城市郊区。

C 类：指有密集建筑群的城市市区。

D 类：指有密集建筑群且房屋较高的城市市区。

（2）修正后的基本风压　修正后的基本风压主要考虑的是地形条件的影响，与楼层数直接关系不大。对于平地建筑修正系数为 1，即等于基本风压。对于山区的建筑应乘以修正系数。

一般工程按荷载规范给出的 50 年一遇的风压采用（直接查荷载规范）；对于沿海地区或强风地带等，应将基本风压放大 1.1～1.2 倍，

注：风荷载计算自动扣除地下室的高度。

（3）X、Y 向结构基本周期　X、Y 向结构基本周期（秒）可以先按程序给定的默认值按《高规》近似公式对结构进行计算。计算完成后再将程序输出的第一平动周期值（可在 WZQ. OUT 文件中查询）填入再算一遍即可。风荷载计算与否并不会影响结构自振周期的大小。新版程序可以分别指定 X 向和 Y 向的基本周期，用于 X 向和 Y 向风载的详细计算。

注：① 此处周期值应为估（或计）算所得数值，而不应为考虑周期折减后的数值。可按《荷规》附录 F. 2 的有关公式估算。

② 另外需要注意的是，结构的自振周期应与场地的特征周期错开，避免共振造成灾害。

（4）风荷载作用下结构的阻尼比　程序默认为 5，一般情况取 5。

根据《抗规》5.1.5 条第 1 款及《高规》4.3.8 条第 1 款：混凝土结构一般取 0.05；对有墙体材料填充的房屋钢结构的阻尼比取 0.02；对钢筋混凝土及砖石砌体结构取 0.05。《抗规》8.2.2 条规定：钢结构在多遇地震下的计算，高度不大于 50m 时可取 0.04；高度大于 50m 且小于 200m 时，可取 0.03；高度不小于 200m 时，宜取 0.02；在罕遇地震下的分析，阻尼比可采用 0.05。对于采用消能减振器的结构，在计算时可填入消能减震结构的阻尼比（消能减震结构的阻尼比＝原结构的阻尼比＋消能部件附加有效阻尼比）而不必改变特定场地土的特性值 α_{max}，程序会根据用户输入的阻尼比进行地震影响系数 α 的自动修正计算。

（5）承载力设计时风荷载效应放大系数　部分高层建筑在风荷载承载力设计和正常使用极限状态设计时，需要采用两个不同的风压值。《高规》4.2.2 条：基本风压应按照现行《荷规》的规定采用。对风荷载比较敏感的高层建筑，承载力设计时应按基本风压的 1.1 倍采用。

（6）结构底层底部距离室外地面高度（m）　程序默认为地下室高度，也可以填写地下室的高度。此参数用于计算风荷载时准确计算其有效高度。当输入负值时，可用于高出地面的子结构风荷载计算。

（7）考虑顺风向风振影响　根据《荷规》8.4.1 条，对于高度大于 30m 且高宽比大于 1.5 的房屋，以及基本自振周期 T_1 大于 0.25s 的各种高耸结构，应考虑风压脉动对结构产生顺风向风振影响。当符合《荷规》第 8.4.3 条规定时，可采用风振系数法计算顺风向荷

载。一般宜勾选。

(8) 考虑横风向风振影响 根据《荷规》8.5.1条，对于高度超过150m或高宽比大于5的高层建筑以及高度超过30m且高宽比大于4的构筑物，宜考虑横风向风振的影响。一般常规工程不应勾选。

(9) 考虑扭转风振影响 根据《荷规》8.5.4条，一般不超过150m的高层建筑不考虑，超过150m的高层建筑也应满足《荷规》8.5.4条相关规定才考虑。

(10) 用于舒适度验算的风压、阻尼比 《高规》3.7.6：房屋高度不小于150m的高层混凝土建筑结构应满足风振舒适度要求。在现行《荷规》规定的10年一遇的风荷载标准值作用下，结构顶点的顺风向和横风向振动最大加速度计算值不应超过表1-13的限值。结构顶点的顺风向和横风向振动最大加速度可按现行行业标准《高层民用建筑钢结构技术规程》(JGJ 99，下称《高钢规》）的有关规定计算，也可通过风洞试验结果判断确定，计算时结构阻尼比宜取0.01～0.02。

表1-13 结构顶点风振加速度限值 a_{lim}

使用功能	$a_{lim}/(m/s^2)$
住宅、公寓	0.15
办公、旅馆	0.25

验算风振舒适度时结构阻尼比宜取0.01～0.02，程序缺省取0.02，“风压”则缺省与风荷载计算的“基本风压”取值相同，用户均可修改。

(11) 导入风洞实验数据 方便与外部表格软件导入导出，也可以直接按文本方式编辑。

(12) 体型分段数 默认1，一般不改。现代多、高层结构立面变化较大，不同的区段内的体型系数可能不一样，程序限定体型系数最多可分三段取值。若建筑物立面体型无变化时填1。对于（基础梁与上部结构共同分析计算的）多层框架或（地下室顶板不作为上部结构嵌固端的）高层当定义底层为地下室后，体型分段数应只考虑上部结构，程序会自动扣除地下室部分的风载。

(13) 最高层号 程序默认为最高层号，不需要修改，按各分段内各层的最高层层号填写。

(14) 各段体形系数 程序默认为1.30，按《荷规》表7.3.1取值；规则建筑（高宽比H/B不大于4的矩形、方形、十字形平面建筑）取1.3处于密集建筑群中的单体建筑体型系数应考虑相互增大影响。

(15) 设缝多塔背风面体型系数 程序默认为0.5，仅多塔时有用。该参数主要应用在带变形缝的结构关于风荷载的计算中。对于设缝多塔结构，读者可以在“多塔结构补充定义”中指定各塔的挡风面，程序在计算风荷载时会自动考虑挡风面的影响，并采用此处输入的背风面体型系数对风荷载进行修正。需要注意的是，如果读者将此参数填为0，则表示背风面不考虑风荷载影响。对风载比较敏感的结构建议修正；对风载不敏感的结构可以不用修正。

注意：在缝隙两侧的网格长度及结构布置不尽相同时，为了较为准确地考虑遮挡范围，当遮挡位置在杆件中间时，在建模时人工在该位置增加一个节点，保证计算遮挡范围的准确性。

(16) 特殊风体型系数 程序默认为灰色，一般不用更改。

1.8.1.3 地震信息

本工程SATWE地震页信息见图1-63。参数注释如下。

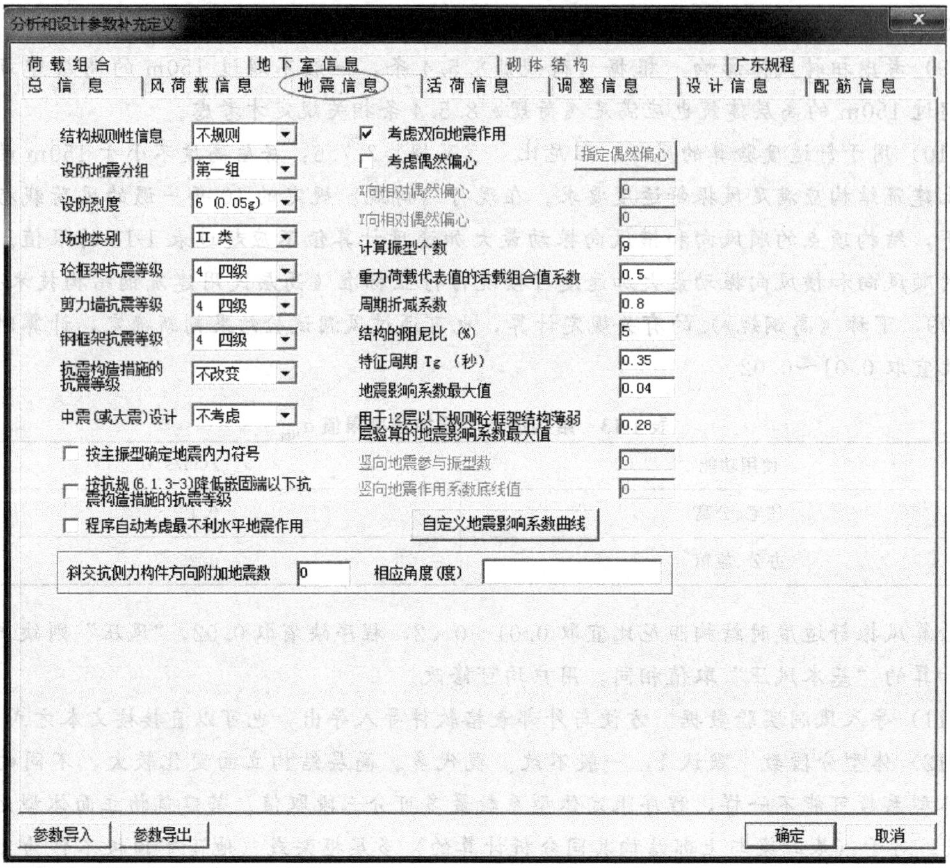

图1-63 SATWE地震信息页

【参数注释】

(1) 结构规则性信息 根据结构的规则性选取。默认不规则，该参数在程序内部不起作用。

(2) 设防地震分组 根据实际工程情况查看《抗规》附录A。

(3) 设防烈度 根据实际工程情况查看《抗规》附录A。

(4) 场地类别 根据《地质勘测报告》测试数据计算判定。场地类别一般可分为四类，Ⅰ类场地土：岩石，紧密的碎石土；Ⅱ类场地土：中密、松散的碎石土，密实、中密的砾、粗、中砂；地基土容许承载力>250kPa的黏性土；Ⅲ类场地土：松散的砾、粗、中砂，密实、中密的细、粉砂，地基土容许承载力≤250kPa的黏性土和≥130kPa的填土；Ⅳ类场地土：淤泥质土，松散的细、粉砂，新近沉积的黏性土；地基土容许承载力<130kPa的填土。场地类别越高，地基承载力越低。

地震烈度、设计地震分组、场地土类型三项直接决定了地震计算所采用的反应谱形状，对水平地震力的大小起到决定性作用。

(5) 混凝土框架抗震等级、剪力墙抗震等级、钢框架抗震等级 丙类建筑按本地区抗震设防烈度计算，根据《抗规》表6.1.2或《高规》3.9.3选择。乙类建筑按本地区抗震设防烈度提高一度查表选择。建筑分类见《建筑工程抗震设防分类标准》(GB 50223—2008)。

"混凝土框架抗震等级""剪力墙抗震等级"根据实际工程情况查看《抗规》表1-10。

此处指定的抗震等级是全楼适用的。某些部位或构件的抗震等级可在前处理第二项菜单"特殊构件补充定义"进行单构件的补充指定。钢框架抗震等级应根据《抗规》8.1.3条的规定来确定。

抗震等级不同，抗震措施也不同，在设计时，查看结构抗震等级时的烈度可参考表1-14。

表1-14 决定抗震措施的烈度

建筑类别	设计基本地震加速度(*g*)和设防烈度					
	0.05 6	0.1 7	0.15 7	0.2 8	0.3 8	0.4 8
甲、乙类	7	8	8	9	9	9+
丙类	6	7	7	8	8	9

注："9+"表示应采取比9度更高的抗震措施，幅度应具体研究确定。

(6) 抗震构造措施的抗震等级　在某些情况下，抗震构造措施的抗震等级与抗震措施的抗震等级不一致，可在此指定抗震构造措施的抗震等级，在实际设计中可参考表1-10。

(7) 中震或大震的弹性设计　依据《高规》3.11节规定，SATWE提供了中震（或大震）弹性设计、中震（或大震）不屈服设计两种方法。

无论选择弹性设计还是不屈服设计，均应在"地震影响系数最大值"中填入地震影响系数最大值，可参照表1-15。

表1-15 水平地震影响系数最大值

地震影响	6度	7度	8度	9度
多遇地震	0.04	0.08(0.12)	0.16(0.24)	0.32
罕遇地震	0.28	0.50(0.72)	0.90(1.20)	1.40

注：括号中数值分别用于设计基本地震加速度为0.15g和0.30g的地区。

中震验算包括中震弹性验算和中震不屈服验算，在设计中的要求如表1-16所示。

表1-16 中震弹性验算和中震不屈服验算的基本要求

设计参数	中震弹性	中震不屈服
水平地震影响系数最大值	按表1-15基本烈度地震	按表1-15基本烈度地震
内力调整系数	1.0(四级抗震等级)	1.0(四级抗震等级)
荷载分项系数	按规范要求	1.0
承载力抗震调整系数	按规范要求	1.0
材料强度取值	设计强度	材料标准值

注：在高烈度地区，对于结构中比较重要的抗侧力构件，比如框支剪力墙结构中的框支梁、框支柱和落地剪力墙、连体结构中与连体部分内侧相连的框架柱、剪力墙、各种结构形式中出现的跃层柱、框-筒结构中的角柱，宜进行中震弹性验算，其他竖向抗侧力构件宜进行中震不屈服验算。

(8) 按主振型确定地震内力符号 一般可勾选。根据《抗规》5.2.3条，考虑扭转耦联时计算得到的地震作用效应没有符号。SATWE原有的符号确定原则为：每个内力分量取各振型下绝对值最大者的符号。本参数是解决原有方式可能导致个别构件内力符号不匹配的问题。

(9) 按《抗规》6.1.3第3款降低嵌固端以下抗震构造措施的抗震等级 一般可勾选。

(10) 程序自动考虑最不利水平地震作用 如果勾选，则斜交抗侧力构件方向附加地震数可填写0，相应角度可不填写。

(11) 斜交抗侧力构件方向附加地震数，相应角度 可允许最多5组方向地震。附加地震数在0～5之间取值。相应角度填入各角度值。该角度是与X轴正方向的夹角，逆时针方向为正。SATWE参数中增加“斜交抗侧力构件附加地震角度”与填写“水平与整体坐标夹角”计算结果有区别：水平力与整体坐标夹角不仅改变地震力而且改变风荷载的作用方向，而斜交抗侧力构件附加地震角度仅改变地震力方向。《抗规》5.1.1中各类建筑结构的地震作用，应符合下列规定：对于有斜交抗侧力构件的结构，当相交角度大于15°时，应分别计算各抗侧力构件方向的水平地震作用。此处所指交角是指与设计输入时，所选择坐标系间的夹角。对于主体结构中存在有斜向放置的梁、柱时，也要分别计算各抗力构件方向的水平地震力。结构的参考坐标系建立以后，所求的地震力、风力总是沿着坐标系的方向作用。

建议选择对称的多方向地震，因为风载并未考虑多方向，否则容易造成配筋不对称。如输入45°和225°，程序自动增加两个逆时针旋转90°的角度（即135°和315°），并按这四个角度进行地震力的计算，程序将计算每一对新增地震作用下的构件内力，并在构件设计时考虑进内力组合中，最后构件验算取最不利一组。

(12) 偶然偏心、考虑双向地震、用户指定偶然偏心 默认未勾选，一般可同时选择“偶然偏心”和“双向地震”，不再指定偶然偏心值。对“质量和刚度明显不对称的结构”可按取偶然偏心和双向地震两次计算结构的较大值，于是可以同时选择“偶然偏心”和“双向地震”，SATWE对两者取不利，结果不叠加。

考虑偶然偏心是由于施工、使用或地震地面运动扭转分量等不确定因素对结构引起的效应，对于高层结构及质量和刚度不对称的多层结构，偶然偏心的影响是客观存在的，故一般应选择“偶然偏心”去计算高层结构及质量和刚度明显不对称的多层结构的“位移比”及高层结构的“配筋”（多层结构“配筋”时一般可不选择“偶然偏心”）。计算层间位移角时一般应选择刚性楼板，可不考虑偶然偏心、不考虑竖向地震作用。

考虑偶然偏心计算后，对结构的荷载（总重、风荷载）、周期、竖向位移、风荷载作用下的位移及结构的剪重比没有影响，对结构的地震力和地震下的位移（最大位移、层间位移、位移角等）有较大影响。

《高规》4.3.3条“计算单向地震作用时应考虑偶然偏心的影响”（地震作用大小与配筋有关）；《高规》3.4.5条，计算位移比时，必须考虑偶然偏心的影响；计算层间位移角时可不考虑偶然偏心、不考虑双向地震，一般应选择强制刚性楼板假定。《抗规》3.4.3的表3.4.3第1款只注明了在规定水平力作用下计算结构的位移比，并没有说明是否考虑了偶然偏心。《抗规》3.4.4第2款的条文说明里注明了计算位移比时的规定水平力一般要考虑偶然偏心。

考虑双向地震：“双向地震作用”是客观存在的，其作用效果与结构的平面形状的规则程度有很大的关系（结构越规则，双向地震作用越弱），一般当位移比超过 1.3 时（有的地区规定为 1.2，过于保守），双向地震作用对结构的影响会比较大，则需要在总信息参数设置中考虑双向地震作用，不考虑偶然偏心。

双向地震作用计算，本质是对抗侧力构件承载力的一种放大，属于承载能力计算范畴，不涉及对结构扭转控制和对结构抗侧刚度大小的判别。一般当位移比超过 1.3 时（有的地区规定为 1.2，过于保守）时选取“考虑双向地震”，程序会对地震作用放大，结构的配筋一般会加大，但位移比及周期比，不看“双向地震作用”的计算结果，而看“偶然偏心”作用下的计算结果。SATWE 在进行底框计算时，不应选择地震参数中的“偶然偏心”和“双向地震”，否则计算会出错。

《抗规》5.1.1 第 3 款：质量和刚度分布明显不对称的结构，应计入双向水平地震作用下的扭转影响；其他情况，应允许采用调整地震作用效应的方法计入扭转影响。《高规》4.3.2 第 2 款：质量与刚度分布明显不对称的结构，应计算双向水平地震作用下的扭转影响；其他情况，应计算单向水平地震作用下的扭转影响。

(13) X 向相对偶然偏心、Y 向相对偶然偏心　默认 0.05，一般不需要改。

(14) 计算振型个数　地震力振型数至少取 3，由于程序按三个阵型一页输出，所以振型数最好为 3 的倍数。一般对于进行耦联计算的高层建筑，所选振型数不应小于 9 个，对于高层建筑应至少取 15 个；多塔结构计算阵型数应取更多，但要注意此处的阵型数不能超过结构的固有阵型的总数（刚性楼板假定时），比如一个规则的两层结构，采用刚性楼板假定，共 6 个有效自由度，此时阵型个数最多取 6，否则会造成地震力计算异常。对于复杂、多塔以及平面不规则的建筑计算振型个数要多选，一般要求有效质量数大于 90%。振型数取得越多，计算一次时间越长。

(15) 重力代表值的活载组合系数　默认 0.5，一般不需要改。该参数值改变楼层质量，不改变荷载总值（即对相同荷载作用下的内力计算无影响），应按《抗规》5.1.3 条及《高规》4.3.6 条取值。一般民用建筑楼面等效均布活荷载取 0.5（对于藏书库、档案库、库房等建筑应特别注意，应取 0.8）。调整系数只改变楼层质量，从而改变地震力的大小，但不改变荷载总值，即对竖向荷载作用下的内力计算无影响。

在 WMASS. OUT 中“各层的质量、质心坐标信息”项输出的“活载产生的总质量”为已乘上组合系数后的结果。在“地震信息”选项卡里修改本参数，则“荷载组合”选项卡中“活荷重力代表值系数”联动改变。在 WMASS. OUT 中“各楼层的单位面积质量分布”项输出的单位面积质量为“1.0 恒+0.5 活”组合；而 PM 竖向导荷默认采用“1.2 恒+1.4 活”组合，两者结果可能有差异。

(16) 周期折减系数　计算各振型地震影响系数所采用的结构自振周期应考虑非承重填充墙体对结构刚度增强的影响，采用周期折减予以反应。因此当承重墙体为填充砖墙时，高层建筑结构的计算自振周期折减系数可按《高规》4.3.17 取值：①框架结构可取 0.6～0.7；②框架-剪力墙结构可取 0.7～0.8；③框架-核心筒结构可取 0.8～0.9；④剪力墙结构可取 0.8～1.0。

对于其他结构体系或采用其他非承重墙时，可根据工程情况确定周期折减系数。具体折减数值应根据填充墙的多少及其对结构整体刚度影响的强弱来确定（如轻质砌体填充墙，周期折减系数可取大一些）。周期折减是强制性条文，但减多少不是强制性条文，这就要求在折减时慎重考虑，既不能太多，也不能太少，因为周期折减不仅影响结构内力，同时还影响结构的位移，当周期折减过多，地震作用加大，可能导致梁超筋。周期折减系数不影响建筑本身的周期，即 WZQ 文件中的前几阶周期，所以周期折减系数对于风荷载是没有影响的，风荷载在 SATWE 计算中与周期折减系数无关。周期折减系数只放大地震力，不放大结构刚度。

注：① 厂房和砖墙较少的民用建筑，周期折减系数一般取 0.80～0.85，砖墙较多的民用建筑取 0.6～0.7，(一般取 0.65)。框架-剪力墙结构：填充墙较多的民用建筑取 0.7～0.80，填充墙较少的公共建筑可取大些（0.80～0.85)。剪力墙结构：取 0.9～1.0，有填充墙取低值，无填充墙取高值，一般取 0.95。

② 空心砌块应少折减，一般可为 0.8～0.9。

(17) 结构的阻尼比　对于一些常规结构，程序给出了结构阻尼的隐含值。除有专门规定外，钢筋混凝土高层建筑结构的阻尼比应取 0.05；钢结构在多遇地震下的阻尼比，对不超过 12 层的钢结构可采用 0.035，对超过 12 层的钢结构可采用 0.02；在罕遇地震下的分析，阻尼比可采用 0.05；对于钢-混凝土混合结构则根据钢和混凝土对结构整体刚度的贡献率取为 0.025～0.035。

(18) 特征周期 T_g、地震影响系数最大值

① 特征周期 T_g：根据实际工程情况查看《抗规》(表 1-17)。

表 1-17　特征周期值　　单位：s

设计地震分组	场地类别				
	I_0	I_1	Ⅱ	Ⅲ	Ⅳ
第一组	0.20	0.25	0.35	0.45	0.65
第二组	0.25	0.30	0.40	0.55	0.75
第三组	0.30	0.35	0.45	0.65	0.90

② 地震影响系数最大值：即“多遇地震影响系数最大值”，用于地震作用的计算时，无论多遇地震或中、大震弹性或不屈服计算时均应在此处填写“地震影响系数最大值”(表 1-15)。

(19) 用于 12 层以下规则混凝土框架结构薄弱层验算的地震影响系数最大值　此参数为“罕遇地震影响系数最大值”，仅用于 12 层以下规则混凝土框架结构的薄弱层验算，一般不需要改。

(20) 竖向地震作用系数底线值　该参数作用相当于竖向地震作用的最小剪重比。在 WZQ. OUT 文件中输出竖向地震作用系数的计算结果，如果不满足要求则自动进行调整。

(21) 自定义地震影响系数曲线　SATWE 允许用户输入任意形状的地震设计谱，以考虑来自安评报告或其他情形的比规范设计谱更贴切的反应谱曲线。点击该按钮，在弹出的对话框中可查看按规范公式的地震影响系数曲线，并可在此基础上根据需要进行修改，形成自定义的地震影响系数曲线。其中“按规范定义的时间”项，代表该时间之前曲线采用规范值，之后采用自定义值。如填 3s 就代表前 3s 按规范反应谱取值。

1.8.1.4　活载信息

本项目 SATWE 活载信息参照图 1-64。参数注释如下。

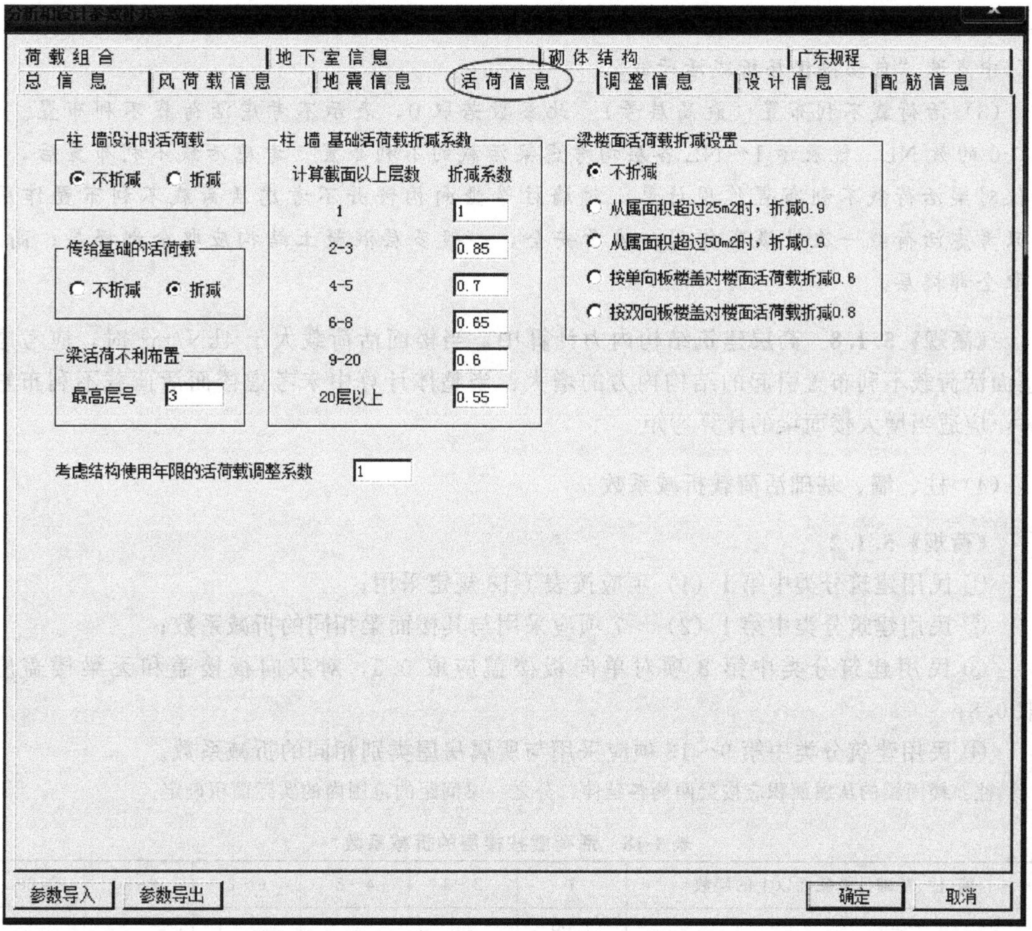

图 1-64 SATWE 活载信息页

【参数注释】

(1) 柱墙设计时活荷载 程序默认为“不折减”，一般不需要改。SATWE 根据《荷规》第 5.1.2 条第 2 款设置此选项，点选“折减”，程序会按照右侧输入的楼层折减系数进行活荷载折减，生成的墙、柱轴压比及配筋会比点选“不折减”稍微小一些。所以，当需要以结构偏安全性为先的时候，建议点选“不折减”；当需要以墙、柱尺寸和结构经济性为先的时候，建议点选“折减”。

如在 PMCAD 中考虑了梁的活荷载折减（荷载输入/恒活设置/考虑活荷载折减），则在 SATWE、TAT、PMSAP 中最好不要选择“柱墙活荷载折减”，以避免活荷载折减过多。对于带裙房的高层建筑，裙房不宜按主楼的层数取用活荷载折减系数。同理，顶部带小塔楼的结构、错层结构、多塔结构等，都存在同一楼层柱墙活荷载系数不同的情况，应按实际情况灵活处理。

注：SATWE 软件目前还不能考虑《荷规》5.1.2 条第 1 款对楼面梁的活载折减；PMSAP 则可以。PM 中的荷载设置楼面折减系数对梁不起作用，柱墙设计时活荷载对柱起作用。

(2) 传给基础的活荷载 程序默认为“折减”，不需要改。SATWE 根据《荷规》第 4.1.2 条第 2 款设置此选项，点选“折减”，程序会按照右侧输入的楼层折减系数进行活荷载折减，生成传到底层的最大组合内力，但没有传到JCCAD，JCCAD读取的是程序计算后各工况的标准值。所以，当需要考虑传给基础的活荷载折减时，应到JCCAD的“荷载参数”中点选“自动按楼层折减活荷载”。

(3) 活荷载不利布置（最高层号） 此参数若取0，表示不考虑活荷载不利布置。若取>0的数NL，就表示1～NL各层均考虑梁活载的不利布置。考虑活载不利布置后，程序仅对梁活荷载不利布置作用计算，对墙柱等竖向构件并不考虑活荷载不利布置作用，而只考虑活荷载一次性满布作用。偏于安全，一般多层混凝土结构应取全部楼层；高层宜取全部楼层。

《高规》5.1.8 高层建筑结构内力计算中，当楼面活荷载大于4kN/m² 时，应考虑楼面活荷载不利布置引起的结构内力的增大；当整体计算中未考虑楼面活荷载不利布置时，应适当增大楼面梁的计算弯矩。

(4) 柱、墙、基础活荷载折减系数

《荷规》5.1.2

① 民用建筑分类中第1（1）项应按表1-18规定采用；

② 民用建筑分类中第1（2）～7项应采用与其楼面梁相同的折减系数；

③ 民用建筑分类中第8项对单向板楼盖应取0.5，对双向板楼盖和无梁楼盖应取0.8；

④ 民用建筑分类中第9～13项应采用与所属房屋类别相同的折减系数。

注：楼面梁的从属面积应按梁两侧各延伸二分之一梁间距的范围内的实际面积确定。

表1-18 活荷载按楼层的折减系数

墙、柱、基础计算截面以上的层数	1	2～3	4～5	6～8	9～20	>20
计算截面以上各楼层活荷载总和的折减系数	1.00 (0.90)	0.85	0.70	0.65	0.60	0.55

注：当楼面梁的从属面积超过25m² 时，应采用括号内的系数。

SATWE根据《荷规》第5.1.2条第2款设置此选项，第1（2）～7项按基础从属面积（因“柱墙设计时活荷载”中梁、柱按不折减，此处仅考虑基础）超过50m² 时取0.9，否则取1，一般多层可取1，高层0.9；第8项汽车通道及停车库可取0.8。

此处的折减系数仅当“折减柱墙设计活荷载”或“折减传给基础的活荷载”勾选后才生效。对于下面几层是商场，上面是办公楼的结构，鉴于目前的PKPM版本对于上下楼层不同功能区域活荷载传给墙柱基础时的折减系数不能分别按规范取值，故折减系数建议按偏安全的取值方法。

(5) 考虑结构使用年限的活荷载调整系数 《高规》5.6.1做了有关规定。在设计时，设计使用年限为50年时取1.0，设计使用年限为100年时取1.1。

(6) 梁楼面活荷载折减设置 对于普通楼面（非汽车通道及客车停车库）一般可偏于安全不折减。也可以根据实际情况，按照《荷规》5.1.2第1款进行折减。此参数的设置，方便了汽车通道及客车停车库主梁、次梁的设计，不必再建几个模型进行包络设计。

1.8.1.5 调整信息

本项目调整信息页见图1-65。

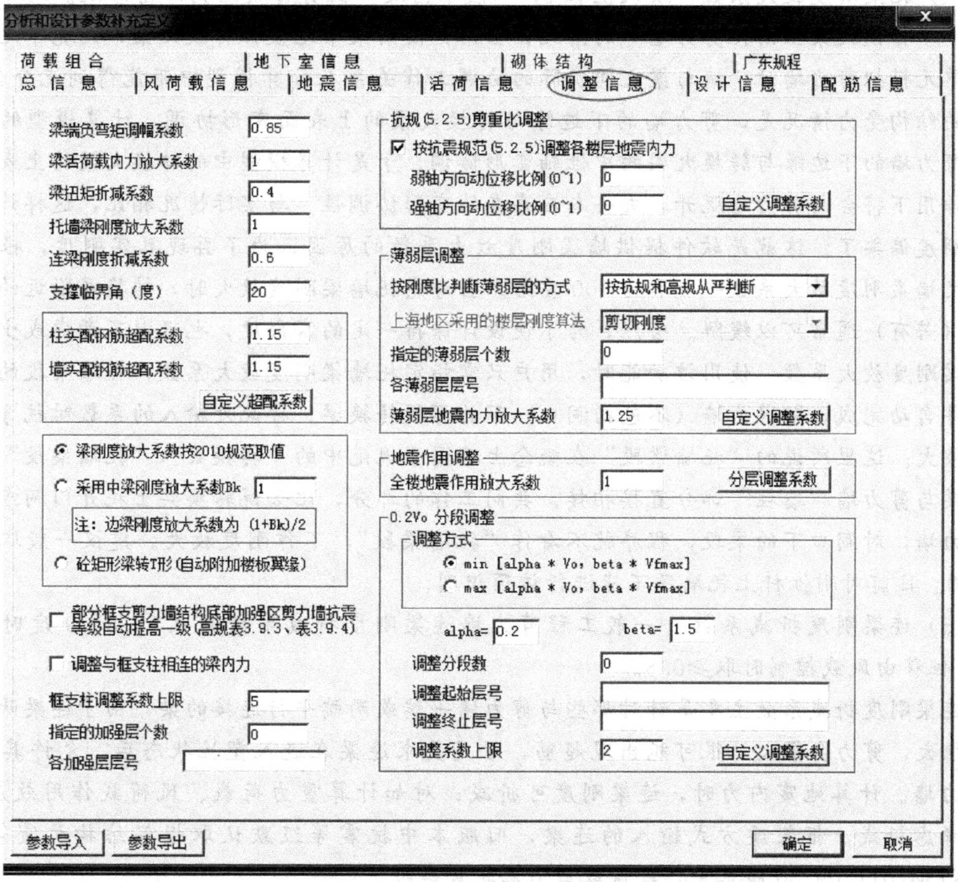

图 1-65　SATWE 调整信息页

（1）梁端负弯矩调幅系数　现浇框架梁 0.8～0.9；装配整体式框架梁 0.7～0.8。

框架梁在竖向荷载作用下梁端负弯矩调整系数，是考虑梁的塑性内力重分布。通过调整使梁端负弯矩减小，跨中正弯矩加大（程序自动加）。梁端负弯矩调整系数一般取 0.85。

注：① 程序隐含钢梁为不调幅梁；不要将梁跨中弯矩放大系数与其混淆。

② 弯矩调幅法是考虑塑性内力重分布的分析方法，与弹性设计相对；弯矩调幅法可以求得结构的经济，充分挖掘混凝土结构的潜力和利用其优点；弯矩调幅法可以使得内力均匀。对于承受动力荷载、使用上要求不出现裂缝的构件，要尽量少调幅。

③ 调幅与“强柱弱梁”并无直接关系，要保证强柱弱梁，强度是关键，刚度不是关键，即柱截面承载能力要大于梁（满足规范要求），在地震灾害地区的很多房屋，并没有出现预期的“强柱弱梁”，反而是“强梁弱柱”，是因为忽略了楼板钢筋参与负弯矩分配，还有其他原因，比如：梁端配筋时内力所用截面为矩形截面，计算结果比 T 形截面大、习惯性放大梁支座配筋及跨中配筋的纵筋 5%～10%、基于裂缝控制，两端配筋远大于计算配筋、未计入双筋截面及受压翼缘的有利影响，低估截面承载能力、施工原因。

（2）梁活荷载内力放大系数　用于考虑活荷载不利布置对梁内力的影响，将活荷载作用下的梁内力（包括弯矩、剪力、轴力）进行放大。一般工程建议取值 1.1～1.2。如果已考虑了活荷载不利布置，则应填 1。

（3）梁扭矩折减系数　现浇楼板（刚性假定）取值 0.4～1.0，一般取 0.4；现浇楼板（弹性楼板）取 1.0。

注：程序规定对于不与刚性楼板相连的梁及弧梁不起作用。

(4) 托梁刚度放大系数　默认值取1，一般不需改，仅有转换结构时需修改。对于实际工程中“转换大梁上面托剪力墙”的情况，当用户使用梁单元模拟转换大梁，用壳单元模式的墙单元模拟剪力墙时，墙与梁之间实际的协调工作关系在计算模型中不能得到充分体现。实际的结构受力情况是，剪力墙的下边缘与转换大梁的上表面变形协调。计算模型的情况是：剪力墙的下边缘与转换大梁的中性轴变形协调。于是计算模型中的转换大梁的上表面在荷载作用下将会与剪力墙脱开，失去本应存在的变形协调性。与实际情况相比，这样计算模型的刚度偏柔了。这就是软件提供墙梁刚度放大系数的原因。为了再现真实刚度，根据经验，托墙梁刚度放大系数一般取为100左右。当考虑托墙梁刚度放大时，转换层附近的超筋情况（若有）通常可以缓解。当然，为了使设计保持一定的富余度，也可以不考虑或少考虑托墙梁刚度放大系数。使用该功能时，用户只需指定托墙梁刚度放大系数，托墙梁段的搜索由软件自动完成，即剪力墙（不包括洞口）下的那段转换梁，按此处输入的系数对抗弯刚度进行放大。这里所说的“托墙梁段”在概念上不同于规范中的“转换梁”，“托墙梁段”特指转换梁与剪力墙“墙柱”部分直接相接、共同工作的部分，比如说转换梁上托开门洞或窗洞的剪力墙，对洞口下的梁段，程序就不看作“托墙梁段”，不作刚度放大。建议一般取默认值100。目前对刚性杆上托墙还不能进行该项识别。

(5) 连梁刚度折减系数　一般工程剪力墙连梁刚度折减系数取0.7，8、9度时可取0.5；位移由风载控制时取≥0.8。

连梁刚度折减系数主要是针对那些与剪力墙一端或两端平行连接的梁，由于连梁两端位移差很大，剪力会很大，很可能出现超筋，于是要求连梁在进入塑性状态后，允许其卸载给剪力墙。计算地震内力时，连梁刚度可折减；对如计算重力荷载、风荷载作用效应时，不易考虑折减。框架梁方式输入的连梁，旧版本中抗震等级默认取框架结构抗震等级；在PKPM2011.09.30版本中，默认取剪力墙抗震等级。

注：连梁的跨高比大于等于5时，建议按框架梁输入。

(6) 支撑临界角（度）　一般可以这样认为：当斜杠与Z轴夹角小于20°时，按柱处理，大于20°时按支撑处理。但有时候也不一定遵循以上准则，可以由用户根据工程需要自行指定。

(7) 柱实配钢筋超配系数　默认值为1.15，不需改，只对一级框架结构或9度区起作用。对于9度设防烈度的各类框架和一级抗震等级的框架结构，剪力调整应按实配钢筋和材料强度标准值来计算。由于程序在接“梁平法施工图”前并不知道实际配筋面积，所以程序将此参数提供给用户，由用户根据工程实际情况填写。程序根据用户输入的超配系数，并取钢筋超强系数（材料强度标准值与设计值的比值）为1.1。本参数只对一级框架结构或9度区框架起作用，程序可自动识别；当为其他类型结构时，也不需要用户手工修改为1.0。

注：9度及一级框架结构仅调整梁柱钢筋的超配系数是不全面的，按规范要求采用其他有效抗震措施。

(8) 墙实配钢筋超配系数　一般可按默认值填写1.15. 不用修改。

(9) 自定义超配系数　可以分层号、分塔楼自行定义。

(10) 梁刚度放大系数按2010规范取值　勾选默认，一般不需改。考虑楼板作为翼缘对梁刚度的贡献时，每根梁由于截面尺寸和楼板厚度有差异，其刚度放大系数可能各不相同，SATWE提供了按2010规范取值选项，勾选此项后，程序将根据《混规》5.2.4条的表格，自动计算每根梁的楼板有效翼缘宽度，按照T形截面与梁截面的刚度比例，确定每根梁的刚度系数。刚度系数计算结果可在“特殊构件补充定义”中查看，也可在此基础上修改。如果不勾选，仍按上一条所述，对全楼指定唯一的刚度系数。

注：剪力墙结构连梁刚度一般不用放大，因为楼板的支座主要是墙，墙对板起了很大的支撑作用，墙刚度大，力主要流向刚度大墙支座，可以取个极端情况，不要连梁，对楼板的影响一般也不大，所以楼板对连梁的约束作用较弱，一般连梁刚度可不放大。类似的东西，作用效果不同，就看其边界条件，分析边界条件，可以用类比或者极端、逆向的思维方法。

(11) 采用中梁刚度放大系数 B_k 默认为灰色不用选，一般不需改。根据《高规》5.2.2 条，"现浇楼面中梁的刚度可考虑翼缘的作用予以增大，现浇楼板取值 1.3～2.0"。通常现浇楼面的边框梁可取 1.5，中框梁可取 2.0；对压型钢板组合楼板中的边梁取 1.2，中梁取 1.5（详《高钢规》5.1.3 条）梁翼缘厚度与梁高相比较小时梁刚度增大系数可取较小值，反之取较大值，而对其他情况（包括弹性楼板和花纹钢板楼面）梁的刚度不应放大。该参数对连梁不起作用，对两侧有弹性板的梁仍然有效；对于板柱结构，应取 1。梁刚度放大的主要目的，是为了考虑在刚性板假定下楼板刚度对结构的贡献。梁的刚度放大并非是为了在计算梁的内力和配筋时，将楼板作为梁的翼缘，按 T 形梁设计，以达到降低梁的内力和配筋的目的，而仅仅是为了近似考虑楼板刚度对结构的影响。该参数的大小对结构的周期、位移等均有影响。

SATWE 前处理"特殊构件补充定义"中的右侧菜单"特殊梁"下，用户可以交互指定楼层中各梁的刚度放大系数。在此处程序默认显示的放大系数，是没有搜索边梁的结果，即所有梁的刚度放大系数均按中梁刚度放大系数显示。但在后面计算时，SATWE 软件自动判断梁与楼板的连接关系，对于两侧都与楼板相连的梁，直接取交互指定的值来计算；对于仅有一侧与楼板相连的梁，梁刚度放大系数取 $(B_k+1)/2$；对两侧都不与楼板相连的独立梁，不管交互指定的值为多少，均按 1.0 计算。梁刚度放大系数只影响梁的内力（即效应计算）在 SATWE 里不影响梁的配筋计算（即抗力计算）在 PMSAP 里会影响梁的配筋计算，因为 SATWE 计算承载力是按矩形截面的，而 PMSAP 可以选择按 T 形截面。

注：由于单向填充空心现浇预应力楼板的各向异性，宜在平行和垂直填充空心管的方向取用不同的梁刚度放大系数。

(12) 混凝土矩形梁转 T 形（自动附加楼板翼缘） 勾选后，程序自动搜索与梁相邻的楼板，将矩形梁转成 T 形或 L 形梁进行内力和配筋计算，同时梁刚度放大系数和梁扭矩折减系数应取 1。需要注意的是，10、11、12 只可同时选择一个。一般可选择 10。

(13) 部分框支剪力墙结构底部加强区剪力墙抗震等级自动提高一级 根据《高规》表 3.9.3、表 3.9.4，部分框支剪力墙结构底部加强区和非底部加强区的剪力墙抗震等级可能不同，但在实际设计中，都是先在"地震信息"页"剪力墙抗震等级"中填入部分框支剪力墙结构中一般部位剪力墙的抗震等级，若勾选该项，则程序将自动对底部加强区的剪力墙抗震等级提高一级。程序默认勾选，当为框支剪力墙时可勾选，当不是时可不勾选。

(14) 调整与框支柱相连的梁内力 一般不应勾选，不调整（按实际工程选），因为程序对框支柱的弯矩、剪力调整系数往往很大，若此时调整与框支柱相连的梁内力，会出现异常。

《高规》10.2.17 条规定：框支柱剪力调整后，应相应调整框支柱的弯矩及柱端框架梁（不包括转换梁）的剪力、弯矩，但框支梁的剪力、弯矩和框支柱轴力可不调整。由于框支柱的内力调整幅度较大，若相应调整框架梁的内力，则有可能使框架梁设计不下来。2010 年 9 月之前的版本，此项参数不起作用，勾不勾选程序都不会调整；2010 年 9 月版勾选后程序会调整与框支柱相连的框架梁的内力。PMSAP默认不调。

(15) 框支柱调整上限　框支柱的调整系数值可能很大，用户可设置调整系数的上限值，框支柱调整上限为5.0。一般可按默认值，不用修改。

(16) 指定的加强层个数、层号　默认值为0，一般不需改。各加强层层号，默认值为空白，一般不填。加强层是新版SATWE新增参数，由用户指定，程序自动实现如下功能：

① 加强层及相邻层柱、墙抗震等级自动提高一级；

② 加强层及相邻轴压比限制减小0.05，依据见《高规》10.3.3条（强条）；

③ 加强层及相邻层设置约束边缘构件；

多塔结构还可在“多塔结构构件定义”菜单分塔指定加强层。

(17)《抗规》第5.2.5条调整各层地震内力　默认勾选；不需改。用于调整剪重比，详见《抗规》5.2.5条和《高规》4.3.12条。抗震验算时，结构任一楼层的水平地震的剪重比不应小于《抗规》中表5.2.5给出的最小地震剪力系数λ。当结构某楼层的地震剪力小得过多，地震剪力调整系数过大（调整系数大于1.2时）说明该楼层结构刚度过小，其地震作用主要不是地震加速度而是地震地面运动速度和位移引起的。此时应先调整结构布置和相关构件的截面尺寸，提高结构刚度，使计算的剪重比能自然满足规范要求；其次才考虑调整地震力。而根据《抗规》5.2.5条文说明：只要求底部总剪力不满足要求，则结构各楼层的剪力均需要调整，继而原先计算的倾覆力矩、内力和位移均需相应调整。

按《抗规》第5.2.5条规定，抗震验算时，结构任一楼层的水平地震的剪重比不应小于表1-19给出的最小地震剪力系数λ。

表1-19　楼层最小地震剪力系数

类别	6度	7度	8度	9度
扭转效应明显或基本周期小于3.5s的结构	0.008	0.016(0.024)	0.032(0.048)	0.064
基本周期大于5.0s的结构	0.006	0.012(0.018)	0.024(0.036)	0.048

注：1. 基本周期介于3.5s和5s之间的结构，按插入法取值。
2. 括号内数值分别用于设计基本地震加速度为0.15g和0.30g的地区。

① 弱轴方向动位移比例。默认值为0，剪重比不满足时按实际改。

② 强轴方向动位移比例。默认值为0，剪重比不满足时按实际改。

按照《抗规》5.2.5的条文说明，在剪重比调整时，根据结构基本周期采用相应调整，即加速度段调整、速度段调整和位移段调整。弱轴方向即结构第一平动周期方向，强轴方向即结构第二平动周期方向，一般可根据结构自振周期T与场地特征周期T_g的比值来确定：当$T<T_g$时，属加速度控制段，参数取0；当$T_g<T<5T_g$时，属速度控制段，参数取0.5；当$T>5T_g$时，属位移控制段，参数取1。按照《抗规》5.2.5的条文说明，在减重比调整时，根据结构基本周期采用相应调整，即加速度段调整、速度段调整和位移段调整。

(18) 按刚度比判断薄弱层的方式　应根据工程项目实际情况选用（高层还是多层）。分为“按《抗规》和《高规》从严判断”“仅按《抗规》判断”“仅按《高规》判断”和“不自动判断”四个选项，可由用户选择判断标准。旧版软件是《抗规》和《高规》同时执行，并从严控制。

《抗规》3.4.4-2 平面规则而竖向不规则的建筑，应采用空间结构计算模型，刚度小的楼层的地震剪力应乘以不小于1.15的增大系数，其薄弱层应按本规范有关规定进行弹塑性变形分析，并应符合下列要求：

① 竖向抗侧力构件不连续时，该构件传递给水平转换构件的地震内力应根据烈度高低和水平转换构件的类型、受力情况、几何尺寸等，乘以1.25～2.0的增大系数；

② 侧向刚度不规则时，相邻层的侧向刚度比应依据其结构类型符合本规范相关章节的规定；

③ 楼层承载力突变时，薄弱层抗侧力结构的受剪承载力不应小于相邻上一楼层的65%。

《高规》3.5.8 侧向刚度变化、承载力变化、竖向抗侧力构件连续性不符合本规程第3.5.2、3.5.3、3.5.4条要求的楼层，其对应于地震作用标准值的剪力应乘以1.25的增大系数。

(19) 指定薄弱层个数及相应的各薄弱层层号　薄弱层个数默认值为：0，一般不改。各层薄弱层层号，默认值为：空白，一般不填。

SATWE自动按刚度比判断薄弱层并对薄弱层进行地震内力放大，但对竖向构件不连续结构形成的薄弱层、对承载力突变形成的薄弱层（比如“层间受剪承载力比”不满足规范要求时）、对有转换构件形成的薄弱层不能自动判断为薄弱层，需要用户在此指定。输入各层号时以逗号或空格隔开。

(20) 薄弱层调整（自定义调整系数）　可以自己根据实际工程分层号、分塔号、分 X、Y 方向定义不同的调整系数。

(21) 薄弱层地震内力放大系数　应根据工程实际情况（多层还是高层）填写该参数。《抗规》规定薄弱层的地震剪力增大系数不小于1.15，《高规》规定薄弱层的地震剪力增大系数不小于1.25。SATWE对薄弱层地震剪力调整的做法是直接放大薄弱层构件的地震作用内力。程序缺省值为1.25。

竖向不规则结构的薄弱层有三种情况：①楼层侧向刚度突变；②层间受剪承载力突变；③竖向构件不连续。

(22) 全楼地震作用放大系数　通过此参数来放大地震作用，提高结构的抗震安全度，其经验取值范围是1.0～1.5。在实际设计时，对于超高层建筑，用时程分析判断出结构的薄弱层部位后，可以用“全楼地震作用放大系数”或“分层调整系数”来提高结构的抗震安全度。

(23) 地震作用调整/分层调整系数　地震作用放大系数可以自己根据实际工程分层号、分塔号、分 X、Y 方向定义。

(24) $0.2V_0$ 分段调整　程序开放了两道防线控制参数，允许取小值或者取大值，程序默认为min。

此处指定 $0.2V_0$ 调整的分段数，每段的起始层号和终止层号，以空格或逗号隔开。如果不分段，则分段数填1。如不进行 $0.2V_0$ 调整，应将分段数填为0。

$0.2V_0$ 调整系数的上限值由参数“$0.2V_0$ 调整上限”控制，如果将起始层号填为负值，则不受上限控制。用户也可点取“自定义调整系数”，分层分塔指定 $0.2V_0$ 调整系数，但仍应在参数中正确填入 $0.2V_0$ 调整的分段数和起始、终止层号，否则，自定义调整系数将不起作用。程序缺省 $0.2V_0$ 调整上限为 2.0，框支柱调整上限为 5.0，可以自行修改。

注：① 对有少量柱的剪力墙结构，让框架柱承担20%的基底剪力会使放大系数过大，以致框架梁、柱无法设计，所以20%的调整一般只用于主体结构。

② 电梯机房，不属于调整范围。

(25) 上海地区采用的楼层刚度算法　在上海地区，一般情况下采用等效剪切刚度计算侧向刚度，对于带支撑的结构可采用剪弯刚度。在选择上海地区且薄弱层判断方式考虑抗震以后，该选项生效。

1.8.1.6　设计信息

本项目SATWE设计信息页见图1-66。参数注释如下。

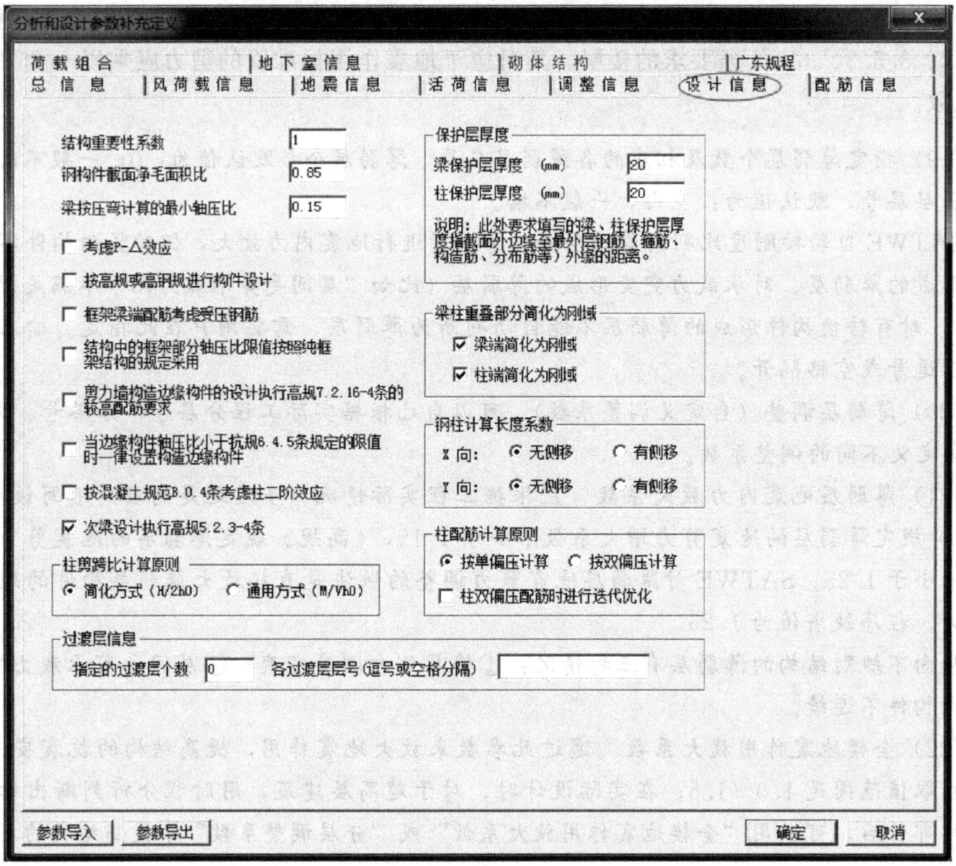

图1-66　SATWE设计信息页

【参数注释】

(1) 结构重要性系数　应按《混规》第3.3.2条来确定。当安全等级为二级，设计使用年限50年，取1.00。

(2) 钢构件截面净毛面积比　净面积是构件去掉螺栓孔之后的截面面积，毛面积就是构件总截面面积，此值一般为0.85～0.92。轻钢结构最大可以取到0.92，钢框架的可以取到0.85。

(3) 梁按压弯计算的最小轴压比　程序默认值为0.15，一般可按此默认值。梁类构件，一般所受轴力均较小，所以日常计算中均按照受弯构件进行计算（忽略轴力作用），若结构中存在某些梁轴力很大时，再按此法计算不尽合理，本参数则是按照梁轴压比大小来区分梁计算方法。

(4) 考虑 P-Δ 效应（重力二阶效应） 对于常规的混凝土结构，一般可不勾选。通常混凝土结构可以不考虑重力二阶效应，钢结构按《抗规》8.2.3 条的规定，应考虑重力二阶效应。是否考虑重力二阶效应可以参考 SATWE 输出文件 WMASS. OUT 中的提示，若显示"可以不考虑重力二阶效应"，则可以不选择此项，否则应选择此项。

注：① 建筑结构的二阶效应由两部分组成：$P-\delta$ 效应和 $P-\Delta$ 效应。$P-\delta$ 效应是指由于构件在轴向压力作用下，自身发生挠曲引起的附加效应，可称之为构件挠曲二阶效应，通常指轴向压力在产生了挠曲变形的构件中引起的附加弯矩，附加弯矩与构件的挠曲形态有关，一般中间大，两端小。$P-\Delta$ 效应是指由于结构的水平变形引起的重力附加效应，可称之为重力二阶效应，结构在水平力（风荷载或水平地震力）作用下发生水平变形后，重力荷载因该水平变形而引起附加效应，结构发生的水平侧移绝对值较大，$P-\Delta$ 效应越显著，若结构的水平变形过大，可能因重力二阶效应而导致结构失稳。

② 一般来说，7 度以上抗震设防的建筑，其结构刚度由地震或风荷载作用的位移控制，只要满足位移要求，整体稳定性自动满足，可不考虑 $P-\Delta$ 效应。SATWE 软件采用的是等效几何刚度的有限元算法，修正结构总刚，考虑 $P-\Delta$ 效应后结构周期不变。

(5) 按《高规》或者《高钢规》进行构件设计 点取此项，程序按《高规》进行荷载组合计算，按高钢规进行构件设计计算，否则，按多层结构进行荷载组合计算，按普通钢结构规范进行构件设计计算。高层建筑一般都勾选。

(6) 框架梁端配筋考虑受压钢筋 默认勾选，建议不修改。

(7) 结构中的框架部分轴压比按照纯框架结构的规定采用 默认不勾选，主要是为执行《高规》8.1.3 第 4 款：框架部分承受的地震倾覆力矩大于结构总地震倾覆力矩的 80% 时，按框架-剪力墙结构进行设计，但其最大适用高度宜按框架结构采用，框架部分的抗震等级和轴压比限值应按框架结构的规定采用。当结构的层间位移角不满足框架-剪力墙结构的规定时，可按《高规》第 3.11 节的有关规定进行结构抗震性能分析和论证。

(8) 剪力墙构造边缘构件的设计执行《高规》7.2.16 第 4 款 对于非连体结构、错层结构以及 B 级高度高层建筑结构中的剪力墙（筒体），一般可不勾选。《高规》7.2.16 第 4 款规定：抗震设计时，对于连体结构、错层结构以及 B 级高度高层建筑结构中的剪力墙（筒体），其构造边缘构件的最小配筋率应按照要求相应提高。

勾选此项时，程序将一律按《高规》7.2.16 第 4 款的要求控制构造边缘构件的最小配筋，即对于不符合上述条件的结构类型，也进行从严控制；如不勾选，则程序一律不执行此条规定。

(9) 当边缘构件轴压比小于《抗规》6.4.5 条规定的限值时一律设置构造边缘构件 一般可勾选

《抗规》6.4.5 抗震墙两端和洞口两侧应设置边缘构件，边缘构件包括暗柱、端柱和翼墙，并应符合下列要求：

对于抗震墙结构，底层墙肢底截面的轴压比不大于表 1-20 规定的一、二、三级抗震墙及四级抗震墙，墙肢两端可设置构造边缘构件，构造边缘构件的配筋除应满足受弯承载力要求外，并宜符合表 1-21 的要求。

表 1-20 抗震墙设置构造边缘构件的最大轴压比

抗震等级或烈度	一级(9 度)	一级(7、8 度)	二、三级
轴压比	0.1	0.2	0.3

表 1-21 抗震墙构造边缘构件的配筋要求

抗震等级	底部加强部位			其他部位		
	纵向钢筋最小量（取较大值）	箍筋		纵向钢筋最小量（取较大值）	拉筋	
		最小直径/mm	沿竖向最大间距/mm		最小直径/mm	沿竖向最大间距/mm
一	$0.010A_c$，$6\phi16$	8	100	$0.008A_c$，$6\phi14$	8	150
二	$0.008A_c$，$6\phi14$	8	150	$0.006A_c$，$6\phi12$	8	200
三	$0.006A_c$，$6\phi12$	6	150	$0.005A_c$，$4\phi12$	6	200
四	$0.005A_c$，$4\phi12$	6	200	$0.004A_c$，$4\phi12$	6	250

注：1. A_c 为边缘构件的截面面积；

2. 其他部位的拉筋，水平间距不应大于纵筋间距的 2 倍；转角处宜采用箍筋；

3. 当端柱承受集中荷载时，其纵向钢筋、箍筋直径和间距应满足柱的相应要求。

（10）按混凝土规范 B.0.4 条考虑柱二阶效应　默认不勾选，一般不需要改，对排架结构柱，应勾选。对于非排架结构，如认为《混规》6.2.4 条的配筋结果过小，也可勾选；勾选该参数后，相同内力情况下，柱配筋与旧版程序基本相当。

（11）次梁设计执行高规 5.2.3 第 4 款　程序默认为勾选。《高规》5.2.3 第 4 款：在竖向荷载作用下，可考虑框架梁端塑性变形内力重分布对梁端负弯矩乘以调幅系数进行调幅，并应符合下列规定：截面设计时，框架梁跨中截面正弯矩设计值不应小于竖向荷载作用下按简支梁计算的跨中弯矩设计值的 50%。

（12）柱剪跨比计算原则　程序默认为简化方式。在实际设计中，两种方式均可以，均能满足工程的精度要求。

（13）指定的过渡层个数及相应的各过渡层层号　默认为 0，不修改。《高规》7.2.14 第 3 款规定：B 级高度高层建筑的剪力墙，宜在约束边缘构件层与构造边缘构件层之间设置 1～2 层过渡层。程序不能自动判断过渡层，用户可在此指定。

（14）梁、柱保护层厚度　应根据工程实际情况查《混规》表 8.2.1。混凝土结构设计规中有说明，保护层厚度指截面外边缘至最外层钢筋（箍筋、构造筋、分布筋等）外缘的距离。

（15）梁柱重叠部分简化为刚域　一般不选，大截面柱和异形柱应考虑选择该项；考虑后，梁长变短，刚度变大，自重变小，梁端负弯矩变小。

（16）钢柱计算长度系数　该参数仅对钢结构有效，对混凝土结构不起作用，通常钢结构宜选择“有侧移”，如不考虑地震、风作用时，可以选择“无侧移”。

无侧移与填充墙无关，与支撑的抗侧刚度有关。钢结构建筑满足《抗规》相应要求，而层间位移不大于 1/1000 时，方可考虑按无侧移方法取计算长度系数。有支撑就认为结构无侧移的说法也是不对的。填充墙更不能作为考虑无侧移的条件。桁架计算长度是按无侧移取的。

（17）柱配筋计算原则　默认为按单偏压计算，一般不需要修改。“单偏压”在计算 X 方向配筋时不考虑 Y 向钢筋的作用，计算结果具有唯一性，详见《混规》7.3；而“双偏压”在计算 X 方向配筋时考虑了 Y 向钢筋的作用，计算结果不唯一，详见《混规》附录 F。建议采用“单偏压”计算，采用“双偏压”验算。《高规》6.2.4 规定，“抗震设计时，框架角柱应按双向偏心受力构件进行正截面承载力设计”。如果在“特殊构件补充定义”中“特殊柱”菜单下指定了角柱，程序对其自动按照“双偏压”计算。对于异形柱结构，程序自动按“双偏压”计算异形柱配筋。

注：① 角柱是指建筑角部柱的两个方向各只有一根框架梁与之相连的框架柱，故建筑凸角处的框架柱为角柱，而凹角处框架柱并非角柱。

② 全钢结构中，指定角柱并选《高钢规》验算时，程序自动按《高钢规》5.3.4 放大角柱内力 30%。一般单偏压计算，双偏压验算；考虑双向地震时，采用单偏压计算；对于异形柱，结构程序自动采用双偏压计算。

1.8.1.7　配筋信息

本项目 SATWE 配筋信息见图 1-67。参数注释如下。

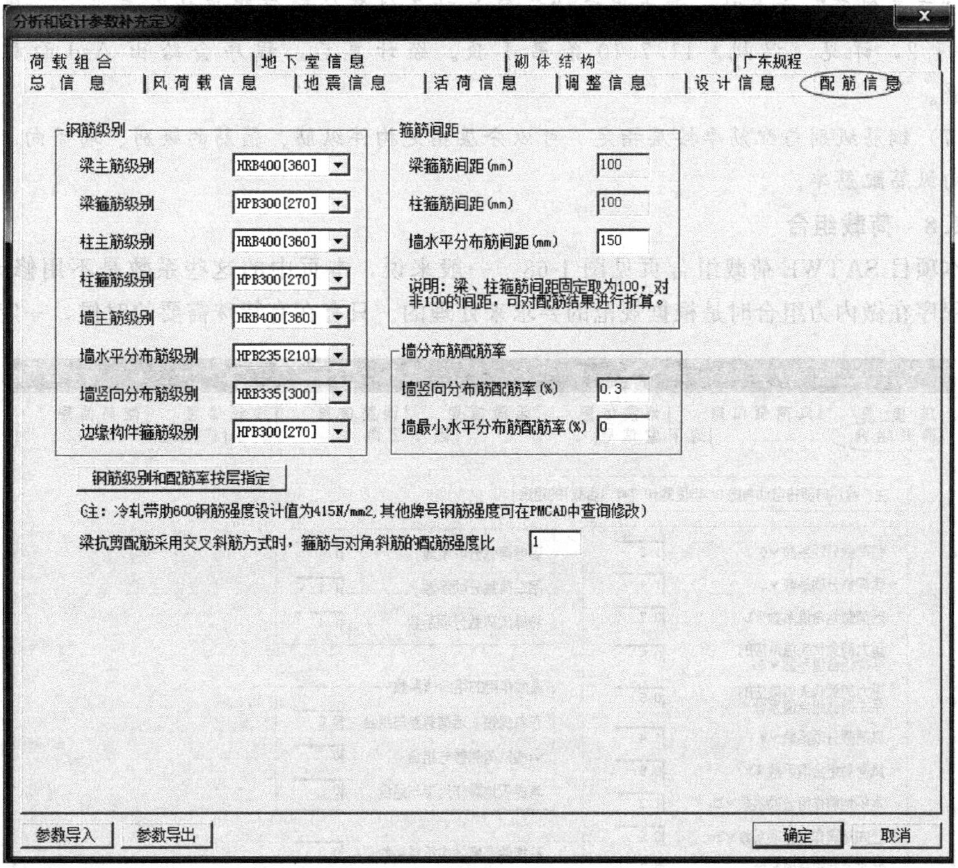

图 1-67　SATWE 配筋信息页

【参数注释】

(1) 梁主筋级别、梁箍筋级别、柱主筋级别、柱箍筋级别、墙主筋级别、墙水平分布筋级别、墙竖向分布筋级别、边缘构件箍筋级别　一般应根据实际工程填写，应用较多的主筋一般都为 HRB4000，箍筋也以 HRB400 居多。

(2) 梁、柱箍筋间距　程序默认为 100mm，不可修改。

(3) 墙水平分布筋间距　抗震墙的竖向和横向分布钢筋的间距不宜大于 300mm，部分框支抗震墙结构的落地抗震墙底部加强部位，竖向和横向分布钢筋的间距不宜大于 200mm。在实际设计中一般填写 200mm。

(4) 墙竖向分布筋配筋率 一、二、三级抗震墙的竖向和横向分布钢筋最小配筋率均不应小于0.25%，四级抗震墙分布钢筋最小配筋率不应小于0.20%。高度小于24m且剪压比很小的四级抗震墙，其竖向分布筋的最小配筋率应允许按0.15%采用。部分框支抗震墙结构的落地抗震墙底部加强部位，竖向和横向分布钢筋配筋率均不应小于0.3%。

(5) 墙最小水平分布筋配筋率 一、二、三级抗震墙的竖向和横向分布钢筋最小配筋率均不应小于0.25%，四级抗震墙分布钢筋最小配筋率不应小于0.20%。部分框支抗震墙结构的落地抗震墙底部加强部位，竖向和横向分布钢筋配筋率均不应小于0.3%。

(6) 梁抗剪配筋采用交叉斜筋方式时，箍筋与对角斜筋的配筋强度比 一般可按默认值1.0填写。《混规》11.7.10对此作了相关的规定。其属性可在“特殊梁”中指定。当采用“交叉斜筋”方式时，需要指定“箍筋与对角斜筋的配筋强度比”参数，一般可取0.6～1.2，详见《混规》11.7.10条第1款。经计算后，程序会给出Asd面积，单位cm^2。

(7) 钢筋级别与配筋率按层指定 可以分层指定构件纵筋、箍筋的级别、墙竖向、墙水平方向纵筋配筋率。

1.8.1.8 荷载组合

本项目SATWE荷载组合页见图1-68。一般来说，本页中的这些系数是不用修改的，因为程序在做内力组合时是根据规范的要求来处理的。只有在有特殊需要的时候，一定要修

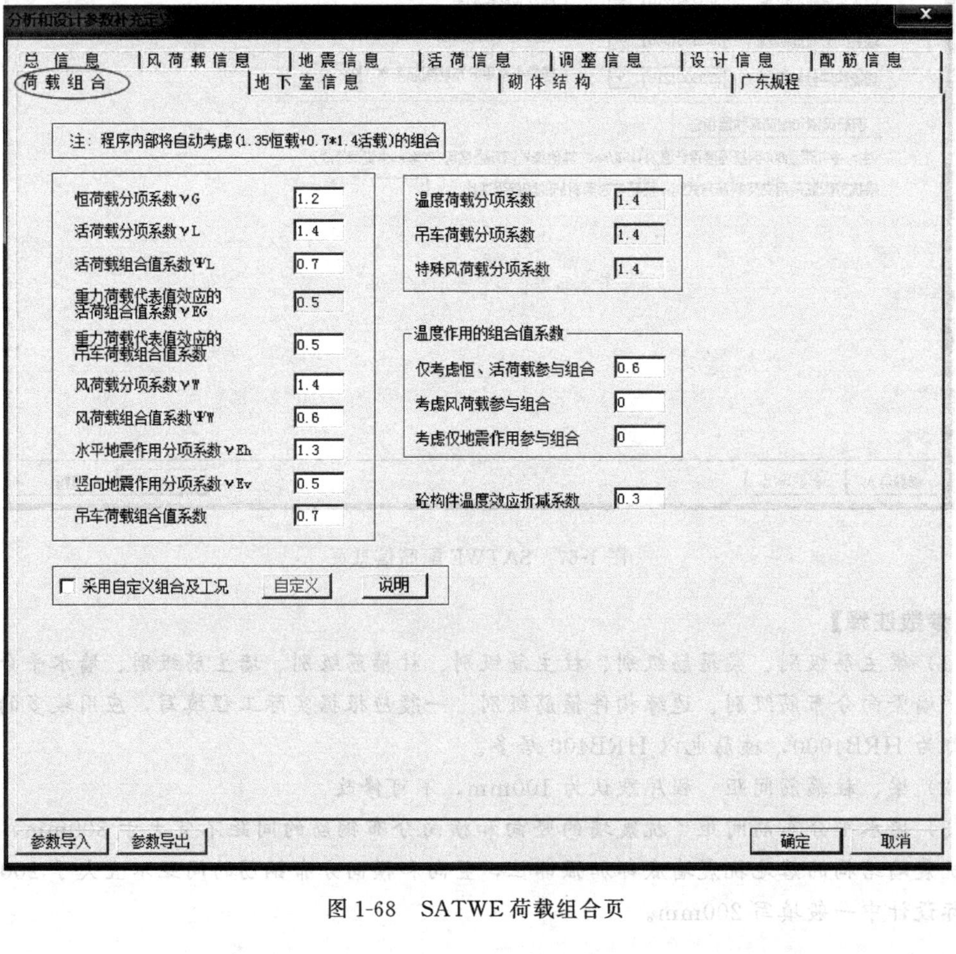

图1-68 SATWE荷载组合页

改其组合系数的情况下，才有必要根据实际情况对相应的组合系数做修改。

采用自定义组合及工况时，点取“采用自定义组合及工况”按钮，程序弹出对话框，用户可自定义荷载组合。首次进入该对话框，程序显示缺省组合，用户可直接对组合系数进行修改，或者通过下方的按钮增加、删除荷载组合。删除荷载组合时，需首先点击要删除的组合号，然后点删除按钮。用户修改的信息保存在 SAT _ LD. PM 和 SAT _ LF. PM 文件中，如果要恢复缺省组合，删除这两个文件即可。

1.8.1.9 地下室信息

本项目 SATWE 地下室信息页如图 1-69 所示。

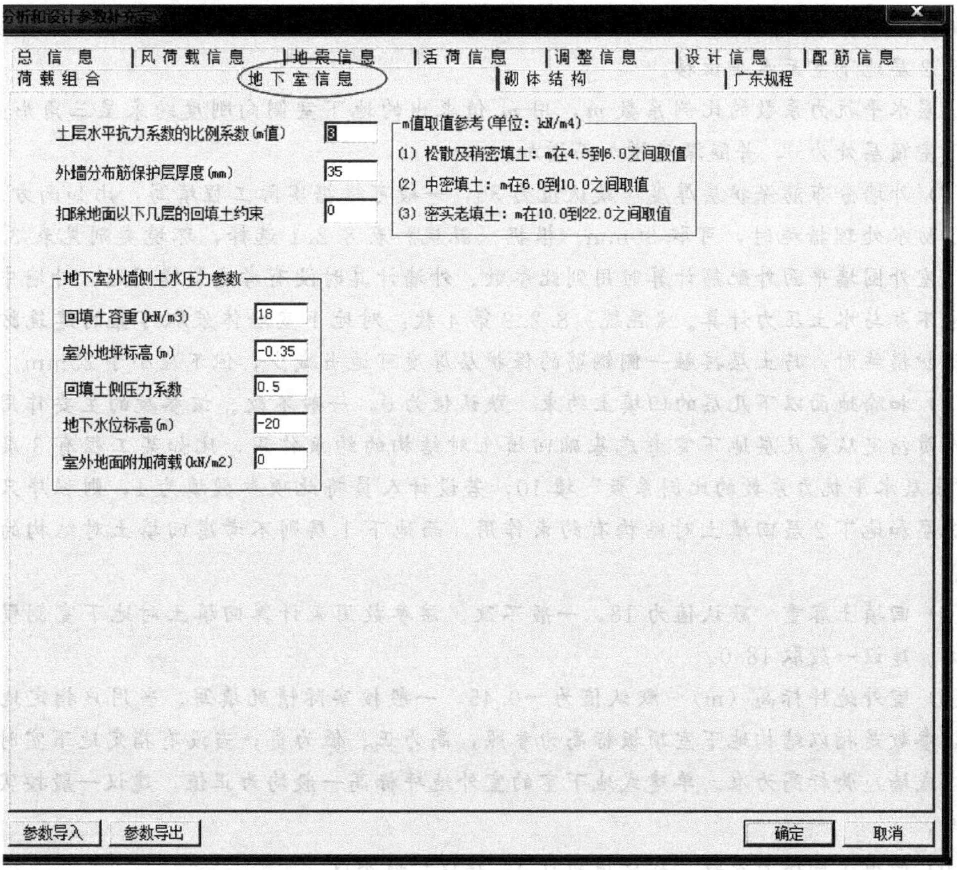

图 1-69　SATWE 地下室信息页

地下室层数为零时，“地下室信息”页为灰，不允许选择；只有在 PMCAD 设计信息中填入地下室层数时，“地下室信息”页变亮，允许选择。

当四周有覆土、地下室相关范围刚度满足规范要求、水平力在地下室顶板处传递连续、板厚满足规范要求时，一般可将嵌固端定在地下室顶板处，这样的模型比较理想，也比较经济。地下室部分刚度大时（满足规范要求），地下室顶板处水平位移较小，同时若地下室四周覆土约束住了地下室水平扭转变形，地下室部分可不考虑地震作用。当不是四周有覆土时，比如三面有覆土，且地下室形状比较规则，地震作用下地下室扭转变形较小时，应该“抓大放小”，较准确地模拟结构的边界条件，将嵌固端定位在地下室顶板处，但是用该上述边界条件模拟整个结构受力会对某些构件不利，此时应该分别取不同的嵌固端，进行包络设计。当地下室覆土较小且地下室最终的扭转变形较大时，应当满足结构的实际受力情况，将嵌固端下移。地下室设计时，有两个关键要点，第一是刚度比约束水平位移，第二是四周覆土约束水平扭转变形。

【参数注释】

(1) 土层水平抗力系数的比值系数（m 值） 默认值为3，需修改。土层水平抗力系数的比例系数 m，其计算方法即是土力学中水平力计算常用的 m 法。m 值的大小随土类及土状态而不同；对于松散及稍密填土，m 在4.5到6.0之间取值；对于中密填土，m 在6.0到10.0之间取值；对于密实填土，m 在10.0～22.0之间取值。需要注意的是，负值仍保留原有版本的意义，即为绝对嵌固层数。该值≤地下室层数，如果有2层地下室，该值填写－2，则表示2层地下室无水平位移。

土层水平抗力系数的比例系数 m，用 m 值求出的地下室侧向刚度约束呈三角形分布，在地下室顶层处为0，并随深度增加而增加。

(2) 外墙分布筋保护层厚度 默认值为35，一般可根据实际工程填写，比如南方地区，当做了防水处理措施时，可取30mm。根据《混规》表8.2.1选择，环境类别见表3.5.2。在地下室外围墙平面外配筋计算时用到此参数。外墙计算时没有考虑裂缝问题；外墙中的边框柱也不参与水土压力计算。《混规》8.2.2第4款：对地下室墙体采取可靠的建筑防水做法或防护措施时，与土层接触一侧钢筋的保护层厚度可适当减少，但不应小于25mm。

(3) 扣除地面以下几层的回填土约束 默认值为0，一般不改。该参数的主要作用是由设计人员指定从第几层地下室考虑基础回填土对结构的约束作用，比如某工程有3层地下室，“土层水平抗力系数的比例系数”填10，若设计人员将此项参数填为1，则程序只考虑地下3层和地下2层回填土对结构有约束作用，而地下1层则不考虑回填土对结构的约束作用。

(4) 回填土容重 默认值为18，一般不改。该参数用来计算回填土对地下室侧壁的水平压力。建议一般取18.0。

(5) 室外地坪标高（m） 默认值为－0.45，一般按实际情况填写。当用户指定地下室时，该参数是指以结构地下室顶板标高为参照，高为正、低为负；当没有指定地下室时，则以柱（或墙）脚标高为准。单建式地下室的室外地坪标高一般均为正值。建议一般按实际情况填写。

(6) 回填土侧压力系数 默认值为0.5，建议一般不改。

该参数用来计算回填土对地下室外墙的水平压力。由于地下车库外墙在净高范围内的土压力由于墙顶部的位移可认为等于0，因此应按静止土压力计算。根据《全国民用建筑工程设计技术措施》2.6.2，“地下室侧墙承受的土压力宜取静止土压力”，而静止土压力的系数可近似按 $K_0=1-\sin\varphi$（土的内摩擦角＝30）计算。建议一般取默认值0.5。当地下室施工采用护坡桩时，该值可乘以折减系数0.66后取0.33。

注：手算时，回填土的侧压力宜按恒载考虑，分项系数根据荷载效应的控制组合取1.2或1.35。

(7) 地下水位标高（m） 该参数标高系统的确定基准同“室外地坪标高”，但应满足≤0。建议一般按实际情况填写。若勘察未提供防水设计水位和抗浮设计水位时，宜从填土完成面（设计室外地坪）满水位计算。上海地区，一般情况可按设计室外地坪以下0.5m计算。

(8) 室外地面附加荷载 该参数用来计算地面附加荷载对地下室外墙的水平压力。建议一般取 5.0kN/m^2。

1.8.2 特殊构件补充定义

点击【SATWE/接 PM 生成 SATWE 数据】→【特殊构件补充定义】，进入“特殊构件补充定义”菜单，如图 1-70 所示。

注：① 本工程点击【特殊柱/角柱】，有两种选择模式：光标选择、窗口选择。然后点击【换标准层】→【拷贝前层】，直至完成所有角柱定义。如图 1-71 所示。

② 本工程无需定义【弹性板】。弹性楼板必须以房间为单元进行定义，与板厚有关，点击【弹性板】，会有以下三种选择：弹性楼板 6：程序真实考虑楼板平面内、外刚度对结构的影响，采用壳单元，原则上适用于所有结构。但采用弹性楼板 6 计算时，由于是弹性楼板，楼板的平面外刚度与梁的平面内刚度都是竖向，板与梁会共同分配水平风荷载或地震作用产生的弯矩，这样计算出来的梁的内力和配筋会较刚性板假设时算出的要少，且与真实情况不相符合(楼板是不参与抗震的)，梁会变得不安全，因此该模型仅适用板柱结构。弹性楼板 3：程序设定楼板平面内刚度为无限大，真实考虑平面外刚度，采用壳单元，因此该模型仅适用厚板结构。弹性膜：程序真实考虑楼板平面内刚度，而假定平面外刚度为零。采用膜剪切单元，因此该模型适用钢楼板结构。刚性楼板是指平面内刚度无限大，平面外刚度为 0，内力计算时不考虑平面内外变形，与板厚无关，程序默认楼板为刚性楼板。

③ 点击【特殊梁/两端铰接】，把次梁始末两端点铰。如果再次点击“/两端铰接”，则又变成两端固接梁。也可以不把次梁点铰接，PKPM 程序自会按照刚度分配原则准确计算梁端力，次梁端分配的力会很小。点铰更保守。

其他工程还会经常使用【抗震等级】、【强度等级】等。【特殊梁】中能定义“不调幅梁”“连梁”“转换梁”等，还能定义梁的“抗震等级”“刚度系数”“扭矩折减”“调幅系数”等；【抗震等级】、【强度等级】能定义“梁”“柱”“墙”“支撑”构件的抗震等级与强度等级。

图 1-70 “特殊构件补充定义”菜单

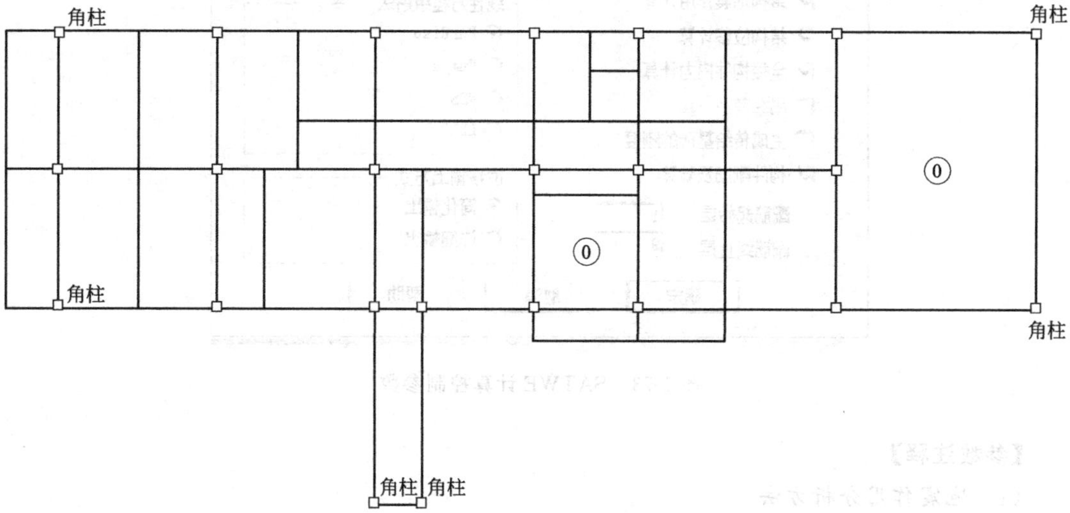

图 1-71 角柱定义

1.8.3 生成文件并检查

点击【生成 SATWE 数据文件及数据检查（必须执行）】，弹出对话框，如图 1-72 所示。

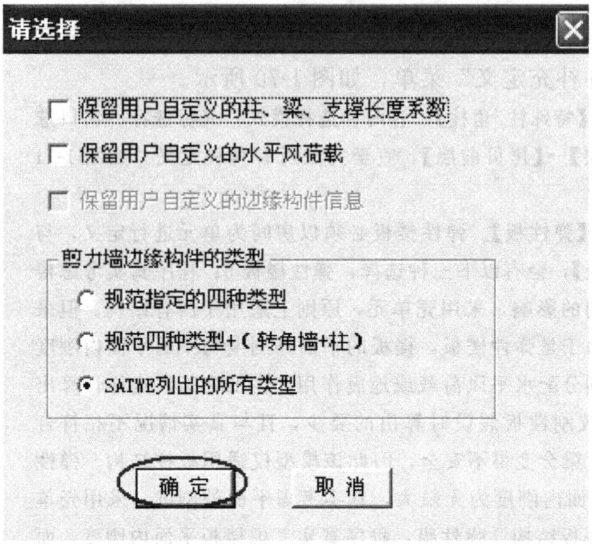

图 1-72 生成 SATWE 数据文件及数据检查（必须执行该项）

1.8.4 结构内力、配筋计算

点击【SATWE/结构内力、配筋计算】，弹出“SATWE 计算控制参数”对话框，如图 1-73 所示。

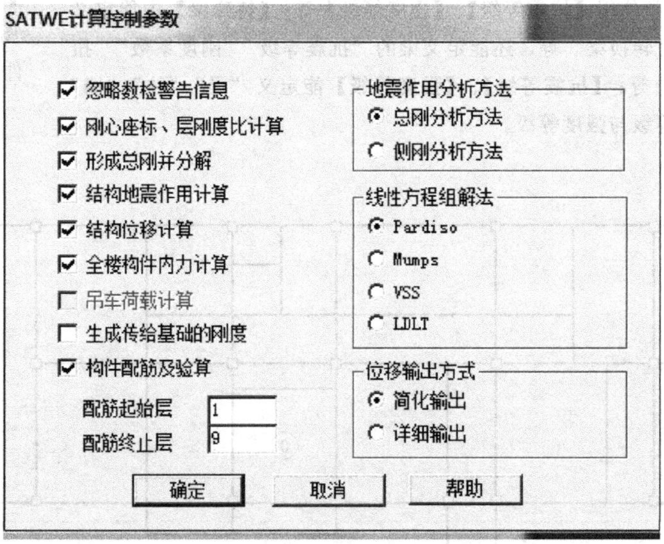

图 1-73 SATWE 计算控制参数

【参数注释】

(1) 地震作用分析方法

① 侧刚分析方法。“侧刚分析方法”是一种简化计算方法，只适用于采用楼板平面内无

限刚假定的普通建筑和采用楼板分块平面内无限刚假定的多塔建筑。对于这类建筑，每层的每块刚性楼板只有两个独立的平动自由度和一个独立的转动自由度。“侧刚计算方法”的应用范围有限，对于定义有较大范围的弹性楼板、有较多不与楼板相连的构件（如错层结构、空旷的工业厂房、体育馆所等）或有较多的错层构件的结构，“侧刚分析方法”不适用，而应采用“总刚分析方法”。

② 总刚分析方法。“总刚分析方法”就是直接采用结构的总刚和与之相应的质量阵进行地震反应分析。“总刚”的优点是精度高，适用方法广，可以准确分析出结构每层每根构件的空间反应。通过分析计算结果，可以发现结构的刚度突变部位、连接薄弱的构件以及数据输入有误的部位等。其不足之处是计算量大，比“侧刚”计算量大数倍。这是一种真实的结构模型转化成的结构刚度模型。

对于没有定义弹性楼板且没有不与楼板相连构件的工程，“侧刚”与“总刚”的计算结果是一致的。对于定义了弹性楼板的结构（如使用 SATWE 进行空旷厂房的三维空间分析时，定义轻钢屋面为“弹性膜”），应使用“总刚分析方法”进行结构的地震作用分析。鉴于目前的电脑运行速度已经较快，故建议对所有的结构均采用“总刚模型”进行计算。

结构整体计算时选择总刚分析方法，则结构本身的周期、振型等固有特性，即周期值和各周期振型的平动系数和扭转系数不会改变，但平动系数在两个方向的分量会有所改变。而侧刚模型是为减少结构的自由度而采取的一种简化计算方法，结构旋转一定角度后，结构简化模型的侧向刚度将随之改变，结构的周期和振型都会发生变化。因此建议在结构整体计算时，在各种情况下均应采用总刚模型，不应采用侧刚模型。

(2) 线性方程组解法。程序默认为 pardiso，一般可不更改。“VSS 向量稀疏求解器”是一种大型稀疏对称矩阵快速求解方法；“LDLT 三角分解”是通常所用的非零元素下的三角求解方法。“VSS 向量稀疏求解器”在求解大型、超大型方程时要比“LDLT 三角分解”方法快很多。

(3) 位移输出方式“简化输出”或“详细输出”。当选择“简化”时，在 WDISP. OUT 文件中仅输出各工况下结构的楼层最大位移值，不输出各节点的位移信息。按“总刚”进行结构的振动分析后，在 WZQ. OUT 文件中仅输出周期、地震力，不输出各振型信息。若选择“详细”时，则在前述的输出内容的基础上，在 WDISP. OUT 文件中还输出各工况下每个节点的位移，WZQ. OUT 文件中还输出各振型下每个节点的位移。

(4) 生成传给基础的刚度。勾选后，上部结构刚度与基础共同分析，更符合实际受力情况，即上下部共同工作，一般也会更经济。如果基础计算不采用 JCCAD 程序进行，则选与不选都没关系。JCCAD 中有个参数，需要上部结构的刚度凝聚。详见 JCCAD 的用户手册。

1.9 SATWE 计算结果分析与调整

1.9.1 SATWE 计算结果分析与调整

对于多层结构，“轴压比”“位移比”“剪重比”“楼层侧向刚度比”“受剪承载力比”“弹性层间位移角”这 6 个指标《抗规》《高规》都有明确的规定，所以多层结构应按照《抗规》

要求控制这6个指标；“周期比”“刚重比”只在《高规》中规定，对于多层结构，“周期比”可根据具体情况适当放宽，“刚重比”可按照《高规》控制。点击【SATWE/分析结果图形和文本显示】，如图1-74所示。

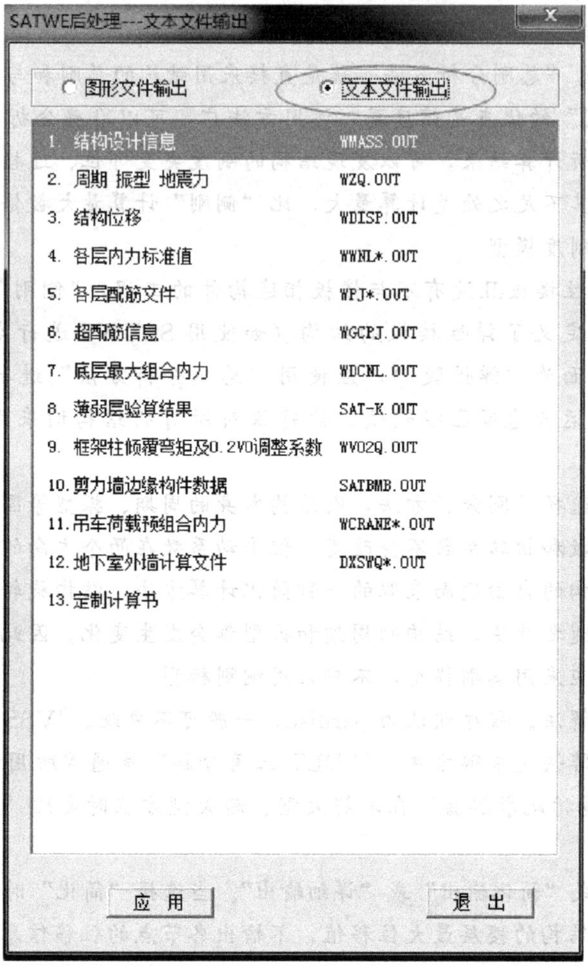

图1-74 文本文件输出

1.9.1.1 剪重比

剪重比即最小地震剪力系数λ，主要是控制各楼层最小地震剪力，尤其是对于基本周期大于3.5s的结构，以及存在薄弱层的结构。

剪重比的本质是地震影响系数与振型参数系数。对于普通的多层结构，一般均能满足最小剪重比要求，对于高层结构，当结构自振周期在0.1s～特征周期之间时，地震影响系数不变。对剪重比影响最大的是振型参与系数，该参数与建筑体型分布、各层用途有关，与该振型各质点的相对位移及相对质量有关。当结构总重量恒定时，振型相对位移较大处的重量越大，则该振型的振型参与质量系数越大，但对抗震不利。保持质量分布不变的前提下，直接减小结构总质量可以加大计算剪重比，但这很困难。在保持质量不变的前提下，直接加大结构刚度也可以加大计算剪重比，但可能要付出较大的代价。

在实际设计中，对于普通的高层结构，如果底部某些楼层剪重比偏小，改变结构层高的可能性一般不大，一般是增加结构整体刚度（往往增加结构外围墙长，更有利于抗扭，位移比及周期比的调整），同时减少结构内边的墙（减轻结构自重的同时，更有利于位移比、周期比的调整）。提高振型参与质量系数的最好办法，还是增加结构整体刚度。考虑到反应谱长周期段本身的一些缺陷，保证长周期超高层建筑具有足够的抗震承载力和刚度储备是必要的。可不必强求计算剪重比，而应考虑采用放大剪重比并通过修改反应谱曲线的方法来使结构达到一定的设计剪重比，或采用更严格的位移限值来控制结构变形。

（1）规范规定

《抗规》5.2.5 抗震验算时，结构任一楼层的水平地震剪力应符合式(1-1) 的要求：

$$V_{eki} > \lambda \sum_{j=i}^{n} G_j \tag{1-1}$$

式中 V_{eki}——第 i 层对应于水平地震作用标准值的楼层剪力；

λ——剪力系数，不应小于表 1-18 规定的楼层最小地震剪力系数值，对竖向不规则结构的薄弱层，还应乘以 1.15 的增大系数；

G_j——第 j 层的重力荷载代表值。

（2）计算结果查看 【SATWE/分析结果图形和文本显示】→【文本文件输出/周期、振型、地震力（WZQ. OUT)】，最终查看结果如图 1-75 所示。

```
WZQ.OUT - 记事本
文件(F) 编辑(E) 格式(O) 查看(V) 帮助(H)

各层 Y 方向的作用力(CQC)
Floor      : 层号
Tower      : 塔号
Fy         : Y 向地震作用下结构的地震反应力
Vy         : Y 向地震作用下结构的楼层剪力
My         : Y 向地震作用下结构的弯矩
Static Fy: 静力法 Y 向的地震力
========================================================================
Floor   Tower     Fy        Vy (分塔剪重比) (整层剪重比)    My        Static Fy
                 (kN)       (kN)                          (kN-m)      (kN)
          (注意:下面分塔输出的剪重比不适合于上连多塔结构)

  3       1     157.33    157.33( 2.94%)    ( 2.94%)     566.38      190.37
  2       1     160.33    303.68( 2.54%)    ( 2.54%)    2005.63      141.48
  1       1      97.30    328.56( 2.02%)    ( 2.02%)    2802.04       31.84

   抗震规范(5.2.5)条要求的Y向楼层最小剪重比 =    0.80%

   Y 方向的有效质量系数:    99.50%

==========各楼层地震剪力系数调整情况 [抗震规范(5.2.5)验算]==========

   层号      塔号      X向调整系数       Y向调整系数
```

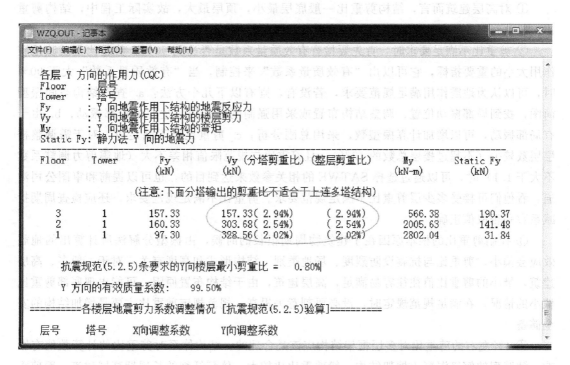

图 1-75 剪重比计算书

（3）剪重比不满足规范规定时的调整方法

① 程序调整。在 SATWE 的“调整信息”中勾选“按《抗规》5.2.5 调整各楼层地震

内力”后，SATWE按《抗规》5.2.5自动将楼层最小地震剪力系数直接乘以该层及以上重力荷载代表值之和，用以调整该楼层地震剪力，以满足剪重比要求。

调整信息中提供了强、弱轴方向动位移比例，当剪重比满足规范要求时，可不对此参数进行设置。若不满足就分别用0、0.5、1.0这几个规范指定的调整系数来调整剪重比。如果平动周期<特征周期，处于加速度控制段，则各层的剪力放大系数相同，此时动位移比例填0；如果特征周期≤平动周期≤5倍特征周期，处于速度控制段，此时动位移比例可填0.5；如果平动周期>5倍特征周期，处于位移控制段，此时动位移比例可填1。

注：弱轴就是指结构长周期方向，强轴指短周期方向，分别给定强、弱轴两个系数，方便对两个方向采用有可能不同的调整方式，对于多塔的情况，比较复杂，只能通过自定义调整系数的方式来进行剪重比调整。

② 人工调整。如果需人工干预，可按下列三种情况进行调整。

a. 当地震剪力偏小而层间侧移角又偏大时，说明结构过柔，宜适当加大墙、柱截面，提高刚度。

b. 当地震剪力偏大而层间侧移角又偏小时，说明结构过刚，宜适当减小墙、柱截面，降低刚度以取得合适的经济技术指标。

c. 当地震剪力偏小而层间侧移角又恰当时，可在SATWE的“调整信息”中的“全楼地震作用放大系数”中输入大于1的系数增大地震作用，以满足剪重比要求。

(4) 设计时要注意的一些问题

① 对高层建筑而言，结构剪重比一般底层最小，顶层最大，故实际工程中，结构剪重比一般由底层控制。

② 剪重比不满足要求时，首先要检查有效质量系数是否达到90%。剪重比是反映地震作用大小的重要指标，它可以由“有效质量系数”来控制，当“有效质量系数”大于90%时，可以认为地震作用满足规范要求，若没有，则有以下几个方法：a. 查看结构空间振型简图，找到局部振动位置，调整结构布置或采用强制刚性楼板，过滤掉局部振动；b. 由于有局部振动，可以增加计算振型数，采用总刚分析；c. 剪重比仍不满足时，对于需调整楼层层数较少（不超过楼层总数的15%），且剪重比与规范限值相差不大（地震剪力调整系数不大于1.1）时，可以通过选择SATWE的相关参数来达到目的，也可以提前和审图公司沟通，看他们可接受多少层剪重比不满足规范要求。剪重比不满足规范要求，还应检查周期折减系数是否取值正确。

③ 控制剪重比的根本原因在于建筑物周期很长的时候，由振型分解法所计算出的地震效应会偏小。剪重比与抗震设防烈度、场地类别、结构形式和高度有关，对于一般多、高层建筑，最小的剪重比值往往容易满足，高层建筑，由于结构布置原因，可能出现底部剪重比偏小的情况，在满足规范规定时，没必要刻意去提高，规范规定剪重比主要是增加结构的安全储备。

④ 4%左右的剪重比对多层框架结构应该是合理的。结构体系对剪重比的计算数值有影响，矮胖型的钢筋混凝土框架结构一般剪重比比较大，体型纤细的长周期高层建筑一般剪重比会比较小。

⑤ 周期比调整的过程中，减法很重要，剪重比调整的过程中，也可以采用这种方法。

1.9.1.2 周期比

(1) 规范规定

《高规》3.4.5 结构扭转为主的第一自振周期 T_t 与平动为主的第一自振周期 T_1 之比，A 级高度高层建筑不应大于 0.9，B 级高度高层建筑、超过 A 级高度的混合结构及本规程第 10 章所指的复杂高层建筑不应大于 0.85。

(2) 计算结果查看 【SATWE/分析结果图形和文本显示】→【文本文件输出/周期、振型、地震力（WZQ.OUT）】，最终查看结果如图 1-76 所示。

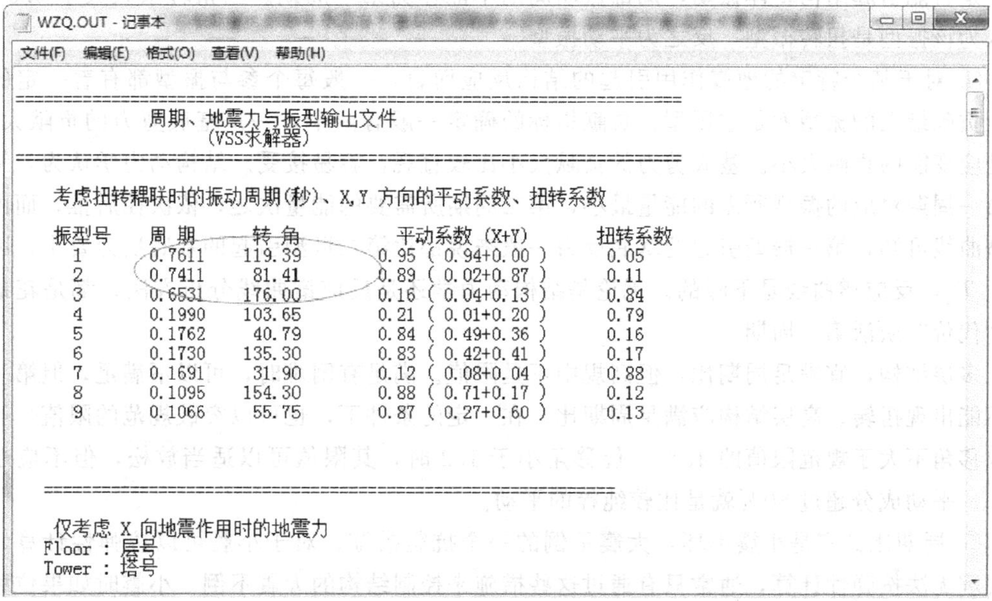
WZQ.OUT - 记事本

文件(F) 编辑(E) 格式(O) 查看(V) 帮助(H)

周期、地震力与振型输出文件
(VSS求解器)

考虑扭转耦联时的振动周期(秒)、X,Y 方向的平动系数、扭转系数

振型号	周 期	转 角	平动系数 (X+Y)	扭转系数
1	0.7611	119.39	0.95 (0.94+0.00)	0.05
2	0.7411	81.41	0.89 (0.02+0.87)	0.11
3	0.6531	176.00	0.16 (0.04+0.13)	0.84
4	0.1990	103.65	0.21 (0.01+0.20)	0.79
5	0.1762	40.79	0.84 (0.49+0.36)	0.16
6	0.1730	135.30	0.83 (0.42+0.41)	0.17
7	0.1691	31.90	0.12 (0.08+0.04)	0.88
8	0.1095	154.30	0.88 (0.71+0.17)	0.12
9	0.1066	55.75	0.87 (0.27+0.60)	0.13

仅考虑 X 向地震作用时的地震力
Floor : 层号
Tower : 塔号

图 1-76 周期数据计算书

(3) 周期比不满足规范规定时的调整方法

① 程序调整：SATWE 程序不能实现。

② 人工调整：人工调整改变结构布置，提高结构的扭转刚度。总的调整原则是加强结构外围墙、柱或梁的刚度（减小第一扭转周期），适当削弱结构中间墙、柱的刚度（增大第一平动周期）。周边布置要均匀、对称、连续，有较大凹凸的部位加拉梁等（减小变形）。

③ 当不满足周期比时，若层位移角控制潜力较大，宜减小结构内部竖向构件刚度，增大平动周期；当不满足周期比时，且层位移角控制潜力不大，应检查是否存在扭转刚度特别小的楼层，若存在则应加强该楼层（构件）的抗扭刚度；当周期比不满足规范要求且层间位移角控制潜力不大，各层抗扭刚度无突变时，则应加大整个结构的抗扭刚度。

(4) 设计时要注意的一些问题

① 控制周期比主要是为了控制当相邻两个振型比较接近时，由于振动耦联，结构的扭转效应增大。周期比不满足要求时，一般只能通过调整平面布置来改善，这种改变一般是整体性的。局部小的调整往往收效甚微。周期比不满足要求，说明结构的扭转刚度相对于侧移刚度较小，调整原则是加强结构外部，或者虚弱内部，由于是虚弱内部的刚度，往往起到事

半功倍的效果。

② 周期比是控制侧向刚度与扭转刚度之间的一种相对关系，而非其绝对大小，它的目的是使抗侧力构件的平面布置更有效、更合理，使结构不至于出现过大的扭转效应，控制周期比不是要求结构是否足够结实，而是要求结构承载布局合理。多层结构一般不要求控制周期比，但位移比和刚度比要控制，避免平面和竖向不规则，以及进行薄弱层验算。

③ 一般情况下，周期最长的扭转振型对应第一扭转周期 T_t，周期最长的平动振型对应第一平动周期 T_1，但也要查看该振型基底剪力是否比较大，在“结构整体空间振动简图”中，是否能引起结构整体振动，局部振动周期不能作为第一周期。当扭转系数大于 0.5 时，可认为该振型是扭转振型，反之为平动振型。

④ 对于某个特定的地震作用引起的结构反应而言，一般每个参与振型都有着一定的贡献，贡献最大的振型就是主振型；贡献指标的确定一般有两个，一是基底剪力的贡献大小，二是应变能的贡献大小。基底剪力的贡献大小比较直观，容易接受。结构动力学认为，结构的第一周期对应的振型所需的能量最小，第二周期所需要的能量次之，依次往后推，而由反应谱曲线可知，第一振型引起的基底反力一般来说都比第二振型引起的基底反力要小，因为过了 T_g，反应谱曲线是下降的。无论是结构动力学还是反应谱曲线分析方法，都是花最小的“代价”激活第一周期。

多层结构，宜满足周期比，但高规中不是限值。满足有困难时，可以不满足，但第一振型不能出现扭转。高层结构应满足周期比。在一定的条件下，也可以突破规范的限值。当层间位移角不大于规范限值的 40%，位移角小于 1.2 时，其限值可以适当放松，但不应超过 0.95。平动成分超过 80%就是比较纯粹的平动。

⑤ 周期比其实是小震不坏，大震不倒的一个抗震措施。对于小震可以按弹性计算，对于大震无法按弹性计算，通常只有通过这些措施来控制结构的大震不倒。小震时如果位移比过大，并且扭转周期比过大，在大震的时候就容易出现边跨构件位移过大而破坏，风荷载的计算机理完全是另外一种方法，是按弹性状态来进行设计的。周期比是抗震的控制措施，非抗震时可不用控制。

⑥ 对于位移比和周期等控制应尽量遵循实事，而不是一味要求“采用刚性板假定”。不用刚性板假定，实际周期可能由于局部振动或构件比较弱，周期可能较长，周期比也没有意义，但不代表有意义的比值就是真实周期体现。在设计时，可以采用弹性板计算结构的周期，但要区分哪些是局部振动或较弱构件的周期，因为其意义不大。当然也可以采用刚性楼板假定去过滤掉那些局部振动或较弱构件的周期，前提条件是结构楼板的假定符合刚性楼板假定，当不符合时，应采用一定的构造措施。

1.9.1.3 位移比

(1) 规范规定

《高规》3.4.5 结构平面布置应减少扭转的影响。在考虑偶然偏心影响的规定水平地震力作用下，楼层竖向构件最大的水平位移和层间位移，A 级高度高层建筑不宜大于该楼层平均值的 1.2 倍，不应大于该楼层平均值的 1.5 倍；B 级高度高层建筑、超过 A 级高度的混合结构及本规程第 10 章所指的复杂高层建筑不宜大于该楼层平均值的 1.2 倍，不应大于该楼层平均值的 1.4 倍。

注：当楼层的最大层间位移角不大于本规程第 3.7.3 条规定的限值的 40%时，该楼层竖向构件的最大水平位移和层间位移与该楼层平均值的比值可适当放松，但不应大于 1.6。

(2) 计算结果查看 【SATWE/分析结果图形和文本显示】→【文本文件输出/结构位移(WDISP. OUT)】，最终查看结果如图 1-77 所示，位移比小于 1.4，满足规范要求。

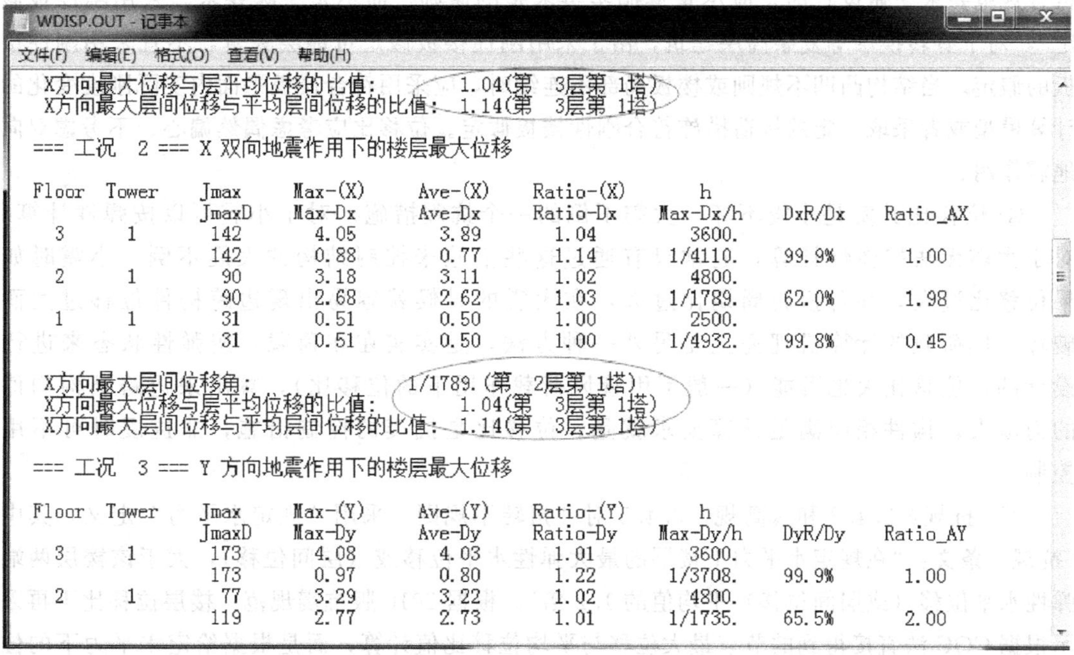

WDISP.OUT - 记事本

文件(F) 编辑(E) 格式(O) 查看(V) 帮助(H)

X方向最大位移与层平均位移的比值: 1.04(第 3层第 1塔)
X方向最大层间位移与平均层间位移的比值: 1.14(第 3层第 1塔)

=== 工况 2 === X 双向地震作用下的楼层最大位移

Floor	Tower	Jmax JmaxD	Max-(X) Max-Dx	Ave-(X) Ave-Dx	Ratio-(X) Ratio-Dx	h Max-Dx/h	DxR/Dx	Ratio_AX
3	1	142	4.05	3.89	1.04	3600.		
		142	0.88	0.77	1.14	1/4110.	99.9%	1.00
2	1	90	3.18	3.11	1.02	4800.		
		90	2.68	2.62	1.03	1/1789.	62.0%	1.98
1	1	31	0.51	0.50	1.00	2500.		
		31	0.51	0.50	1.00	1/4932.	99.8%	0.45

X方向最大层间位移角: 1/1789.(第 2层第 1塔)
X方向最大位移与层平均位移的比值: 1.04(第 3层第 1塔)
X方向最大层间位移与平均层间位移的比值: 1.14(第 3层第 1塔)

=== 工况 3 === Y 方向地震作用下的楼层最大位移

Floor	Tower	Jmax JmaxD	Max-(Y) Max-Dy	Ave-(Y) Ave-Dy	Ratio-(Y) Ratio-Dy	h Max-Dy/h	DyR/Dy	Ratio_AY
3	1	173	4.08	4.03	1.01	3600.		
		173	0.97	0.80	1.22	1/3708.	99.9%	1.00
2	1	77	3.29	3.22	1.02	4800.		
		119	2.77	2.73	1.01	1/1735.	65.5%	2.00

图 1-77 位移比和位移角计算

(3) 位移比不满足规范规定时的调整方法

① 程序调整：SATWE 程序不能实现。

② 人工调整：改变结构平面布置，加强结构外围抗侧力构件的刚度，减小结构质心与刚心的偏心距。点击【SATWE/分析结果图形和文本显示/文本文件输出/结构位移】，找出看到的最大的位移比，记住该位移比所在的楼层号及对应的节点编号。点击【SATWE/分析结果图形和文本显示/各层配筋构件编号简图】，在右边菜单中点击【换层显示】，切换到最大位移比所在的楼层号，然后点击【搜索构件/节点】，输入记下的编号，程序会自动显示该节点的位置，再加强该节点对应的墙、柱等构件的刚度。

(4) 设计时要注意的一些问题

① 位移比即楼层竖向构件的最大水平位移与平均水平位移的比值。层间位移比即楼层竖向构件的最大层间位移角与平均层间位移角的比值；最大位移 Δ_u 以楼层最大的水平位移差计算，不扣除整体弯曲变形。位移比是考察结构扭转效应，限制结构实际的扭转的量值。扭转所产生的扭矩，以剪应力的形式存在，一般构件的破坏准则通常是由剪切决定的，所以扭转比平动危害更大。

② 刚心质心的偏心大小并不是扭转参数是否能调合理的主要因素。判断结构扭转参数的主要因素不是刚心质心是否重合，而是由结构抗扭刚度和因刚心质心偏心产生的扭转效应的比值来决定的。换言之，就是虽然刚心质心偏心比较大，但结构的抗扭刚度更大，足以抵抗刚心质心偏心产生的扭转效应。所以调整结构的扭转参数的重点不是非要把刚心和质心调

完全重合（实际工程这种可能性是比较小的），重点在于调整结构抗扭刚度和因刚心质心偏心产生的扭转效应的比值，同时兼顾调整刚心和质心的偏心。

③ 验算位移比时一般应选择“强制刚性楼板假定”，但目的是为了有一个量化参考标准，而不是这样的概念才正确，软件设置需要一个包络设计，能涵盖大部分结构工程，而且符合规范要求。做设计时，应尽量遵循实事求是的原则，而不是一味要求“采用刚性板假定”，对于有转换层等复杂高层建筑，由于采用刚性楼板假定可能会失真，不宜采用刚性楼板的假定。当结构凸凹不规则或楼板局部不连续时，应采用符合楼板平面内实际刚度变化的计算模型或者采取一定的构造措施符合刚性楼板假定。位移比应考虑偶然偏心、不考虑双向地震作用。

④ 位移比其实是小震不坏，大震不倒的一个抗震措施。对于小震可以按弹性计算，对于大震无法按弹性计算，通常只有通过这些措施来控制结构的大震不倒。小震时如果位移比过大，并且扭转周期比过大，在大震的时候就容易出现边跨构件位移过大而破坏，风荷载的计算机理完全是另外一种方法，是实实在在荷载，按弹性状态来进行设计的，位移比大也可能（一般不用管风荷载作用下的位移比），算出来边跨结构构件的力就大，构件相应满足计算要求就是。位移比是抗震的控制措施，非抗震时可不用控制。

⑤《抗规》3.4.3 和《高规》3.4.5 对“扭转不规则”采用“规定水平力”定义，其中《抗规》条文：“在规定水平力下楼层的最大弹性水平位移或（层间位移），大于该楼层两端弹性水平位移（或层间位移）平均值的 1.2 倍”。根据 2010 版抗震规范，楼层位移比不再采用根据 CQC 法直接得到的节点最大位移与平均位移比值计算，而是根据给定水平力下的位移计算。CQC-complete quadratic combination，即完全二次项组合方法，其不光考虑到各个主振型的平方项，而且还考虑到耦合项，将结构各个振型的响应在概率的基础上采用完全二次方开方的组合方式得到总的结构响应，每一点都是最大值，可能出现两端位移大，中间位移小，所以 CQC 方法计算的结构位移比可能偏小，有时不能真实地反映结构的扭转不规则。

⑥ 两端（*X* 方向或 *Y* 方向）刚度接近（均匀）或外部刚度相对于内部刚度合理才位移比小，在实际设计中，位移比可不超过 1.4 并且允许两个不规则，对于住宅来说，位移比控制在 1.2 以内一般难度较大，3 个或 3 个以上不规则，就要做超限审查。由于规范控制的位移比是基于弹性位移，位移比的定义初衷，主要是避免刚心和质量中心不在一个点上引起的扭转效应，而风荷载与地震作用都能引起扭转效应，所以风荷载作用下的位移比也应该考虑，做沿海项目时经常会遇到风荷载作用下的位移比较大的情况。

当位移比超限时，可以在 SATWE 找到位移大的节点位置，通过增加墙长（建筑允许）、加局部剪力墙、柱截面（建筑允许）或加梁高（建筑允许）减小该节点的位移，此时还应加大与该节点相对一侧墙、柱的位移（减墙长、柱截面及梁高）。当位移比超限时，可以根据位移比的大小调整加墙长的模数，一般墙身模数至少 200mm，翼缘 100mm，如果位移比超限值不大，按以上模数调整模型计算分析即可，如果位移比超出限值很大，可以按更大的模数，比如 500～1000mm，此模数的选取，还可以先按建筑给定的最大限值取，再一步一步减小墙长，应特别注意的是，布置剪力墙时尽量遵循以下原则：外围、均匀、双向、适度、集中、数量尽可能少。

1.9.1.4 弹性层间位移角

(1) 规范规定

《高规》3.7.3 按弹性方法计算的风荷载或多遇地震标准值作用下的楼层层间最大水平位移与层高之比 Δ_u/h 宜符合下列规定：高度不大于150m的高层建筑，其楼层层间最大位移与层高之比 Δ_u/h 不宜大于表1-22的限值。

表1-22 楼层层间最大位移与层高之比的限值

结构体系	Δ_u/h 限值
框架	1/550
框架-剪力墙、框架-核心筒、板柱-剪力墙	1/800
筒中筒、剪力墙	1/1000
除框架结构外的转换层	1/1000

(2) 计算结果查看 【SATWE/分析结果图形和文本显示】→【文本文件输出/结构位移(WDISP. OUT)】，可查看计算结果。

(3) 弹性层间位移角不满足规范规定时的调整方法 弹性层间位移角不满足规范要求时，位移比、周期比等也可能不满足规范要求，可以加强结构外围墙、柱或梁的刚度，同时减弱结构内部墙、柱或梁的刚度或直接加大侧向刚度很小的构件的刚度。

(4) 设计时要注意的一些问题

① 限制弹性层间位移角的目的有两点：一是保证主体结构基本处于弹性受力状态，避免混凝土墙柱出现裂缝，控制楼面梁板的裂缝数量、宽度；二是保证填充墙、隔墙、幕墙等非结构构件的完好，避免产生明显的损坏。

② 当结构扭转变形过大时，弹性层间位移角一般也不满足规范要求，可以通过提高结构的抗扭刚度减小弹性层间位移角。

③ 高层剪力墙结构弹性层间位移角一般控制在1/1100左右（10%的余量），不必刻意追求此指标，关键是结构布置要合理。

④“弹性层间位移角”计算时只需考虑结构自身的扭转耦联，不考虑偶然偏心与双向地震作用，《高规》并没有强制规定层间位移角一定要是刚性楼板假定下的，但是对于一般的结构采用现浇钢筋混凝土楼板和有现浇面层的预制装配式楼板，在无削弱的情况下，均可视为无限刚性楼板，弹性板与刚性板计算弹性层间位移角对于大多数工程差别不大(弹性板计算时稍微偏保守)，选择刚性楼板进行计算，首先理论上有所保证，其次计算速度快，再次要经过大量工程检验。弹性方法计算与采用弹性楼板假定进行计算完全不是一个概念，弹性方法就是构件按弹性阶段刚度，不考虑塑性变形，其得到的位移也就是弹性阶段的位移。

1.9.1.5 轴压比

(1) 基本概念 柱子轴压比：柱组合的轴压力设计值与柱的全截面面积和混凝土轴心抗压强度设计值乘积之比值。

墙肢轴压比：重力荷载代表值作用下墙肢承受的轴压力设计值与墙肢的全截面面积和混凝土轴心抗压强度设计值乘积之比值。

（2）规范规定

《抗规》6.3.6 柱轴压比不宜超过表1-23的规定；建造于Ⅳ类场地且较高的高层建筑，柱轴压比限值应适当减小。

表1-23 柱轴压比限值

结构类型	抗震等级			
	一	二	三	四
框架结构	0.65	0.75	0.85	0.90
框架-抗震墙、板柱-抗震墙、框架-核心筒及筒中筒	0.75	0.85	0.90	0.95
部分框支抗震墙	0.6	0.7	—	

注：1. 轴压比指柱组合的轴压力设计值与柱的全截面面积和混凝土轴心抗压强度设计值乘积之比值；对本规范规定不进行地震作用计算的结构，可取无地震作用组合的轴力设计值计算。

2. 表内限值适用于剪跨比大于2、混凝土强度等级不高于C60的柱；剪跨比不大于2的柱，轴压比限值应降低0.05；剪跨比小于1.5的柱，轴压比限值应专门研究并采取特殊构造措施。

3. 沿柱全高采用井字复合箍且箍筋肢距不大于200mm、间距不大于100mm、直径不小于12mm，或沿柱全高采用复合螺旋箍、螺旋间距不大于100mm、箍筋肢距不大于200mm、直径不小于12mm，或沿柱全高采用连续复合矩形螺旋箍、螺旋净距不大于80mm、箍筋肢距不大于200mm、直径不小于10mm，轴压比限值均可增加0.10；上述三种箍筋的最小配箍特征值均应按增大的轴压比由本规范表6.3.9确定。

4. 在柱的截面中部附加芯柱，其中另加的纵向钢筋的总面积不少于柱截面面积的0.8%，轴压比限值可增加0.05；此项措施与注3的措施共同采用时，轴压比限值可增加0.15，但箍筋的体积配箍率仍可按轴压比增加0.10的要求确定。

5. 柱轴压比不应大于1.05。

《高规》7.2.13 重力荷载代表值作用下，一、二、三级剪力墙墙肢的轴压比不宜超过表1-24的限值。

表1-24 剪力墙墙肢轴压比限值

抗震等级	一级(9度)	一级(6、7、8度)	二、三级
轴压比限值	0.4	0.5	0.6

注：墙肢轴压比是指重力荷载代表值作用下墙肢承受的轴压力设计值与墙肢的全截面面积和混凝土轴心抗压强度设计值乘积之比值。

（3）计算结果查看 【SATWE/分析结果图形和文本显示】→【图形文件输出/弹性挠度、柱轴压比、墙边缘构件简图】，最终查看结果如图1-78所示。

（4）轴压比不满足规范规定时的调整方法

① 程序调整：SATWE程序不能实现。

② 人工调整：增大该墙、柱截面或提高该楼层墙、柱混凝土强度等级，箍筋加密等。

（5）设计时要注意的一些问题

① 抗震等级越高的建筑结构或构件，其延性要求也越高，对轴压比的限制也越严格，比如框支柱、一字形剪力墙等。抗震等级低或非抗震时可适当放松对轴压比的限制，但任何情况下不得小于1.05。

② 通常验算底截面墙柱的轴压比，当截面尺寸或混凝土强度等级变化时，还应验算该位置的轴压比。试验证明，混凝土强度等级、箍筋配置的形式与数量，均与柱的

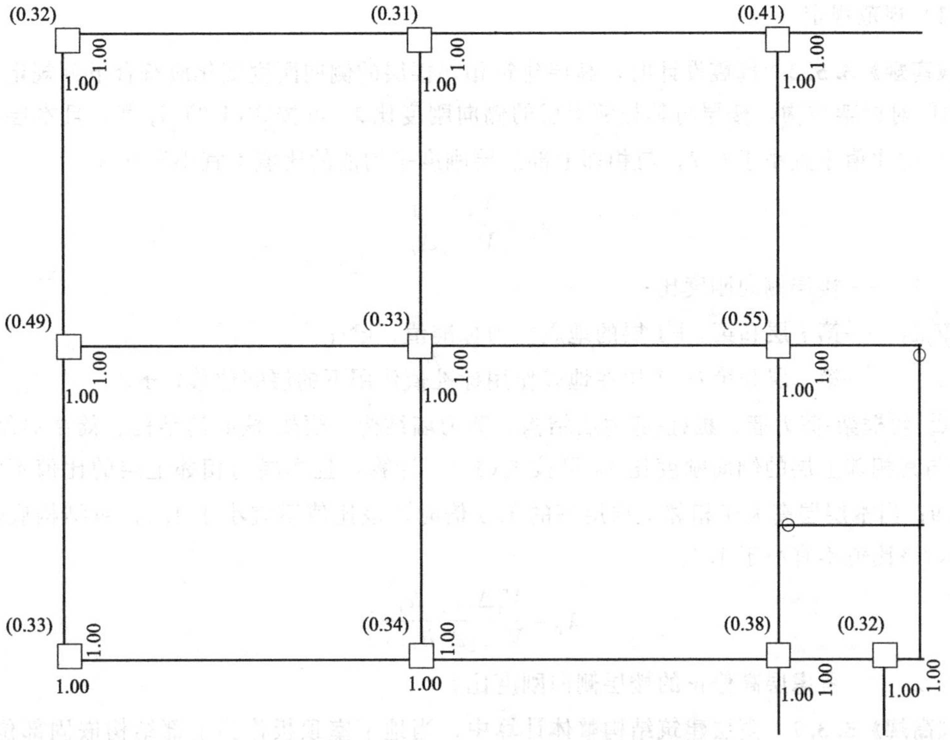

图 1-78 墙、柱轴压比计算结果

轴压比有密切的关系，因此，规范针对不同的情况，对柱的轴压比限值作了适当的调整。

③ 柱轴压比的计算在《高规》和《抗规》中的规定并不完全一样，《抗规》第 6.3.6 条规定，计算轴压比的柱轴力设计值既包括地震组合，也包括非地震组合，而《高规》第 6.4.2 条规定，计算轴压比的柱轴力设计值仅考虑地震作用组合下的柱轴力。软件在计算柱轴压比时，当工程考虑地震作用，程序仅取地震作用组合下的柱轴力设计值计算，而对于非地震组合产生的轴力设计值则不予考虑；当该工程不考虑地震作用时，程序才取非地震作用组合下的柱轴力设计值计算，这也是在设计过程中有时会发现程序计算轴压比的轴力设计值不是最大轴力的主要原因。

从概念上讲，轴压比仅适用于抗震设计，当为非抗震设计时，剪力墙在 PKPM 中显示的轴压比为“0”。当结构恒载或活载比较大时，地震组合下轴压比有可能小于非抗震组合下的轴压比，所以在设计时，对于地震组合内力不起控制作用时，特别是那些恒载或活载比较大的结构，框架柱轴压比要留有余地。

④ 柱截面种类不宜太多是设计中的一个原则，在柱网疏密不均的建筑中，某根柱或为数不多的若干根柱由于轴力大而需要较大截面，如果将所有柱截面放大以求统一，会增加柱用钢量，可以对个别柱的配筋采用加芯柱、加大配箍率甚至加大主筋配筋率以提高其轴压比，从而达到控制其截面的目的。

⑤ 程序计算柱轴压比时，有时候数字按规范要求并没有超限，但是程序也显示红色，这是因为随着柱的剪跨比的不同或降低，轴压比限值也要降低。

1.9.1.6 楼层侧向刚度比

(1) 规范规定

《高规》3.5.2 抗震设计时，高层建筑相邻楼层的侧向刚度变化应符合下列规定：

① 对框架结构，楼层与其相邻上层的侧向刚度比 λ_1 可按式(1-2) 计算，且本层与相邻上层的比值不宜小于 0.7，与相邻上部三层刚度平均值的比值不宜小于 0.8。

$$\lambda_1=\frac{V_i\Delta_{i+1}}{V_{i+1}\Delta_i} \tag{1-2}$$

式中 λ_1——楼层侧向刚度比；

V_i、V_{i+1}——第 i 层和第 $i+1$ 层的地震剪力标准值，kN；

Δ_i、Δ_{i+1}——第 i 层和第 $i+1$ 层在地震作用标准值作用下的层间位移，m。

② 对框架-剪力墙、板柱-剪力墙结构、剪力墙结构、框架-核心筒结构、筒中筒结构、楼层与其相邻上层的侧向刚度比 λ_2 可按式(1-3) 计算，且本层与相邻上层的比值不宜小于 0.9；当本层层高大于相邻上层层高的 1.5 倍时，该比值不宜小于 1.1；对结构底部嵌固层，该比值不宜小于 1.5。

$$\lambda_2=\frac{V_i\Delta_{i+1}}{V_{i+1}\Delta_i}\frac{h_i}{h_{i+1}} \tag{1-3}$$

式中 λ_2——考虑层高修正的楼层侧向刚度比。

《高规》5.3.7 高层建筑结构整体计算中，当地下室顶板作为上部结构嵌固部位时，地下一层与首层侧向刚度比不宜小于 2。

《高规》10.2.3 转换层上部结构与下部结构的侧向刚度变化应符合本规程附录 E 的规定。

当转换层设置在 1、2 层时，可近似采用转换层与其相邻上层结构的等效剪切刚度比 γ_{e1} 表示转换层上、下层结构刚度的变化，γ_{e1} 宜接近 1，非抗震设计时 γ_{e1} 不应小于 0.4，抗震设计时 γ_{e1} 不应小于 0.5。γ_{e1} 可按下列公式计算：

$$\gamma_{e1}=\frac{G_1A_1}{G_2A_2}\times\frac{h_2}{h_1} \tag{1-4}$$

$$A_i=A_{w,i}+\sum_j C_{i,j}A_{ci,j}\ (i=1,2) \tag{1-5}$$

$$C_{i,j}=2.5\left(\frac{h_{ci,j}}{h_i}\right)^2\ (i=1,2) \tag{1-6}$$

式中 G_1、G_2——分别为转换层和转换层上层的混凝土剪变模量；

A_1、A_2——分别为转换层和转换层上层的折算抗剪截面面积；

$A_{w,i}$——第 i 层全部剪力墙在计算方向的有效截面面积（不包括翼缘面积）；

$A_{ci,j}$——第 i 层第 j 根柱的截面面积；

h_i——第 i 层的层高；

$h_{ci,j}$——第 i 层第 j 根柱沿计算方向的截面高度；

$C_{i,j}$——第 i 层第 j 根柱截面面积折算系数，当计算值大于 1 时取 1。

当转换层设置在第 2 层以上时，按式(1-7) 计算的转换层与其相邻上层的侧向刚度比不应小于 0.6。

$$\gamma_1=\frac{V_i\Delta_{i+1}}{V_{i+1}\Delta_i} \tag{1-7}$$

式中 γ_1——楼层侧向刚度比；

V_i、V_{i+1}——第 i 层和第 $i+1$ 层的地震剪力标准值，kN；

Δ_i、Δ_{i+1}——第 i 层和第 $i+1$ 层在地震作用标准值作用下的层间位移，m。

当转换层设置在第 2 层以上时，尚宜按式(1-8) 计算转换层下部结构与上部结构的等效侧向刚度比 γ_{e2}。γ_{e2} 宜接近 1，非抗震设计时 γ_{e2} 不应小于 0.5，抗震设计时 γ_{e2} 不应小于 0.8。

$$\gamma_{e2}=\frac{\Delta_2 H_1}{\Delta_1 H_2} \tag{1-8}$$

(2) 计算结果查看 【SATWE/分析结果图形和文本显示】→【文本文件输出/结构设计信息（WMASS. OUT)】，最终查看结果如图 1-79 所示。

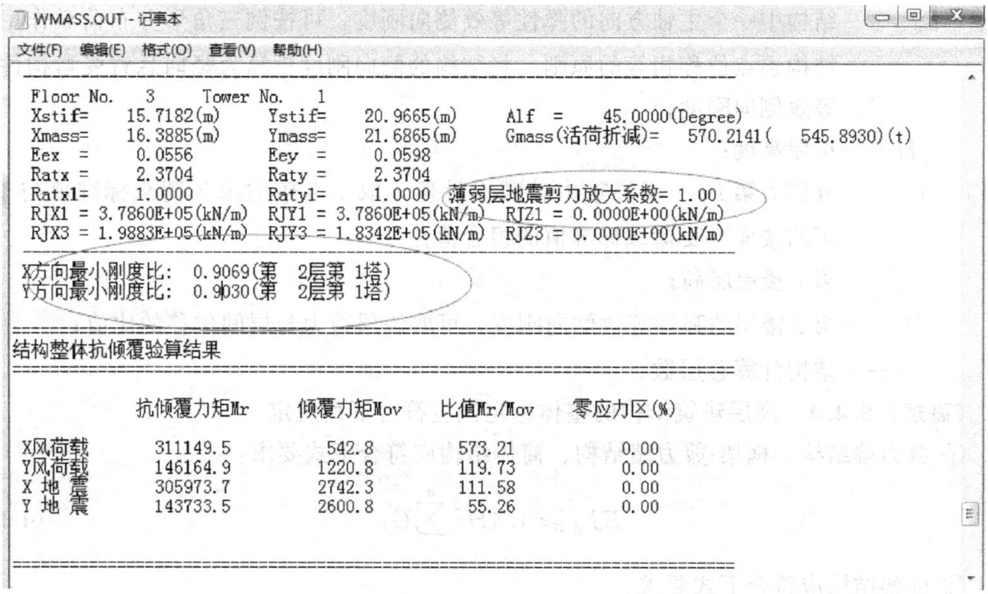

WMASS.OUT - 记事本

文件(F) 编辑(E) 格式(O) 查看(V) 帮助(H)

```
Floor No.   3    Tower No.   1
Xstif=    15.7182(m)     Ystif=    20.9665(m)     Alf  =     45.0000(Degree)
Xmass=    16.3885(m)     Ymass=    21.6865(m)     Gmass(活荷折减)=   570.2141(   545.8930)(t)
Eex  =     0.0556        Eey  =     0.0598
Ratx =     2.3704        Raty =     2.3704
Ratx1=     1.0000        Raty1=     1.0000   薄弱层地震剪力放大系数= 1.00
RJX1 = 3.7860E+05(kN/m)  RJY1 = 3.7860E+05(kN/m)  RJZ1 = 0.0000E+00(kN/m)
RJX3 = 1.9883E+05(kN/m)  RJY3 = 1.8342E+05(kN/m)  RJZ3 = 0.0000E+00(kN/m)

X方向最小刚度比:  0.9069(第  2层第 1塔)
Y方向最小刚度比:  0.9030(第  2层第 1塔)

结构整体抗倾覆验算结果

            抗倾覆力矩Mr    倾覆力矩Mov    比值Mr/Mov    零应力区(%)
X风荷载      311149.5        542.8         573.21        0.00
Y风荷载      146164.9       1220.8         119.73        0.00
X 地 震      305973.7       2742.3         111.58        0.00
Y 地 震      143733.5       2600.8          55.26        0.00
```

图 1-79 楼层侧向刚度比计算书

(3) 楼层侧向刚度比不满足规范规定时的调整方法

① 程序调整：如果某楼层刚度比的计算结果不满足要求，SATWE 自动将该楼层定义为薄弱层，并按《高规》3.5.8 将该楼层地震剪力放大 1.25 倍。

② 人工调整：如果还需人工干预，可适当降低本层层高和加强本层墙、柱或梁的刚度，适当提高上部相关楼层的层高或削弱上部相关楼层墙、柱或梁的刚度，减小相邻上层墙、柱的截面尺寸。

(4) 设计时要注意的问题 结构楼层侧向刚度比要求在刚性楼板假定条件下计算，对于有弹性板或板厚为零的工程，应计算两次，先在刚性楼板假定条件下计算楼层侧向刚度比并找出薄弱层，再选择“总刚”完成结构的内力计算。

1.9.1.7 刚重比

（1）概念 结构的侧向刚度与重力荷载设计值之比称为刚重比。它是影响重力二阶效应的主要参数，且重力二阶效应随着结构刚重比的降低呈双曲线关系增加。高层建筑在风荷载或水平地震作用下，若重力二阶效应过大则会引起结构的失稳倒塌，所以要控制好结构的刚重比。

（2）规范规定

《高规》5.4.1 当高层建筑结构满足下列规定时，弹性计算分析时可不考虑重力二阶效应的不利影响。

① 剪力墙结构、框架-剪力墙结构、板柱剪力墙结构、筒体结构：

$$EJ_d \geqslant 2.7H^2 \sum_{i=1}^{n} G_i \tag{1-9}$$

② 框架结构

$$D_i \geqslant 20 \sum_{j=i}^{n} G_j / h_i \quad (i=1,2,\cdots,n) \tag{1-10}$$

式中 EJ_d——结构中一个主轴方向的弹性等效侧向刚度，可按倒三角形分布荷载作用下结构顶点位移相等的原则，将结构的侧向刚度折算为竖向悬臂受弯构件的等效侧向刚度；

H——房屋高度；

G_i、G_j——分别为第 i、j 楼层重力荷载设计值，取 1.2 倍的永久荷载标准值与 1.4 倍的楼面可变荷载标准值的组合值；

h_i——第 i 楼层层高；

D_i——第 i 楼层的弹性等效侧向刚度，可取该层剪力与层间位移的比值；

n——结构计算总层数。

《高规》5.4.4 高层建筑结构的整体稳定性应符合下列规定。

① 剪力墙结构、框架-剪力墙结构、筒体结构应符合下式要求：

$$EJ_d \geqslant 1.4H^2 \sum_{i=1}^{n} G_i \tag{1-11}$$

② 框架结构应符合下式要求：

$$D_i \geqslant 10 \sum_{j=i}^{n} G_j / h_i \quad (i=1,2,\cdots,n) \tag{1-12}$$

（3）计算结果查看 【SATWE/分析结果图形和文本显示】→【文本文件输出/结构设计信息（WMASS. OUT)】，最终查看结果如图 1-80 所示。

（4）刚重比不满足规范规定时的调整方法

① 程序调整：SATWE 程序不能实现。

② 人工调整：调整结构布置，增大结构刚度，减小结构自重。

（5）设计时要注意的问题 高层建筑的高宽比满足限值时，一般可不进行稳定性验算，否则应进行。结构限制高宽比主要是为了满足结构的整体稳定性和抗倾覆，当超出规范中高

```
WMASS.OUT - 记事本
文件(F) 编辑(E) 格式(O) 查看(V) 帮助(H)
===========================================================================
结构整体稳定验算结果
===========================================================================
  层号    X向刚度      Y向刚度      层高      上部重量      X刚重比      Y刚重比
   1    0.691E+06    0.671E+06    2.50     20943.         82.47        80.07
   2    0.112E+06    0.103E+06    4.80     15648.         34.45        31.63
   3    0.199E+06    0.183E+06    3.60      6940.        103.14        95.15

该结构刚重比Di*Hi/Gi大于10,能够通过高规(5.4.4)的整体稳定验算
该结构刚重比Di*Hi/Gi大于20,可以不考虑重力二阶效应

    ****************************************************************
    *                  楼层抗剪承载力、及承载力比值                    *
    ****************************************************************

        Ratio_Bu: 表示本层与上一层的承载力之比

    ----------------------------------------------------------------
    层号    塔号      X向承载力      Y向承载力      Ratio_Bu:X,Y
    ----------------------------------------------------------------

     3       1      0.1590E+04   0.1729E+04    1.00    1.00
     2       1      0.1624E+04   0.1673E+04    1.02    0.97
     1       1      0.4217E+04   0.4372E+04    2.60    2.61
    X方向最小楼层抗剪承载力之比:    1.00 层号:  3 塔号:  1
    Y方向最小楼层抗剪承载力之比:    0.97 层号:  2 塔号:  1
```

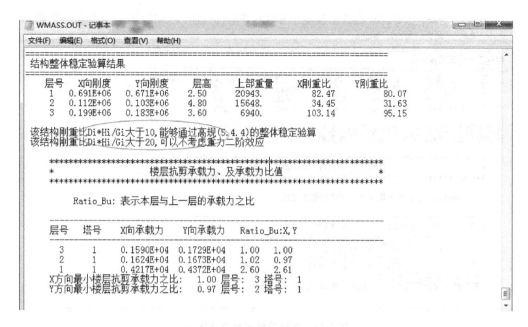

图 1-80 刚重比计算书

宽比的限值时要对结构进行整体稳定和抗倾覆验算。

1.9.1.8 受剪承载力比

(1) 规范规定

《高规》3.5.3 A 级高度高层建筑的楼层抗侧力结构的层间受剪承载力不宜小于其相邻上一层受剪承载力的 80%，不应小于其相邻上一层受剪承载力的 65%；B 级高度高层建筑的楼层抗侧力结构的层间受剪承载力不应小于其相邻上一层受剪承载力的 75%。

注：楼层抗侧力结构的层间受剪承载力是指在所考虑的水平地震作用方向上，该层全部柱、剪力墙、斜撑的受剪承载力之和。

(2) 计算结果查看 【SATWE/分析结果图形和文本显示】→【文本文件输出/结构设计信息（WMASS. OUT)】，最终查看结果如图 1-81 所示。

(3) 层间受剪承载力比不满足规范规定时的调整方法

① 程序调整：在 SATWE 的“调整信息”中的“指定薄弱层个数”中填入该楼层层号，将该楼层强制定义为薄弱层，SATWE 按《高规》3.5.8 将该楼层地震剪力放大 1.25 倍。

② 人工调整：适当提高本层构件强度（如增大配筋、提高混凝土强度或加大截面）以提高本层墙、柱等抗侧力构件的承载力，或适当降低上部相关楼层墙、柱等抗侧力构件的承载力。

1.9.2 超筋处理对策

超筋是因为结构或构件位移、相对位移大或变形不协调，结构位移有水平位移，竖向位移、转角及扭转。超筋也可能是构件抗力小于作用效应。超筋的查看方式为：点击【SATWE/分析结果图形和文本显示】→【图形文件输出/混凝土构件配筋及钢构件验算简图】，如出现红

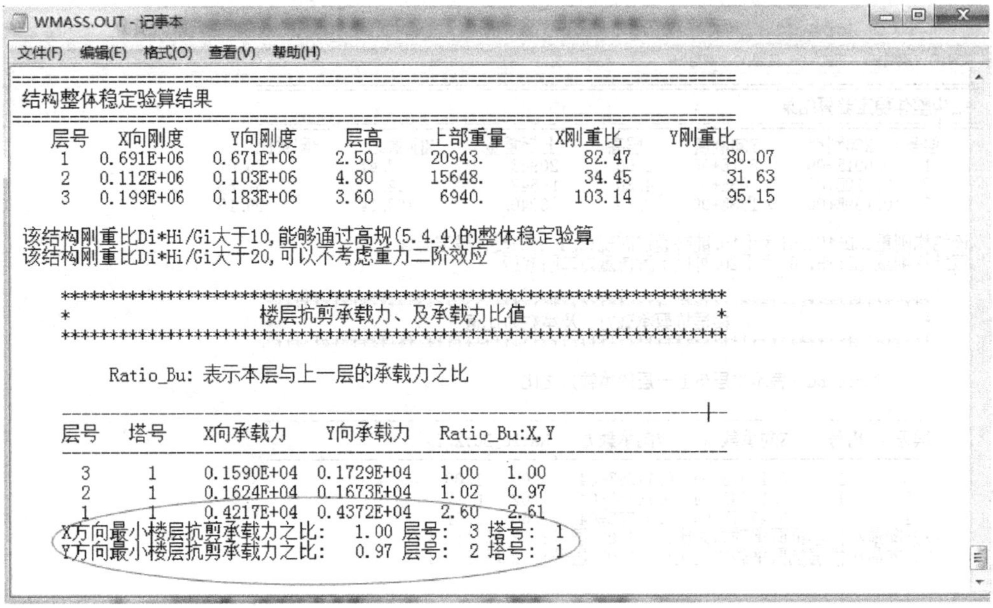

WMASS.OUT - 记事本

文件(F) 编辑(E) 格式(O) 查看(V) 帮助(H)

结构整体稳定验算结果

层号	X向刚度	Y向刚度	层高	上部重量	X刚重比	Y刚重比
1	0.691E+06	0.671E+06	2.50	20943.	82.47	80.07
2	0.112E+06	0.103E+06	4.80	15648.	34.45	31.63
3	0.199E+06	0.183E+06	3.60	6940.	103.14	95.15

该结构刚重比Di*Hi/Gi大于10,能够通过高规(5.4.4)的整体稳定验算
该结构刚重比Di*Hi/Gi大于20,可以不考虑重力二阶效应

楼层抗剪承载力、及承载力比值

Ratio_Bu: 表示本层与上一层的承载力之比

层号	塔号	X向承载力	Y向承载力	Ratio_Bu:X,Y	
3	1	0.1590E+04	0.1729E+04	1.00	1.00
2	1	0.1624E+04	0.1673E+04	1.02	0.97
1	1	0.4217E+04	0.4372E+04	2.60	2.61

X方向最小楼层抗剪承载力之比: 1.00 层号: 3 塔号: 1
Y方向最小楼层抗剪承载力之比: 0.97 层号: 2 塔号: 1

图 1-81 楼层受剪承载力计算书

颜色的数字，则表示超筋。

1.9.2.1 超筋的种类

超筋大致可以分为以下七种情况：①弯矩超（如梁的弯矩设计值大于梁的极限承载弯矩）；②剪扭超；③扭超；④剪超；⑤配筋超（梁端钢筋配筋率 $\rho \geqslant 2.5\%$）；⑥混凝土受压区高度 ζ 不满足；⑦在水平风荷载或地震作用时由扭转变形或竖向相对位移引起超筋。

1.9.2.2 超筋的查看方式

超筋可以点击【SATWE/分析结构图形和文本显示】→【图形文件输出/混凝土构件配筋及钢构件验算简图】查看，会看到椭圆框内的数字显红色，如图 1-82 所示。

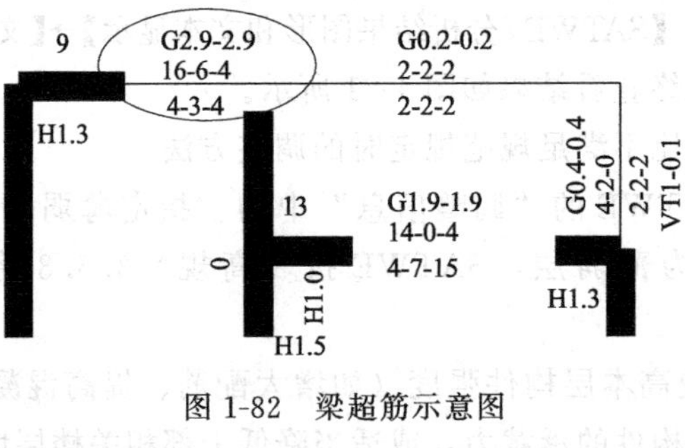

图 1-82 梁超筋示意图

1.9.2.3 对“剪扭超筋”的认识及处理

（1）“剪扭超筋”常出现的位置　当次梁距主梁支座很近或主梁两边次梁错开（距离很小）与主梁相连时容易引起剪扭超筋。

（2）引起“剪扭超筋”的原因　“剪扭超筋”一般是扭矩、剪力比较大。《混规》6.4.1 做了相关规定。

（3）“剪扭超筋”的查看方式　“剪扭超筋”可以点击【SATWE/分析结构图形和文本

显示】→【图形文件输出/混凝土构件配筋及钢构件验算简图】查看，会看到椭圆框内的数字显红色，且 VT 旁的数字比较大，如图 1-83 所示。

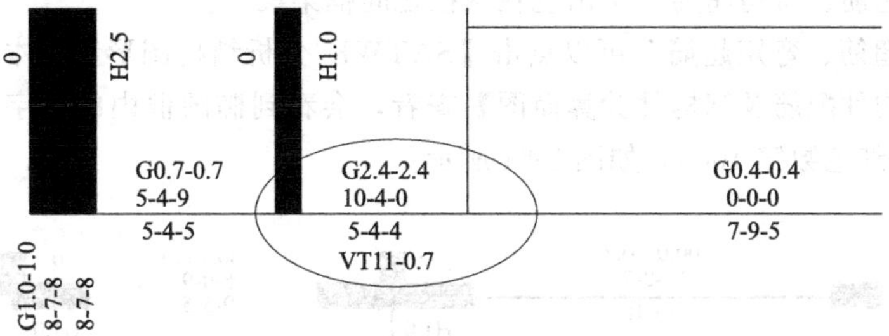

图 1-83 “剪扭超筋”示意图

(4)“剪扭超筋”的解决方法

① 抗。加大主梁的截面，提高其抗扭刚度，也可以提高主梁混凝土强度等级。

② 调。加大次梁截面，提高次梁抗弯刚度，这时主次梁节点更趋近于铰接，次梁梁端弯矩变小，于是传给主梁的扭矩减小。从原理上讲，把主梁截面变小，同时又增加次梁抗弯刚度，会更接近铰，但是从概念上讲，减小主梁的截面，未必可取，因为减小主梁截面的同时，抗扭能力也变差了，在实际设计中，往往把这两种思路结合，在增加次梁抗弯刚度的同时，适量增加主梁的抗扭刚度，主梁高度可增加 50～100mm，但增加次梁抗弯刚度更有效。

③ 点铰。以开裂为代价，尽量少用，且一般不把在同一直线上共用一个节点的 2 根次梁都点铰。但在设计时，有时点铰无法避免，此时次梁面筋要构造设置，支座钢筋不能小于底筋的 1/4，次梁端部要箍筋加密，以抵抗次梁开裂后，斜裂缝间混凝土斜压力在次梁纵筋上的挤压，主梁筋腰筋可放大 20%～50%，并按抗扭设计。

④ PKPM 程序处理。考虑楼板约束的有利作用，次梁所引起的弯矩有很大一些部分由楼板来承受。一般考虑楼板对主梁的约束作用后，梁的抗扭刚度加大，但程序没有考虑这些有利因素，于是梁扭矩要乘以一个折减系数，折减系数一般在 0.4～1.0，刚性楼板可以填 0.4，弹性楼板填 1.0。若有的梁需要折减，有的梁不需要折减时，可以分别设定梁的扭矩折减系数计算两次。雨篷、弧梁等构件由于楼板对其约束作用较弱，一般不考虑梁扭矩折减系数。

⑤ 改变结构布置。当梁两边板荷载差异大时，可加小次梁分隔受荷面积，减小梁受到的扭矩。也可以用宽扁梁，比如截面为 300mm×1000mm 的宽扁梁，使得次梁落在宽扁梁上，但尽量不要这样布置，影响建筑美观。

(5) 小结　在设计时，先考虑 PKPM 中的扭矩折减系数，如果还超筋，采用上面的抗、调两种方法，或者调整结构布置，最后才选择点铰。

当次梁离框架柱比较近时，其他办法有时候很难满足，因为主梁受到的剪力大，扭矩大，此时点铰接更简单。

无论采用哪种方法，次梁面筋要构造设置，支座钢筋不能小于底筋的 1/4，次梁端部要箍筋加密，以抵抗次梁开裂后斜裂缝间混凝土斜压力在次梁纵筋上的挤压，主梁腰筋可放大 20%～50%，并按抗扭设计。

1.9.2.4 对“剪压比超筋”的处理

当剪压比超限时，可以加大截面或提高混凝土强度等级。一般加大梁宽比梁高更有效。

也可以减小梁高，使得跨高比变大。

1.9.2.5 对“配筋超筋、弯矩超筋”的认识及处理

（1）“配筋超筋、弯矩超筋”常出现在两柱之间框架梁上。

（2）“配筋超筋、弯矩超筋”可以点击【SATWE/分析结构图形和文本显示】→【图形文件输出/混凝土构件配筋及钢构件验算简图】查看，会看到椭圆框内的数字显红色，且跨中或梁端弯矩显示红色数字1000，如图1-84所示。

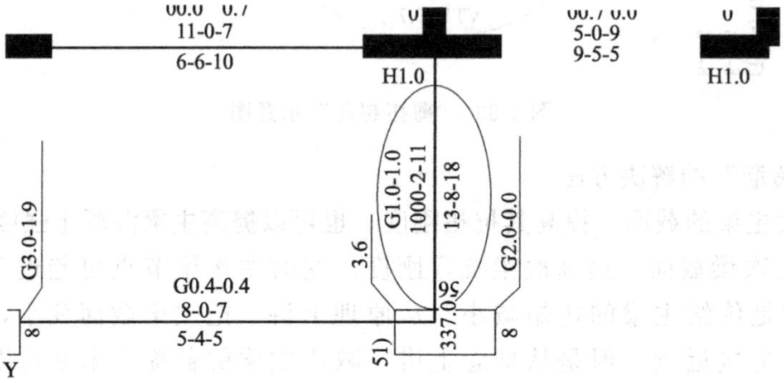

图1-84 “配筋超筋、弯矩超筋”示意图

（3）引起“配筋超筋、弯矩超筋”的原因可能是荷载大或地震作用大，梁截面小或跨度大。

（4）“配筋超筋、弯矩超筋”的解决方法

① 加大截面，一般加梁高。梁的抗弯刚度 EI 中 $I=bh^3/12$，加梁高后端弯矩 M 比加梁宽后梁端弯矩 M 更小。有些地方梁高受限时，只能加大梁宽。

② 把一些梁不搭在超筋的框架梁上，减小梁上的荷载。

③ 加柱，减小梁的跨度，但一般不用。

1.9.2.6 对“抗剪超筋”的认识及处理

（1）“抗剪超筋”的查看方式 “抗剪超筋”可以点击【SATWE/分析结构图形和文本显示】→【图形文件输出/混凝土构件配筋及钢构件验算简图】查看，会看到椭圆框内的数字显红色，且G旁边的数字很大，如图1-85所示。

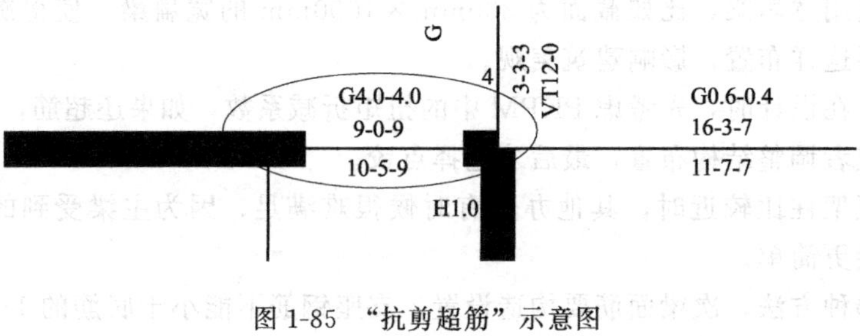

图1-85 “抗剪超筋”示意图

（2）“抗剪超筋”的解决方法 一般选择提高混凝土强度等级或加大梁宽。加大梁宽而不加大梁高是因为加梁宽，可增加箍筋数量，可利用箍筋抗剪，并且根据混凝土抗剪承载力公式可知，增加梁宽提高混凝土的抗剪能力远大于增加梁高。

① 调幅法。抗震设计剪力墙中连梁的弯矩和剪力可进行塑性调幅，以降低其剪力设计值。但在结构计算中已对连梁进行了刚度折减，其调幅范围应限制或不再调幅。当部分连梁降低弯矩设计值后，其余部位的连梁和墙肢的弯矩应相应加大。经调幅法处理的连梁，应确保连梁对承受竖向荷载无明显影响。

② 减小和加大梁高。减小梁高使梁所受内力减小，在通常情况下对调整超筋是十分有效的，但是在结构位移接近限值的情况下，可能造成位移超限。加大连梁高度连梁所受内力加大，但构件抗力也加大，可能使连梁不超筋，且可以减小位移，但是这种方法可能受建筑对梁高的限制，且连梁高度加大超过一定限值，构造需加强，也造成了钢筋用量的增加。

③ 加大连梁跨度。可以非常有效的解决连梁超筋问题，但是减短剪力墙可能造成位移加大。

设计时可以以上一种和几种方法共同使用。若个别连梁超筋还存在，也可以采用加大相连墙肢配筋及加大连梁配箍量使配筋能承载截面最大抗剪能力要求。

1.9.2.7 对“结构布置引起的超筋”的认识及处理

当结构扭转变形大时，转角 θ 也大，于是弯矩 M 大，导致超筋，如图 1-86 所示。

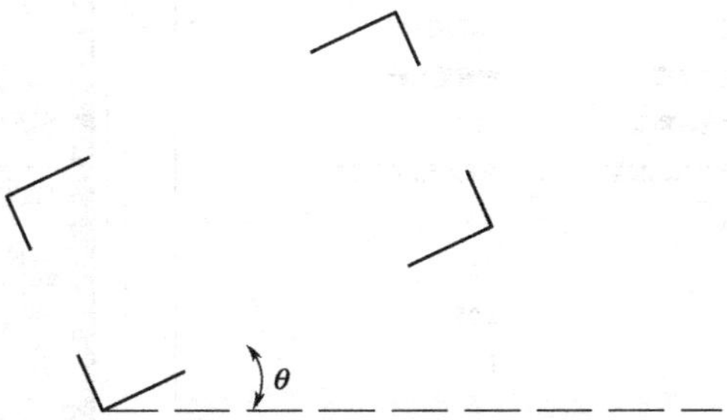

图 1-86 结构扭转变形过大引起超筋示意图

注：当结构扭转变形过大引起超筋时，首先找到超筋的位置，再调整结构布置，加大结构外围刚度，减小结构内部刚度，减小结构扭转变形。总之，尽量使刚度在水平方向（x 方向或 y 方向）与竖向方向均匀。

1.9.2.8 转换梁抗剪超筋

(1) 超筋原因 外部原因：荷载太大，竖向荷载、地震荷载引起梁斜截面抗剪超、结构刚度局部偏小。

内部原因：壳单元与杆单元的位移协调带来应力集中、单元相对很短，造成刚度偏大，内力较大、单元划分不合理。

(2) 处理方式 用多个不同模型的软件复核，如：PMSAP、FEQ 等。加截面，提高强度等。

1.9.2.9 转换梁上部的连梁抗剪超筋

连梁的两端受下部轴向刚度的不均匀性，在竖向荷载作用下，两端产生较大的竖向位移差，从而造成连梁抗剪超筋，在文本文件输出，超配筋信息里，抗剪超筋可以查看到。

1.9.2.10 转换梁上部的不落地剪力墙抗剪超筋

恒载作用下，墙两端产生较大的竖向位移差。加大转换梁截面效果不大，主要是调整墙的布置，减小墙两端产生的竖向相对位移差。如果要加大转换梁截面，最好加宽度，因为加大梁高后地震作用的增加会大于抗剪承载力的提高。

1.10 上部结构施工图绘制

1.10.1 梁施工图绘制

1.10.1.1 软件操作

点击【墙梁柱施工图/梁平法施工图】→【配筋参数】，如图1-87所示。

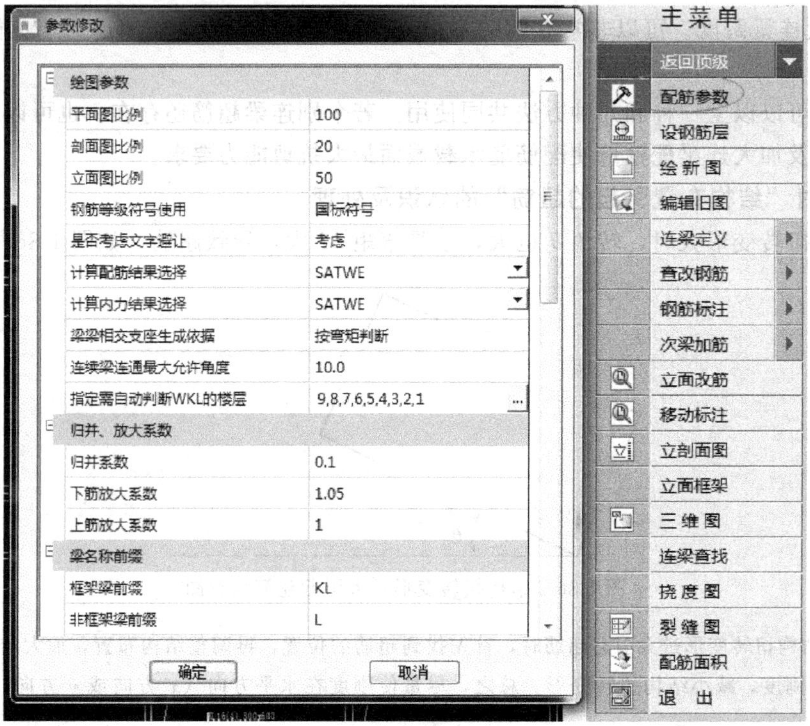

图1-87 配筋参数1

注：梁平法施工图参数需要准确填写的原因是现在很多设计院都利用PKPM自动生成的梁平法施工图作为模板，再用“拉伸随心”小软件移动标注位置，最后修改小部分不合理的配筋即可。

【参数注释】

(1) 平面图比例 1∶100。

(2) 剖面图比例 1∶20。

(3) 立面图比例 1∶50。

(4) 钢筋等级符号使用 国标符号。

(5) 是否考虑文字避让 考虑。

(6) 计算配筋结果选择 SATWE。

(7) 计算内力结果选择 SATWE。

(8) 梁梁相交支座生成依据 按弯矩判断。

(9) 连续梁连通最大允许角度 10.0。

(10) 归并系数　一般可取 0.1。

(11) 下筋放大系数　一般可取 1.05。

(12) 上筋放大系数　一般可取 1.0。

(13) 柱筋选筋库　一般最小直径为 14、最大直径为 25。

(14) 下筋优选直径　25。

(15) 上筋优选直径　14。

(16) 至少两根通长上筋　可以选择所有梁；当次梁需要搭接时，可以选择“仅抗震框架梁”。

(17) 选主筋允许两种直径　是。

(18) 主筋直径不宜超过柱尺寸的 1/20　《抗规》6.3.4-2：一、二、三级框架梁内贯通中柱的每根纵向钢筋直径，对框架结构不应大于矩形截面柱在该方向截面尺寸的 1/20，或纵向钢筋所在位置圆形截面柱弦长的 1/20；对其他结构类型的框架不宜大于矩形截面柱在该方向截面尺寸的 1/20，或纵向钢筋所在位置圆形截面柱弦长的 1/20。

(19) 箍筋选筋库　6、8/10/12。

(20) 根据裂缝选筋　一般可选择否。由于现在计算裂缝采用准永久组合，裂缝计算值比较小，有的设计院规定也可以采用根据裂缝选筋。

(21) 支座宽度对裂缝的影响　考虑。

(22) 其他　按默认值。

点击【设置钢筋层】，可按程序默认的方式，如图 1-88 所示。

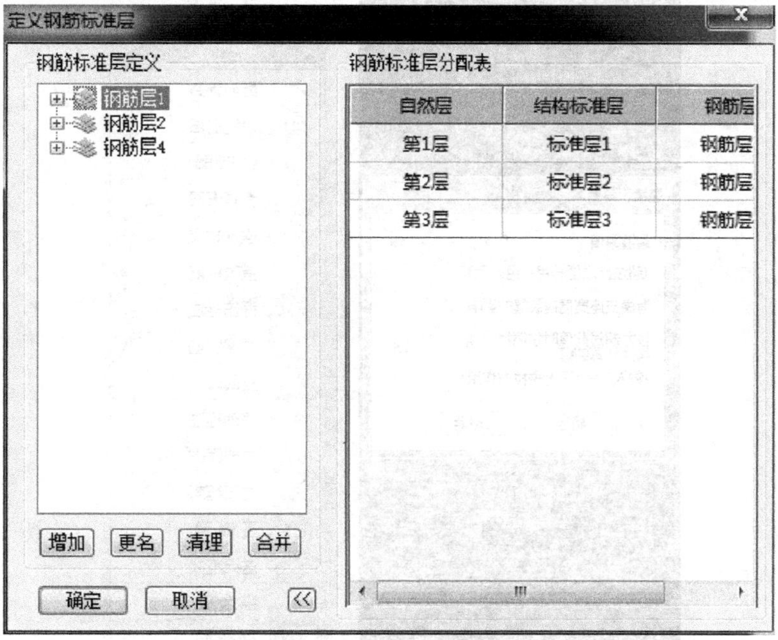

图 1-88　定义钢筋标准层

注：1. 本工程共有三个标准层，第一层为第一标准层，第二层为第二标准层，第三层为第三标准层。

2. 钢筋层的作用是对同一标准层中的某些连续楼层进行归并。

点击【挠度图】，弹出“挠度计算参数”对话框，如图 1-89 所示。

点击【裂缝图】，弹出“裂缝计算参数”对话框，如图 1-90 所示。

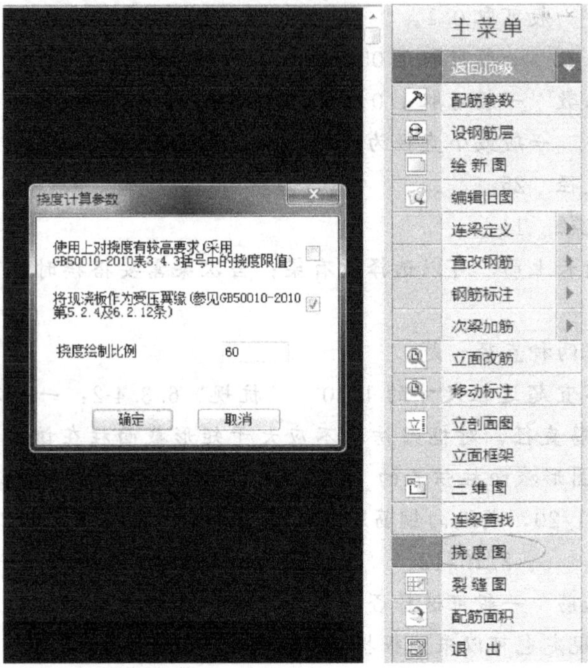

图 1-89　挠度计算参数对话框

注：① 一般可勾选“将现浇板作为受压翼缘”。
② 挠度如果超过规范要求，梁最大挠度值会显示红色。

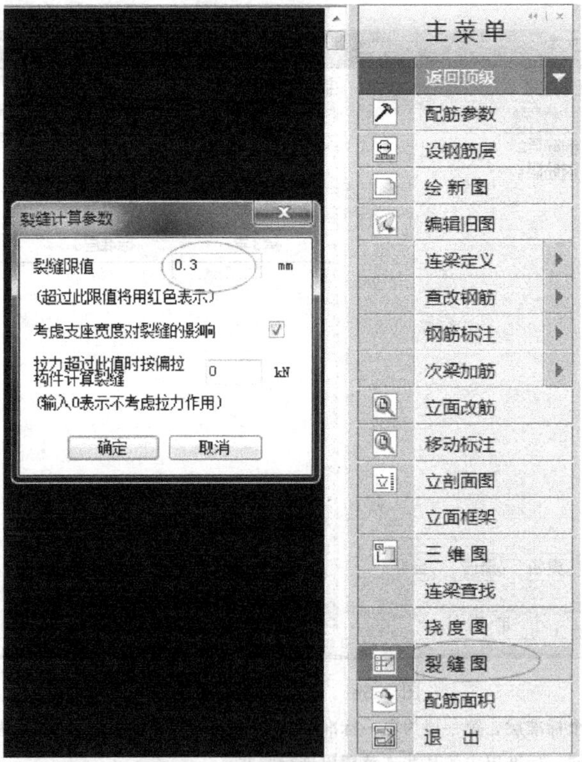

图 1-90　裂缝计算参数对话框

注：① 裂缝限值为 0.3，楼面层与屋顶层均可按 0.3mm 控制（有的设计院屋面层裂缝按 0.2mm 控制是没必要的）。一般可勾选“考虑支座宽度对裂缝的影响”。
② 裂缝如果超过规范要求，梁最大裂缝值会显示红色。

点击【配筋面积/“S/R 验算”】，程序会自动按照《抗规》5.4.2 进行验算。如果不满足规范要求，程序会显示红色。如图 1-91 所示。

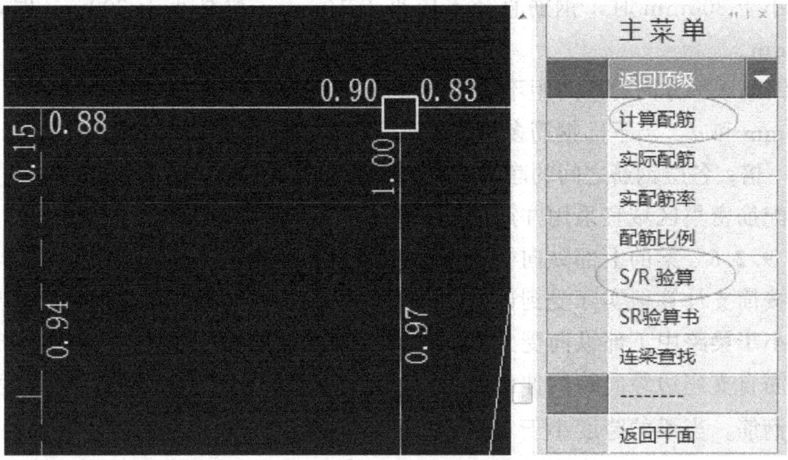

图 1-91　S/R 验算

注：当实际配筋面积太大，使得 S（作用效应）过大，不满足规范要求，需要减小梁钢筋面积。

在屏幕左上方点击【文件/T 图转 DWG】，如图 1-92 所示。

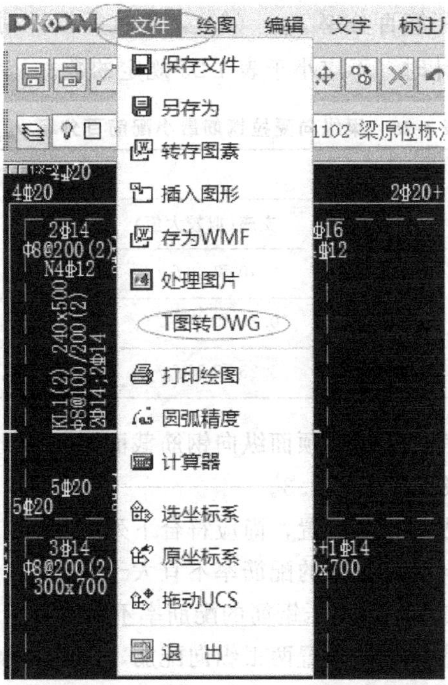

图 1-92　梁平法施工图转 DWG 图

注：“第一层梁平法施工图”转换为“DWG 图”后，存放在 PKPM 模型文件中的“施工图”文件夹下。

1.10.1.2　画或修改梁平法施工图时应注意的问题

（1）梁纵向钢筋

① 规范规定。

《混规》9.2.1 梁的纵向受力钢筋应符合下列规定。

伸入梁支座范围内的钢筋不应少于2根。

梁高不小于300mm时，钢筋直径不应小于10mm；梁高小于300mm时，钢筋直径不应小于8mm。

梁上部钢筋水平方向的净间距不应小于30mm和1.5d；梁下部钢筋水平方向的净间距不应小于25mm和d。当下部钢筋多于2层时，2层以上钢筋水平方向的中距应比下面2层的中距增大一倍；各层钢筋之间的净间距不应小于25mm和d，d为钢筋的最大直径。

在梁的配筋密集区域宜采用并筋的配筋形式。

《混规》9.2.6 梁的上部纵向构造钢筋应符合下列要求。

当梁端按简支计算但实际受到部分约束时，应在支座区上部设置纵向构造钢筋。其截面面积不应小于梁跨中下部纵向受力钢筋计算所需截面面积的1/4，且不应少于2根。该纵向构造钢筋自支座边缘向跨内伸出的长度不应小于$l_0/5$，l_0为梁的计算跨度。

对架立钢筋，当梁的跨度小于4m时，直径不宜小于8mm；当梁的跨度为4～6m时，直径不应小于10mm；当梁的跨度大于6m时，直径不宜小于12mm。

《高规》6.3.2 框架梁设计应符合下列要求。

抗震设计时，计入受压钢筋作用的梁端截面混凝土受压区高度与有效高度之比值，一级不应大于0.25，二、三级不应大于0.35。

纵向受拉钢筋的最小配筋百分率ρ_{min}（%），非抗震设计时，不应小于0.2和$45f_t/f_y$二者的较大值；抗震设计时，不应小于表1-25规定的数。

表1-25 梁纵向受拉钢筋最小配筋百分率ρ_{min}

抗震等级	位置	
	支座(取较大值)	跨中(取较大值)
一级	0.40和$80f_t/f_y$	0.30和$65f_t/f_y$
二级	0.30和$65f_t/f_y$	0.25和$55f_t/f_y$
三、四级	0.25和$55f_t/f_y$	0.20和$45f_t/f_y$

抗震设计时，梁端截面的底面和顶面纵向钢筋截面面积的比值，除按计算确定外，一级不应小于0.5，二、三级不应小于0.3。

《高规》6.3.3 梁的纵向钢筋配置，尚应符合下列规定。

抗震设计时，梁端纵向受拉钢筋的配筋率不宜大于2.5%，不应大于2.75%；当梁端受拉钢筋的配筋率大于2.5%时，受压钢筋的配筋率不应小于受拉钢筋的一半。

沿梁全长顶面和底面应至少各配置两根纵向配筋，一、二级抗震设计时钢筋直径不应小于14mm，且分别不应小于梁两端顶面和底面纵向配筋中较大截面面积的1/4；三、四级抗震设计和非抗震设计时钢筋直径不应小于12mm。

一、二、三级抗震等级的框架梁内贯通中柱的每根纵向钢筋的直径，对矩形截面柱，不宜大于柱在该方向截面尺寸的1/20；对圆形截面柱，不宜大于纵向钢筋所在位置柱截面弦长的1/20。

注：当一根梁受到竖向荷载的时候，在同一部位的梁一面受压，一面受拉，所以2.5%的配筋率不包括受压钢筋。

② 修改梁平法施工图时要注意的一些问题。

a. 梁端经济配筋率为1.2%～1.6%，跨中经济配筋率为0.6%～0.8%。梁端配筋率太大，比如大于2.5%，钢筋会很多，造成施工困难，钢筋偏位等。在梁高受限制时，一般是加大梁宽；一般配筋率≤1.6%，有助于梁端形成塑性铰，有利于抗震。当配筋率>1.6%时，应采用封闭箍筋取代135°弯钩的普通箍筋，以防止弯钩走位。

剪力墙中连梁，其受力以抗剪为主，抗弯一般不起控制。因此，其箍筋一般加大且需要全长加密，纵筋配筋率一般较低（0.6%～1.0%）。

梁端配筋率太大，比如大于2.5%，钢筋会很多，造成施工困难，钢筋偏位等。在梁高受限制时，一般是加大梁宽；一般配筋率≤1.6%，有助于梁端形成塑性铰，有利于抗震。当配筋率>1.6%时，应采用封闭箍筋取代135°弯钩的普通箍筋，以防止弯钩走位。

应避免梁端纵向受拉钢筋配筋率大于2.0%，以免增加箍筋用量。除非内力控制计算梁的截面要求比较高，否则不要轻易取大于570mm梁高，这样避免配一些腰筋。跨度大的悬臂梁，当面筋较多时，除角筋需伸至梁端外，其余尤其是第二排钢筋均可在跨中某个部位切断。

一边和柱连，一边没有柱，经常出现梁配筋大，可以将支撑此梁的支座梁截面调大，如果钢筋还配不下，支座梁截面调整范围有限，可在计算时设成铰接，适当配一些负筋。这样的做的弊端就是梁柱节点处裂缝会比较大，但安全上没问题，且裂缝有楼板装饰层的遮掩。也可以梁加腋。

b. 面筋钢筋一般不多配，可以采用组合配筋形式，控制在计算面积的95%～100%；底筋尽量采用同一直径，实配在计算面积的100%～110%（后期的施工图设计中）；对于悬挑梁，顶部负筋宜根据悬挑长度和负荷面积适当放大1.1～1.2倍。

梁两端面筋计算结果不一样时，一般按大者配。若两端面筋计算结果相差太大，计算结果小的那一端可以比计算结果大的那一端少配一根或几根钢筋，但其他钢筋必须相同（计算结果大的那端梁多配的钢筋可锚固到柱子里）。

抗震设计时，除了满足计算外，梁端截面的底面和顶面纵向钢筋截面面积的比值一级抗震应≥0.5，二三级≥0.3，挑梁截面的底面和顶面纵向钢筋截面面积的比值可以等于0.5，配足够的受压钢筋以减小徐变产生的附加弯矩。

梁钢筋过密时，首先应分析原因，要满足规范要求，比如钢筋净距等构造要求。如果较细直径钢筋很密，可以考虑换用较粗直径的钢筋，低强度钢筋可以考虑换为高强度钢筋。重要构件钢筋过密对受力有影响或施工质量难以保证时，应该考虑适当调整构件断面。

c. 一、二、三级抗震的框架梁的纵筋直径应≤1/20柱在该方向的边长，主要是防止柱子在反复荷载作用下，钢筋发生滑移。当柱尺寸为500mm×500mm时，500mm/20＝25mm，纵筋直径取ϕ25mm比较合适。

钢筋混凝土构件中的梁柱箍筋的作用一是承担剪（扭）力，二是形成钢筋骨架，在某些情况下，加密区的梁柱箍筋直径可能比较大、肢数可能比较多，但非加密区有可能不需要这么大直径的箍筋，肢数也不要多，于是要合理的设计，减少浪费，比如当梁的截面大于等于350mm时，需要配置四肢箍，具体做法可以将中间两根负弯矩钢筋从伸入梁长$L/3$处截断，并以2根12的钢筋代替作为架立筋。钢筋之间的直径应合理搭配，梁端部钢筋与其用2根22，还不如用3根18，因通长钢筋直径小。

同一梁截面钢筋直径一般不能相差两级以上，是为了使混凝土构件的应力尽量分布均匀些，以达到最佳的受力状态。

底筋、面筋一、二级抗震设计时钢筋直径不应小于14mm，三、四级抗震设计和非抗震设计时钢筋直径不应小于12mm。在实际设计时，框架主梁底筋一般不小于14mm（底筋计算配筋可能很小，1根直径12mm的钢筋太柔，且梁端形成塑性铰后，一般要适量放大），面筋则根据规范要求确定，一、二级抗震设计时钢筋直径不应小于14mm，三、四级抗震设计和非抗震设计时钢筋直径不应小于12mm。

主梁宽度为250mm时，次梁纵筋直径不得超过20mm。梁钢筋应尽量直锚，实在不行则弯锚。若梁内钢筋配筋很多，不方便锚固，可以主梁加宽，有利于次梁钢筋的锚固；也可以加大次梁宽度或增加次梁的根数。剪力墙结构的楼屋盖布置上，有时为了减少板跨，会布置一些楼面梁，梁跨在4.0～8.0m，这些楼面梁往往与剪力墙垂直相交支撑在剪力墙上，这时，即使按铰接考虑，楼面梁的纵筋支座内的水平锚固长度很难满足规范要求，但实际上，剪力墙结构的侧移刚度和延性主要来源于剪力墙自身的水平内刚度，此类楼面梁的抗弯刚度对结构的侧向刚度贡献不大，因此可以在梁的纵筋总锚固长度满足的前提下，适当放松水平段的锚固长度要求，可减至$10d$，也可以通过钢筋直径减小，在纵筋弯折点附加横筋，纵筋下弯呈45°外斜等措施改善锚固性能。

配筋要协调。每一排钢筋中，角筋直径应是最大，每一排钢筋中，钢筋直径应对称，不能是3ϕ20+1ϕ18，可以是2ϕ20+2ϕ18，若有两排钢筋，则第二排至少要有2根钢筋。

配筋的表示方法：以底筋为例，当钢筋直径只有一种时，可以写成6ϕ25 2/4，当钢筋直径有二种时，可以写成2ϕ25+3ϕ22/5ϕ25、2ϕ18/4ϕ20，“+”左边的钢筋为角筋。

梁钢筋排数不宜过多，当梁截面高度不大时，一般不超过两排；地下室有覆土的梁或者其他地方跨度大荷载也大的梁可取3排。

d. 梁的裂缝稍微超一点没关系，不要见裂缝超出规范就增大钢筋面积，PKPM中梁的配筋是按弯矩包络图中的最大值计算的，在计算裂缝时，应选用正常使用情况下的竖向荷载计算，不能用极限工况的弯矩计算裂缝。

混凝土裂缝计算公式中，保护层厚度越大，最大裂缝宽度也越大，但从结构的耐久性角度考虑，不应该随便减小保护层厚度。电算计算所得的裂缝宽度是不准确的，应该考虑支座的影响。并且在有抗震设计的框架梁支座下部钢筋实配量相当多，因此梁支座受拉钢筋的实际应力小很多。也不应该一味地加大梁端钢筋面积，否则对梁和柱节点核心区加强反而违反了抗震结构应强柱弱梁、强节点的设计原则。

e. 为经济性考虑，对于跨度较大的梁，在满足规范要求的贯通筋量的基础上，可尽量采用小直径的贯通筋。跨度较小（2.4m）的框架梁顶部纵筋全部贯通；在工程设计中，板跨在4.5m以内者应尽量少布置次梁，可将隔墙直接砌在板上，墙底附加筋，一般可参考以下规律：$L \leqslant 3.0$m，3根8，$L \leqslant 3.9$m，4根8，$L \leqslant 4.5$m，3根10，按简支单向板计算，此附加箍筋可承担50%的墙体荷载。

f. 反梁的板吊在梁底下，板荷载宜由箍筋承受，应适当增大箍筋。梁的下筋面积不小于上筋的一半。梁端配筋率>2%时，箍筋加密区的直径加大2mm。两根错交次梁中间的箍筋一般要加密；梁上开洞时，不但要计算洞口加筋，更应验算梁洞口下偏拉部分的裂缝宽度。

g. 挑梁宜做成等截面（大挑梁外露者除外），对于大挑梁，梁的下部宜配置受压钢筋以减小挠度，挑梁梁端钢筋可放大1.2倍。挑梁出挑长度小于梁高时，应按牛腿计算或按深梁构造配筋。

h. 梁受力，当受压区高度为界限高度时，若受拉区钢筋和受压区混凝土同时进入屈服状态，此时一般比较省钢筋，一般发生适筋破坏，梁一般具有较好的延性。如果增加梁底部钢筋，为了平衡底部钢筋的拉力，可以在受压区配置受压钢筋，受压区高度减少。

i. 梁配筋率比较大时，首先是加梁高，再加梁宽。当荷载不大时，梁宽可为200mm或250mm，但当荷载与跨度比较大时，梁宽最好为300mm或者更大，否则钢筋很不好摆放。

j. 在PMCAD中建模时如果次梁始末两端点铰接，且次梁跨度较大时，一般可把点铰接的次梁端面筋改为2ϕ14，而不是2ϕ12，原因在于不存在完全的铰接。

③ 梁纵筋单排最大根数。

表1-26是当环境类别为一类a，箍筋直径为8mm时，按《混规》计算出的梁纵筋单排最大根数。

表1-26 梁纵筋单排最大根数

环境类别：	一类			箍筋：	8mm									
梁宽 b /mm	钢筋直径/mm													
	14		16		18		20		22		25		28	
	上部	下部	上部	下部	上部	下部	上部	下部	上部	下部	上部	下部	上部	下部
150	2	3	2	2	2	2	2	2	2	2	2	2	1	2
200	3	4	3	4	3	3	3	3	3	3	2	3	2	3
250	5	5	4	5	4	5	4	4	4	4	3	4	3	3
300	6	6	5	6	5	6	5	5	5	5	4	5	4	4
350	7	8	7	7	6	7	6	7	5	6	5	6	4	5
400	8	9	8	9	7	8	7	8	6	7	6	7	5	6
450	9	10	9	10	8	9	8	9	7	8	6	8	6	7

(2) 箍筋

① 规范规定。

《高规》6.3.2-4 抗震设计时，梁端箍筋的加密区长度、箍筋最大间距和最小直径应符合表1-27的要求；当梁端纵向钢筋配筋率大于2%时，表中箍筋最小直径应增大2mm。

表1-27 梁端箍筋加密区的长度、箍筋最大间距和最小直径

抗震等级	加密区长度(取较大值)/mm	箍筋最大间距(取最小值)/mm	箍筋最小直径/mm
一	$2.0h_b$,500	$h_b/4$,$6d$,100	10
二	$1.5h_b$,500	$h_b/4$,$8d$,100	8
三	$1.5h_b$,500	$h_b/4$,$8d$,150	8
四	$1.5h_b$,500	$h_b/4$,$8d$,150	6

注：1. d 为纵向钢筋直径，h_b 为梁截面高度。

2. 一、二级抗震等级框架梁，当箍筋直径大于12mm、肢数不少于4肢且肢距不大于150mm时，箍筋加密区最大间距应允许适当放松，但不应大于150mm。

《高规》6.3.4 非抗震设计时，框架梁箍筋配筋构造应符合下列规定。

应沿梁全长设置箍筋，第一个箍筋应设置在距支座边缘50mm处。

截面高度大于800mm的梁，其箍筋直径不宜小于8mm；其余截面高度的梁不应小于6mm。在受力钢筋搭接长度范围内，箍筋直径不应小于搭接钢筋最大直径的1/4。

箍筋间距不应大于表1-28的规定；在纵向受拉钢筋的搭接长度范围内，箍筋间距尚不应大于搭接钢筋较小直径的5倍，且不应大于100mm；在纵向受压钢筋的搭接长度范围内，箍筋间距尚不应大于搭接钢筋较小直径的10倍，且不应大于200mm。

表1-28 非抗震设计梁箍筋最大间距 单位：mm

h_b/mm \ V	$V>0.7f_tbh_0$	$V\leqslant 0.7f_tbh_0$
$h_b\leqslant 300$	150	200
$300<h_b\leqslant 500$	200	300
$500<h_b\leqslant 800$	250	350
$h_b>800$	300	400

《高规》6.3.5-2 在箍筋加密区范围内的箍筋肢距：一级不宜大于200mm和20倍箍筋直径的较大值，二、三级不宜大于250mm和20倍箍筋直径的较大值，四级不宜大于300mm。

② 设计时要注意的一些问题。

a. 梁宽300mm时，可以用两肢箍，但要满足《抗规》、《混规》及《高规》对框架梁箍筋加密区肢距的要求，当箍筋直径为ϕ12以上时，更容易满足相应规定。对于加密区箍筋肢数，只要满足承载力及肢距要求，用3肢箍是完全可行的，不仅节约钢材，而且方便施工下料、绑扎、浇筑混凝土，但也可以按构造做成4肢箍。

b. 规范、规程只针对有抗震要求的框架梁提出了箍筋加密的要求，箍筋加密可以提高梁端延性，但并非抗震结构中每一根梁都是有抗震要求的，楼面次梁就属于非抗震梁，其钢筋构造只需要满足一般梁的构造即可。地基梁也属于非抗震梁，地基梁不需要按框架梁构造考虑抗震要求，因此可以按非抗震梁构造并结合具体工程需要确定构造。在满足承载力需要的前提下，亦可按梁剪力分布配置箍筋，梁端部剪力大的地方箍筋较密或直径较大，中部则可加大间距或减小直径，这样布置箍筋可以节约钢材，但这和抗震上说的箍筋加密区是不一样的，不可混为一谈。

c. 当梁截面宽度大于400mm且一层内的纵向受压钢筋多于3根时，或当梁截面宽度不大于400mm但一层内的纵向受压钢筋多于4根时，应设置复合箍筋，从规范角度出发，350mm宽的截面做成3肢箍，但一般是遵循构造做成4肢箍。

d. 井字梁、双向刚度接近的十字交叉梁等，其交点一般不需要附加箍筋，这和主次梁节点加箍筋的原理不一样。

e. 悬挑结构属于静定结构，没有多余的赘余度，因此在构造上宜适当加强；概念设计时应满足强剪弱弯，可对箍筋进行加强，比如箍筋加密，若出挑长度较长，还应考虑竖向地震作用；在设计时，通常将悬梁纵筋放大以提高可靠度，此时箍筋也应放大，最简单的办法就是不改直径而把间距缩小，一般箍筋可全长加密。

悬挑结构属于静定结构，塑性铰是客观存在的，塑性铰的定义是在钢筋屈服截面，从钢筋屈服到达到极限承载力，截面在外弯矩增加很小的情况下产生很大转动，表现得犹如一个能够转动的铰，称为“塑性铰”。

(3) 梁侧构造钢筋

① 规范规定。

《混规》9.2.13 梁的腹板高度 h_w 不小于 450mm 时，在梁的两个侧面应沿高度配置纵向构造钢筋。每侧纵向构造钢筋（不包括梁上、下部受力钢筋及架立钢筋）的间距不宜大于 200mm，截面面积不应小于腹板截面面积（bh_w）的 0.1%，但当梁宽较大时可以适当放松。此处，腹板高度 h_w 按本规范第 6.3.1 条的规定取用。

② 设计时要注意的一些问题。现代混凝土构件的尺度越来越大，工程中大截面尺寸现浇混凝土梁日益增多。由于配筋较少，往往在梁腹板范围内的侧面产生垂直于梁轴线的收缩裂缝，可以在大尺寸梁的两侧沿梁长度方向布置纵向构造钢筋（腰筋），以控制垂直裂缝。梁的腹板高度 h_w 小于 450mm 时，梁的侧面防裂可以由上下钢筋兼顾，无需设置腰筋，上下钢筋已满足防裂要求，也可以根据经验适当配置，当梁的腹板高度 $h_w \geqslant 450$mm 时，其间距应满足图 1-93。

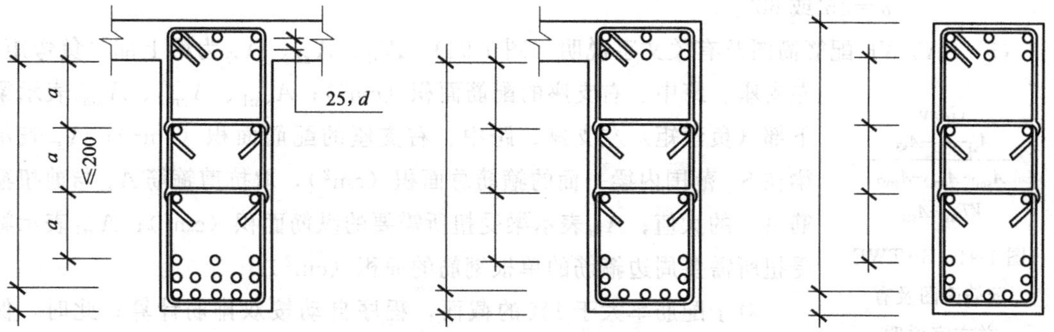

图 1-93 纵向构造钢筋间距

(4) 附加横向钢筋 在主次梁相交处，次梁在负弯矩作用下可能产生裂缝，次梁传来的集中力通过次梁受压区的剪切作用传至主梁的中下部，这种作用在集中荷载作用点两侧各 0.5～0.65 倍次梁高范围内，可能引起主拉应力破坏而产生斜裂缝。为防止集中荷载作用影响区下部混凝土脱落并导致主梁斜截面抗剪能力降低，应在集中荷载影响范围内加“附加横向钢筋”。

附加箍筋设置的长度为 $2h_1+3b$（b 为次梁宽度，h_1 为主次梁高差），一般是主梁左右两边各 3～5 根箍筋，间距 50mm，直径可与主梁相同。当次梁宽度比较大时，附加箍筋间距可以减小些，次梁与主梁高差相差不大时，附加箍筋间距可以加大些。设计时一般首选设置附加箍筋，且不管抗剪是否满足都要设置，当设置附加横向钢筋后仍不满足时，设置吊筋。

梁上立柱，柱轴力直接传递至梁混凝土的受压区，因此不再需要横向钢筋，但是需要注意的是一般梁的混凝土等级比柱要低，有的时候低比较多，这就可能有局部受压的问题出现。

吊筋的叫法是一种形象的说法，其本质的作用还是抗剪，并阻止斜裂缝的开展。吊筋长度=2×锚固长度+2×斜段长度+次梁宽度+2×50mm，当梁高≤800mm时，斜长的起弯角度为45度，梁高>800mm时，斜长的起弯角度为60°。吊筋至少设置2根，最小直径为12mm，不然钢筋太柔。吊筋要到主梁底部，因为次梁传来的集中荷载有可能使主梁下部混凝土产生八字形斜裂缝。挑梁与墙交接处，较大集中力作用位置一般都要设置吊筋，但当次梁传来的荷载较小或集中力较小时可只设附加箍筋。有些情况不需要设置吊筋，比如集中荷载作用在主梁高度范围以外，梁上托柱就属于此种情况，次梁与次梁相交处一般不用设置吊筋。吊筋的计算公式如（1-13）所示，在梁平法施工图中有“箍筋开关”“吊筋开关”，可以查询集中力 F 设计值。也可以在SATWE中查看梁设计内力包络图，注意两侧的剪力相加才是总剪力。

$$A_{sv} \geqslant \frac{F}{f_{yv}\sin\alpha} \tag{1-13}$$

式中 A_{sv}——附加横向钢筋的面积；

F——集中力设计值；

f_{yv}——附加横向钢筋强度设计值；

$\sin\alpha$——附加横向钢筋与水平方向的夹角。当设置附加箍筋时，$\alpha=90°$，设置吊筋时，$\alpha=45°$或60°。

（5）SATWE配筋简图及有关文字说明（图1-94） A_{s1}、A_{s2}、A_{s3}为梁上部（负弯矩）左支座、跨中、右支座的配筋面积（cm^2）；A_{sm1}、A_{sm2}、A_{sm3}表示梁下部（负弯矩）左支座、跨中、右支座的配筋面积（cm^2）；A_{sv}表示梁在 S_b 范围内梁一面的箍筋总面积（cm^2），取抗剪箍筋 A_{sv} 与剪扭箍筋 A_{stv} 的大值；A_{st} 表示梁受扭所需要的纵筋面积（cm^2）；A_{st1} 表示梁受扭所需要周边箍筋的单根钢筋的面积（cm^2）。

$$\begin{array}{c} GAsv \\ \hline A_{s1}\text{-}A_{s2}\text{-}A_{s3} \\ \hline A_{sm1}\text{-}A_{sm2}\text{-}A_{sm3} \\ VT_{Ast}\text{-}A_{st1} \end{array}$$

图1-94 SATWE配筋简图及有关文字说明

对于配筋率大于1%的截面，程序自动按双排筋计算；此时，保护层取60mm；当按双排筋计算还超限时，程序自动考虑压筋作用，按双筋方式配筋；各截面的箍筋都是按用户输入的箍筋间距计算的，并按沿梁全长箍筋的面积配箍率要求控制。

程序默认梁、柱箍筋间距为100mm，则加密区的箍筋计算结果可直接参考使用，如果梁非加密区箍筋直径为200mm，则梁非加密区箍筋总面积为2倍SATWE计算值。

1.10.1.3 梁平法施工图

梁平法施工图如图1-95～图1-97所示。

1.10.2 板施工图绘制

1.10.2.1 软件操作

（1）计算参数 点击【结构/PMCAD/画结构平面图】→【计算参数】，如图1-98～图1-100所示。

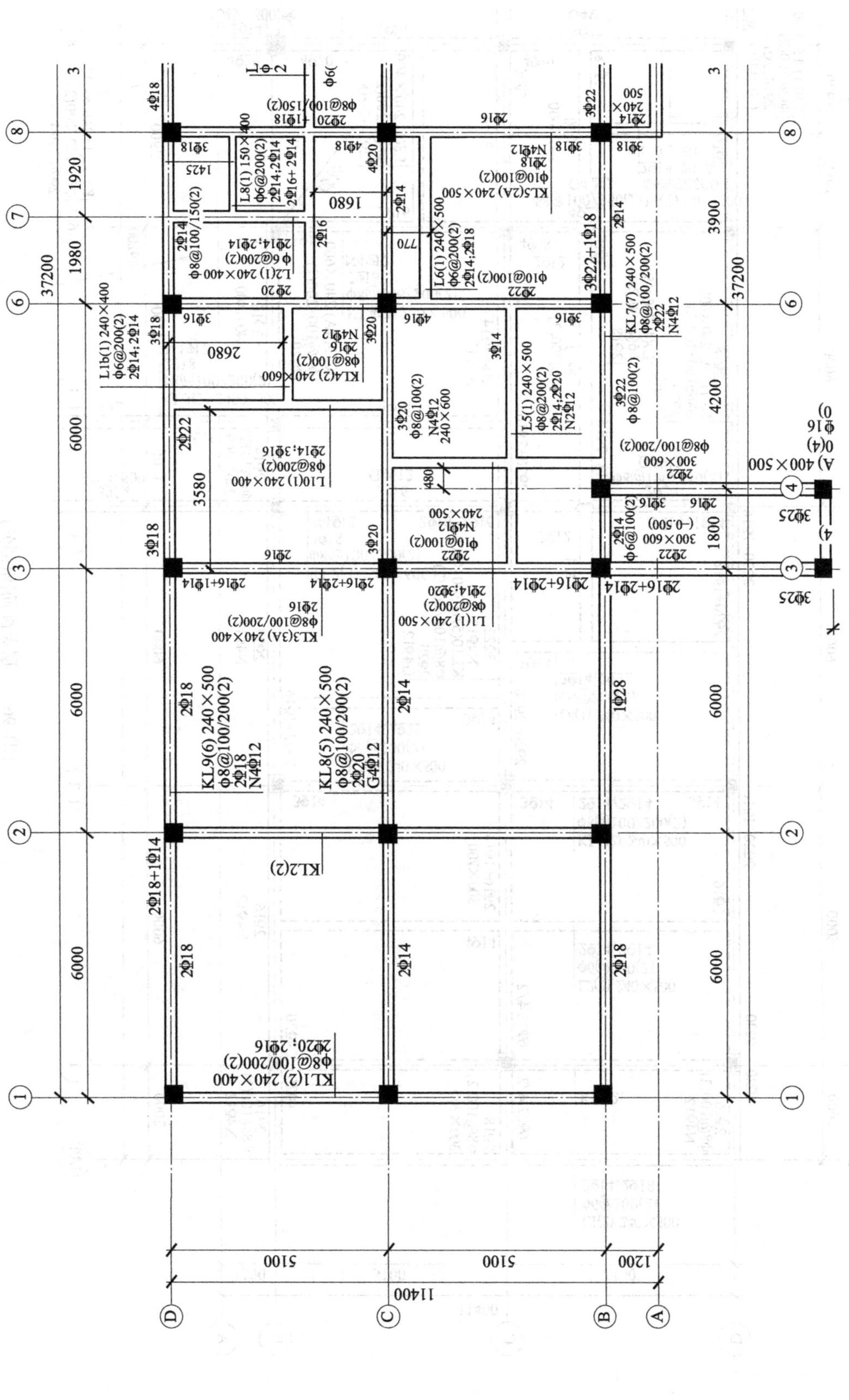

图1-95　基础梁配筋图(部分)

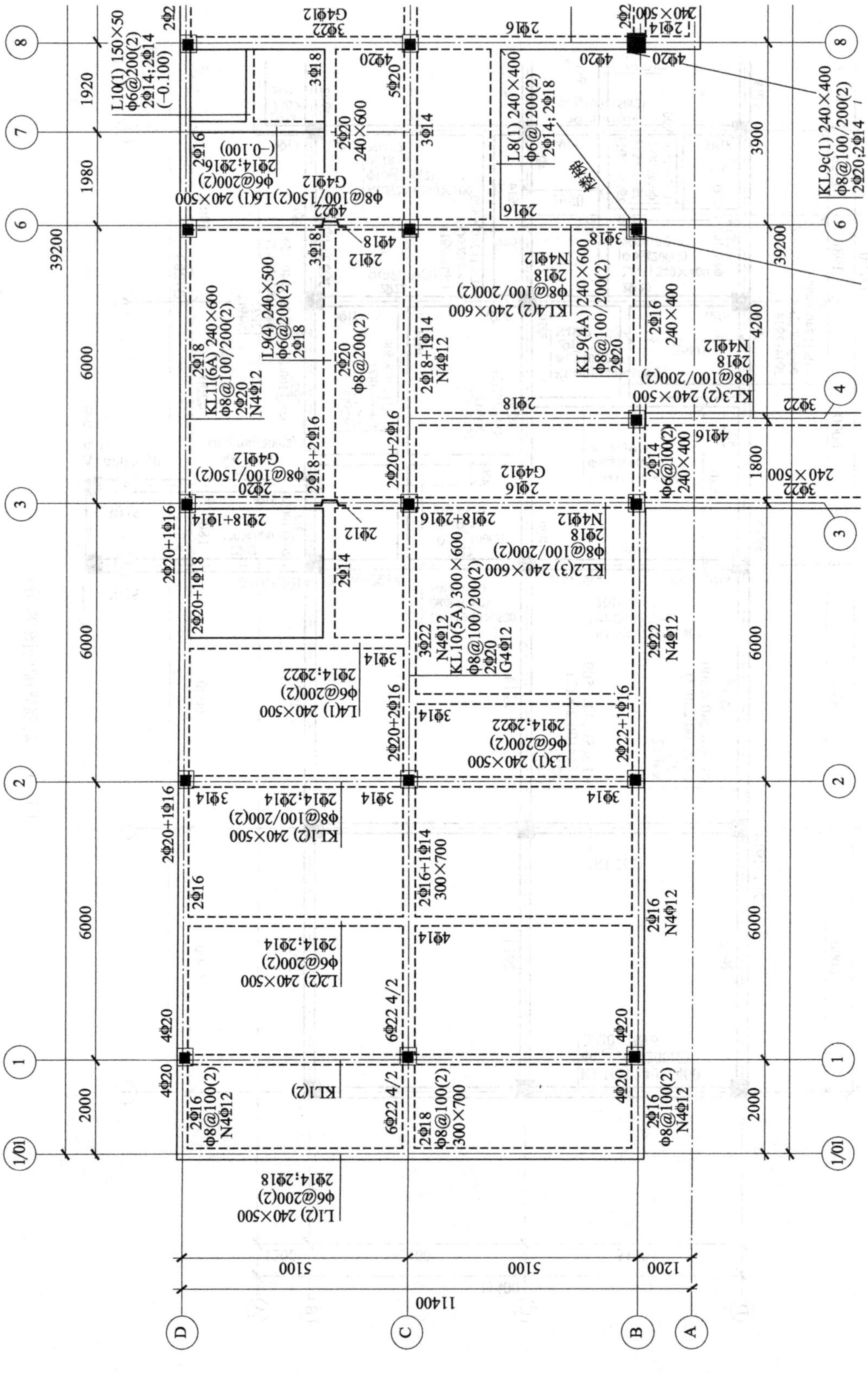

图1-96 二层梁配筋图(部分)

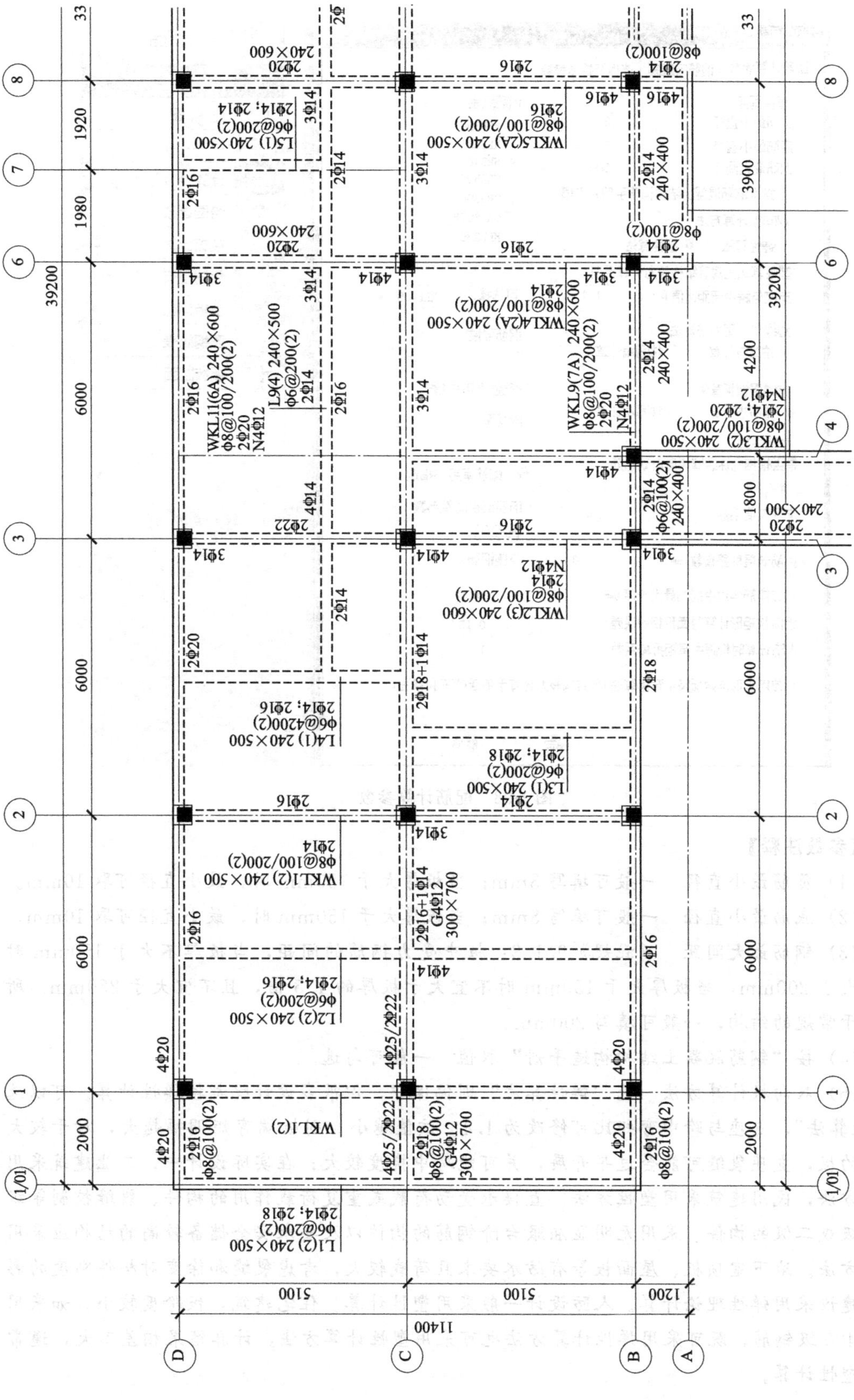

图1-97 屋面层梁配筋图(部分)

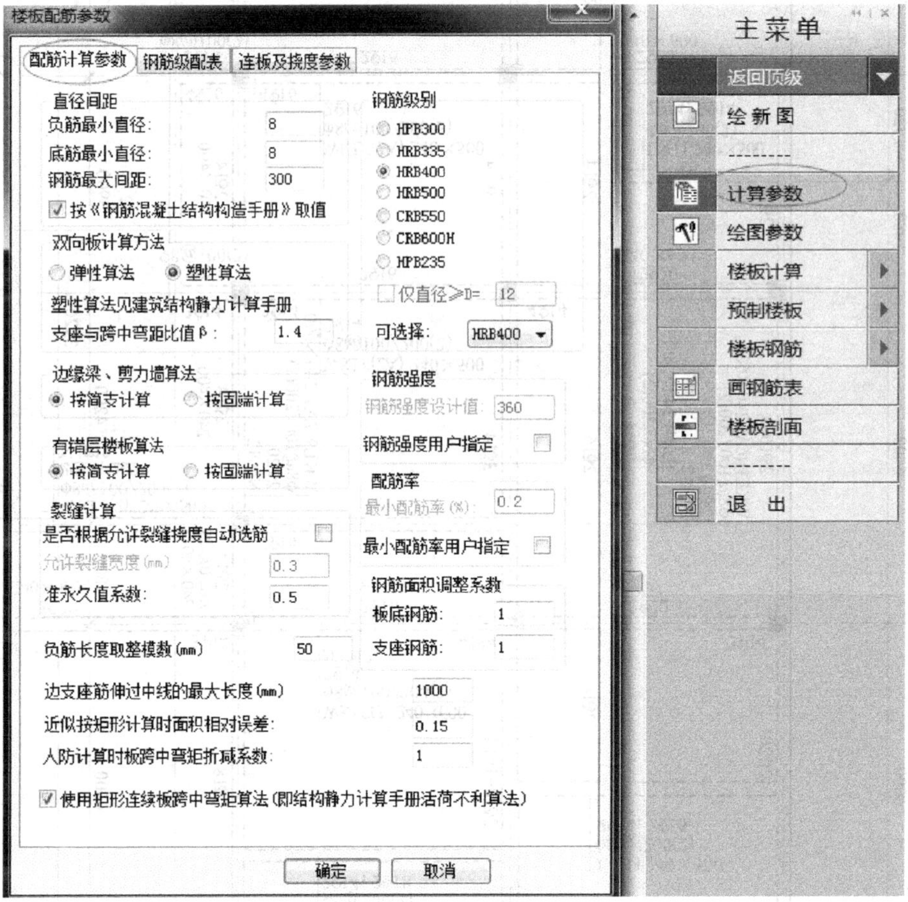

图 1-98 配筋计算参数

【参数注释】

(1) 负筋最小直径 一般可填写8mm；当板厚大于150mm时，最小直径可取10mm。

(2) 底筋最小直径 一般可填写8mm；当板厚大于150mm时，最小直径可取10mm。

(3) 钢筋最大间距 《混规》9.1.3：板中受力钢筋的间距，当板厚不大于150mm时不宜大于200mm，当板厚大于150mm时不宜大于板厚的1.5倍，且不宜大于250mm。所以对于常规的结构，一般可填写200mm。

(4) 按"钢筋混凝土结构构造手册"取值 一般可勾选。

(5) 双向板计算方法 选"弹性算法"则偏保守，但很多设计院都按弹性计算。可以选"塑性算法"，支座与跨中弯矩比可修改为1.4。该值越小，则板端弯矩调幅越大，对于较大跨度的板，支座裂缝可能会过早开展，并可能跨中挠度较大；在实际设计中，工业建筑采用弹性方法，民用建筑采用塑性方法。直接承受动荷载或重复荷载作用的构件、裂缝控制等级为一级或二级的构件、采用无明显屈服台阶钢筋的构件以及要求安全储备较高的结构应采用弹性方法。地下室顶板、屋面板等有防水要求且荷载较大，考虑裂缝和徐变对构件刚度的影响，建议采用弹性理论计算。人防设计一般采用塑性计算。住宅建筑，板跨度较小，如采用HRB400级钢筋，既可采用弹性计算方法也可采用塑性计算方法，计算结果相差不大，通常采用塑性计算。

（6）边缘梁、剪力墙算法　一般可按程序的默认方法，按简支计算。

（7）有错层楼板算法　一般可按程序的默认方法，按简支计算。

（8）裂缝计算　一般不应勾选“允许裂缝挠度自动选筋”。

（9）准永久值系数　此系数主要是用来算裂缝与挠度，对于整个结构平面，根据功能布局，可查《荷规》5.1.1，一般以0.4、0.5居多。对于整层是书库、档案室、储藏室等，应将该值改为0.8。

（10）负筋长度取整模数（mm）　一般可取50。

（11）钢筋级别　按照实际工程填写，现在越来越多工程板钢筋用三级钢。

（12）边支座筋伸过中线的最大长度　对于普通的边支座，一般的做法是板负筋伸至支座外侧减去保护层厚度，根据需要再做弯锚。一般可填写200mm或按默认值1000，因为值越大，对于常规工程，生成的板筋施工图没有影响。

（13）近似按矩形计算时面积相对误差（%）　可按默认值0.15。

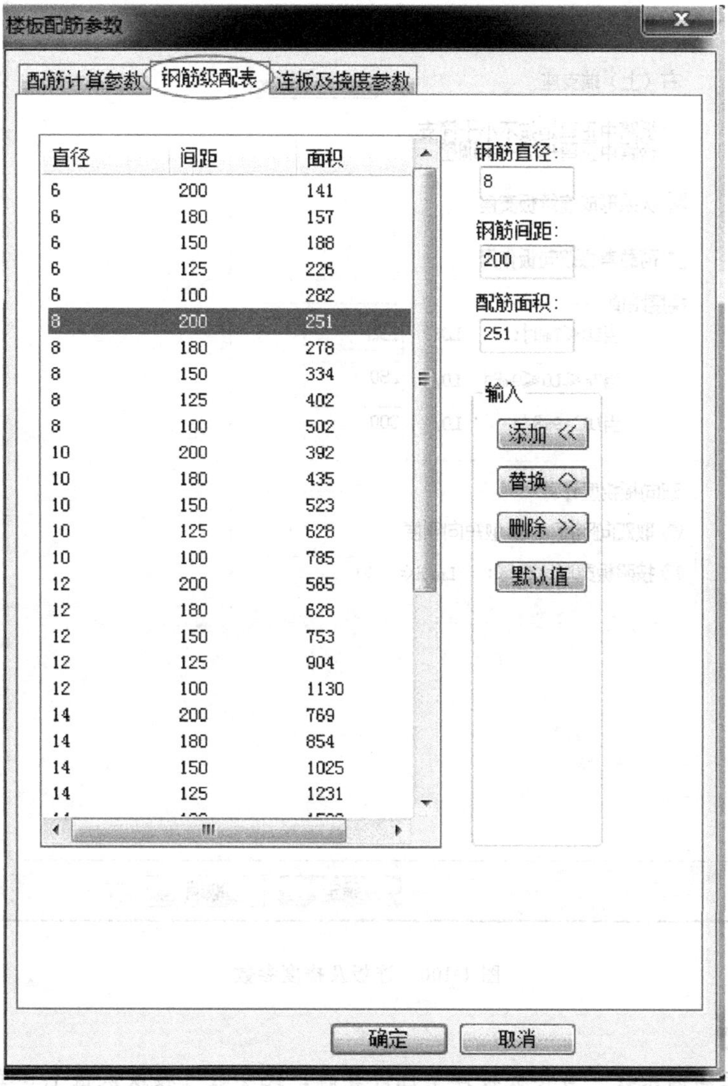

图1-99　钢筋级配表

(14) 人防计算时板跨中弯矩折减系数　据《人民防空地下室设计规范》(GB 50038—94) 第4.6.6条之规定，当板的周边支座横向伸长受到约束时，其跨中截面的计算弯矩值可乘以折减系数0.7。当有人防且符合规范规定时，可填写0.7；对于普通没有人防的楼板，可按默认值1.0。

(15) 使用矩形连续板跨中弯矩算法　一般应勾选。

(16) 其他参数可按默认值。

楼板配筋参数中连板及挠度参数设置见图1-100。

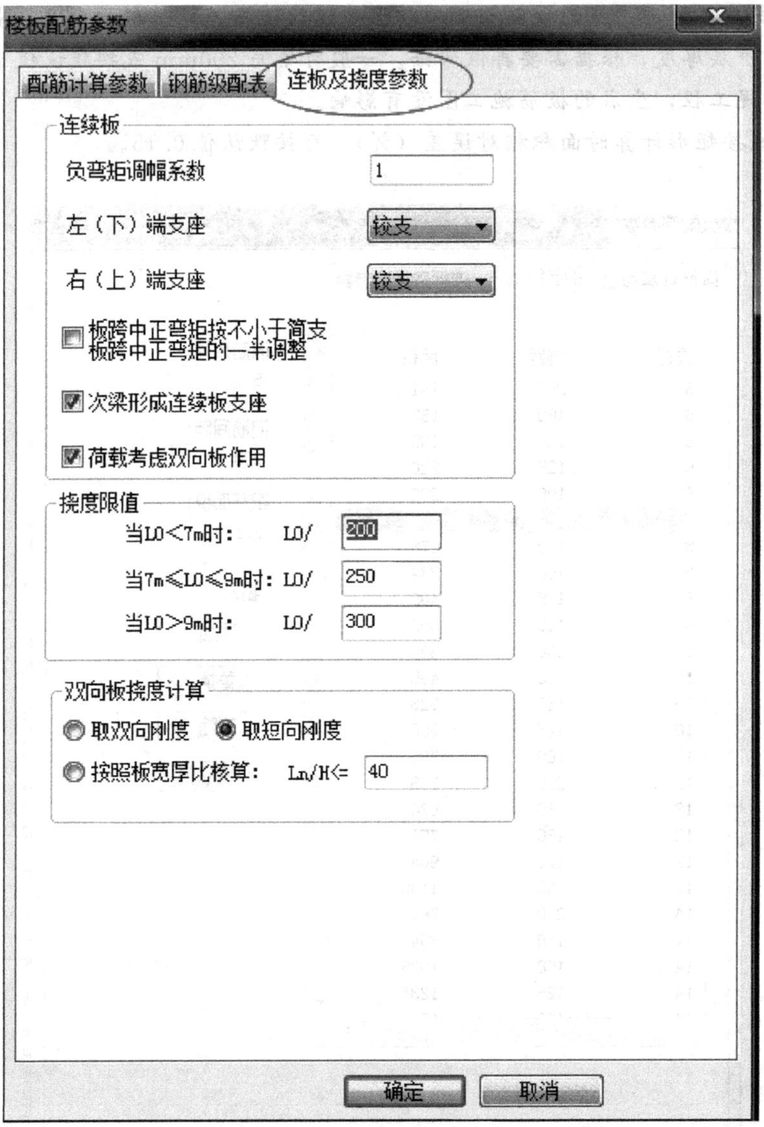

图1-100　连板及挠度参数

【参数注释】

(1) 负弯矩调幅系数　当楼板按弹塑性计算时，此参数可按默认值1.0填写。当楼板按弹性计算时，可系数可填写0.85，也可以按默认值1.0偏于保守。

(2) 左(下)端支座、右(上)端支座 一般按默认铰支。

(3) 板跨中正弯矩按不小于简支板跨中正弯矩的一半调整 可勾选也可不勾选，因为一般均满足。此参数主要参考《高规》5.2.3-4截面设计时，框架梁跨中截面正弯矩设计值不应小于竖向荷载作用下按简支梁计算的跨中弯矩设计值的50%。

(4) 次梁形成连续板支座 一般应勾选，以符合实际受力情况。

(5) 荷载考虑双向板作用 一般应勾选，以符合实际受力情况。

(6) 挠度限值 可按默认值 一般不用修改，对于使用上对挠度有较高要求的构件应修改。具体规定可见《混规》3.4.3。

(7) 双向板挠度计算 一般选择“取短向刚度”。

《混规》3.4.3 钢筋混凝土受弯构件的最大挠度应按荷载的准永久组合，预应力混凝土受弯构件的最大挠度应按荷载的标准组合，并均应考虑荷载长期作用的影响进行计算，其计算值不应超过表1-29规定的挠度限值。

表1-29 受弯构件的挠度限值

构件类型		挠度限值
吊车梁	手动吊车	$l_0/500$
	电动吊车	$l_0/600$
屋盖、楼盖及楼梯构件	当 $l_0<7$m 时	$l_0/200(l_0/250)$
	当 7m$\leqslant l_0 \leqslant$9m 时	$l_0/250(l_0/300)$
	当 $l_0>9$m 时	$l_0/300(l_0/400)$

注：1. 表中 l_0 为构件的计算跨度；计算悬臂构件的挠度限值时，其计算跨度 l_0 按实际悬臂长度的2倍取用。

2. 表中括号内的数值适用于使用上对挠度有较高要求的构件。

3. 如果构件制作时预先起拱，且使用上也允许，则在验算挠度时，可将计算所得的挠度值减去起拱值；对预应力混凝土构件，尚可减去预加力所产生的反拱值。

4. 构件制作时的起拱值和预加力所产生的反拱值，不宜超过构件在相应荷载组合作用下的计算挠度值。

《混规》3.4.4 结构构件正截面的受力裂缝控制等级分为三级，等级划分及要求应符合下列规定：

一级——严格要求不出现裂缝的构件，按荷载标准组合计算时，构件受拉边缘混凝土不应产生拉应力。

二级——一般要求不出现裂缝的构件，按荷载标准组合计算时，构件受拉边缘混凝土拉应力不应大于混凝土抗拉强度的标准值。

三级——允许出现裂缝的构件：对钢筋混凝土构件，按荷载准永久组合并考虑长期作用影响计算时，构件的最大裂缝宽度不应超过本规范表3.4.5规定的最大裂缝宽度限值。对预应力混凝土构件，按荷载标准组合并考虑长期作用的影响计算时，构件的最大裂缝宽度不应超过本规范第3.4.5条规定的最大裂缝宽度限值；对二a类环境的预应力混凝土构件，尚应按荷载准永久组合计算，且构件受拉边缘混凝土的拉应力不应大于混凝土的抗拉强度标准值。

(2) 绘图参数 点击【结构/PMCAD/画结构平面图】→【绘图参数】，如图1-101所示。

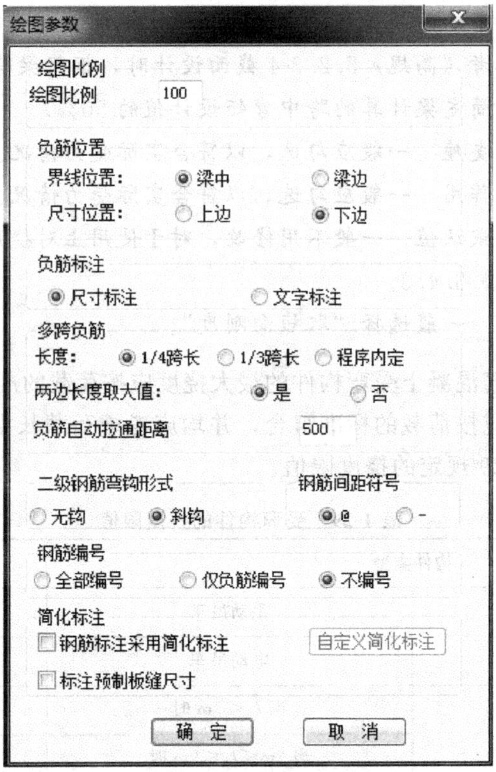

图 1-101 绘图参数

【参数注释】

(1) 绘图比例 一般按默认值 1∶100。

(2) 界限位置 一般填写梁中。

(3) 尺寸位置 一般填写下边。

(4) 负筋标注 如果利用 PMCAD 板模板图，一般选择尺寸标注。

(5) 多跨负筋 长度一般按 1/4 取；当可变荷载小于 3 倍恒载时，荷载处的板负筋长度取跨度的 1/4；当可变荷载大于 3 倍恒载时，荷载处的负筋长度取跨度的 1/3。

(6) 两边长度取大值 一般选择是。

(7) 负筋自动拉通长度 一般可选取 500，此参数与甲方对含钢量的要求有关。

(8) 二级钢筋弯钩形式 可按默认值勾选斜钩，由于板钢筋一般选择三级钢，此参数对板配筋没有影响。

(9) 钢筋间距符号 一般勾选@。

(10) 钢筋编号 一般选择不编号。

(11) 钢筋标注采用简化标注 一般可按默认值，不勾选。

(12) 标注预制板尺寸 一般按默认值，不勾选。

点击【楼板计算/显示边界、固定边界、简支边界】，可用“固定边界”“简支边界”来修改边界条件，红颜色表示“固定边界”，蓝颜色表示“简支边界”，如图 1-102 所示。

点击【楼板计算/自动计算】，程序会算出板端与板跨中的配筋面积，如图 1-103 所示。

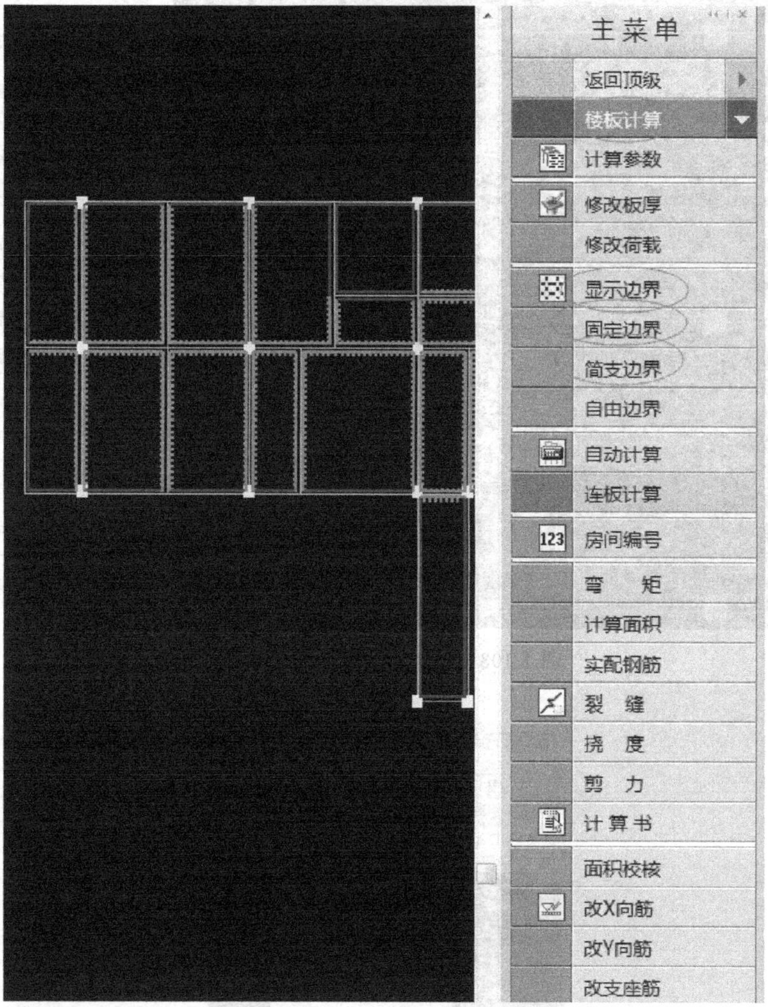

图 1-102 边界显示、修改

注：① 一般卫生间、厨房等处的某些板边界要设为“简支边界”。

② 板在平面端部，支座为边梁时，为了避免边梁平面外受到扭矩的不利作用，一般设为铰接，卸掉不利弯矩。支座为混凝土墙时，设不设铰接都可以；边跨板一般按铰接设计，再在板端加一些构造配筋。点了铰，端部裂缝会大点，但不会有安全问题。假设边跨板是支撑在墙上的，或者主梁刚度很大，则可以按固接计算，因剪力墙和刚度大的主梁其抗扭刚度大。对裂缝要求严格，有防水要求的房间，铰接处要多配点钢筋。

③ 板的某一边界与楼梯、电梯或其他洞口相邻，此边界应设为铰接，因为板钢筋不可能伸过洞口锚固。

④ 板的某一边界局部与洞口相邻，剩余部分与其他板块相邻，保守的做法可以将整个边界视为简支边计算，但相邻板块能进入本板块的上部钢筋仍进入本板锚固；也可以采用另一种方法，当洞口占去的比例小于此边界总长度的 1/3，仍视该边界为嵌固端，不能进入本板锚固的则断开。

点击【裂缝、挠度】，可以查看板的裂缝、挠度大小，如果超出规范限值，裂缝、挠度值会显示红色。楼面裂缝极限值取 0.3mm；屋面裂缝极限值取 0.3mm。如果板挠度超限，可以加板厚，也可以增加次梁，减小板的跨度。

当裂缝、挠度值满足规范要求时，在屏幕左上方点击【文件/T 图转 DWG】，如图 1-104 所示。

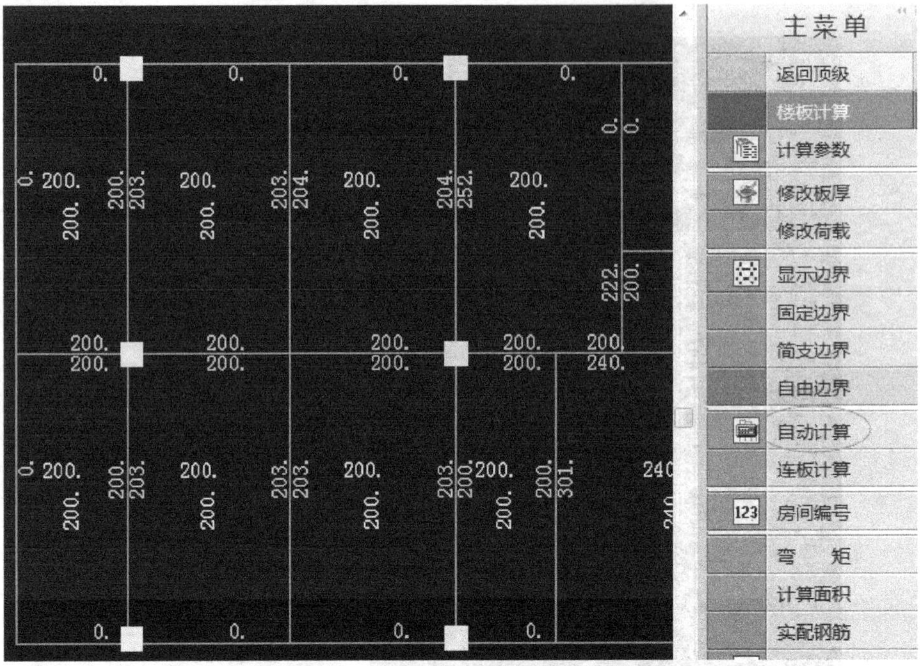

图 1-103 板自动计算结果（部分）

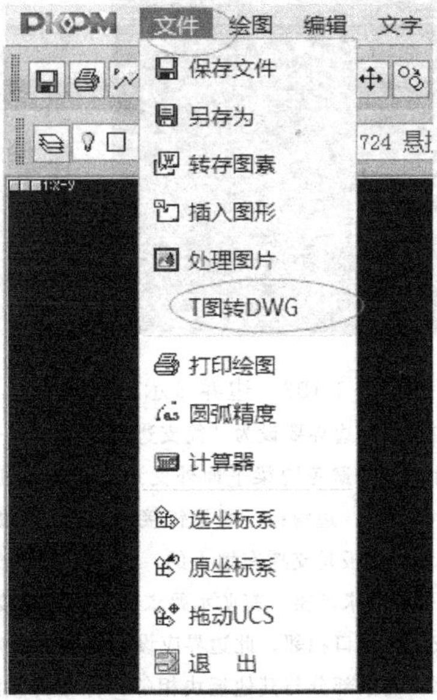

图 1-104 板配筋面积/T 图转 DWG

1.10.2.2 画或修改板平法施工图时应注意的问题

（1）板钢筋

① 规范规定。

《混规》9.1.6 按简支边或非受力边设计的现浇混凝土板，当与混凝土梁、墙整体浇筑或嵌固在砌体墙内时，应设置板面构造钢筋，并符合下列要求。

钢筋直径不宜小于 8mm，间距不宜大于 200mm，且单位宽度内的配筋面积不宜小于跨中相应方向板底钢筋截面面积的 1/3。与混凝土梁、混凝土墙整体浇筑单向板的非受力方向，钢筋截面面积尚不宜小于受力方向跨中板底钢筋截面面积的 1/3。

钢筋从混凝土梁边、柱边、墙边伸入板内的长度不宜小于 $l_0/4$，砌体墙支座处钢筋伸入板边的长度不宜小于 $l_0/7$，其中计算跨度 l_0 对单向板按受力方向考虑，对双向板按短边方向考虑。

在楼板角部，宜沿两个方向正交、斜向平行或放射状布置附加钢筋。

《混规》9.1.7 当按单向板设计时，应在垂直于受力的方向布置分布钢筋，单位宽度上的配筋不宜小于单位宽度上的受力钢筋的 15%，且配筋率不宜小于 0.15%；分布钢筋直径不宜小于 6mm，间距不宜大于 250mm；当集中荷载较大时，分布钢筋的配筋面积尚应增加，且间距不宜大于 200mm。当有实践经验或可靠措施时，预制单向板的分布钢筋可不受本条的限制。

《混规》9.1.8 在温度、收缩应力较大的现浇板区域，应在板的表面双向配置防裂构造钢筋。配筋率均不宜小于 0.10%，间距不宜大于 200mm。防裂构造钢筋可利用原有钢筋贯通布置，也可另行设置钢筋并与原有钢筋按受拉钢筋的要求搭接或在周边构件中锚固。楼板平面的瓶颈部位宜适当增加板厚和配筋。沿板的洞边、凹角部位宜加配防裂构造钢筋，并采取可靠的锚固措施。

《混规》9.1.3 板中受力钢筋的间距，当板厚不大于 150mm 时不宜大于 200mm，当板厚大于 150mm 时不宜大于板厚的 1.5 倍，且不宜大于 250mm。

② 经验。

a. 画板施工图时，板的受力筋最小直径为 8mm，间距一般为 200mm、180mm、150mm。按简支边或非受力边设计的现浇混凝土板构造筋一般 $\phi8@200$ 能满足要求。楼板角部放射筋在结构总说明中给出，一般 $\geqslant 7\phi8$ 且直径 $d\geqslant$ 边跨，长度大于板跨的 1/3，且不得小于 1.2m。若板的短跨计算长度为 l_0，则板支座负筋的伸出长度一般都按 $l_0/4$ 取，且以 50mm 为模数。

板中受力钢筋的常用直径，板厚不超过 120mm 时，适宜的钢筋直径为 8～12mm；板厚 120～150mm 时，适宜的钢筋直径为 10～14mm；板厚 150～180mm 时，适宜的钢筋直径为 12～16mm；板厚 180～220mm 时，适宜的钢筋直径为 14～18mm。

板的构造配筋率取 0.2% 和 $0.45f_t/f_y$ 中的较大值，一般三级钢与 C30 混凝土或二级钢与 C25 混凝土组合时，板的配筋率由 0.2% 控制。板的经济配筋率一般是 0.3%～1%。

端跨、管线密集处、屋面板、大开间板的长向（@150）要注意防止裂缝及渗漏，宜关注。

b. 当中间支座两侧板的短跨长度不一样时，中间支座两侧板的上部钢筋长度应一样，其两侧长度应按大跨板短跨的 1/4 取，原因是中间支座处的弯矩包络图实际不是突变而是渐变的，只有按大跨板短跨的 1/4 取才能包住小跨板的弯矩包络图。跨度小于 2m 的板上部钢不必断开。

c. 以下情况板负筋一般可拉通：超过 160 厚的板；温度变化较敏感的外露板，例如屋面板、阳台、露台、过街桥；对于防水要求比较高的板，如厨房、卫生间、蓄水池；受力复杂的板，例如放置或者悬挂重型设备的板；悬挑板；在住宅结构中，各地都有自己地方规定，要求普遍都更加严苛，比如跨度超过 3.9m，厚度超过 120，位于平面边部或阳角部，位于较大洞口或者错层部位边，露台、阳台等外露板，卫生间等多开孔的板，形状不规则的板（非矩形）负筋均要拉通。

d. 板施工图的绘制可以按照《混凝土结构施工图平面整体表示方法制图规则和构造详图》11G101 中板平法施工图方法进行绘制，板负筋相同且个数比较多时，可以编为同一个编号，否则不应编号，以防增加施工难度。

屋面板配筋一般双层双向，再另加附加筋。未注明的板配筋可以文字说明的方式表示。

（2）板挠度

① 规范规定。

《混规》3.4.3 钢筋混凝土受弯构件的最大挠度应按荷载的准永久组合，预应力混凝土受弯构件的最大挠度应按荷载的标准组合，并均应考虑荷载长期作用的影响进行计算，其计算值不应超过表 1-30 规定的挠度限值。

表 1-30 受弯构件的挠度限值

构件类型		挠度限值
吊车梁	手动吊车	$l_0/500$
	电动吊车	$l_0/600$
屋盖、楼盖及楼梯构件	当 $l_0<7\text{m}$ 时	$l_0/200(l_0/250)$
	当 $7\text{m}\leqslant l_0\leqslant 9\text{m}$ 时	$l_0/250(l_0/300)$
	当 $l_0>9\text{m}$ 时	$l_0/300(l_0/400)$

注：1. 表中 l_0 为构件的计算跨度；计算悬臂构件的挠度限值时，其计算跨度 l_0 按实际悬臂长度的 2 倍取用。

2. 表中括号内的数值适用于使用上对挠度有较高要求的构件。

3. 如果构件制作时预先起拱，且使用上也允许，则在验算挠度时，可将计算所得的挠度值减去起拱值；对预应力混凝土构件，尚可减去预加力所产生的反拱值。

4. 构件制作时的起拱值和预加力所产生的反拱值，不宜超过构件在相应荷载组合作用下的计算挠度值。

《混规》3.4.4 结构构件正截面的受力裂缝控制等级分为三级，等级划分及要求应符合下列规定。

一级——严格要求不出现裂缝的构件，按荷载标准组合计算时，构件受拉边缘混凝土不应产生拉应力。

二级——一般要求不出现裂缝的构件，按荷载标准组合计算时，构件受拉边缘混凝土拉应力不应大于混凝土抗拉强度的标准值。

三级——允许出现裂缝的构件：对钢筋混凝土构件，按荷载准永久组合并考虑长期作用影响计算时，构件的最大裂缝宽度不应超过本规范表 3.4.5 规定的最大裂缝宽度限值。对预应力混凝土构件，按荷载标准组合并考虑长期作用的影响计算时，构件的最大裂缝宽度不应超过本规范第 3.4.5 条规定的最大裂缝宽度限值；对二 a 类环境的预应力混凝土构件，尚应按荷载准永久组合计算，且构件受拉边缘混凝土的拉应力不应大于混凝土的抗拉强度标准值。

② 设计时要注意的一些问题。定量分析梁挠度极限值：$l_0<7m$，挠度极限值取 $l_0/200$，假设梁计算跨度为 7m，则挠度极限值约为 35mm；$7\leqslant l_0\leqslant 9m$，挠度极限值取 $l_0/250$，假设梁计算跨度为 9m，挠度极限值为 36mm。

注：增加楼板钢筋，能减小板的挠度，当板的挠度过大时，可以增加板厚，多设一道梁增加整个梁板体系的刚度或预先起拱。

楼盖的挠度过大会影响精密仪表的正常使用，并引起非结构构件（如粉刷、吊顶、隔断等）的破坏；对于正常使用极限状态，理应按荷载效应的标准组合及准永久组合分别加以验算，但为了方便，规范规定只按荷载效应的标准组合并考虑其长期作用影响进行验算。现浇钢筋混凝土梁、板当跨度等于或大于 4m 时，模板应起拱，当设计无具体要求时，起拱高度宜为全跨长度的 1/1000～3/1000。因此，在施工图设计说明中可根据恒载可能产生的挠度值，提出预起拱数值的要求，一般取跨度的 1/400。

（3）板裂缝

① 规范规定。

《混规》3.4.5 结构构件应根据结构类型和本规范第 3.5.2 条规定的环境类别，按表 1-31 的规定选用不同的裂缝控制等级及最大裂缝宽度限值 $\omega_{\rm lim}$。

表 1-31 结构构件的裂缝控制等级及最大裂缝宽度的限值 单位：mm

环境类别	钢筋混凝土结构		预应力混凝土结构	
	裂缝控制等级	$\omega_{\rm lim}$	裂缝控制等级	$\omega_{\rm lim}$
一	三级	0.30(0.40)	三级	0.20
二 a		0.20		0.10
二 b			二级	—
三 a、三 b			一级	—

注：1. 对处于年平均相对湿度小于 60%地区一类环境下的受弯构件，其最大裂缝宽度限值可采用括号内的数值。

2. 在一类环境下，对钢筋混凝土屋架、托架及需作疲劳验算的吊车梁，其最大裂缝宽度限值应取为 0.20mm；对钢筋混凝土屋面梁和托梁，其最大裂缝宽度限值应取为 0.30mm。

3. 在一类环境下，对预应力混凝土屋架、托架及双向板体系，应按二级裂缝控制等级进行验算；对一类环境下的预应力混凝土屋面梁、托梁、单向板，应按表中二 a 级环境的要求进行验算；在一类和二 a 类环境下需作疲劳验算的预应力混凝土吊车梁，应按裂缝控制等级不低于二级的构件进行验算。

4. 表中规定的预应力混凝土构件的裂缝控制等级和最大裂缝宽度限值仅适用于正截面的验算；预应力混凝土构件的斜截面裂缝控制验算应符合本规范第 7 章的有关规定。

5. 对于烟囱、筒仓和处于液体压力下的结构，其裂缝控制要求应符合专门标准的有关规定。

6. 对于处于四、五类环境下的结构构件，其裂缝控制要求应符合专门标准的有关规定。

7. 表中的最大裂缝宽度限值为用于验算荷载作用引起的最大裂缝宽度。

② 设计时要注意的一些问题。裂缝：一类环境，比如楼面，裂缝极限值取 0.3mm；对于屋面板，由于做了保温层、防水层等，环境类别可当做一类，裂缝限值也可按 0.3mm 取。

（4）挑板 设计时要注意以下一些问题。

① 悬挑构件并非几次超静定结构，支座一旦坏了，就会塌下来，所以应乘以足够大的放大系数，一般放大 20%～50%。施工应采取可靠措施保证上部钢筋的位置。

② 挑板底筋可以按最小配筋率 0.2%来配筋，假设挑板 150mm 厚，则 $A_s=0.2\%\times150{\rm mm}\times1000{\rm mm}=300{\rm mm}^2$，$\phi8@150=335{\rm mm}^2$。对于大挑板，底面应配足够多的受压钢筋，一般为面筋的 1/3～1/2，间距 150mm 左右，底筋可以减小因板徐变而产生的附加挠

度，也可以参与混凝土板抗裂。

③ 悬挑板的净挑尺寸不宜大于1.5m，否则应采取梁式悬挑。注意与厚挑板的相邻板跨，其板厚应适当加厚，厚度差距不要过大（可控制在20～40mm以内）且应尽量接近，否则挑板支座梁受扭，或剪力墙平面外有弯矩作用，为了施工方便，一般与挑板同厚，若板厚相差太大，可以构造上加腋，以平衡内外负弯矩。

④ 挑出长度不大时，可不在PMCAD中设置挑板，而把挑板折算成线荷载和扭矩加在边梁上面。挑板单独进行处理，用小软件和手算。

⑤ 悬挑类构件如没有可靠的经验，应该算裂缝和挠度。裂缝验算《混规》规定的对构件正常使用状态下承载力验算内容之一，是对构件正常使用状态下变形的控制要求，经过抗震设计的结构，框架梁的裂缝一般满足裂缝要求，因为地震作用需要的配筋比正常使用状态下的配筋大很多，一般可以包覆。当悬挑类构件上有砌体时，挠度的控制应从严，以免砌体开裂。

⑥ 一般阳台挑出长度小于1.5m时应挑板，大于1.5m时应挑梁。板厚一般按1/10估算。挑出长度大于1.5m时，可增加封口梁，可以减小板厚（100mm），将“悬挑”板变为接近于“简支”板，但边梁的增加几乎不改变板的受力模式，悬挑板的属性没有改变。封口梁要想作为板的支座，板支承条件的梁其高度应不小于3倍板厚。

挑出长度大于1.5m时若用悬挑板，施工单位可能会偷工减料，悬挑板根部厚度太大，与相邻房屋板协调性能不好。悬挑板在施工过程中，由于施工原因，顶部受力钢筋会不同程度地被踩踏变形，导致根部的计算高度h_0削弱较多。

⑦ 挑板不同悬挑长度下的板厚、配筋经验，如表1-32所示。

表1-32 挑板不同悬挑长度下的板厚、配筋经验

悬挑长度/m	板厚尺寸/mm	单向受力实配钢筋面积/mm²(面筋)	底筋
1.2	120	HRB400:ϕ12@200=565mm²	ϕ8@150=335mm²
1.5	150	HRB400:ϕ12@150=754mm²	ϕ8@150=335mm²
1.8	180	HRB400:ϕ12@100=1131mm²	ϕ10@150=524mm²
2	200	HRB400:ϕ14@100=1500mm²	ϕ12@150=754mm²

⑧ 对于挑板、雨篷板，设计师可以自己取最不利荷载，大致手算其弯矩及配筋、再乘以一个放大系数并不小于构造配筋。

（5）厨房、卫生间板

① 厨房、卫生间需要做防水处理，一般将板面降低30～50mm，可以设置次梁；如果楼板为大开间，板厚较厚，可以按建筑把板面局部降低，板底仍然平整。由于局部降低范围一般靠近墙边，对板刚度影响很小，板正弯矩配筋可按正常板厚确定，降低部分支座弯矩的配筋按减小后的板厚确定。

② 如果厨房、卫生间处楼板下降300～400mm，据有关实验表明，楼板的固端支座负弯矩和跨中最大弯矩均小于一般普通楼板，板支座和跨中弯矩可按普通楼板配筋。肋梁宽度可取150～200mm，凹槽跨度≤2.5m时可构造配筋，上下各2根ϕ12或2根ϕ14，箍筋ϕ6@150，凹槽内上下钢筋双向拉通，并在肋梁转角处配5根放射钢筋；当凹槽跨度较大时，应进行有限元分析。

1.10.2.3 板平法施工图

板平法施工图如图1-105所示。

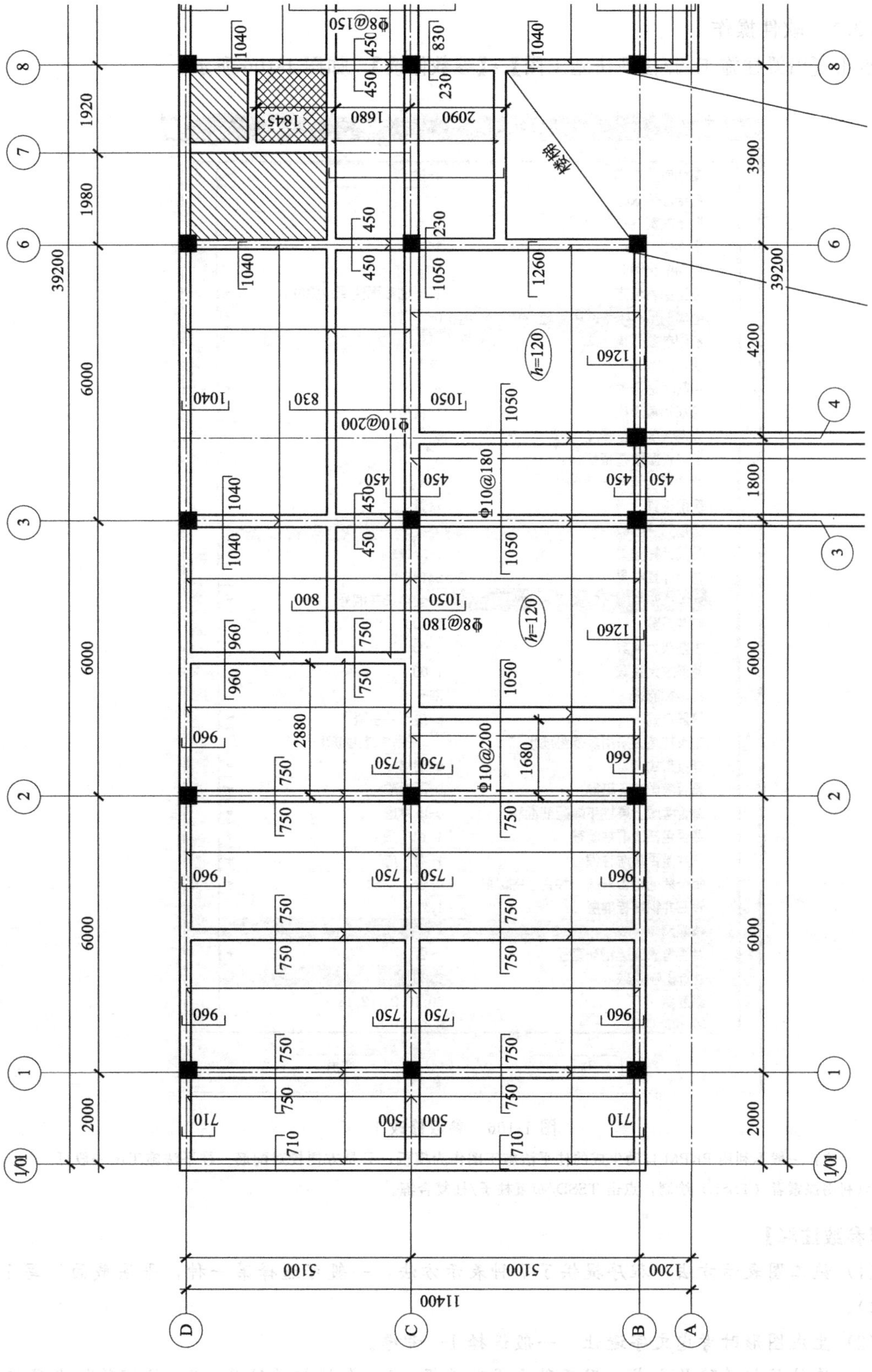

图1-105 二层平面布置图(部分)

1.10.3 柱施工图绘制

1.10.3.1 软件操作

点击【墙梁柱施工图/柱平法施工图】→【参数修改】，如图 1-106 所示。

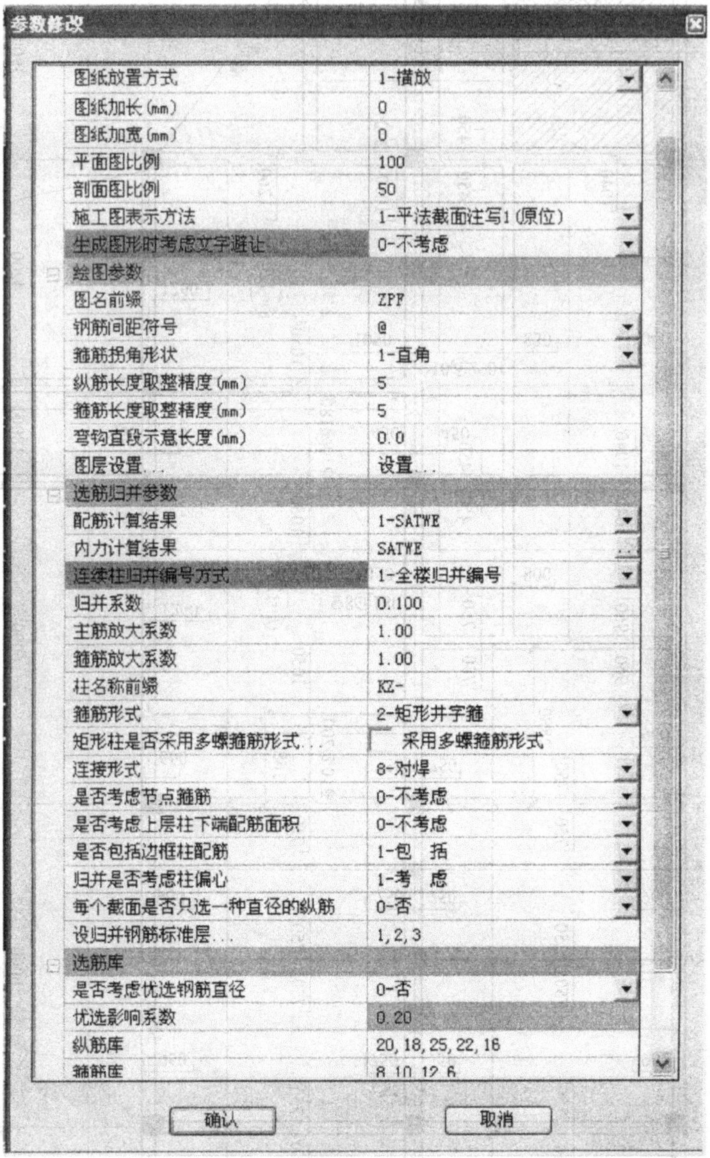

图 1-106 参数修改 1

注：一般不利用 PKPM 自动生成的柱平法施工图作为模板，只是方便校对配筋。柱平法施工图一般可以利用探索者（TSSD）绘制，点击 TSSD/布置柱子/柱复合箍。

【参数注释】

(1) 施工图表示方法　程序提供了 7 种表示方法，一般可选择第一种，平法截面注写 1（原位）。

(2) 生成图形时考虑文字避让　一般选择 1—考虑。

(3) 连续柱归并编号方式　用两种方式可选择，1—全楼归并编号；2—按钢筋标准层归并编号。选择哪一种归并方式都可以。

(4) 主筋放大系数　一般可填写 1.0。

(5) 归并系数　一般可填写 0.2。

(6) 箍筋形式　一般选择矩形井字箍。

(7) 是否考虑上层柱下端配筋面积　应根据设计院要求来选择，一般可不选择。

(8) 是否包括边框柱配筋　包括。

(9) 归并是否考虑柱偏心　不考虑。

(10) 每个截面是否只选择一种直径的纵筋　一般选择 0—否。

(11) 是否考虑优选钢筋直径　1—是。

(12) 其他参数可按默认值。

点击【TSSD/布置柱子/柱复合箍】，相关参数填写如下（图 1-107），柱加密区体积配箍率满足《抗规》6.3.9-3 要求。生成的柱子大样图如图 1-108 所示。点击【TSSD/尺寸标注/标注合并】，再在图 1-108 中分别点击断开的标注，合并标注后的柱大样如图 1-109 所示。

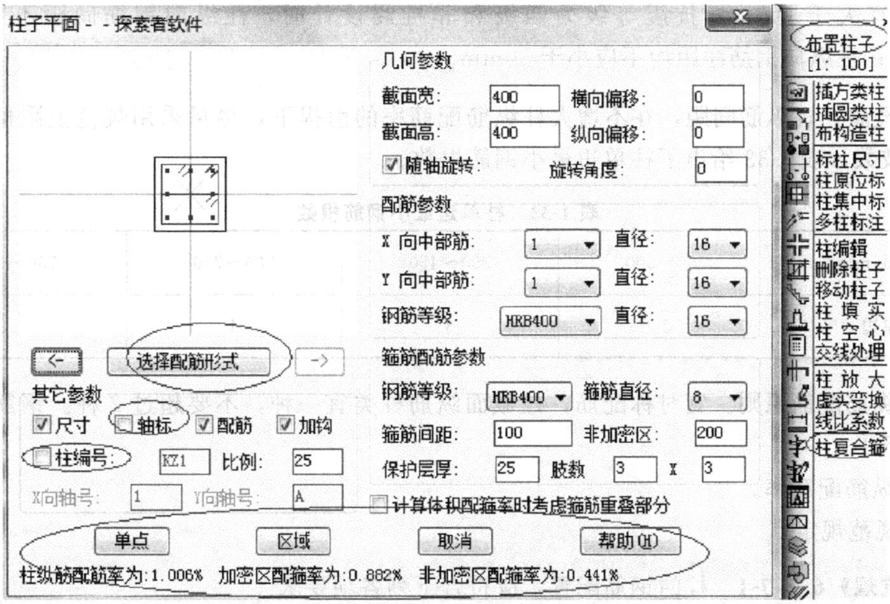

图 1-107　柱复合箍参数填写对话框

注：比例一般为 1∶25。不勾选“轴标”“柱编号”。

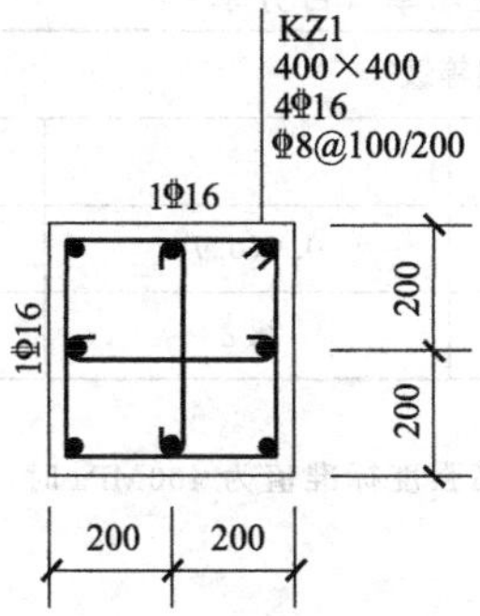

图 1-108　KZ1 大样图（1）

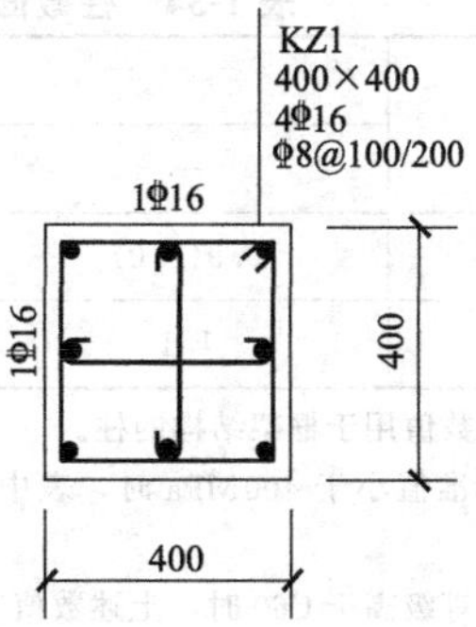

图 1-109　KZ1 大样图（2）

1.10.3.2 画或修改柱平法施工图时应注意的问题

（1）柱纵向钢筋

① 钢筋等级。应按照设计院的做法来，由于现在二级钢与三级钢价格差不多，大多数设计院柱纵筋与箍筋均用三级钢。

② 纵筋直径。多层时，纵筋直径以 ϕ16～20 居多，纵筋直径尽量不大于 ϕ25，不小于 ϕ16，柱内钢筋比较多时，尽量用 ϕ28、ϕ30 的钢筋。钢筋直径要≤矩形截面柱在该方向截面尺寸的 1/20。

构造柱比如截面尺寸为 250mm×250mm，一般配 4ϕ12。结构柱，当截面尺寸不小于 400mm×400mm 时，最小直径为 16mm，太小了施工容易弯折，截面尺寸小于 400mm×400mm 时，最小直径为 14mm。

③ 纵筋间距。

a. 规范规定。

《高规》6.4.4-2 截面尺寸大于 400mm 的柱，一、二、三级抗震设计时其纵向钢筋间距不宜大于 200mm 抗震等级为四级和非抗震设计时，柱纵向钢筋间距不宜大于 300mm；柱纵向钢筋净距均不应小于 50mm。

b. 经验。柱纵筋间距，在不增大柱纵筋配筋率的前提下，尽量采用规范上限值，以减小箍筋肢数，表 1-33 给出了柱单边最小钢筋根数。

表 1-33 柱单边最小钢筋根数

截面/mm	250～300	300～450	500～750	750～900
单边	2	3	4	5

④ 纵筋配筋原则。宜对称配筋，柱截面纵筋种类宜一种，不要超过 2 种。钢筋直径不宜上大下小。

⑤ 纵筋配筋率。

a. 规范规定。

《抗规》6.3.7-1 柱的钢筋配置，应符合下列各项要求。

柱纵向受力钢筋的最小总配筋率应按表 1-34 采用，同时每一侧配筋率不应小于 0.2%；对建造于Ⅳ类场地且较高的高层建筑，最小总配筋率应增加 0.1%。

表 1-34 柱截面纵向钢筋的最小总配筋率（百分率）

类别	抗震等级			
	一	二	三	四
中柱和边柱	0.9(1.0)	0.7(0.8)	0.6(0.7)	0.5(0.6)
角柱、框支柱	1.1	0.9	0.8	0.7

注：1. 表中括号内数值用于框架结构的柱。

2. 钢筋强度标准值小于 400MPa 时，表中数值应增加 0.1，钢筋强度标准值为 400MPa 时，表中数值应增加 0.05。

3. 混凝土强度等级高于 C60 时，上述数值应相应增加 0.1。

《抗规》6.3.8 柱的纵向钢筋配置，尚应符合下列规定。

柱总配筋率不应大于5%；剪跨比不大于2的一级框架的柱，每侧纵向钢筋配筋率不宜大于1.2%。

边柱、角柱及抗震墙端柱在小偏心受拉时，柱内纵筋总截面面积应比计算值增加25%。

② 经验。柱子总配筋率一般在1.0%～2%之间。当结构方案合理时，竖向受力构件一般为构造配筋，框架柱配筋率在0.7%～1.0%之间。对于抗震等级为二、三级的框架结构，柱纵向钢筋配筋率应在1.0%～1.2%之间，角柱和框支柱配筋率应在1.2%～1.5%之间。

（2）箍筋

① 柱加密区箍筋间距和直径。

《抗规》6.3.7-2 柱箍筋在规定的范围内应加密，加密区的箍筋间距和直径，应符合下列要求。

① 一般情况下，箍筋的最大间距和最小直径，应按表1-35采用。

表1-35 柱箍筋加密区的箍筋最大间距和最小直径

抗震等级	箍筋最大间距(采用较小值)/mm	箍筋最小直径/mm
一	$6d$,100	10
二	$8d$,100	8
三	$8d$,150(柱根100)	8
四	$8d$,150(柱根100)	6(柱根8)

注：1. d为柱纵筋最小直径；

2. 柱根指底层柱下端箍筋加密区。

② 一级框架柱的箍筋直径大于12mm且箍筋肢距不大于150mm及二级框架柱的箍筋直径不小于10mm且箍筋肢距不大于200mm时，除底层柱下端外，最大间距应允许采用150mm；三级框架柱的截面尺寸不大于400mm时，箍筋最小直径应允许采用6mm；四级框架柱剪跨比不大于2时，箍筋直径不应小于8mm。

③ 框支柱和剪跨比不大于2的框架柱，箍筋间距不应大于100mm。

② 柱的箍筋加密范围。

《抗规》6.3.9-1 柱的箍筋加密范围，应按下列规定采用：

① 柱端，取截面高度（圆柱直径）、柱净高的1/6和500mm三者的最大值；

② 底层柱的下端不小于柱净高的1/3；

③ 刚性地面上下各500mm；

④ 剪跨比不大于2的柱、因设置填充墙等形成的柱净高与柱截面高度之比不大于4的柱、框支柱、一级和二级框架的角柱，取全高。

③ 柱箍筋加密区箍筋肢距。

《抗规》6.3.9-2 柱箍筋加密区的箍筋肢距，一级不宜大于200mm，二、三级不宜大于250mm，四级不宜大于300mm。至少每隔一根纵向钢筋宜在两个方向有箍筋或拉筋约束；采用拉筋复合箍时，拉筋宜紧靠纵向钢筋并钩住箍筋。

④ 柱箍筋非加密区的箍筋配置。

《抗规》6.3.9-4 柱箍筋非加密区的箍筋配置，应符合下列要求。

① 柱箍筋非加密区的体积配箍率不宜小于加密区的50%。

② 箍筋间距，一、二级框架柱不应大于10倍纵向钢筋直径，三、四级框架柱不应大于15倍纵向钢筋直径。

⑤ 柱加密区范围内箍筋的体积配箍率。

《抗规》6.3.9-3 柱箍筋加密区的体积配箍率，应按下列规定采用：

① 柱箍筋加密区的体积配箍率应符合下式要求：

$$\rho_v \geqslant \lambda_v f_c / f_{yv} \tag{1-14}$$

式中 ρ_v——柱箍筋加密区的体积配箍率，一级不应小于0.8%，二级不应小于0.6%，三、四级不应小于0.4%；计算复合螺旋箍的体积配箍率时，其非螺旋箍的箍筋体积应乘以折减系数0.5；

f_c——混凝土轴心抗压强度设计值，强度等级低于C35时，应按C35计算；

f_{yv}——箍筋或拉筋抗拉强度设计值；

λ_v——最小配箍特征值。

② 框支柱宜采用复合螺旋箍或井字复合箍，其最小配箍特征值应比表6.3.9内数值增加0.02，且体积配箍率不应小于1.5%。

③ 剪跨比不大于2的柱宜采用复合螺旋箍或井字复合箍，其体积配箍率不应小于1.2%，9度一级时不应小于1.5%。

⑥ 箍筋设计时要注意的一些问题。箍筋直径尽量用ϕ8，当ϕ8@100不满足要求时，可以用到ϕ10，原则上不用ϕ12的，否则应加大保护层厚度。一级抗震时箍筋最小直径为ϕ10，实际设计中一般加密区箍筋间距取100mm，非加密区一般取200mm，但要满足计算和规范规定。

高层建筑有时候会遇到柱截面较大箍筋也较为密集的情况，可以考虑设置菱形箍筋，以便形成浇筑通道，方便施工。

对于短柱、框支柱、一级和二级框架的角柱，柱子要全高加密，对于三级和四级框架的角柱可以不全高加密。至少每隔一根纵向钢筋宜在两个方向有箍筋或拉筋约束，箍筋的底线是隔一根纵筋就拉一根，全部拉上是最好的。箍筋肢距不能太大，肢距至多是纵筋间距的两倍。

(3) SATWE配筋简图及有关文字说明 见图1-110。

1.10.4 楼梯施工图绘制

1.10.4.1 软件操作

楼梯配筋计算一般查构造图集或者在TSSD计算，点击【TSSD/构件计算/板式楼梯】，按实际工程填写参数即可。

1.10.4.2 构件截面

(1) 板式楼梯梯板 $h=L(1/30\sim1/25)$，一般取$L/30$，在设计时，可参考表1-36。

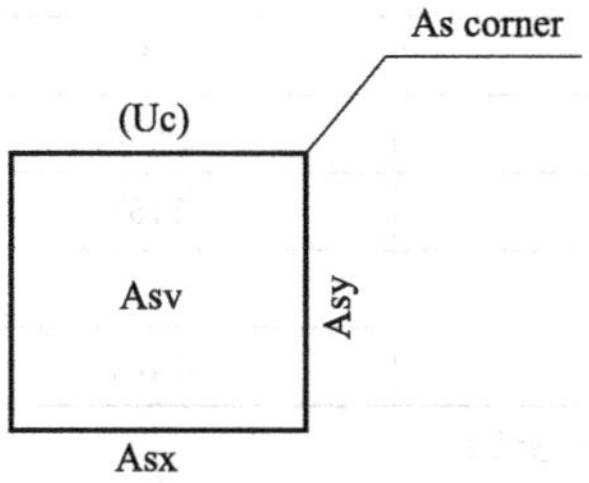

图 1-110 SATWE 配筋简图及有关文字说明（柱）

注：1. As _ corner 为柱一根角筋的面积，采用双偏压计算时，角筋面积不应小于此值，采用单偏压计算时，角筋面积可不受此值控制（cm^2）。

2. Asx、Asy 分别为该柱 *B* 边和 *H* 边的单边配筋，包括角筋（cm^2）。

3. Asv 表示柱在 Sc 范围内的箍筋（一面），它是取柱斜截面抗剪箍筋和节点抗剪箍筋的大值（cm^2）。

4. Uc 表示柱的轴压比。

5. 柱全截面的配筋面积为：As=2×(Asx+Asy)−4×As _ corner；柱的箍筋是按用户输入的箍筋间距计算的（100mm），并按加密区内最小体积配箍率要求、双肢箍控制，非加密区箍筋间距若为 200mm，计算结果若为 0，则表示按构造设置，如果为非 0 的计算结果，则非加密区箍筋一面总面积为 2 倍计算结果。

6. PKPM 不能显示构造体积配箍率，需要自己手动计算。但需要注意的是，PKPM 中计算柱子的箍筋所需是以间距为 100mm 计算的，是总面积，如果知道肢数，总面积除以肢体，便可得到加密区箍筋所需的箍筋直径面积。

表 1-36 板式楼梯不同计算跨度下的板厚尺寸经验值

计算跨度/m	板厚尺寸/mm
4	130
4.7	160
6	200
6.7	220
8	270

注：有的设计院规定梯段板厚可按 *L*/28 取，且≥100mm。

（2）平台板　一般 $h=L/35$ 且≥80mm，在设计时，一般≥100mm。

（3）梯梁　$h=L(1/15\sim1/12)$。在设计时，梯梁的常用尺寸为墙厚×300mm、墙厚×350mm、墙厚×400mm，框架梁也可以起到梯梁的作用。

（4）梯柱　规范要求楼梯按抗震设计，其截面≥300mm×300mm。在实际设计中，可以做成墙厚×300mm 或墙厚×400mm，但考虑到楼梯的重要性，要根据混凝土规范进行承载力验算，混凝土强度设计值应乘以折减系数，并且适当提到其配筋率，箍筋按照框架柱进行加密处理（梯柱不是短柱时，也可不加密）。

1.10.4.3 画或修改楼梯施工图时应注意的问题

楼梯梯板不同跨度的板厚、配筋经验见表 1-37。

表 1-37 楼梯梯板不同跨度的板厚、配筋经验

计算跨度/m	板厚尺寸/mm	计算配筋面积/mm²	实配钢筋面积/mm²
4	130	842	Φ12@130=870
4.7	160	913	Φ12@100=1131
6	200	1157	Φ12@100=1131
6.7	220	1222	Φ14@100=1500
8	270	1481	Φ14@100=1500

注：1. 此表是以荷载设计值为 15kN/m² 总结的。

2. 支座负筋应通长设置。支座负筋通长设置时因为在水平力作用下，楼梯斜板、楼板组成的整体有来回"错动的趋势"，即拉压受力，所以双层拉通。但是在剪力墙核心筒中外围剪力墙抵抗了大部分水平力产生的倾覆力矩，内部的应力小，斜撑效应弱很多，不必按双层拉通做。

3. 一般梯板的底筋不小于 ϕ10@200，面筋不小于 ϕ8@200。在计算梯段板时，一般是按两端简支板计算，面筋可按构造，当地震烈度为 7 度、8 度时，考虑地震作用时的反复性，一般面筋可比底筋小一个强度等级，比如底筋 ϕ14@150，则面筋可为 ϕ12@150。当地震烈度为 6 度时，由于地震作用较小，面筋可按底筋的 1/4 取，并不小于 ϕ8@200；但由于地震作用方向的不确定性，当底筋计算值较大时，面筋可按小于底筋一个直径等级配置。

4. 平台板荷载设计值一般<10kN/m²，配筋 ϕ8@200 双层双向。

5. 楼梯计算通常将平台板、梯段板单独取出来作简支板计算，支座负筋按照构造配筋，在使用过程中一般不会有太严重的问题，常见的是梯梁附近板面可能会发生裂缝，通常是由于该部位受拉造成的。如果只是一般用途的楼梯，比如住宅核心筒里的疏散楼梯，不常走人的楼梯等，局部裂缝不会影响结构安全，经过简单维修即可正常使用，可以采取构造措施避免出现较大的裂缝。由于梯板、梯梁、平台板浇筑在一起，对小跨度楼梯来说，通过对支座的调幅，支座负弯矩不大时，梯梁受到的扭矩一般不是很大，一般截面和配筋可以满足要求，但是当斜板跨度较大时，梯梁截面和配筋要适当加大一些。

6. 根据《抗规》，框架结构当楼梯不采用滑动支座时，模型中需要建入楼梯，并要对楼梯构件进行抗震验算。也就是说楼梯构件属于抗震构件。那么梯梁中钢筋的锚固就要按抗震构件的要求进行，可以把梯柱钢筋锚固梯梁中。

1.10.4.4 楼梯施工图

楼梯施工图如图 1-111～图 1-113 所示。

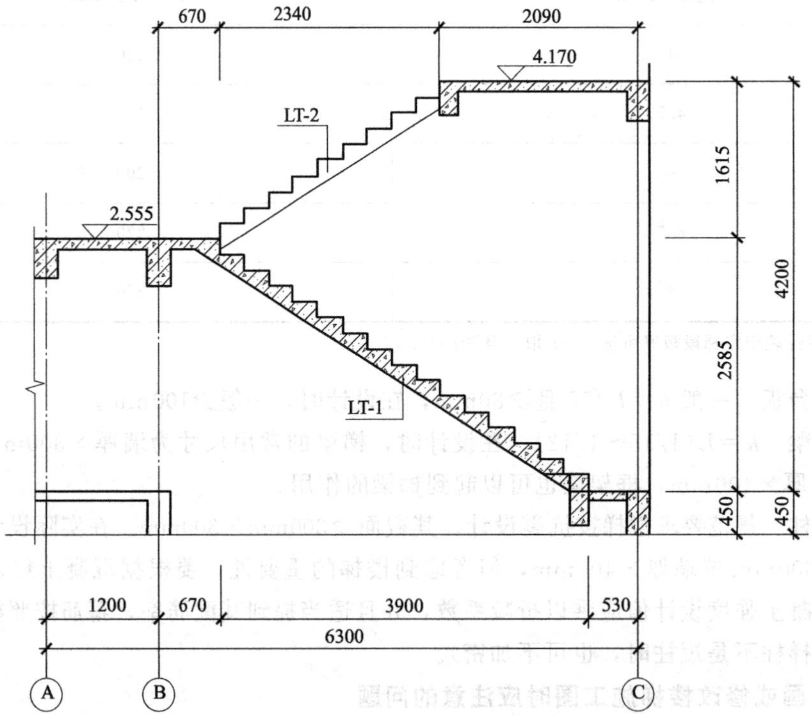

图 1-111 楼梯剖面图

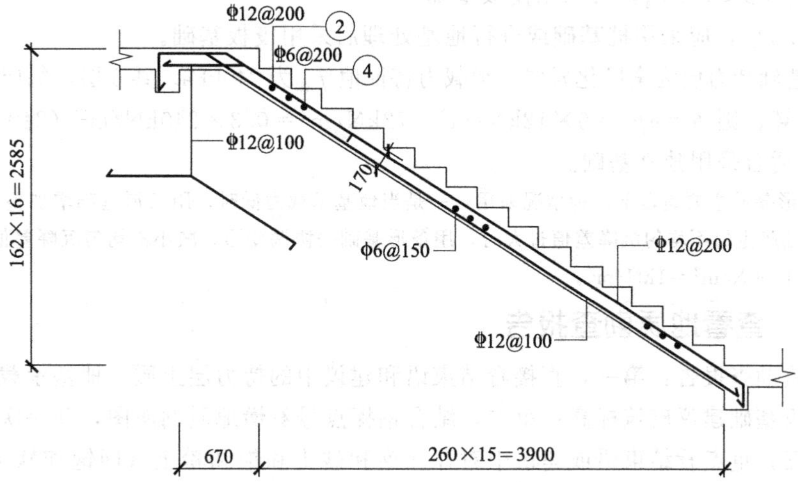

图 1-112 LT-1

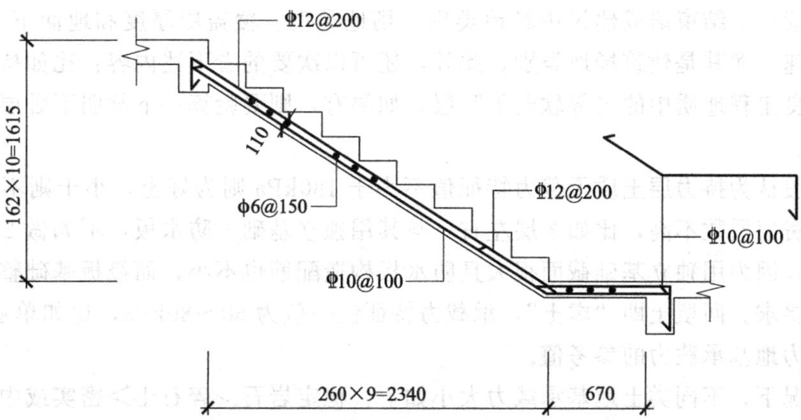

图 1-113 LT-2

1.11 基础设计

1.11.1 基础选型方法

(1) 工程设计中最常用的基础形式有独立基础、筏板基础以及桩基础三种，一般至少要留 20%的安全储备。

(2) 地基的本质是土，基础的本质是与土紧密相连的混凝土构件。独立基础、筏板基础是浅基础，桩基础是深基础。凡是设计跟土有关的均采用荷载标准值，凡是设计与基础构件有关的均采用荷载基本组合。

(3) 地面以下 5m 以内（无地下室）或底板板底土的地基承载力特征值（可考虑深度修正）f_a 与结构总平均重度 $p=np_0$（p_0 为楼层平均重度，n 为楼层数）之间关系对基础选型影响很大，一般规律如下：

若 $p\leqslant 0.3f_a$，则采用独立基础；

若 $0.3f_a<p\leqslant 0.5f_a$，可采用条形基础；

若$0.5f_a < p \leqslant 0.8f_a$，可采用筏板基础；

若$p > 0.8f_a$，应采用桩基础或进行地基处理后采用筏板基础。

本工程基础持力层为全风化岩层，承载力特征值f_{ak}为240kPa。共6层，每层按12kN/m²（标准值）计算，则$p = np_0 = 6 \times 12\text{kN/m}^2 = 72\text{kN/m}^2 = 0.3 \times 240\text{kN/m}^2$（240未考虑深度修正）。所以适合采用独立基础。

注：1. 条形基础主要是以下两种情况采用，一是当地基承载力低时，用条形基础增加整体刚度；二是当柱下独立基础产生的不均匀沉降差值过大时，用条形基础去协调变形，减小不均匀沉降差值。

2. $1\text{kPa} = 1000\text{N/m}^2 = 1\text{kN/m}^2$。

1.11.2 查看地质勘查报告

查看地质勘查报告：第一，直接看结束语和建议中的持力层土质、地基承载力特征值和地基类型一级基础建议砌筑标高；第二，结合钻探点号看懂地质剖面图，并一次确定基础埋置标高；第三，重点看结束语或建议中对存在饱和砂土和饱和粉土（即饱和软土）的地基，是否有液化判别；第四，重点看两个水位，历年来地下室最高水位和抗浮水位；第五，特别扫读一下结束语或建议中定性的预警语句，并且必要时将其转化为基础的一般说明中；第六，特别扫读一下结束语或建议中场地类别、场地类型、覆盖层厚度和地面下15m范围内平均剪切波速，尤其是建筑场地类别。此外，还可以次要的看下述内容：比如持力层土质下是否存在不良工程地质中的局部软弱下卧层，如果有，则要验算一下软弱下卧层的承载力是否满足要求。

（1）一般认为持力层土质承载力特征值不小于180kPa则为好土，小于则不是好土。在设计时如果房屋层数不高，比如3层左右，与其用独立基础＋防水板，不如做250～300mm厚筏板基础，因为用独立基础截面很大且防水板构造配筋也不小，而筏板基础整体性更好也易满足上述要求。回填土即“虚土”，承载力特征值一般为60～80kPa，比如单层砖房住宅、单层大门作为地基承载力的参考值。

一般情况下，不同类土地基承载力大小如下：稳定岩石＞碎石土＞密实或中密砂＞稍密黏性土＞粉质黏土＞回填土和淤泥质土。

勘察单位建议的基础砌筑标高，也即埋深，但具体数值还要设计人员结合实际工程情况确定，在不危及安全的前提下，基础尽量要浅埋，这样经济性比较好。因为地下部分的造价一般都很高。除了浅埋外，基础至少不得埋在冻土深度范围内，否则基础会受到冰反复胀缩的破坏性影响。

（2）确定基础埋置标高：设计人员首先以报告中建议的最高埋深为起点（用铅笔）画一条水平线从左向右贯穿剖面图，看此水平线是否绝大部分落在了报告所建议的持力层土质标高层范围之内，一般有3种情况：第一，此水平线完全落在了报告所建议的持力层土质标高范围之内，那么可以直接判定建议标高适合作为基础埋置标高；第二，此水平线绝大部分落在了建议持力层土质标高层范围之内，极小的一部分（小于5%）落在了建议持力层土质标号层之上一邻层，即进入了不太有利的土质上，仍然可以判定建议标高适合作为基础埋置标高，但日后验槽时，再采取有效的措施处理这局部的不利软土层，目的是使软土变硬些，比如局部换填或局部清理，视具体情况加豆石混凝土或素混凝土替换；第三，此水平线绝大部分并非落在了报告中所建议的持力层土质标号范围之内，而是大部分进入到了持力层之上一邻层，这说明了建议标高不适合作为基础埋置标高，须进一步降低该标高。

（3）饱和软土的液化判别对地基来说很重要，结构在常遇地震时地面处的倾覆安全系数很高，但液化地基上的建筑在发生地震时很不利。因为平时地基土中的水分同土紧密结合在一起，与土共同承担支撑整个建筑物的重量，当发生地震时，地基土会振实下沉，水分会漂上来，此时基础底部的土中含水量急剧增大，地基土承载力会降低很多。

（4）一般设计地下混凝土外墙时，用历年最高水位。抗浮时要用抗浮水位，抗浮水位一般比历年最高水位低一些，有时低很多。

（5）剪切波速就是剪切波竖向垂直穿越过各个土层的速度，一般土层土质越硬，穿越速度就越快。建筑场地类别应根据土层等效剪切波速和场地覆盖厚度查抗规确定，当剪切波速越大，覆盖层厚度越小（地面到达坚硬土层的总厚度），说明场地土质越硬，场地类别的判别级别就越高。

（6）局部软弱下卧层验算：将原来基础基地的附加压应力，再叠加上局部软弱下卧层顶部以上的自重压应力，与软弱下卧层承载力特征值做个比较，如果不满足要求，则局部深挖到好土或者局部换填处理。

本工程础持力层为全风化岩层，承载力特征值 fak 为 240kPa，基础底标高为－1.400m。地质比较好，没有局部软弱下卧层。地下水位较低，没有地下室，不考虑抗浮。

1.11.3 PKPM 程序操作

（1）点击【JCCAD/基础人机交互输入】→【应用】，弹出初始选择对话框，如图 1-114、图 1-115 所示。

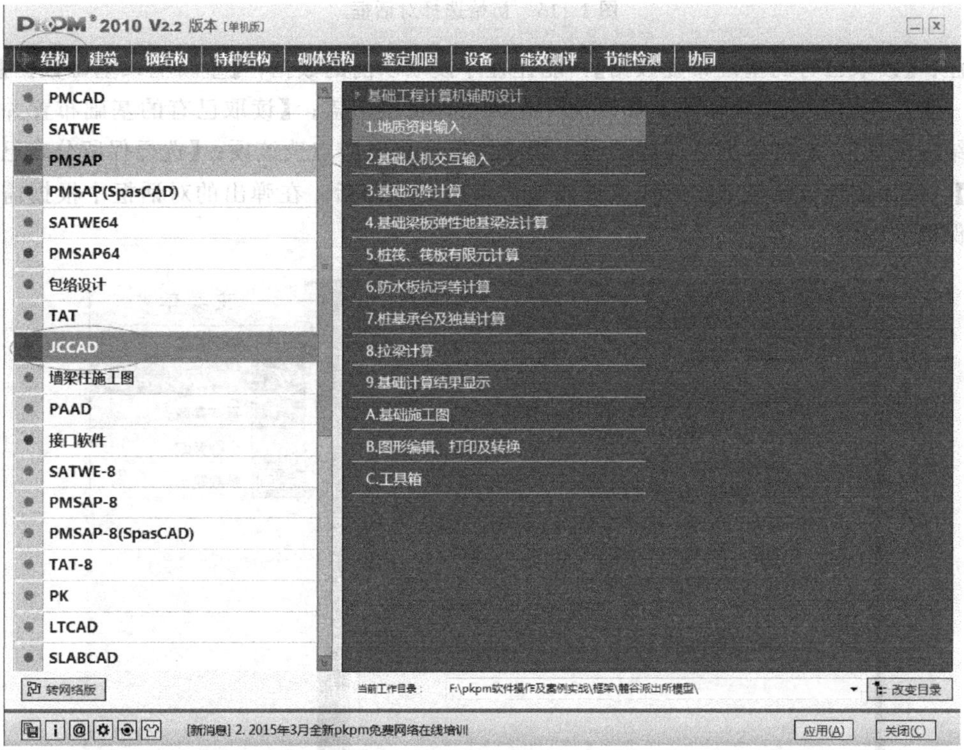

图 1-114 JCCAD/基础人机交互输入

（2）点击【参数输入/基本参数】，选择“地基承载力计算参数”，如图 1-116 所示。

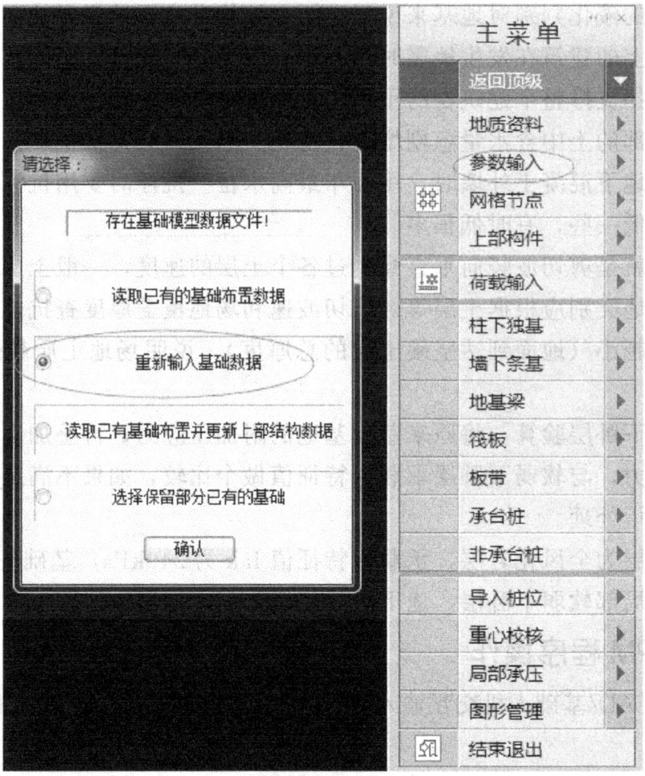

图 1-115　初始选择对话框

注：【读取已有的基础布置数据】：能让程序读取以前的数据；【重新输入基础数据】：一般第一次操作时都应选择该项，如以前存在数据，将被覆盖；【读取已有的基础布置并更新上部结构数据】：基础数据可保留，当上部结构不变化时应点选该项；【选择保留分布已有的基础】：只保留部分基础数据时应点选该项，点选该选项后，在弹出的对话框中根据需要勾选要保留的内容。

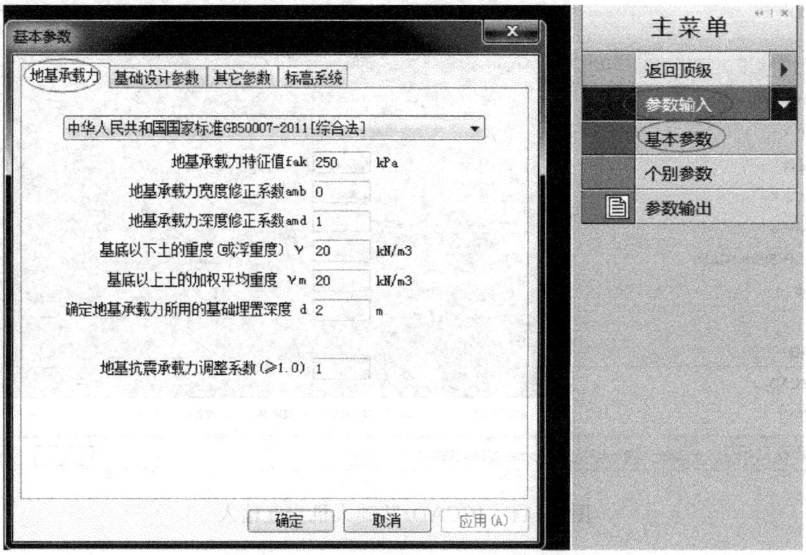

图 1-116　地基承载力计算参数

【参数注释】

(1) 计算承载力的方法（图1-117） 程序提供5种计算方法，设计人员应根据实际情况选择不同的规范，一般可选择“中华人民共和国国家标准GB 50007—2011—综合法”。选择“中华人民共和国国家标准GB 50007—2011—综合法”和“北京地区建筑地基基础勘察设计规范DBJ01-501—2009”需要输入的参数相同，“中华人民共和国国家标准GB5007—2011—抗剪强度指标法”和“上海市工程建设规范DGJ08-11—2010—抗剪强度指标法”需输入的参数也相同。

图1-117 计算承载力方法

(2) 地基承载力特征值 f_{ak}（kPa） “地基承载力特征值 f_{ak}（kPa）”应根据地质报告输入。

(3) 地基承载力宽度修正系数amb 初始值为0，当基础宽度大于3m时，从载荷试验或其他原位测试、经验值等方法确定的地基承载力应根据《建筑地基基础设计规范》（GB 50007—2011，下称《地规》）5.2.4确定：当基础宽度大于3m或埋置深度大于0.5m时，从载荷试验或其他原位测试、经验值等方法确定的地基承载力特征值，尚应按下式修正：

$$f_a = f_{ak} + \eta_b \gamma (b-3) + \eta_d \gamma_m (d-0.5) \tag{1-15}$$

式中 f_a——修正后的地基承载力特征值，kPa；

f_{ak}——地基承载力特征值，kPa；

η_b、η_d——基础宽度和埋置深度的地基承载力修正系数，按基底下土的类别查表1-38取值；

γ——基础底面以下土的重度（kN/m^3），地下水位以下取浮重度；

b—基础底面宽度（m），当基础底面宽度小于3m时按3m取值，大于6m时按6m取值；

γ_m——基础底面以上土的加权平均重度（kN/m^3），位于地下水位以下的土层取有效重度；

d——基础埋置深度（m），宜自室外地面标高算起。在填方整平地区，可自填土地面标高算起，但填土在上部结构施工后完成时，应从天然地面标高算起。对于地下室，当采用箱形基础或筏基时，基础埋置深度自室外地面标高算起；当采用独立基础或条形基础时，应从室内地面标高算起。

表1-38 承载力修正系数

土的类别	η_b	η_d
淤泥和淤泥质土	0	1.0
人工填土 e 或 I_L 大于等于0.85的黏性土	0	1.0

续表

土的类别		η_b	η_d
红黏土	含水比 $a_w > 0.8$	0	1.2
	含水比 $a_w \leqslant 0.8$	0.15	1.4
大面积压实填土	压实系数大于 0.95、黏粒含量 $p_c \geqslant 10\%$ 的粉土	0	1.5
	最大干密度大于 $2100kg/m^3$ 的级配砂石	0	2.0
粉土	黏粒含量 $p_c \geqslant 10\%$ 的粉土	0.3	1.5
	黏粒含量 $p_c < 10\%$ 的粉土	0.5	2.0
e 及 I_L 均小于 0.85 的黏性土		0.3	1.6
粉砂、细砂(不包括很湿与饱和时的稍密状态)		2.0	3.0
中砂、粗砂、砾砂和碎石土		3.0	4.4

(4) 地基承载力深度修正系数 amd　初始值为 1，当基础埋置深度大于 0.5m 时，从载荷试验或其他原位测试、经验值等方法确定的地基承载力应根据《地规》第 5.2.4 条确定。

(5) 基底以下土的重度（或浮重度）γ（kN/m^3）　初始值为 20，应根据地质报告填入。

(6) 基底以下土的加权平均重度（或浮重度）γ_m（kN/m^3）　初始值为 20，应取加权平均重度。

(7) 确定地基承载力所用的基础埋置深度 d（m）　基础埋置深度，一般自室外地面标高算起。在填方整平地区，可自填土地面标高算起，但填土在上部结构施工完成时，应从天然地面标高算起。对于地下室，当周围无可靠侧向限制时，埋置深度应从具有侧限的地面算起，如采用箱型或筏板基础，基础埋置深度自室外地面标高算起，如果采用独立基础或条形基础而无满堂抗水板时，应从室内地面标高算起。

规范要求的基础最小埋置深度无论有无地下室都从室外地面算至结构最外侧基础底面(主要考虑整体结构的抗倾覆能力，稳定性和冻土层深度)。当室外地面为斜坡时基础的最小埋置深度以建筑两侧较低一侧的室外地面算起。

(8) 地基抗震承载力调整系数　按《抗规》第 4.2.3 条确定，如表 1-39 所示。一般填写 1.0 偏于安全。地基抗震承载力调整系数，实际上是因为有以下两方面有利原因：动荷载下地基承载力比静荷载下高、地震是小概率事件，地基的抗震验算安全度可适当减低。在实际设计中，对强夯、排水固结法等地基处理，由于地基的性能在处理前后有很大的改变，可根据处理后地基的性状按规范表 1-39 直接决定 ζ_a 值。对换填等地基处理（包括普通地基下面有软弱土层），如果基础底面积由软弱下卧层决定，宜根据软弱下卧层的性状按规范表 1-39 决定 ζ_a 值；否则按上面较好土层性状决定 ζ_a 值。对水泥搅拌桩、CFG 桩等复合地基，由于一般增强体的置换率都比较小，原天然地基的性状占主导地位，可以按天然地基的性状决定 ζ_a 值。

表 1-39　地基抗震承载力调整系数

岩土名称和性状	ζ_a
岩石，密实的碎石土，密实的砾、粗、中砂，$f_{ak} \geqslant 300$ 的黏性土和粉土	1.5
中密、稍密的碎石土，中密和稍密的砾、粗、中砂，密实和中密的细、粉砂，$150kPa \leqslant f_{ak} < 300kPa$ 的黏性土和粉土，坚硬黄土	1.3
稍密的细、粉砂，$100kPa \leqslant f_{ak} < 150kPa$ 的黏性土和粉土，可塑黄土	1.1
淤泥，淤泥质土，松散的砂，杂填土，新近堆积黄土及流塑黄土	1.0

基本参数中基础设计参数见图 1-118，参数注释如下。

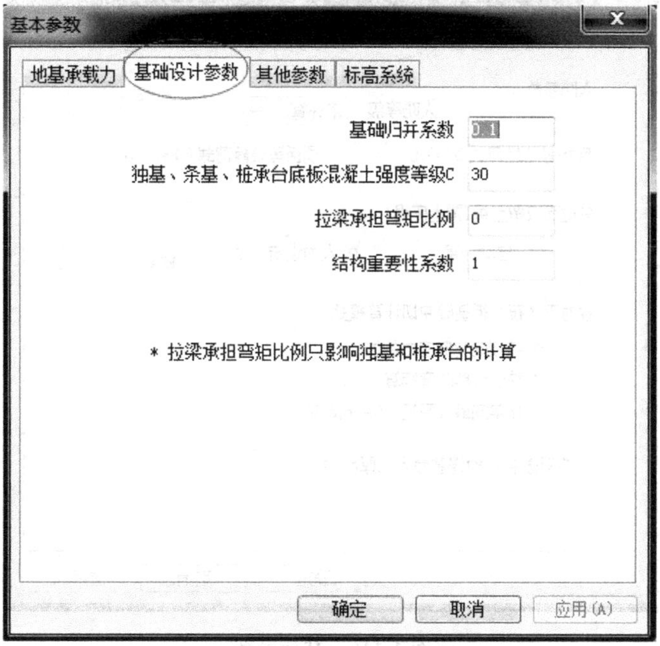

图 1-118 基础设计参数

【参数注释】

(1) 基础归并系数 一般可填写 0.1。

(2) 独基、条基、桩承台底板混凝土强度等级 一般按实际工程填写，取 C30 居多。

(3) 拉梁弯矩承台比例 由于拉梁一般不在 JCCAD 中计算，此参数可填写 0。

(4) 结构重要性系数 应和上部结构统一，可按《混规》3.3.2 条确定，普通工程一般取 1.0。

在持久设计状况和短暂设计状况下，对安全等级为一级的结构构件不应小于 1.1；对安全等级为二级的结构构件不应小于 1.0，对安全等级为三级的结构构件不应小于 0.9；对地震设计状况下应取 1.0。

基本参数中其他参数见图 1-119，参数注释如下。

【参数注释】

(1) 人防等级 普通工程一般选择“不计算”，此参数应根据实际工程选用。

(2) 底板等效静荷载、顶板等效静荷载 不选择“人防等级”，等效静荷载为 0，选择“人防等级”后，对话框会自动显示在该人防等级下，无桩无地下水时的等效静荷载，可以根据工程需要，调整等效静荷载的数值。对于筏板基础，如采用【桩筏筏板有限元计算】的计算方法，则“底板等效静荷载、顶板等效静荷载”的数值还可在【桩筏筏板有限元计算】→【模型参数】中修改，但“人防等级”参数必须在此设定；如采用【基础梁板弹性地基梁法计算】，则只能在此输入。

(3) 单位面积覆土重（覆土压强） 一般可按默认值，人为设定 24kPa。该项参数对筏板基础不起作用，筏板基础覆土重在“筏板荷载”菜单里输入。

(4) 柱对平（筏）板基础冲切计算模式 程序提供三种选择模式：按双向弯曲应力叠

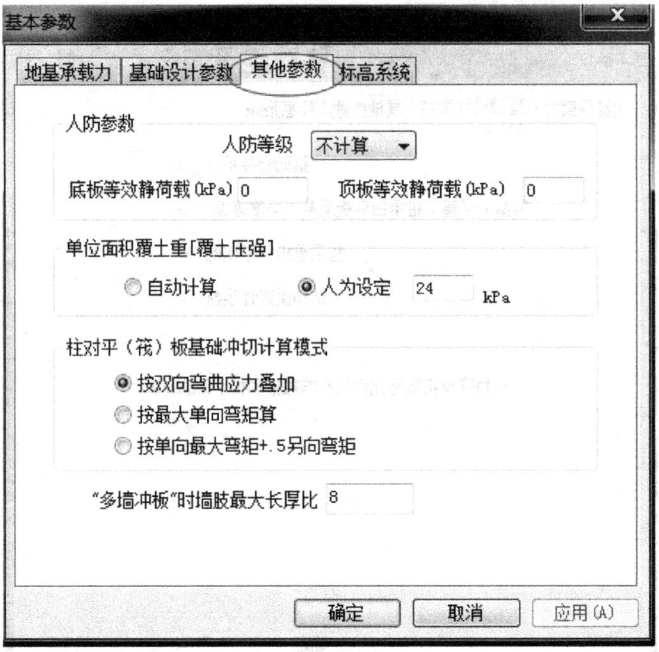

图1-119　其他参数

加、按最大单向弯矩算、按单向最大弯矩＋0.5另向弯矩；一般可选择，按双向弯曲应力叠加。

(5)“多墙冲板”时墙肢最大长厚比　一般可按默认值8填写。

基本参数中标高系统见图1-120，参数注释如下。

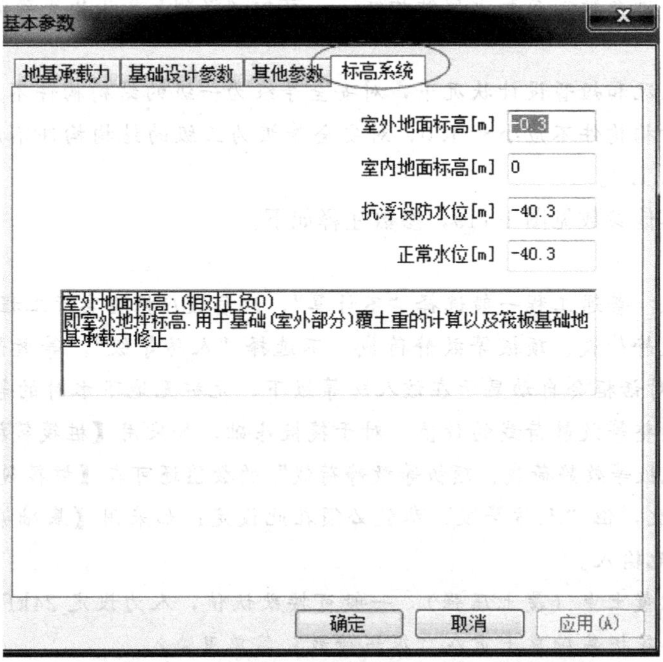

图1-120　标高系统

【参数注释】

(1) 室外地面标高 初始值为−0.3，应根据实际工程填写，应由建筑师提供；用于基础（室外部分）覆土重的计算以及筏板基础地基承载力修正。

(2) 室内地面标高 应根据实际工程填写，一般可按默认值0。

(3) 抗浮设防水位 用于基础抗浮计算，一般楼层组装时，地下室顶板标高可填写0.00m，然后再根据实际工程换算得到抗浮设防水位。

(4) 正常水位 应根据实际工程填写。

(3) 点击【荷载输入/荷载参数】，弹出“荷载组合参数”对话框，如图1-121所示。

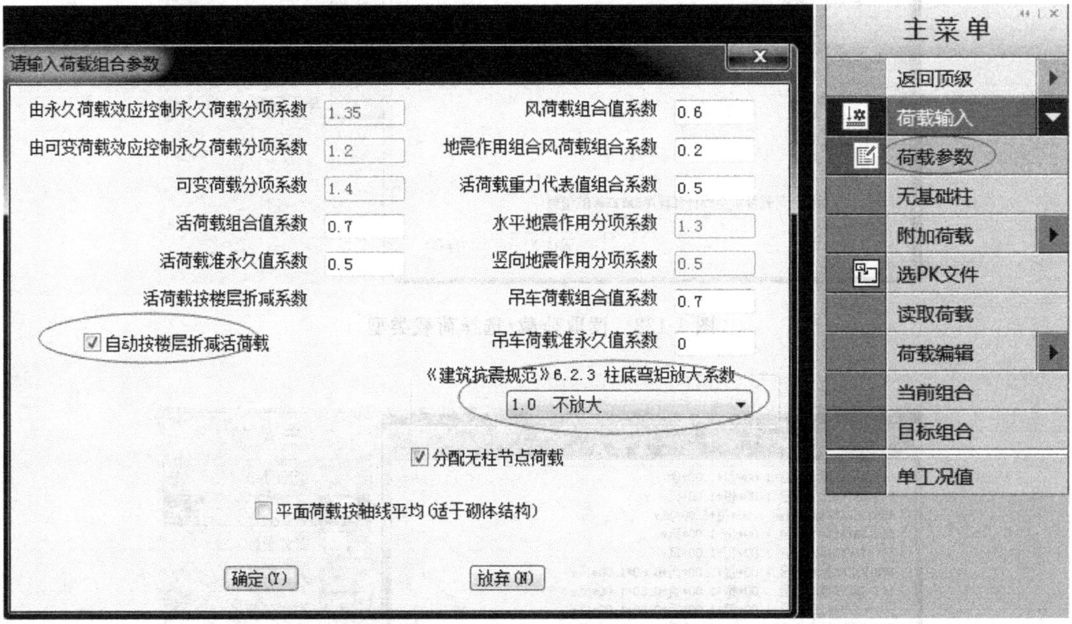

图1-121 “荷载组合参数”对话框

① 荷载分项系数一般情况下可不修改，灰色的数值是规范指定值，一般不修改，若用户要修改，则可以双击灰色的数值，将其变成白色的输入框后再修改。

② 当“分配无柱节点荷载”打“钩号”后，程序可将墙间无柱节点或无基础柱上的荷载分配到节点周围的墙上，从而使墙下基础不会产生丢荷载情况。分配原则是按周围墙的长度加权分配，长墙分配的荷载多，短墙分配的荷载少。

③ JCCAD读入的是上部未折减的荷载标准值，读入JCCAD的荷载应折减。当“自动按楼层折减或荷载”打“钩号”后，程序会根据与基础相连的每个柱、墙上面的楼层数进行活荷载折减。

(4) 点击【读取荷载】，弹出“选择荷载来源”对话框，如图1-122所示。

由《抗规》4.2.1可知，本工程不需要进行天然地基及基础的抗震承载力验算，选择“SATWE荷载”后，还应去掉SATWE地X标准值、SATWE地Y标准值。

(5) 点击【当前组合】，弹出“选择荷载组合类型”对话框，用于读取各种荷载组合，可以通过图形模式检测基础荷载情况，如图1-123所示。

(6) 点击【柱下独基/自动生成】，按【Tab】键选择窗口布置基础方式，在屏幕上用窗

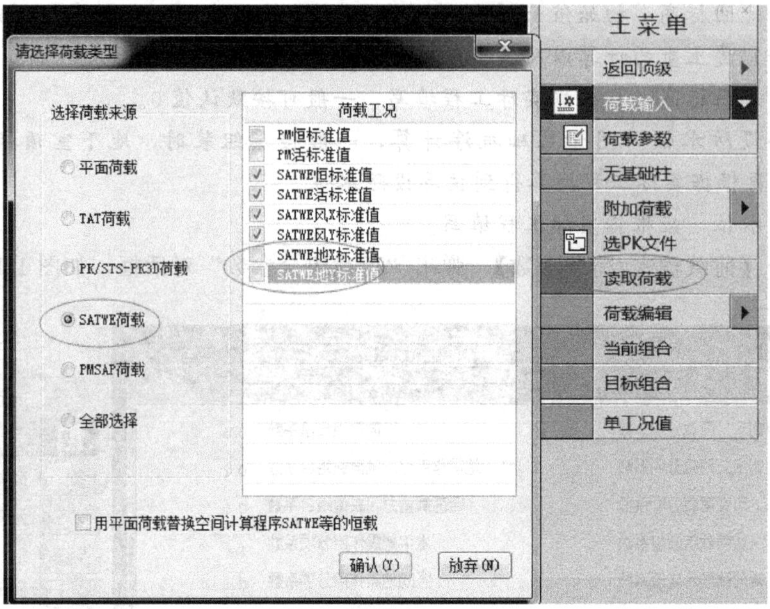

图 1-122 读取荷载/选择荷载类型

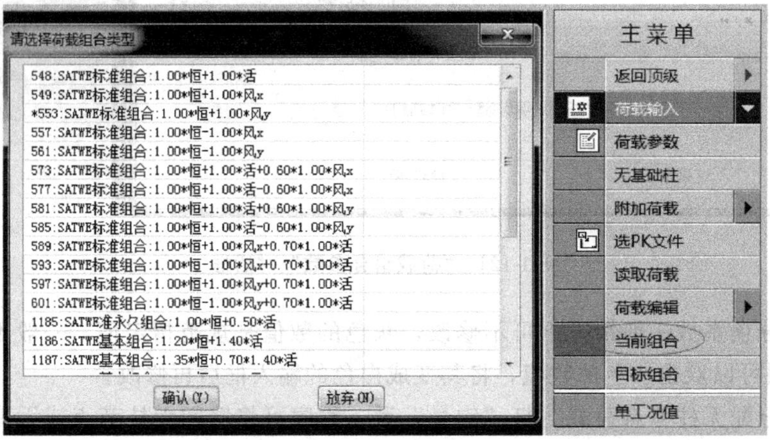

图 1-123 当前荷载组合

口选择生成独基的区域，弹出基础参数对话框（图 1-124、图 1-125），全部采用程序的初始值，点击【确定】，程序根据承载力计算基础底面积，自动在各个有柱节点布置独立基础，如图 1-126 所示。

【参数注释】

(1) 独基类型 JCCAD 给出有“锥形现浇”“锥形预制”“阶形现浇”“阶形预制”“锥形短柱”“锥形高杯”“阶形短柱”“阶形高杯”八种独立基础类型，常规工程一般选择：“锥形现浇”和“阶形现浇”。本工程选择“锥形现浇”。

(2) 独立基础最小厚度 《地规》8.2.2 条规定，纵向受力钢筋的锚固总长最小直锚段的长度不应小于 20d，保护层厚度 40mm（有垫层时）。本工程填写：400。

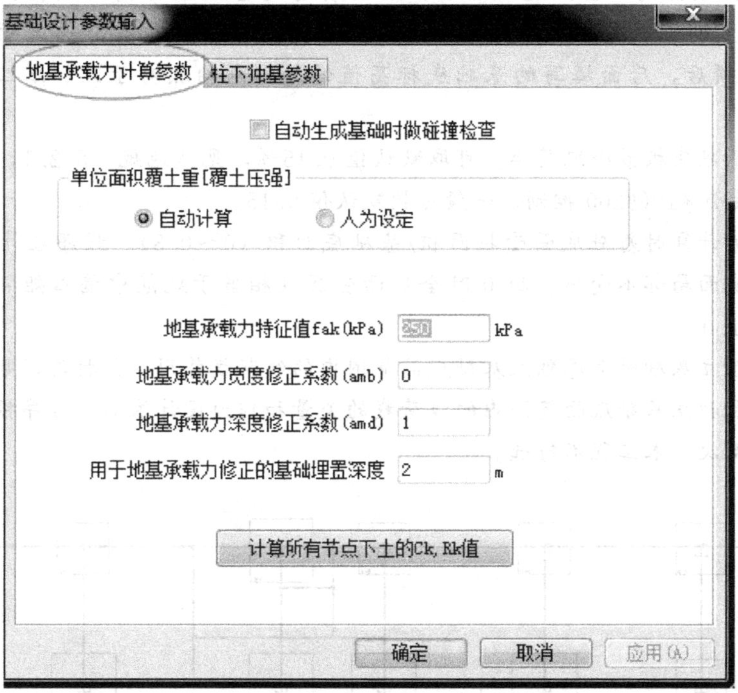

图 1-124 地基承载力计算参数

注：一般可按默认值。

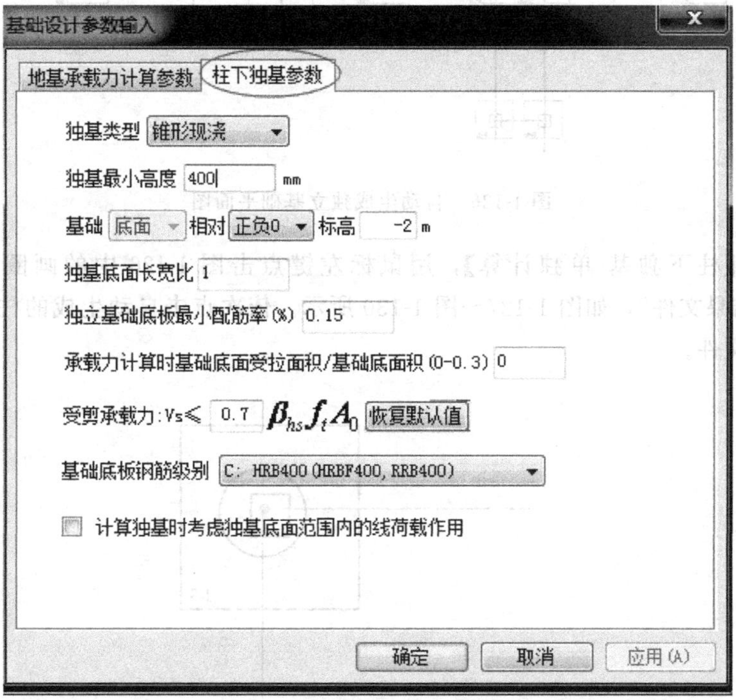

图 1-125 输入柱下独立基础参数对话框

（3）独基底面长宽比　一般可填写1～1.5，本工程填1。

（4）相对柱底标高　当点选此项后，后面填写的基础底标高的起始点均相对此处，即相对每个柱底的标高值，当上部结构底层柱底标高不同时，宜勾选此项；“相对正负0”：当点选此项后，后面填写的基础底标高值的起始点均相对于此。本工程选择：“相对正负0”。

（5）独立基础底板最小配筋率　可取默认值0.15%，见《地规》8.2.1，如果不控制则填0，程序按最小ϕ10@200控制。一般可按默认值0.15。

（6）承载力计算时基础底面受拉面积/基础底面积（0～0.3）　程序在计算基础底面积时，允许基础底面局部不受压，填0时全底面受压（相当于规范中偏心矩$e<b/6$）情况。一般可按默认值0。

（7）计算独立基础时考虑独立基础底面范围内的线荷载作用　若打勾，则计算独立基础时取节点荷载和独立基础底面范围内的线荷载的矢量和作为设计依据，程序根据计算出的基础底面积迭代两次。本工程不勾选。

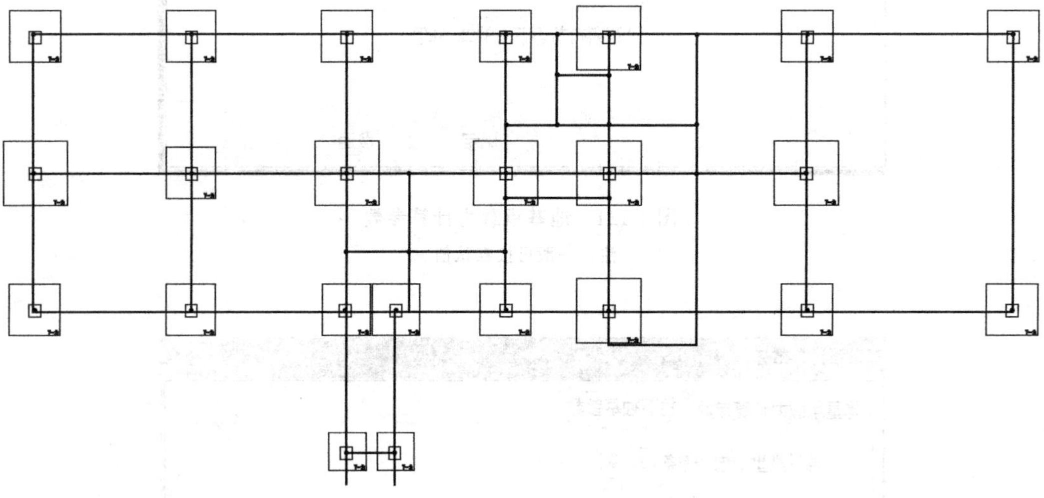

图1-126　自动生成独立基础平面图

（7）点击【柱下独基/单独计算】，用鼠标左键点击图1-126中的画圈内柱子，弹出“JCCAD计算结果文件”，如图1-127～图1-130所示。依次点击自动生成的柱下独基，可查看其计算结果文件。

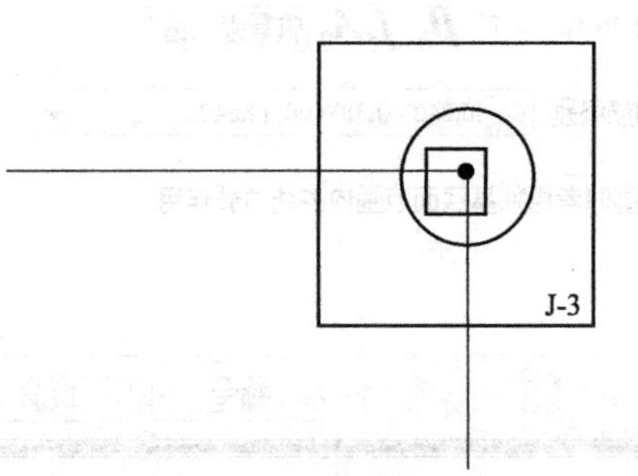

图1-127　单独计算对话框

节点号= 44 位置:
C30 fak(kPa)= 250.0 d= 2.00m Pt= 40.0kPa fy=360MPa
宽度修正系数= 0.00 深度修正系数= 1.00

Load	Mx'(kN*m)	My'(kN*m)	N(kN)	Pmax(kPa)	Pmin(kPa)	fa(kPa)	S(mm)	B(mm)
548	-58.42	27.76	634.62	334.87	149.14	280.00	1772	1772
549	-59.48	30.80	635.26	335.46	144.27	280.00	1782	1782
553	-63.80	28.11	639.28	334.12	143.12	280.00	1794	1794*
557	-57.18	24.02	624.82	335.38	153.20	280.00	1748	1748
561	-52.86	26.71	620.81	335.44	154.36	280.00	1740	1740
573	-59.11	29.79	637.75	335.77	146.69	280.00	1780	1780
577	-57.73	25.72	631.49	333.16	151.52	280.00	1766	1766
581	-61.70	28.18	640.16	335.92	146.13	280.00	1784	1784
585	-55.14	27.34	629.08	335.65	152.66	280.00	1755	1755
589	-59.54	31.04	638.47	335.70	144.78	280.00	1785	1785
593	-57.25	24.27	628.03	335.23	153.60	280.00	1752	1752
597	-63.86	28.35	642.48	335.43	143.79	280.00	1794	1794
601	-52.93	26.95	624.01	335.83	154.87	280.00	1743	1743

图 1-128 JCCAD 计算结果文件（1）

注：Load 为荷载代码；Mx′为相对于基础底面形心的绕 x 轴弯矩标准组合值；My′为相对于基础底面形心的绕 y 轴弯矩标准组合值，N 为相对于基础底面形心的轴力标准组合值；Pmax 为该组合下最大基底反力；Pmin 为该组合下最小基底反力；S 为基础底面长；B 为基础底面宽。

柱下独立基础冲切计算:

at(mm)	load	方向	p_(kPa)	冲切力(kN)	抗力(kN)	H(mm)	load	方向	p_(kPa)	冲切力(kN)	抗力(kN)	H(mm)
400.	1186	X+	240.	166.1	172.1	310.	1186	X-	198.	142.1	145.3	280.
400.	1186	Y+	273.	183.2	191.0	330.	1186	Y-	184.	133.7	136.8	270.
400.	1187	X+	270.	181.1	191.0	330.	1187	X-	221.	155.0	163.0	300.
400.	1187	Y+	306.	199.5	210.6	350.	1187	Y-	205.	145.3	154.1	290.
400.	1188	X+	244.	168.8	172.1	310.	1188	X-	197.	141.0	145.3	280.
400.	1188	Y+	274.	184.2	191.0	330.	1188	Y-	184.	133.4	136.8	270.
400.	1192	X+	243.	167.6	172.1	310.	1192	X-	200.	143.2	145.3	280.
400.	1192	Y+	281.	188.8	191.0	330.	1192	Y-	183.	132.9	136.8	270.
400.	1196	X+	232.	162.4	163.0	300.	1196	X-	196.	140.8	145.3	280.
400.	1196	Y+	267.	179.6	191.0	330.	1196	Y-	181.	131.4	136.8	270.
400.	1200	X+	234.	161.5	172.1	310.	1200	X-	193.	138.7	145.3	280.
400.	1200	Y+	260.	177.5	181.4	320.	1200	Y-	182.	132.0	136.8	270.
400.	1212	X+	244.	168.7	172.1	310.	1212	X-	198.	142.1	145.3	280.
400.	1212	Y+	275.	184.6	191.0	330.	1212	Y-	185.	134.3	136.8	270.
400.	1216	X+	237.	163.5	172.1	310.	1216	X-	198.	142.0	145.3	280.
400.	1216	Y+	270.	181.8	191.0	330.	1216	Y-	183.	133.1	136.8	270.
400.	1220	X+	243.	167.9	172.1	310.	1220	X-	200.	143.5	145.3	280.
400.	1220	Y+	279.	187.3	191.0	330.	1220	Y-	184.	133.9	136.8	270.
400.	1224	X+	238.	164.3	172.1	310.	1224	X-	196.	140.7	145.3	280.
400.	1224	Y+	266.	179.0	191.0	330.	1224	Y-	184.	133.4	136.8	270.
400.	1228	X+	246.	169.9	172.1	310.	1228	X-	198.	141.8	145.3	280.
400.	1228	Y+	275.	185.1	191.0	330.	1228	Y-	185.	134.3	136.8	270.
400.	1232	X+	234.	161.4	172.1	310.	1232	X-	197.	141.6	145.3	280.
400.	1232	Y+	269.	180.5	191.0	330.	1232	Y-	182.	132.3	136.8	270.
400.	1236	X+	244.	168.7	172.1	310.	1236	X-	201.	144.0	145.3	280.
400.	1236	Y+	282.	189.7	191.0	330.	1236	Y-	184.	133.7	136.8	270.
400.	1240	X+	235.	162.6	172.1	310.	1240	X-	194.	139.4	145.3	280.
400.	1240	Y+	262.	178.4	181.4	320.	1240	Y-	183.	132.8	136.8	270.

图 1-129 JCCAD 计算结果文件（2）

注：画圈内的高度为满足冲切所需的最小高度。

（8）【JCCCD/A. 基础施工图】→【基础详图】，选择“在当前图中绘制详图”（图 1-131），点击“插入详图”（图 1-132），在详图列表中依次插入详图，如图 1-133 所示。

基础各阶尺寸:

No	S	B	H
1	1900	1900	300
2	500	500	100

柱下独立基础底板配筋计算:

Load	M1(kN*m)	AGx(mm*mm)	Load	M2(kN*m)	AGy(mm*mm)
1186	92.2	836.7	1186	102.1	926.8
1187	103.3	938.1	1187	114.5	1039.8
1188	93.4	848.1	1188	102.6	931.3
1192	93.0	844.4	1192	104.8	951.7
1196	89.3	810.3	1196	100.1	909.0
1200	89.7	814.0	1200	97.9	888.6
1212	93.4	848.1	1212	102.8	933.5
1216	90.9	825.4	1216	101.4	920.1
1220	93.2	845.9	1220	104.2	945.7
1224	91.2	827.6	1224	100.0	907.9
1228	94.0	853.3	1228	103.1	936.0
1232	89.8	815.6	1232	100.6	913.6
1236	93.6	849.7	1236	105.4	956.4
1240	90.3	819.3	1240	98.4	893.2

x实配:C12@180(0.17%)　y实配:C12@180(0.17%)

图 1-130　JCCAD 计算结果文件 (3)

注：1. M1 为底板 x 向配筋计算用弯矩设计值；M2 为底板 y 向配筋计算用弯矩设计值；AGx 为底板 x 向全截面配筋面积；AGy 为底板 y 向全截面配筋面积。

2. 柱下独基的截面尺寸及配筋均考虑了各种工况之间的各种荷载组合。

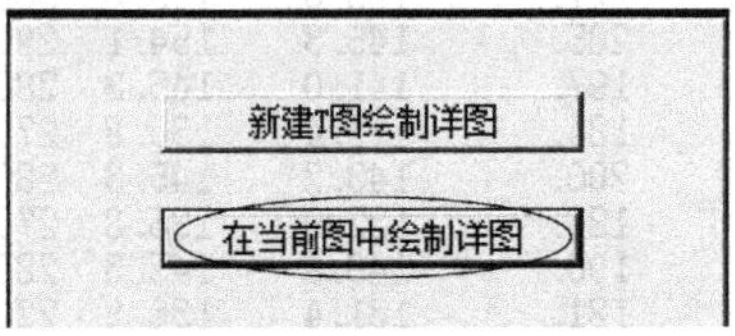

图 1-131　基础详图插入位置选择

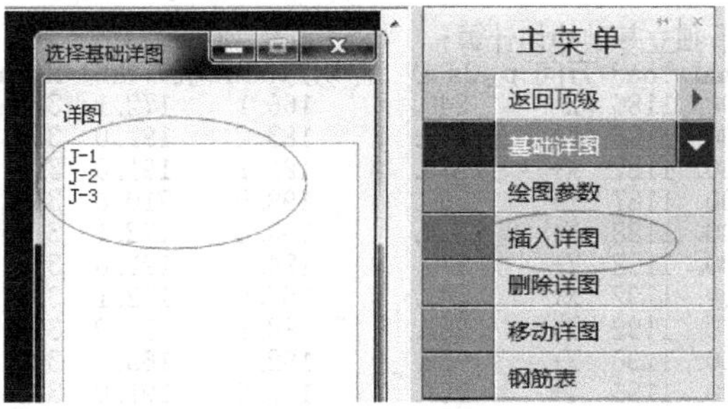

图 1-132　基础详图/插入详图

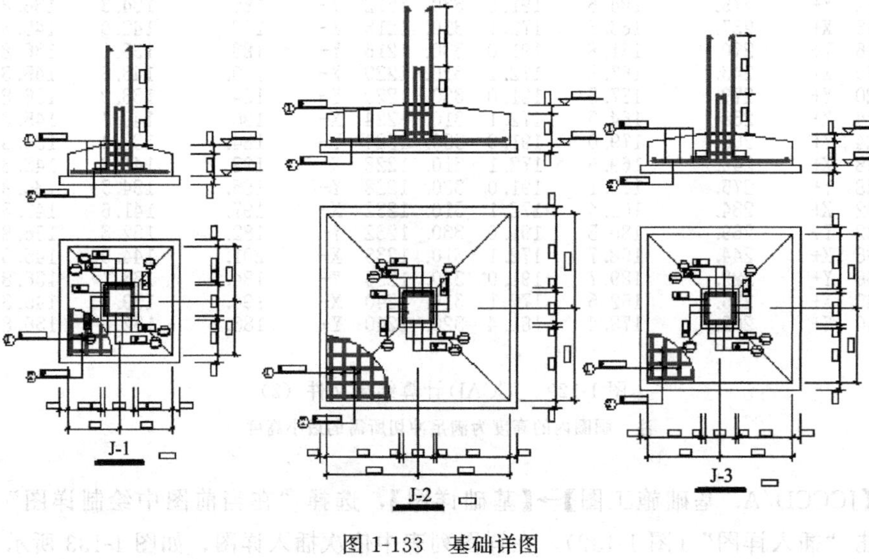

图 1-133　基础详图

1.11.4 独立基础设计时应注意的一些问题

1.11.4.1 截面

（1）规范规定

《地规》8.2.1-1 扩展基础的构造，应符合下列要求：锥形基础的边缘高度不宜小于200mm，且两个方向的坡度不宜大于1∶3；阶梯形基础的每阶高度，宜为300～500mm。

（2）经验

① 矩形独立基础底面的长边与短边的比值l/b，一般取1～1.5。阶梯形基础每阶高度一般为300～500mm。基础的阶数可根据基础总高度H设置，当$H \leqslant 500$mm时，宜分一阶；当$500\text{mm} < H \leqslant 900$mm时，宜分为二阶；当$H > 900$mm时，宜分为三阶。锥形基础的边缘高度，一般不宜小于200mm，也不宜大于500mm；锥形坡角度一般取25°，最大不超过35°；锥形基础的顶部每边宜沿柱边放出50mm。

② 独立基础的最小尺寸可类比承台及高杯基础尺寸，一般为800mm×800mm。最小高度一般为$20d+40$（d为柱纵筋直径，40mm为有垫层时独立基础的保护层厚度），一般最小高度取400mm。

独立柱基础可以做成刚性基础和扩展基础，刚性基础须满足刚性角的规定；做成扩展基础须满足柱对基础冲切需求以及基底配筋必须计算够。目前的PKPM系列软件中JCCAD一般出来都是柔性扩展基础，在允许的条件下，基础尽量做成刚一些，这样可以减少用钢量。

独立基础有锥形基础和阶梯形基础两种。锥形基础不需要支撑，施工方便，但对混凝土塌落度控制要求比较严格。当弯矩比较大时，独立基础截面会增大很多。

表1-40是北京市建筑设计研究院刘铮的经验总结，设计时可以参考，在编制表格时，柱子柱网尺寸为8m×8m，轴压比按0.8估算，混凝土强度等级基础C30，$f_c=14.3\text{N/mm}^2$，$f_t=1.43\text{N/mm}^2$，埋深1.5m，转换系数取1.26，受力钢筋HRB400，修正后的地基承载力特征值为150kPa。

表1-40 单独柱基高度的经验高度确定表格以及底板配筋面积

轴压力(设计值)/kN	柱截面尺寸/mm	柱基底面尺寸/mm	柱基础高度/mm	计算钢筋面积/mm^2	实配钢筋面积双向/mm^2
1200 单层	350×350	2900×2900	450	629	Φ12@150=754
2400 二层	500×500	4000×4000	600	888	Φ14@150=1026
3600 三层	600×600	4900×4900	750	1037	Φ12@100=1131
4800 四层	650×650	5700×5700	850	1222	Φ14@100=1538

1.11.4.2 配筋

（1）规范规定

《地规》第8.2.1-3 扩展基础受力钢筋最小配筋率不应小于0.15%，底板受力钢筋的最小直径不宜小于10mm；间距不宜大于200mm，也不宜小于100mm。墙下钢筋混凝土条形基础纵向分布钢筋的直径不宜小于8mm；间距不宜大于300mm；每延米分布钢筋的面积应不小于受力钢筋面积的15%。当有垫层时钢筋保护层的厚度不小于40mm；无垫层时不小于70mm

《地规》8.2.1-5 当柱下钢筋混凝土独立基础的边长和墙下钢筋混凝土条形基础的宽度大于或等于2.5m时，底板受力钢筋的长度可取边长或宽度的0.9倍，并宜交错布置。

(2) 经验

如独立基础的配筋不小于ϕ10@200双向时，可不考虑最小配筋率的要求。分布筋大于ϕ10@200时一般可配ϕ10@200。独立基础一般不必验算裂缝。

1.11.5 拉梁设计

(1) 规范规定

《抗规》6.1.11 框架单独柱基有下列情况之一时，宜沿两个主轴方向设置基础系梁：
① 一级框架和Ⅳ类场地的二级框架；
② 各柱基础底面在重力荷载代表值作用下的压应力差别较大；
③ 基础埋置较深，或各基础埋置深度差别较大；
④ 地基主要受力层范围内存在软弱黏性土层、液化土层或严重不均匀土层；
⑤ 桩基承台之间。

(2) 拉梁的作用

当拉梁跨度小于8m时，设置拉梁可以平衡一部分柱底弯矩，再加上覆土可以约束柱子的变形，当首层柱底弯矩不是很大时，可以按轴心受压计算。拉梁将各个单独柱基拉结成一个整体，增强其抗震性能，也同时避免各个柱基单独沉降，减小柱子计算长度，减小首层层间位移角，这是主要作用。拉梁也可以承托首层柱间填充墙，这是次要作用。

当拉梁跨度大于8m时，设置拉梁就没有必要，如果拉梁本身刚度不是很强，如同用一根铁丝拉结两个单独柱基一起沉降，很难。不管是设置在基础顶，还是－0.05m处，都能平衡掉一部分柱底弯矩。要想较好的调节不均匀沉降，拉梁底可与基础底齐平，拉梁设置在－0.05m处对减小基础的不均匀沉降作用不大。

(3) 拉梁设置位置

① 设在在基础顶。当层间位移角能满足规范要求时，拉梁应设置在基础顶（拉梁底与基础顶平齐），同时也能避免形成短柱，加强基础的整体性，调节各基础间的不均匀沉降，消除或减轻框架结构对沉降的敏感性。拉梁可以不建模，用手算，拉梁的配筋可取拉结的各柱轴力较大者的1/10按受拉计算配筋，并叠加上首层填充墙荷载的配筋，需要注意的是，柱轴力的0.1是考虑基础不均匀沉降对柱子造成的附加拉力，当土质情况均匀，不均匀沉降比较少的时候，一般可不考虑0.1柱子的轴力。

② 设置在－0.05m处。设置在－0.05m处大多是首层柱子弹性层间位移角不满足规范要求。可在PKPM以框架梁的形式建模。

在实际设计中，可以不考虑0.1N所需要的纵筋。直接按铰接计算在竖向荷载作用下所需的配筋，然后底筋与面筋相同，并满足构造要求。

(4) PKPM 程序操作时应注意的一些问题

当设拉梁层时，一般情况下，要比较底层柱的配筋是由基础顶面处的截面控制还是由基础拉梁处的截面控制。考虑到地基土的约束作用，对这样的计算简图，在电算程序总信息输入中，可填写地下室层数为 1，将“土层水平抗力系数的比例系数（M 值）”填一个较小的值，比如 1，“嵌固层号”填为 2，并复算一次（没有地下室的模型），按两次计算结果的包络图进行框架结构底层柱的设计的配筋。

(5) 拉梁截面

$H=L(1/20\sim1/15)$，一般取 $L/15$，宽度 b 一般取高度的 1/2 左右。假设柱的跨度是 8m，则拉梁截面可取 300×550mm 进行试算。拉梁截面宽度≥250mm，高度一般≥400mm。

(6) 配筋

拉梁主筋在不考虑承托竖向荷载时，配筋率一般在 1%～1.6%，且上下均≥2ϕ14。由于地震的反复性，拉梁的弯矩会变号，设计时拉梁上下钢筋应相同。

1.11.6 独立基础+防水板

多层框架结构建有地下室且具有防水要求时，如地基较好，可以选用独立基础加防水板的做法，高层建筑的裙房也可以采用此种做法。当水浮力不起控制作用，采用独立基础加防水板的做法时，柱下独立基础承受上部结构的全部荷载，防水板仅按防水要求设置，但必须在防水板下设置一定厚度的易压缩材料，如聚苯板或松散焦渣等，于是可以不考虑地基土反力的作用，否则，防水板上会由于独立基础的不均匀沉降受到向上力的作用。

防水板的厚度不应小于 250mm，当框架柱网较大时，防水板有时可以取 250mm，板中间设一道次梁或在三分点处设两道次梁，也可以防水板厚取 350mm 左右。一般由于水浮力不大，加次梁增加了力传递途径，加板厚反而更经济。

混凝土强度等级不应低于 C25，宜采用 HRB400 级钢筋配筋，双层双向配筋，钢筋直径不宜小于 12mm，间距宜采用 150～200mm。

1.11.7 独立基础施工图

基础布置图如图 1-134 所示。

独立基础通用大样如图 1-135 所示，基础列表如表 1-41 所示。

在 JCCAD 中可以按如下步骤步骤设计独立基础。

① 点击 JCCAD/基础人机交互输入/图形文件/(显示内容，勾选节点荷载、线荷载、按柱形心显示节点荷载，线荷载按荷载总值显示)、(写图文件/全部选，再勾选标准组合，最大轴力)，将 Ftarget _ 1 Nmax 图转换为 dwg 图。

② 对照 Ftarget _ 1 Nmax 图，按轴力大小值进行归并，一般讲轴力相差 200～300kN 左右的独立基础进行归并。选一个最不利荷载的柱子，点击：JCCAD/基础人机交互输入/独立基础/自动生成，即生成了独立基础，可以查看其截面大小与配筋。

③ 在基础平面图中把该独立基础用平法表示，再把其他轴力比该值小 200～300kN 范围的柱子也布置该独立基础，并用平法标注。布置独立基础可以在 TSSD 中点击：基础布置/独立基础。再用同样的方法完成剩下的独立基础布置。

④ 如果用程序自动生成独立基础，设置好参数后，点击：独立基础/自动布置，框选即可；再在基础平面施工图中，插入大样，并在屏幕左上方点击：标注字符/独基编号。

⑤ 有时需要生成双柱或三柱联合独立基础，如果勾选了进行“基础碰撞检查”，可能无

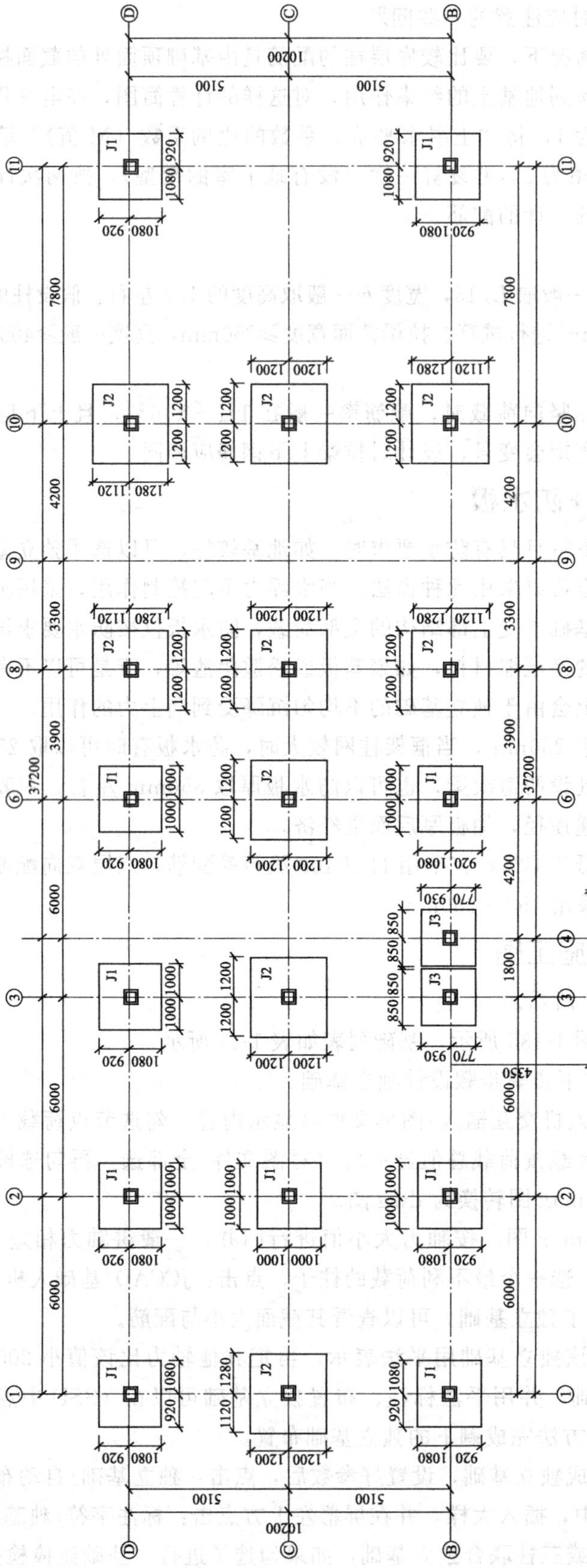

图1-134 基础布置图

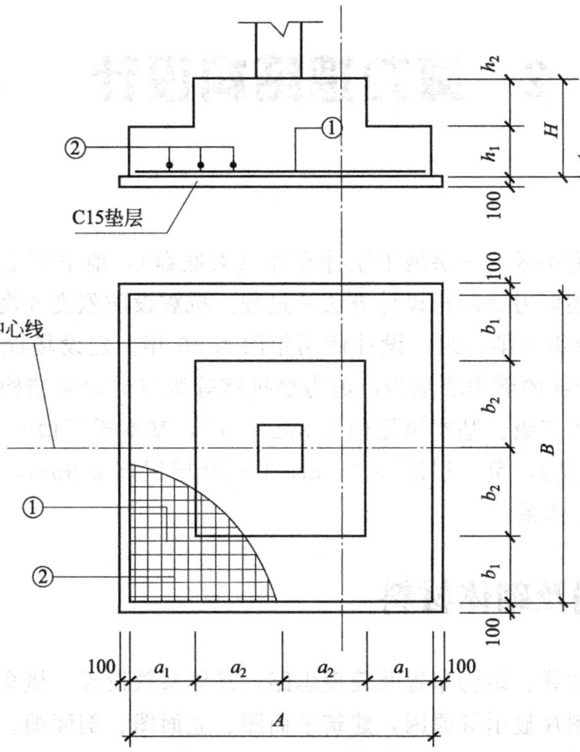

图 1-135 独立基础通用大样

法生成联合基础。可以不勾选“基础碰撞检查”，再改变基础的形状，在参数设置中填写基础的长宽比大小即可。

表 1-41 基础列表

基础编号	基础平面尺寸				基础高度			基础底板配筋	
	A	a_1	B	b_1	H	H_1	H_2	①	②
ZJ1	2000	400	2000	400	600	300	300	Φ12@150	Φ12@150
ZJ2	2400	500	2400	500	600	300	300	Φ12@150	Φ12@150
ZJ3	1700	350	1700	350	600	300	300	Φ12@150	Φ12@150

2 剪力墙结构设计

2.1 工程概况

湖南省××市某住宅小区，一层地下室停车库（大底盘），地下室上面有多个塔楼，本工程以一个塔楼为例讲述剪力墙结构设计方法及过程。抗震设防烈度 6 度，设计基本地震加速度 0.05g，设计地震分组为第一组，设计使用年限为 50 年。建设场地Ⅱ类，特征周期值为 0.35s，本工程属于少柱的剪力墙结构，剪力墙抗震等级按剪力墙结构取，为三级。框架按框架剪力墙结构取，为三级。基本风压值 0.30kN/m²，基本雪压值 0.45kN/m²，结构层数 29 层（不包括电梯机房），负一层层高 4.8m，1～29 层层高 2.95m，屋顶电梯机房层高 2.95m。采用剪力墙结构体系。

2.2 建筑施工图及砌体材料

本节重点讲述构件估算、结构布置及建模思路、具体参数设置、概念设计及详细绘图思路与过程。由于篇幅及图片显示等原因，建筑平面图、立面图、剖面图、建筑详图省略。

墙体材料如表 2-1 所示。

表 2-1 墙体材料

墙体位置	墙体材料	墙厚	砌块强度	砂浆强度	干容重 /(kN/m³)	完成重量 /(kN/m²)
女儿墙，±0.00 以下隔墙	烧结多孔砖	190	Mu10	M7.5 水泥砂浆	≤16	≤4.0
±0.00 以上外墙	烧结多孔砖	190	Mu10	M5.0 专用砂浆	≤16	≤4.0
200 厚内隔墙、分户墙	加气混凝土砌块	200	A3.5	M5.0 专用砂浆	≤6.8	≤2.4
卫生间隔墙、剪刀梯中隔墙	烧结多孔砖	100	Mu10	M7.5 水泥砂浆	≤16	
管道井隔墙、120 厚内隔墙	加气混凝土砌块	120	A3.5	M5.0 专用砂浆	≤6.8	≤1.6

注：烧结多孔砖的孔洞率不小于 28%。

2.3 上部构件截面估算

2.3.1 梁

（1）梁截面尺寸

① 参考第 1 章 1.2.1。

② 本工程梁截面尺寸如图 2-1、图 2-2 所示。

（2）梁布置的一些方法技巧及注意事项　参考第 1 章 1.2.1。

2.3.2 柱

（1）柱截面尺寸参考第 1 章 1.2.2。

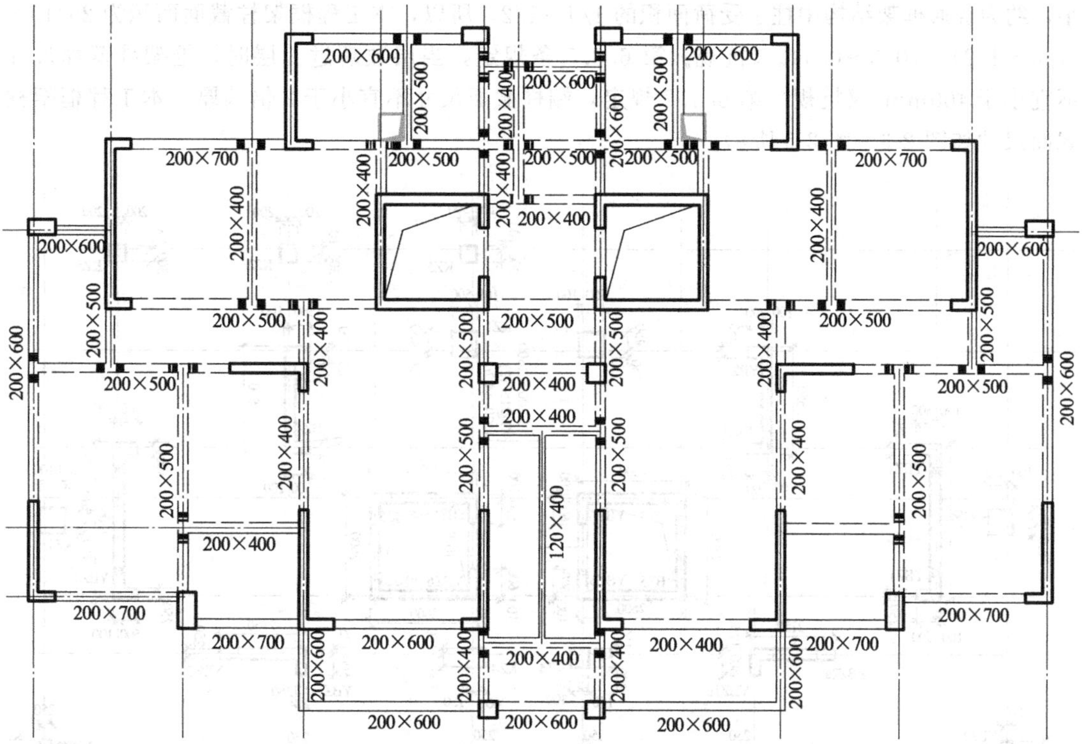

图 2-1 标准层梁截面尺寸

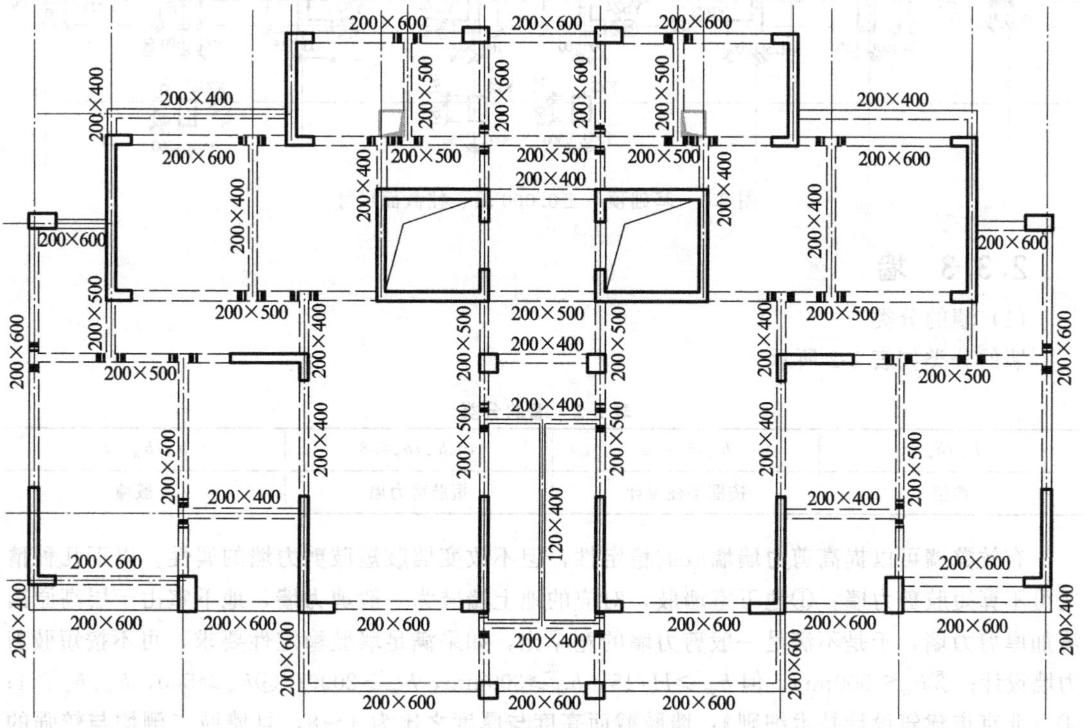

图 2-2 屋面层梁截面尺寸

（2）柱网不是很大时，一般每10层柱截面按0.3～0.4m² 取。本工程框架柱受荷面积减小，约为普通框架结构中柱子受荷面积的1/4～1/2，所以，本工程框架柱截面面积为29/10×(1/4～1/2)×(0.3～0.4)。《抗规》第6.3.5条规定，当层数超过2层时，框架柱截面尺寸不宜小于400mm。《抗规》第6.4.7规定，端柱截面尺寸不宜小于2倍墙厚。本工程框架柱截面尺寸如图2-3～图2-6所示。

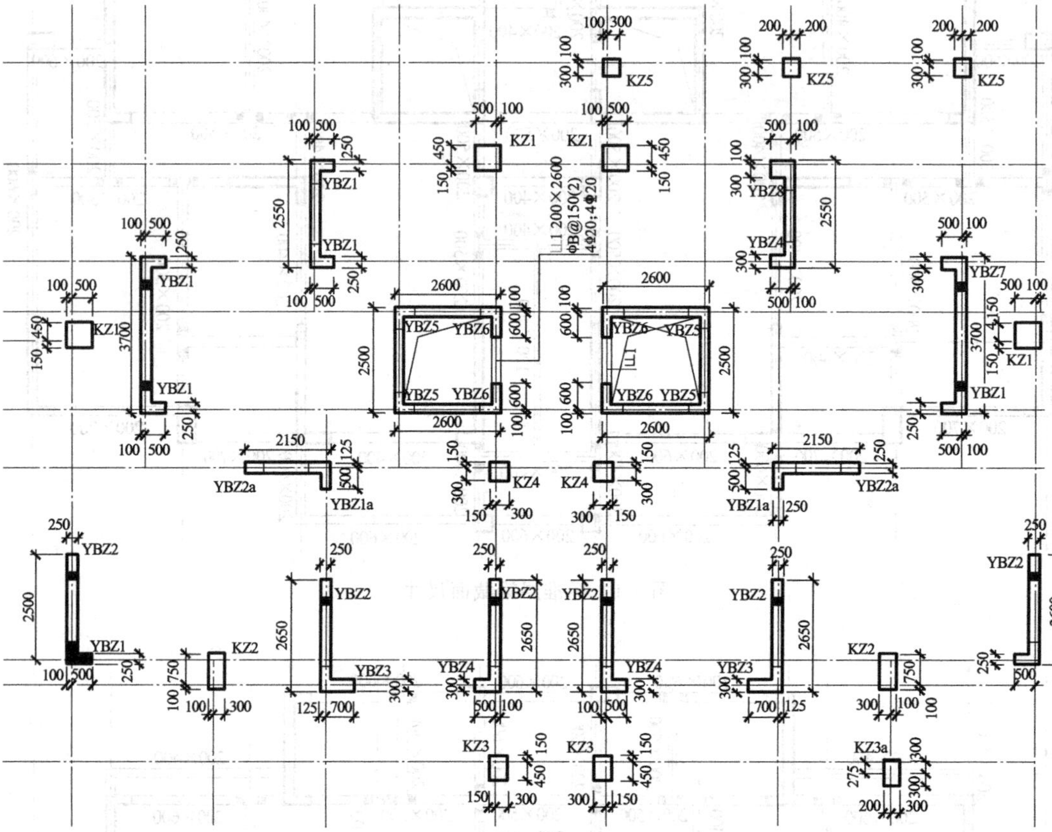

图2-3 基础顶～±0.000墙、柱截面尺寸

2.3.3 墙

（1）墙的分类

墙的分类如表2-2所示。

表2-2 墙的分类

h_w/b_w	$h_w/b_w \leqslant 4$	$4 < h_w/b_w \leqslant 8$	$h_w/b_w > 8$
类型	按框架柱设计	短肢剪力墙	一般墙

有效翼墙可以提高剪力墙墙肢的稳定性，但不改变墙肢短肢剪力墙的属性。以下几种情况可不算短肢剪力墙：①地下室墙肢，对应的地上墙肢为一般剪力墙，地下室由于层高原因需加厚剪力墙，于是不满足一般剪力墙的宽厚比，如果满足墙肢稳定性要求，可不按短肢剪力墙设计；②$b_w \leqslant 500$mm，但$b_w \geqslant H/15$，$b_w \geqslant 300$mm，$h_w \geqslant 2000$；③$b_w > 500$，$h_w/b_w \geqslant 4$；④《北京市建筑设计技术细则》：墙肢截面高度与厚度之比为4～8，且墙肢二侧均与较强的连梁（连梁净跨与连梁高度之比≤2.5）相连时或有翼墙相连的短肢墙，可不作为短肢墙。

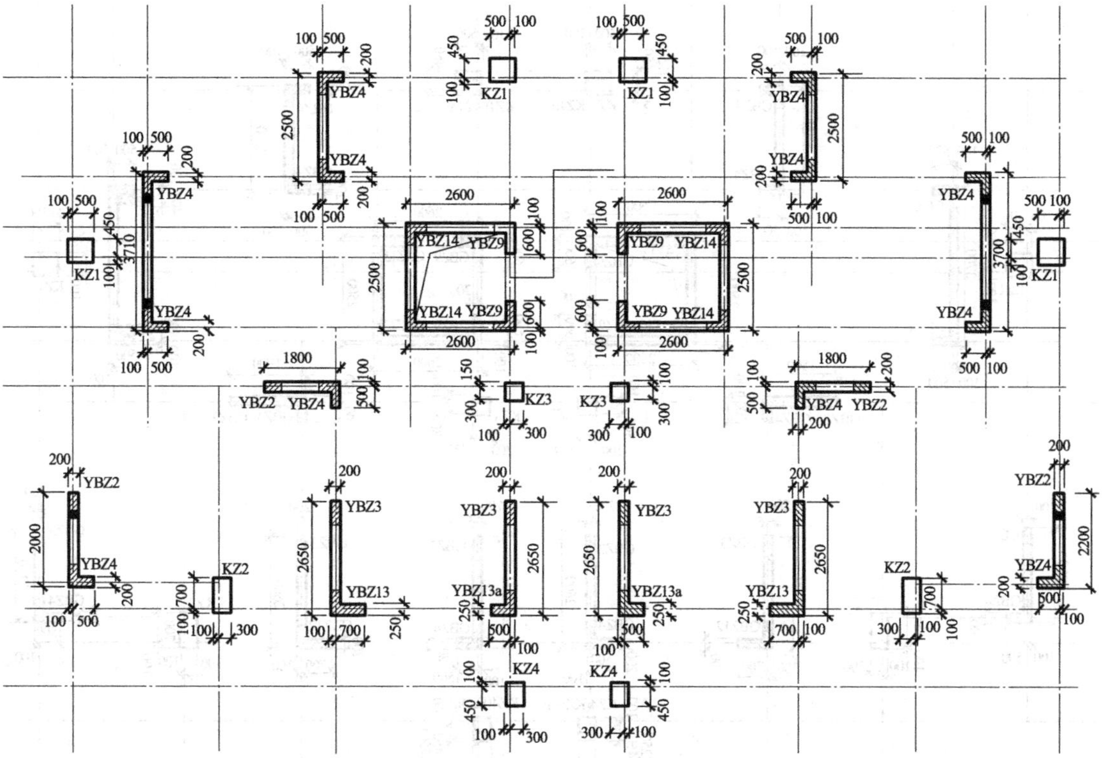

图 2-4 标高±0.000～11.800 墙、柱截面尺寸

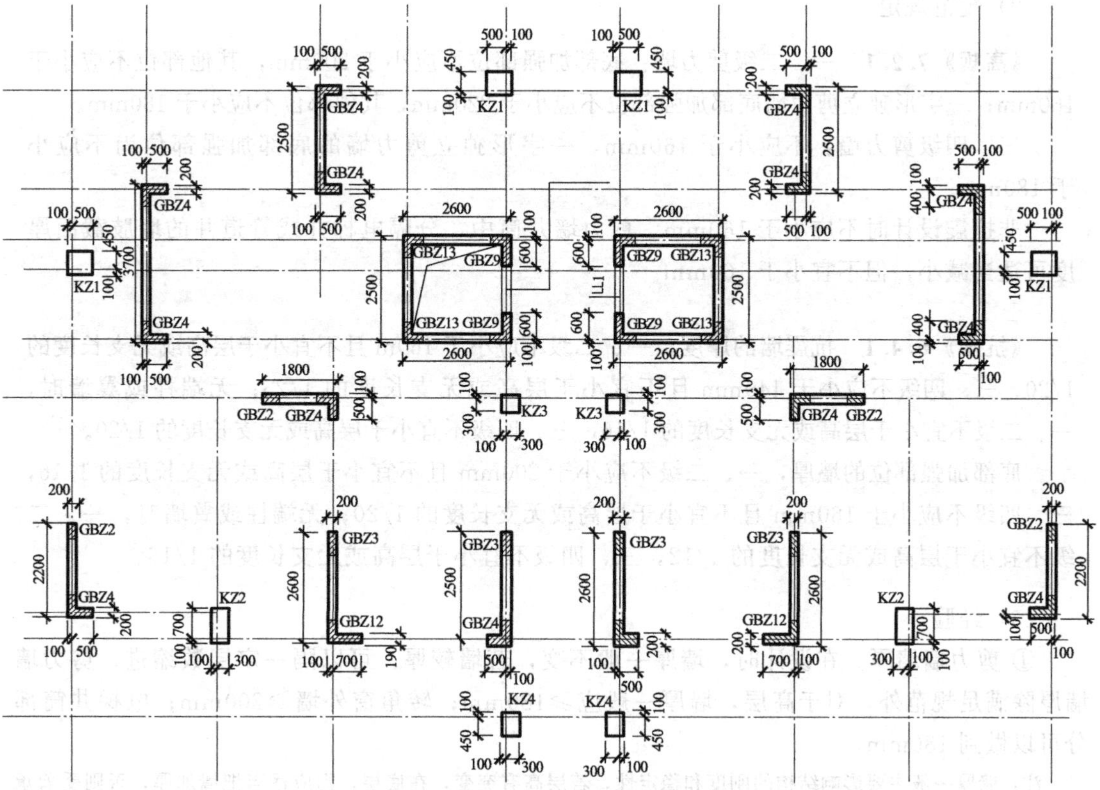

图 2-5 标高 11.800～29.500 墙、柱截面尺寸

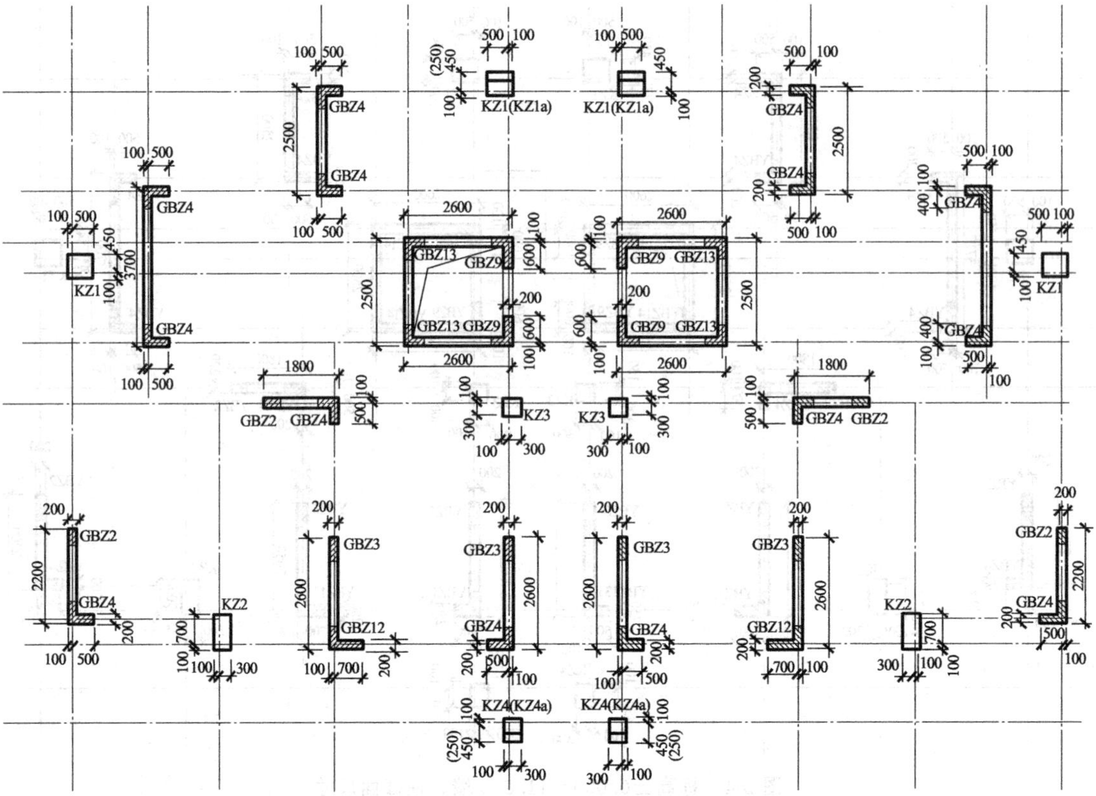

图 2-6 标高 29.500～85.550 墙、柱截面尺寸

（2）规范规定

《高规》7.2.1 一、二级剪力墙：底部加强部位不应小于 200mm，其他部位不应小于 160mm；一字形独立剪力墙底部加强部位不应小于 220mm，其他部位不应小于 180mm。

三、四级剪力墙：不应小于 160mm，一字形独立剪力墙的底部加强部位尚不应小于 180mm。

非抗震设计时不应小于 160mm。剪力墙井筒中，分隔电梯井或管道井的墙肢截面厚度可适当减小，但不宜小于 160mm。

《抗规》6.4.1 抗震墙的厚度，一、二级不应小于 160m 且不宜小于层高或无支长度的 1/20，三、四级不应小于 140mm 且不宜小于层高或无支长度的 1/25；无端柱或翼墙时，一、二级不宜小于层高或无支长度的 1/16，三、四级不宜小于层高或无支长度的 1/20。

底部加强部位的墙厚，一、二级不应小于 200mm 且不宜小于层高或无支长度的 1/16，三、四级不应小于 160mm 且不宜小于层高或无支长度的 1/20；无端柱或翼墙时，一、二级不宜小于层高或无支长度的 1/12，三、四级不宜小于层高或无支长度的 1/16。

（3）经验

① 剪力墙墙厚。在设计时，墙厚一般不变，若墙较厚，可以隔一定层数缩进。剪力墙墙厚除满足规范外，对于高层，墙厚一般应≥180mm；转角窗外墙≥200mm；电梯井筒部分可以做到 180mm。

注：墙厚一般主要影响结构的刚度和稳定性，若层高有突变，在底层，则应适当把墙加厚，否则受剪承载力比值不易满足规范要求。若是顶部跃层，可不单独加厚，但要验算该墙的稳定性，并采取构造措施加强。

② 剪力墙底部墙厚。当建筑层数在 25～33 之间时，剪力墙底部墙厚在满足规范的前提下一般遵循以下规律：6 度区约为 $8n$（n 为结构层数），7 度区约为 $10n$，8 度（0.2g）区约为 $13n$，8 度（0.3g）区约为 $15n$。

（4）本工程剪力墙截面尺寸如图 2-3～图 2-6 所示。

2.3.4 板

参考第 1 章 1.2.3。标准层板布置如图 2-7 所示。电梯机房底板 150mm，其他屋面板均为 120mm。

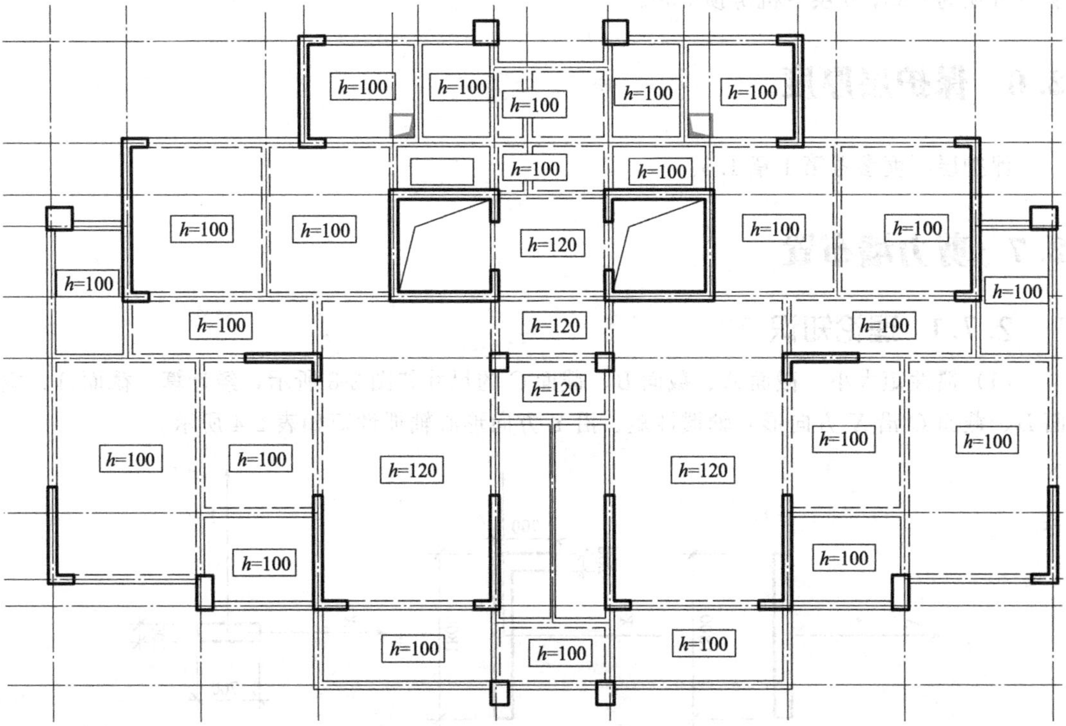

图 2-7 标准层板布置

2.4 荷载

（1）参考第 1 章 1.3。

（2）恒载为板厚＋附加恒载，本工程标准层附加恒载取 1.5kN/m²。屋面附加恒载取 3.5kN/m²。活荷载如表 2-3 所示。

表 2-3 活荷载取值

房间名称	荷载取值	房间名称	荷载取值	房间名称	荷载取值	房间名称	荷载取值
卧室	2.0	客厅、餐厅、走道	2.0	不上人屋面	0.5	一层楼面	5.0
上人屋面	2.0	消防疏散楼梯	3.5	阳台	2.5		
蹲式卫生间	2.0	卫生间(带浴缸)	4.0				

注：电梯机房屋面活荷载取 7.0kN/m²，对机房楼板承载力不存在问题，但对支承曳引机设备的承重梁来说，可能不够，一般可人为放大梁钢筋。电梯屋顶吊钩用于安装维修时用于提升主机设备，也可以用来电梯安装时定位，在 PKPM 中建模时，在梁上输入集中荷载（比如 30kN，该值由电梯厂商提供）。而普通的杂货电梯，是由电梯吊钩承担受力。

（3）线荷载参考1.3.3线荷载取值。墙体材料容重：烧结多孔砖为16，加气混凝土砌块为6.8。

2.5 混凝土强度等级

混凝土强度等级参考第1章1.4。本工程墙、柱混凝土强度等级，负一层～五层为C45，6～10层为C40，11～15层为C35，16层～机房顶C30。本工程梁、板混凝土强度等级负一层～五层为C35，6层～机房顶C30。

2.6 保护层厚度

保护层厚度参考第1章1.5。

2.7 剪力墙布置

2.7.1 理论知识

（1）惯性矩大小　截面A、截面B、截面C的尺寸如图2-8所示，经计算，截面A、截面B、截面C沿X方向形心轴惯性矩、沿Y方向形心轴惯性矩如表2-4所示。

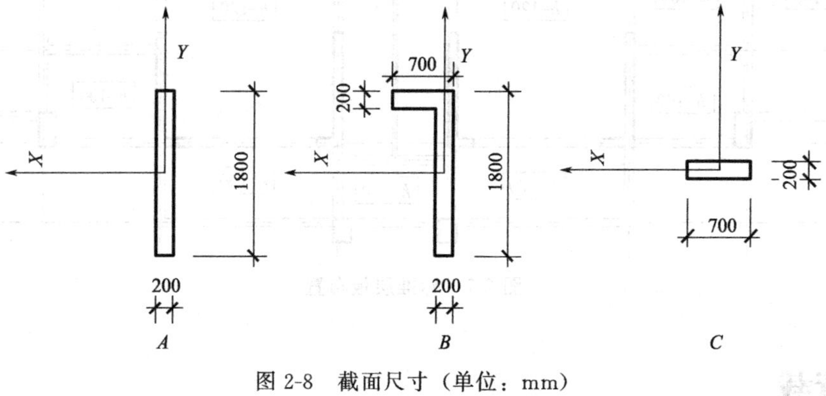

图2-8　截面尺寸（单位：mm）

表2-4　截面形心轴惯性矩　　单位：mm^4

截面A	$I_{Ax}=9.72\times10^{10}$	$I_{Ay}=1.2\times10^{9}$
截面B	$I_{Bx}=1.476\times10^{11}$	$I_{By}=1.29\times10^{10}$
截面C	$I_{Cx}=4.67\times10^{8}$	$I_{Cy}=5.72\times10^{9}$

（2）构件平面内外刚度比较　假设截面长边方向为构件平面内刚度方向，截面短边方向为构件平面外刚度方向，构件材料相同，材料弹性模量均为E，则平面内外抗弯刚度EI如表2-5所示。

表2-5　截面平面内外抗弯刚度

	未加翼缘		加翼缘	
	平面内抗弯刚度	平面外抗弯刚度	平面内抗弯刚度	平面外抗弯刚度
截面A	$9.72\times10^{10}E$	$1.2\times10^{9}E$	$1.476\times10^{11}E$	$1.29\times10^{10}E$

续表

	未加翼缘		加翼缘	
截面 C	平面内抗弯刚度	平面外抗弯刚度	平面内抗弯刚度	平面外抗弯刚度
	$5.72\times10^{9}E$	$4.67\times10^{8}E$	$1.29\times10^{10}E$	$1.476\times10^{11}E$

由表 2-5 可知，截面 A 加翼缘后，平面内抗弯刚度增加 0.519 倍，平面外抗弯刚度增加 10.75 倍，截面 C 加翼缘后，平面内抗弯刚度增加 2.24 倍，平面外抗弯刚度增加 316 倍。

(3) 应力图　在弯矩 M 作用下截面 A 的正应力、切应力图，如图 2-9 所示。

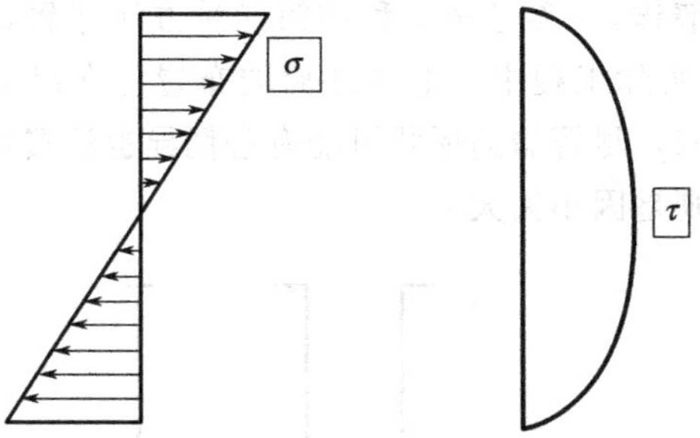

正应力沿高度方向分布图　　切应力沿高度方向分布图

图 2-9　应力分布图

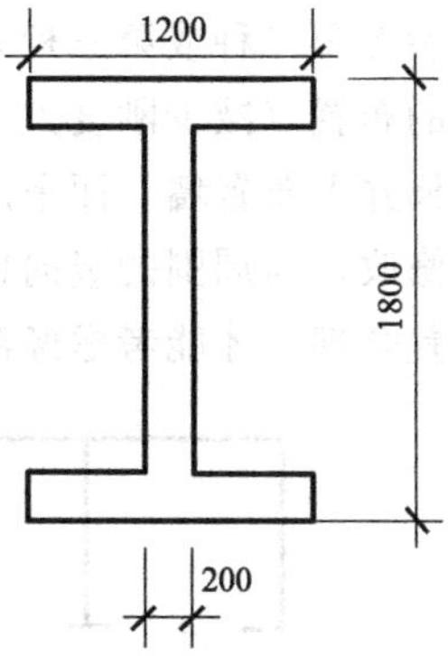

截面D

图 2-10　截面 D 尺寸（mm）

截面 A 加翼缘后，组成一个 H 形截面 D（图 2-10），在弯矩作用下，截面 D（构件）与截面 A（构件）相比较，最大正应力减小，翼缘几乎承受全部正应力，腹板几乎承受全部切应力，在计算时，让翼缘抵抗弯矩，腹板抵抗剪力。

(4) 总结　由以上分析可知，构件布置翼缘后，平面内外刚度均增大，刚度内外组合，互为翼缘，能提高材料效率。布置剪力墙时，墙要连续，互为翼缘。拐角处变形大，更应遵循这条原则，否则应力大，会增大墙截面，与墙相连的梁截面，也容易引起梁超筋，周期比、位移比等不满足规范要求。墙布置翼缘，边缘构件配筋会增大，但结构布置合理了才经济，否则会因小失大。

2.7.2 经验

(1) 外围、均匀。剪力墙布置在外围，在水平力作用下，$F_1H=F_2D$，抗倾覆力臂 D 越大，F_2 越小，于是竖向相对位移差越小，反之，如果竖向相对位移差越大，则可能会导致剪力墙或连梁超筋。剪力墙布置在外围，整个结构抗扭刚度很大，反之，如果不布置在外围，则可能会导致位移比、周期比等不满足规范。

(2) 拐角处，楼梯、电梯处要布墙。拐角处布墙是因为拐角处扭转变形大，楼梯、电梯处布墙是因为此位置无楼板，传力中断，一般都会有应力集中现象，布墙是让墙去承担大部分力。

(3) 多布置 L 形、T 形剪力墙，尽量不用短肢剪力墙、一字形剪力墙、Z 形剪力墙。短肢剪力墙、一字形剪力墙受力不好且配筋大，而 Z 形剪力墙边缘构件多，不经济。

(4) 6度、7度区剪力墙间距一般为6～8m；8度区剪力墙间距一般为4～6m。当剪力墙长度大于5m时，若刚度有富余，可设置结构洞口。设防烈度越高，地震作用越大，所需要的刚度越大，于是剪力墙间距越小。剪力墙的间距大小也可以由梁高反推，假设梁高500mm，则梁的跨度取值$L=(10\sim15)\times500\text{mm}=5.0\sim7.5\text{m}$。

(5) 当抗震设防烈度为8度或者更大时，由于地震作用很大，一般要布置长墙，即用“强兵强将”去消耗地震作用效应。

(6) 剪力墙边缘构件的配筋率显著大于墙身，故从经济性角度，应尽量采用片数少、长度大、拐角少的墙肢；减少边缘构件数量和大小，降低用钢量。

(7) 电梯井筒一般有如下三种布置方法（图2-11中从左至右），由于电梯的重要性很大，从概念上一般按第一种方法布置，当电梯井筒位于结构中间位置且地震作用不是很大时，可参考第二种或第三种方法布置。当为了减小位移比及增加平动周期系数时，可以改变电梯井的布置（减少刚度大一侧的电梯井的墙体），参考第二种或第三种方法布置，不用在整个电梯井上布置墙，而采用双L形墙。在实际工程中，电梯井筒的布置应在以上三个图基础上修改，与周围的竖向构件用梁拉结起来，尽管墙的形状可能有些怪异也浪费钢筋，但结构布置合理了才能考虑经济上的问题，否则是因小失大。

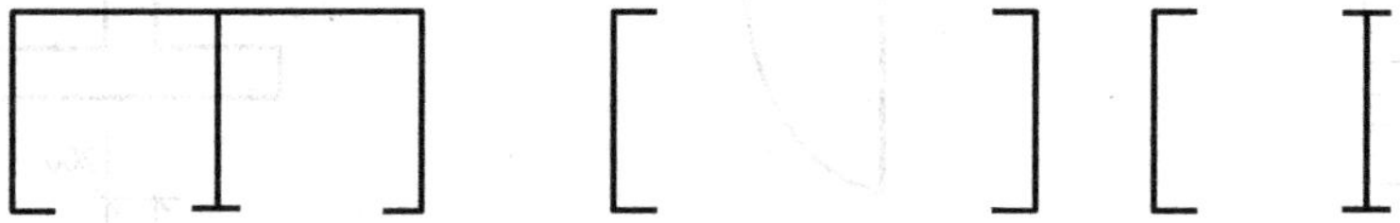

图2-11 电梯井筒布置

(8) 剪力墙布置时，可以类比桌子的四个脚，结构布置应以“稳”为主。墙拐角与拐角之间若没有开洞，且其长度不大，如小于4m，有时可拉成一片长墙。如图2-12所示。

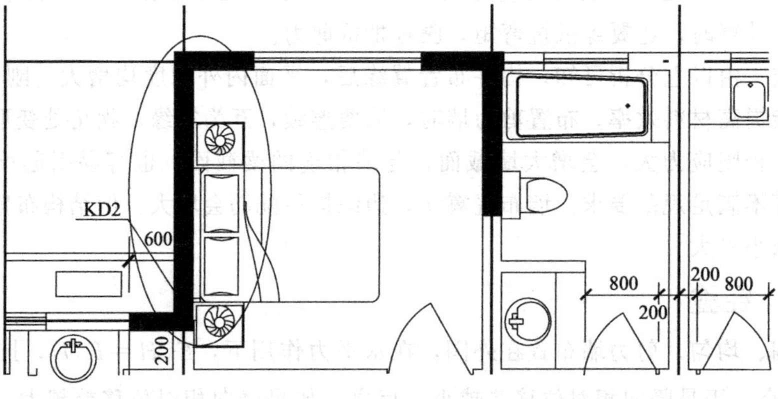

图2-12 剪力墙布置

(9) 剪力墙的布置原则是：外围、均匀、双向、适度、集中、数量尽可能少。一般根据建筑形状大致确定什么位置或方向该多布置墙，比如横向（短向）的外围应多布置墙，品字形的部位应多布置墙。“均匀”与“双向”应同步控制，这样X或Y方向两侧的刚度趋近于一致，位移比更容易满足，周期的平动系数更高。剪力墙的总刚度的大小是否合适可以查看“弹性层间位移角”，剪力墙外围墙体应集中布置（长墙等），一般振型参与系数会提高，更容易控制剪重比，扭转刚度增加，对周期比、位移比的调整都有利。

2.8 PKPM中建模

(1) 参考第1章1.6。

(2) PMCAD中建模时要注意的一些问题

① PKPM建模时，一般是在两个节点之间布置墙，点击【轴线输入/两点直线】，用“两点直线”布置好节点，再在节点之间布墙。若剪力墙结构是对称布置，可以先布置好一边，另一边用“镜像复制”来完成建模。如果剪力墙长度需要改变，可以点击【网格生成/平移网点】来修改剪力墙的长度。

② 布置剪力墙。点击【PMCAD/建筑模型与荷载输入】→【楼层定义/墙布置】，如图2-13所示。

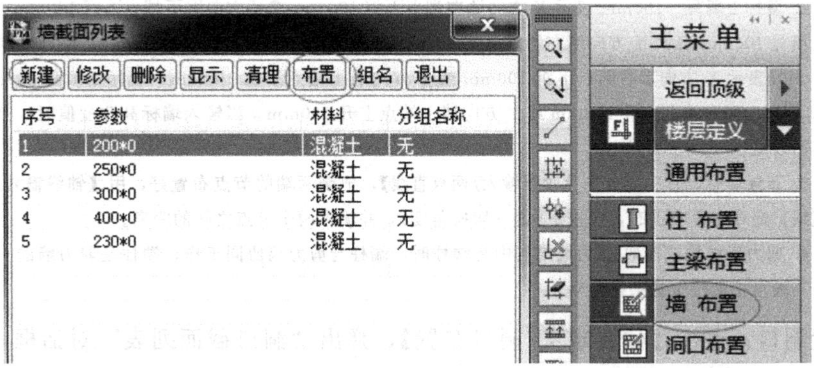

图2-13 墙截面列表对话框

注：所有墙截面都在此对话框中，点击“新建”，定义墙截面，选择“截面类型”，填写“厚度”“材料类别”(6为混凝土)，如图2-14所示。

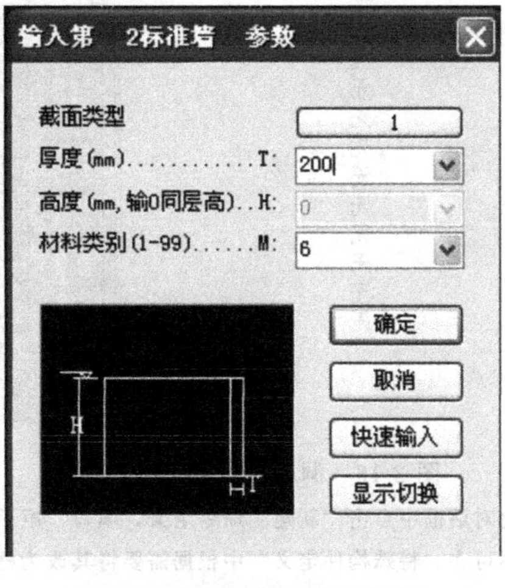

图2-14 标准墙参数对话框

注：填写参数后，点击“确定”，选择要布置的墙截面，再点击“布置”，如图2-13、图2-15所示。

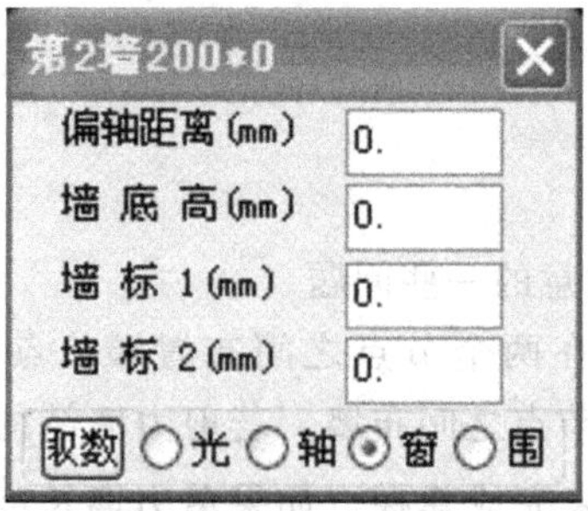

图 2-15　墙布置对话框

注：1. 当用“光标方式”“轴线方式”布置偏心墙时，鼠标点击轴线的哪边墙就向哪边偏心，偏心值在“偏轴距离”中填写，与输入值的正负号无关。当用“窗口方式”布置偏心墙时，偏心值为正时墙向上、向左偏心，偏心值为负时墙向下、向右偏心，用“窗口方式”布置偏心墙时，必须从右向左、从下向上框选墙。

2. 墙标 1 填写－100mm 表示 X 方向墙左端点下沉 100mm 或 Y 方向墙下端点下沉 100mm；墙标 1 填写 100mm 表示 X 方向墙左端点上升 100mm 或 Y 方向墙下端点上升 100mm；墙标 2 填写－100mm表示 X 方向墙右端点下沉 100mm 或 Y 方向墙上端点下沉 100mm；墙标 2 填写 100mm 表示 X 方向墙右端点上升 100mm 或 Y 方向墙上端点上升 100mm。当输入墙标高改变值时，节点标高不改变。

3. 布置墙时，首先应点击【轴线输入/两点直线】，把墙两端的节点布置好，用【轴线输入/两点直线】命令布置节点时，应按 F4 键（切换角度），并输入两个节点之间的距离。

4. 剪力墙结构或框架-剪力墙结构中有端柱时，端柱与剪力墙协同工作，端柱是剪力墙的一部分，一般可把端柱按框架柱建模。

③ 布置洞口。点击【楼层定义/洞口布置】，弹出“洞口截面列表”对话框，如图 2-16 所示。

图 2-16　洞口截面列表对话框

注：1. 所有竖向洞口都在此对话框中点击“新建”命令定义，填写“矩形洞口宽度”“矩形洞口高度”。

2. 开洞形成的梁为连梁，不可在“特殊构件定义”中根据需要将其改为框架梁。在 PMCAD 中定义的框架梁，程序会按一定的原则，自动将部分符合连梁条件的梁转化为连梁。也可以在 SATWE 特殊构件中间将框架梁定义为连梁。

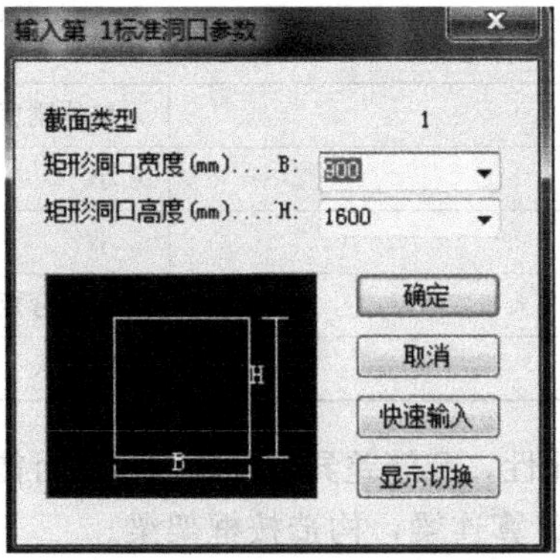

图 2-17　标准洞口参数对话框

注：填写参数后，点击“确定”，选择要布置的洞口截面，再点击“布置”，如图 2-17、图 2-18 所示。

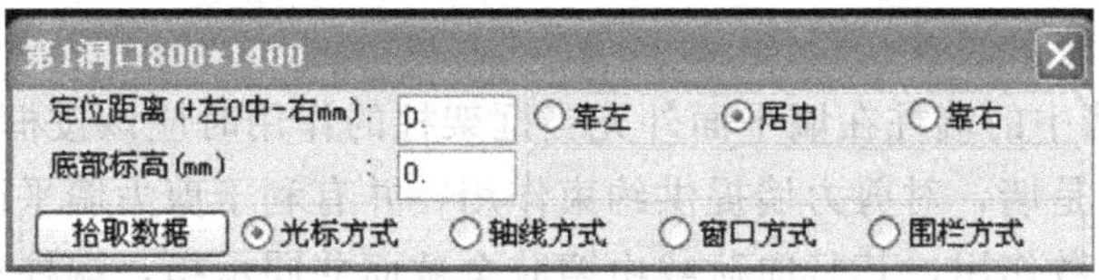

图 2-18　洞口布置对话框

注：若定位距离填写 600，则表示洞口左端节点离 X 方向墙体（在 X 方向墙体上开洞）左端节点的距离为 600mm 或洞口下端节点离 Y 方向墙体下端节点的距离为 600mm；若定位距离填写－600，则表示洞口右端节点离 X 方向墙体右端节点的距离为 600mm 或洞口上端节点离 Y 方向墙体上端节点的距离为 600mm。底部标高填写 500，则表示洞口的底部标高上升 500mm，底部标高填写－500，则表示洞口的底部标高下降 500mm。

④ 连梁建模。

a. 就实际操作的方便性来说，按框架梁输入比较好，连梁上的门窗洞口荷载及连梁截面调整较方便。可先按框架来输入，再视情况调整。

b. 剪力墙两端连梁有两种建模方式：开洞，程序默认其为连梁；先定义节点，再按普通框架梁布置，如果要将其改为连梁，可以在 SATWE“特殊构件补充定义”里将框架梁改为连梁。

c. 连梁的两种建模方式比较，如表 2-6 所示。

表 2-6　连梁的两种建模方式比较

连梁	方法 1:普通梁输入法	方法 2:墙上开洞法
属性	1. 连梁混凝土强度等级同梁 2. 可进行“特殊构件定义”:调幅、转换梁、连梁耗能梁 3. 抗震等级同框架	1. 连梁混凝土强度等级同墙 2. 不可以进行“特殊构件定义”,只能为“连梁” 3. 抗震等级同剪力墙
荷载	按梁输入各种荷载,荷载比较真实	按“墙间荷载”,除集中荷载外,其他荷载形式均在计算时转化为均布荷载,存在误差
计算模型	按杆单元,考虑了剪切变形。杆单元与墙元变形不协调,通过增加“划分单元”解决,有误差	按墙单元,与剪力墙一起进行单元划分,变形协调

续表

连梁	方法1:普通梁输入法	方法2:墙上开洞法
刚度	整体刚度小	整体刚度大
位移	大	小
周期	大	小
梁内力	梁端弯矩、剪力大	梁端弯矩、剪力小
剪力墙配筋	配筋小	配筋大

两者计算结果基本没有可比性，配筋差异太大，为了尽可能符合实际情况，按以下原则。

a. 当跨高比≥5时，按梁计算连梁，构造按框架梁。

b. 当跨高比≤2.5时，一般按连梁（墙开洞），但是当梁高<400时，宜按梁，否则，连梁被忽略不计。

c. 当跨高比 $2.5\leqslant L/h\leqslant5$ 且梁高<400时，应按梁，否则连梁被忽略不计。

d. 当梁高<300时，按墙开洞的连梁会被忽略，即无连梁，一般梁应≥400，尽量不要出现梁高<400的情况。

⑤ 端柱。剪力墙中的端柱在墙平面外充当框架柱的作用时应该按框架柱建模。

端柱不是柱，而是墙，对剪力墙提供约束作用，并有利于剪力墙平面外稳定性。由于混凝土对竖向荷载的扩散作用，其竖向荷载由墙肢全截面共同承担，端柱和墙体共同承担竖向荷载及竖向荷载引起的弯矩，并且墙体始终是承担竖向荷载的主体。剪力墙中的端柱往往在墙平面外充当框架柱的作用。

端柱按柱输入，则端柱与墙的总截面面积比实际情况增加，直接影响带端柱剪力墙的抗剪承载力，且偏于不安全。当采用柱墙分离式计算时，常导致同一结构内端柱与墙肢的计算压应力水平差异很大，常常导致柱墙轴力的绝大部分由端柱承担，而剪力墙只承担其中的很小部分，端柱配筋过大，不合理。

当采用柱墙分离式计算时，会出现端柱的抗震等级同框架，应该人工修改柱的抗震等级，使其同剪力墙。

⑥ 女儿墙建模。女儿墙在PKPM中不用建模，一般加上竖向线荷载即可（恒载）。风荷载对结构的影响很小，由于女儿墙是悬臂受力构件，地震作用很弱，对结构的影响基本可以忽略。

2.9 结构计算步骤及控制点

参考第1章1.7。

2.10 SATWE前处理、内力配筋计算

参考第1章1.8。

2.11 SATWE计算结果分析与调整

SATWE计算结果分析与调整可参照第1章1.9。

2.11.1 墙轴压比的设计要点

《高规》7.2.13 重力荷载代表值作用下，一、二、三级剪力墙墙肢的轴压比不宜超过表 2-7 的限值。

表 2-7 剪力墙墙肢轴压比限值

抗震等级	一级(9 度)	一级(6、7、8 度)	二、三级
轴压比限值	0.4	0.5	0.6

注：墙肢轴压比是指重力荷载代表值作用下墙肢承受的轴压力设计值与墙肢的全截面面积和混凝土轴心抗压强度设计值乘积之比值。

2.11.2 周期比超限实例分析

【实例 1】 一栋 24 层剪力墙结构，第二振型是扭转，第一振型平动系数是 1.0，第二振型平动系数是 0.3，第三振型平动系数是 0.7；第三振型转角 1.97°，第二振型转角 2.13°，第一振型转角 91.20°。

分析：(1) 第二振型为扭转，说明结构沿两个主轴方向的侧移刚度相差较大，结构的扭转刚度相对其中一主轴（第一振型转角方向）的侧移刚度是合理的；但相对于另一主轴（第三振型转角方向）的侧移刚度则过小，此时宜适当削弱结构内部沿“第三振型转角方向”的刚度，并适当加强结构外围（主要是沿第三振型转角方向）的刚度。

(2) 第三振型转角 1.97°，靠近 X 轴；第一振型转角 91.20°，靠近 Y 轴；先看下位移比、周期比，如果位移比不大，可以增大结构外围 X 方向的刚度，适当削弱内部沿 X 方向的刚度（墙肢变短、开洞等）。

(3)“平 1”“扭”“平 2”。“扭”没有跑到“平 1”前，说明“平 1”方向的扭转周期小于“平 1”方向的平动周期，即“平 1”方向的扭转刚度足够；加强“平 2”方向外围的墙体，扭转刚度比平动刚度增大的更快，于是扭转周期跑到了“平 2”后面，即“平平扭”。在实际设计中，减少内部的墙体会更有效也更具有操作性。一定要记住，位移比、周期比的本质在于控制扭转变形，控制扭转变形的关键在于外部刚度相对于内部要合理或 X 方向（或 Y 方向）两侧刚度均匀。

注：1.“平 1”：第一平动周期；“平 2”：第二平动周期；“扭”：第一扭转周期。

2. 增大 X 方向结构外围刚度时，应在 SATWE 后处理-图形文件输出中点击【结构整体空间振动简图】，查看是 X 方向哪一侧扭转刚度弱（扭转变形大），增加扭转变形大那一侧结构外围的刚度，增加扭转刚度的同时还应保证两侧刚度均匀（控制位移比与周期平动系数）。同时减小结构内部沿着 X 方向刚度，两端刚度大于中间刚度才会扭转小。

3. 平动周期系数，不同的地区有不同的规定，一般应控制在≥90%。但有时由于建筑体型的原因，平动周期系数很难控制在≥90%，深圳某大型国有民用设计研究院对此的底线是≥55%。

【实例 2】 某 32 层剪力墙结构，第一周期出现了扭转。

考虑扭转耦联时的振动周期（s），X、Y 方向的平动系数、扭转系数。见表 2-8。

表 2-8 周期、地震力、振型输出

振型号	周期	转角	平动系数($X+Y$)	扭转系数
1	3.1669	178.85	0.49(0.49+0.00)	0.51
2	2.8769	89.08	1.00(0.00+1.00)	0.00
3	2.5369	179.31	0.51(0.51+0.00)	0.49
4	0.9832	179.33	0.62(0.62+0.00)	0.38
5	0.8578	89.11	1.00(0.00+1.00)	0.00

续表

振型号	周期	转角	平动系数(X+Y)	扭转系数
6	0.7805	178.74	0.38(0.38+0.00)	0.62
7	0.4984	179.59	0.73(0.73+0.00)	0.27
8	0.4126	89.04	1.00(0.00+1.00)	0.00
9	0.3842	177.54	0.27(0.27+0.00)	0.73
10	0.3072	179.72	0.79(0.79+0.00)	0.21
11	0.2446	89.10	1.00(0.00+1.00)	0.00
12	0.2302	176.67	0.21(0.20+0.00)	0.79
13	0.2109	179.79	0.83(0.83+0.00)	0.17
14	0.1653	89.25	1.00(0.00+1.00)	0.00
15	0.1558	179.61	0.68(0.68+0.00)	0.32

地震作用最大的方向＝－85.950°

分析：（1）关键在于调整构件的布置，使得水平面 X、Y 方向的两侧刚度均匀且“强外弱内”。第一周期为扭转振型，转角接近于180°，则应加强 X 方向外围刚度，使得扭 X 方向扭转刚度增加，或削弱 X 方向内部刚度，使得 X 方向相对扭转刚度增加。

（2）平动周期不均匀时，应查看该平动周期的转角，确定是 X 方向还是 Y 刚度两侧刚度不均匀。有一个直观的方法，在 SATWE 后处理-图形文件输出中点击【结构整体空间振动简图】，点击“改变视角”，切换为俯视，选择相应的 1，2 振型查看，通过查看整体震动可以判断哪个方向比较弱，然后相应加强弱的一边或者减弱强的一边。平动周期不均匀的本质在于 X 或 Y 方向两侧刚度不均匀（相差太大）。

2.11.3 超筋

（1）参考第 1 章 1.9.2。

（2）对“剪力墙中连梁超筋”的认识及处理

① 原因。剪力墙在水平力作用下会发生错动，墙稍有变形的情况下，连梁端部会产生转角，连梁会承担极大的弯矩和剪力，从而引起超筋。

②“剪力墙中连梁超筋”的解决方法。

方法 1：降低连梁刚度，减少地震作用。

a. 减小梁高，以柔克刚。如果仍然超筋，说明该连梁两侧的墙肢过强或者是吸收的地震力过大，此时，想通过调整截面使计算结果不超筋是比较困难且没必要的。一般由于门窗高度的限制，梁高减小的余地已不大，减小梁高，抗剪承载力可能比内力减少得更多。

b. 容许连梁开裂，对连梁进行刚度折减。《抗规》6.2.13-2 规定：抗震墙连梁的刚度可折减，折减系数不宜小于 0.50。

c. 把洞口加宽，增加梁长，把连梁跨高比控制在 2.5 以上，因为跨高比为 2.5 时，抗剪承载能力比跨高比<2.5 时大很多。梁长增加后，刚度变小，地震作用时连梁的内力也减小。

d. 采用双连梁。假设连梁截面为 200mm×1000mm，可以在梁高中间位置设一道缝，设缝能有效降低连梁抗弯刚度，减小地震作用。

方法 2：提高连梁抗剪承载力

a. 提高混凝土强度等级。

b. 增加连梁的截面宽度，增加连梁的截面宽度后抗剪承载力的提高大于地震作用的增加，而增加梁高后地震作用的增加会大于抗剪承载力的提高。

(3) 水平施工缝验算不满足

① 规范规定。

《高规》7.2.12 抗震等级为一级的剪力墙，水平施工缝的抗滑移应符合下式要求：

$$V_{wj}\leqslant\frac{1}{\gamma_{RE}}(0.6f_yA_s+0.8N) \tag{2-1}$$

式中 V_{wj}——剪力墙水平施工缝处剪力设计值；

A_s——水平施工缝处剪力墙腹板内竖向分布筋和边缘构件中的竖向钢筋总面积（不包括两侧翼缘），以及在墙体中有足够锚固长度的附加竖向插筋面积；

f_y——竖向钢筋抗拉强度设计值；

N——水平施工缝处考虑地震作用组合的轴向力设计值，压力为正值，拉力取负值。

② 原因分析。高层剪力墙结构可以简化为竖立在地球上的一个"悬臂梁"，在水平地震作用时，"悬臂梁"产生拉压力，拉压力形成力偶去抵抗水平力产生的弯矩。水平作用越大时，拉压力越大，剪力墙可能受拉，此时剪力墙剪力也越大，对于抗震等级为一级的剪力墙，水平施工缝验算可能不满足规范要求。

③ 程序查看。剪力墙结构中水平施工缝验算超限的墙肢大多是受拉的墙肢，对于8度区>80m的剪力墙结构，8度区>60m的框架剪力墙结构，常会遇到墙水平施工缝验算超限，可以点击【SATWE/分析结果图形和文本显示/文本文件输出/超配信息】查看超筋信息，如图2-19所示。

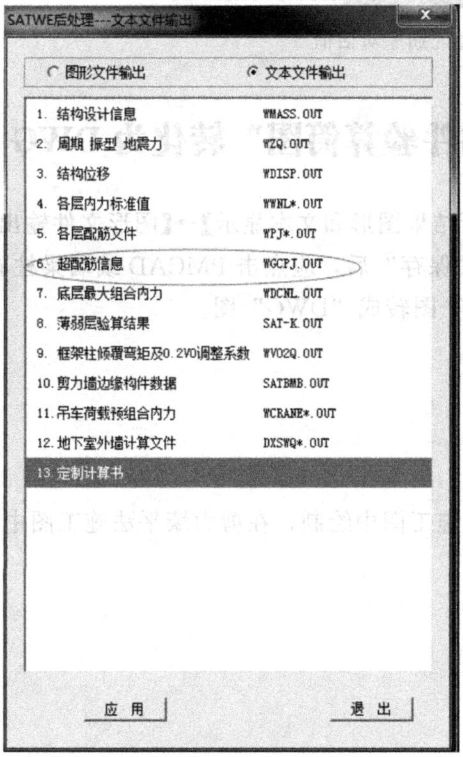

图 2-19 SATWE 后处理/超配信息

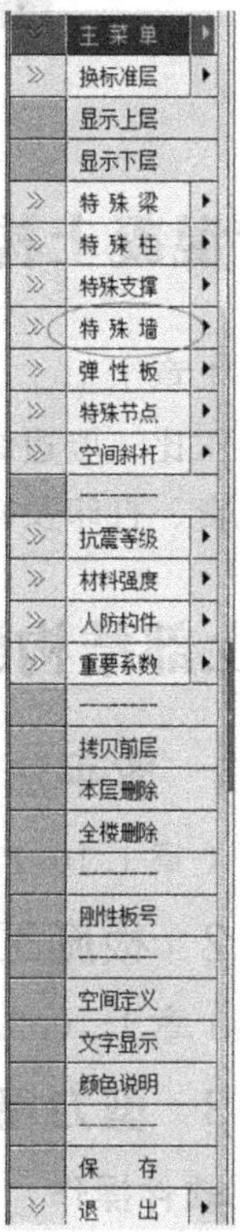

图 2-20 特殊构件菜单

④ 解决方法。施工缝超筋可以考虑附加斜向插筋，手工复核。点击【SATWE/接 PM 生成 SATWE 数据】→【特殊构件补充定义/特殊墙/竖配筋率】如图 2-20、图 2-21 所示。

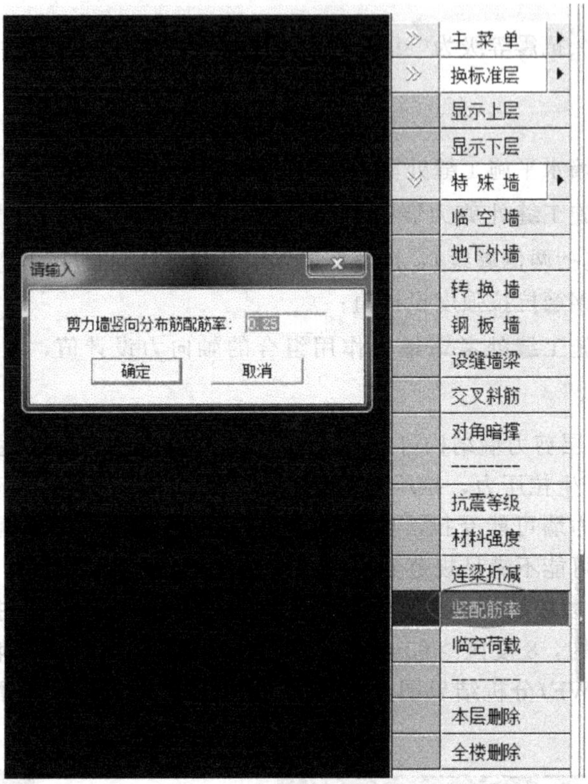

图 2-21 竖配筋率对话框

2.12 “混凝土构件配筋及钢构件验算简图”转化为 DWG 图

参考第 1 章 1.10。点击【SATWE/分析结果图形和文本显示】→【图形文件输出/梁弹性挠度、柱轴压比、墙边缘构件简图】，点击“保存”后，应点击 PMCAD 或墙梁柱施工图中的“图形编辑、打印及转换”，将“WPJC”T 图转成“DWG”图。

2.13 上部结构施工图绘制

2.13.1 梁平法施工图绘制

参考第 1 章 1.10.1。连梁可不在梁平法施工图中绘制，在剪力墙平法施工图中绘制。

2.13.2 板施工图绘制

参考第 1 章 1.10.2。

2.13.3 剪力墙平法施工图绘制

2.13.3.1 软件操作

点击【墙梁柱施工图/剪力墙施工图】→【工程设置】，如图 2-22 所示。

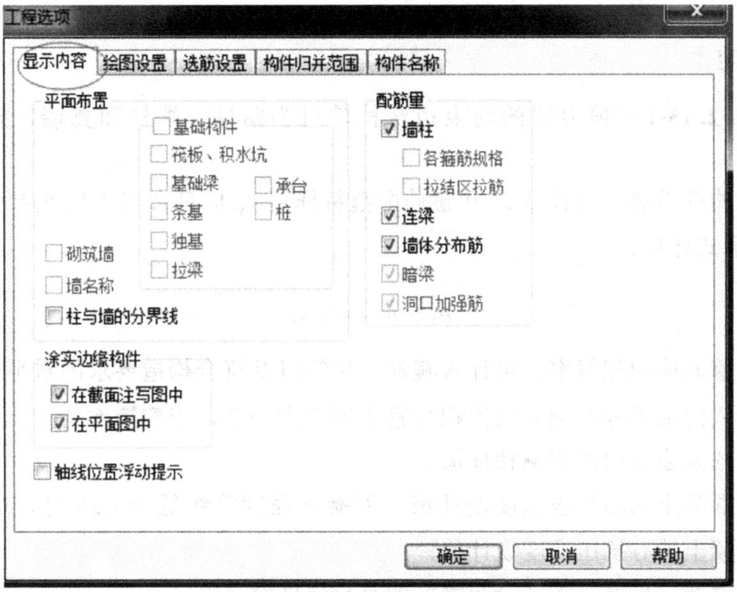

图 2-22 工程选项/显示内容

注：工程选项中的 5 个对话框均可按默认参数设置

2.13.3.2 边缘构件设计时应注意的问题

(1) 约束边缘构件

① 设置范围。

《高规》7.2.14 剪力墙两端和洞口两侧应设置边缘构件，并应符合下列规定：

一、二、三级剪力墙底层墙肢底截面的轴压比大于表 2-9 的规定值时，以及部分框支剪力墙结构的剪力墙，应在底部加强部位及相邻的上一层设置约束边缘构件，约束边缘构件应符合《高规》第 7.2.15 条的规定；

除本条第 1 款所列部位外，剪力墙应按本规程第 7.2.16 条设置构造边缘构件；

B 级高度高层建筑的剪力墙，宜在约束边缘构件层与构造边缘构件层之间设置 1～2 层过渡层，过渡层边缘构件的箍筋配置要求可低于约束边缘构件的要求，但应高于构造边缘构件的要求。

表 2-9 剪力墙可不设约束边缘构件的最大轴压比

等级或烈度	一级(9 度)	一级(6、7、8 度)	二、三级
轴压比	0.1	0.2	0.3

剪力墙底部加强区高度的确定，见表 2-10。

表 2-10 剪力墙底部加强区高度

结构类型	加强区高度取值
一般结构	1/10H，底部两层高度，较大值
带转换层的高层建筑	1/10H，框支层加框支层上面 2 层，较大值
与裙房连成一体的高层建筑	1/10H，裙房层加裙房层上面一层，较大值

注：底部加强部位高度均从地下室顶板算起，当结构计算嵌固端位于地下一层的底板或以下时，底部加强部位宜向下延伸到计算嵌固端；当房屋高度≤24m 时，底部加强部位可取地下一层。

② 箍筋、拉筋。

a. 规范规定。

《高规》7.2.15-1 剪力墙的约束边缘构件可为暗柱、端柱和翼墙，并应符合下列规定：

约束边缘构件沿墙肢的长度 l_c 和箍筋配箍特征值 λ_v 应符合表 2-11 的要求，其体积配箍率 ρ_v 应按下式计算：

$$\rho_v \geqslant \lambda_v f_c / f_{yv} \tag{2-2}$$

式中 ρ_v——箍筋体积配箍率。可计入箍筋、拉筋以及符合构造要求的水平分布钢筋，计入的水平分布钢筋的体积配箍率不应大于总体积配箍率的 30%；

λ_v——约束边缘构件配箍特征值；

f_c——混凝土轴心抗压强度设计值；混凝土强度等级低于 C35 时，应取 C35 的混凝土轴心抗压强度设计值；

f_{yv}——箍筋、拉筋或水平分布钢筋的抗拉强度设计值。

注：1. 混凝土强度等级 C30（小于 C35 时用 C35 的轴心抗压强度设计值 16.7，C30 为 14.3），箍筋、拉筋抗拉强度设计值为 360，配箍特征值为 0.12 时，0.12×16.7/360＝0.557%。配箍特征值为 0.20 时，0.2×16.7/360＝0.928%。

2. 在计算剪力墙约束边缘构件体积配箍率时，规范没明确是否扣除重叠的箍筋面积，在实际设计时可不扣除重叠的箍筋面积，也可以扣除，但《混规》11.4.17 在计算柱体积配箍率的时候，要扣除重叠部分箍筋面积。

表 2-11 约束边缘构件沿墙肢的长度 l_c 及其配箍特征值 λ_v

项目	一级(9度)		一级(6、7、8度)		二、三级	
	$\mu_N \leqslant 0.2$	$\mu_N > 0.2$	$\mu_N \leqslant 0.3$	$\mu_N > 0.3$	$\mu_N \leqslant 0.4$	$\mu_N > 0.4$
l_c(暗柱)	$0.20h_w$	$0.25h_w$	$0.15h_w$	$0.20h_w$	$0.15h_w$	$0.20h_w$
l_c(翼墙或端柱)	$0.15h_w$	$0.20h_w$	$0.10h_w$	$0.15h_w$	$0.10h_w$	$0.15h_w$
λ_v	0.12	0.20	0.12	0.20	0.12	0.20

注：1. μ_N 为墙肢在重力荷载代表值作用下的轴压比，h_w 为墙肢的长度。

2. 剪力墙的翼墙长度小于翼墙厚度的 3 倍或端柱截面边长小于 2 倍墙厚时，按无翼墙、无端柱查表。

3. l_c 为约束边缘构件沿墙肢的长度（见《高规》图 7.2.15）。对暗柱不应小于墙厚和 400mm 的较大值；有翼墙或端柱时，不应小于翼墙厚度或端柱沿墙肢方向截面高度加 300mm。

《高规》7.2.15-3 约束边缘构件内箍筋或拉筋沿竖向的间距，一级不宜大于 100mm，二、三级不宜大于 150mm；箍筋、拉筋沿水平方向的肢距不宜大于 300mm，不应大于竖向钢筋间距的 2 倍。

b. 设计时要注意的一些问题。箍筋、拉筋沿水平方向的肢距不宜大于 300mm，不应大于竖向钢筋间距的 2 倍，表明在设计时，当纵筋间距不大于 150mm，纵筋可以隔一拉一，当纵筋间距大于 150mm，每根纵筋上必须有箍筋或拉筋。大多数工程，肢距一般控制在 200mm 左右，箍筋直径一般不大于 10mm 以方便施工。

为了充分发挥约束边缘构件的作用，在剪力墙约束边缘构件长度范围内，箍筋的长短边之比不宜大于3，相邻两个箍筋之间宜相互搭接1/3箍筋长边的长度。但在实际设计中，箍筋可以采用大箍套小箍再加拉筋的形式，其阴影区应以箍筋为主，可配置少量的拉筋，一般控制拉筋的用量在30%以下；对于约束边缘构件的非阴影区和构造边缘构件的内部可配置箍筋或拉筋（全部为箍筋或拉筋均可），转角处宜采用箍筋。

约束边缘构件箍筋直径大小可参考构造边缘构件箍筋直径，并要满足最小体积配箍率的要求。当抗震等级为三级时，规范没有规定箍筋最小直径，在设计中，箍筋最小直径可取8mm，当然也可取6mm，同时减小箍筋间距，满足最小体积配箍率的要求。

约束边缘构件对体积配箍率有要求，为方便画图和施工，可对箍筋进行归并，箍筋竖向间距模数可取50mm。

③ 纵筋。

a. 规范规定。

《高规》7.2.15-2 剪力墙约束边缘构件阴影部分的竖向钢筋除应满足正截面受压（受拉）承载力计算要求外，其配筋率一、二、三级时分别不应小于1.2%、1.0%和1.0%，并分别不应少于8ϕ16、6ϕ16和6ϕ14的钢筋（ϕ表示钢筋直径）。

b. 设计时要注意的一些问题。

剪力墙结构在布置合理的前提下，约束边缘构件一般都是构造配筋（6度、7度区），而在剪力墙结构外围、拐角、其他受力较大部位，可能是计算配筋控制。

规范对约束边缘构件纵筋直径大小与数量的规定，是控制最小量，并非控制最小直径，可以采用组合配筋，组合配筋的钢筋级差一般不超过2（较小钢筋的直径不应小于墙体纵筋直径，一般不小于10mm）。

从工程经验来看，约束边缘构件综合配筋率一般为1.0%～1.5%，纵筋间距一般在150～200mm，有些约束边缘构件纵筋间距较大，一般宜小于300mm。

④ 其他。

a. L_c为约束边缘构件沿墙肢长度，L_s为约束边缘构件阴影区长度，当$L_c<L_s$时（L_c按规范取值，小于L_s按构造取值），令$L_c=L_s$；当$L_c>L_s$（只在约束边缘构件中有这种情况），非阴影区长度在0～100mm时，可以并入阴影区，在100～200mm时，可以取200mm，当>200mm时，非阴影区长度按实际取，模数50mm。

规范对阴影区长度L_s有一个等于$1/2L_c$的要求，于是当剪力墙长度比较大时，约束边缘构件阴影区长度可能大于400mm。

b. 剪力墙中边缘构件与边缘构件之间距离小于200mm时，可把边缘构件合并，200mm时可以不归并，也可以归并，由设计师自行决定。

（2）构造边缘构件

① 设置范围。除了约束边缘构件的范围，都要设置构造边缘构件。

② 箍筋、拉筋。

a. 规范规定。

《高规》7.2.16-2 剪力墙构造边缘构件的范围宜按图 2-23 中阴影部分采用，其最小配筋应满足表 2-12 的规定，并应符合下列规定：

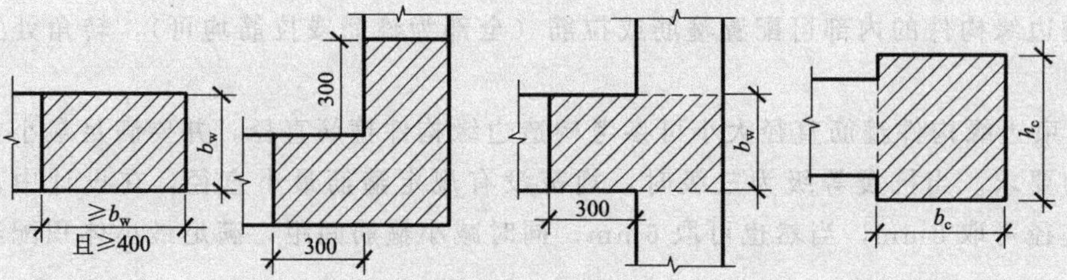

图 2-23 剪力墙的构造边缘构件范围

表 2-12 剪力墙构造边缘构件的最小配筋要求

抗震等级	底部加强部位		
	竖向钢筋最小量（取较大值）	箍筋	
		最小直径/mm	沿竖向最大间距/mm
一	$0.010A_c, 6\phi16$	8	100
二	$0.008A_c, 6\phi14$	8	150
三	$0.006A_c, 6\phi12$	6	150
四	$0.005A_c, 4\phi12$	6	200
抗震等级	其他部位		
	竖向钢筋最小量（取较大值）	拉筋	
		最小直径/mm	沿竖向最大间距/mm
一	$0.008A_c, 6\phi14$	8	150
二	$0.006A_c, 6\phi12$	8	200
三	$0.005A_c, 4\phi12$	6	200
四	$0.004A_c, 4\phi12$	6	250

注：1. A_c 为构造边缘构件的截面面积，即图 2-23 剪力墙截面的阴影部分。
2. 符号 ϕ 表示钢筋直径。
3. 其他部位的转角处宜采用箍筋。

当端柱承受集中荷载时，其竖向钢筋、箍筋直径和间距应满足框架柱的相应要求；箍筋、拉筋沿水平方向的肢距不宜大于 300mm，不应大于竖向钢筋间距的 2 倍。

b. 设计时要注意的一些问题。

剪力墙结构可以简化为竖立在地球上的一根悬臂梁，结构内部单个剪力墙构件在整个层高范围可以简化为“连续梁”模型，在水平力作用时“梁上”产生弯矩，离墙中性轴越远，剪应力越小，及墙身范围内剪应力大，边缘构件范围内剪应力小。边缘构件箍筋主要是为了约束混凝土，故构造边缘构件的箍筋一般不必满足墙身水平分布筋的配筋率要求。在设计时，构造边缘构件满足规范最低要求即可。

③ 纵筋。

a. 规范规定。

《高规》7.2.16-1 竖向配筋应满足正截面受压（受拉）承载力的要求。

《高规》7.2.16-4 抗震设计时，对于连体结构、错层结构以及B级高度高层建筑结构中的剪力墙（筒体），其构造边缘构件的最小配筋应符合下列要求：

竖向钢筋最小量应比表2-12中的数值提高$0.001A_c$采用；

箍筋的配筋范围宜取图2-23中阴影部分，其配箍特征值λ_v不宜小于0.1。

《高规》7.2.16-5 非抗震设计的剪力墙，墙肢端部应配置不少于4ϕ12的纵向钢筋，箍筋直径不应小于6mm，间距不宜大于250mm。

b. 设计时要注意的一些问题。

剪力墙结构在布置合理的前提下，构造边缘构件一般都是构造配筋（6度、7度区），而在剪力墙结构外围、拐角、其他受力较大部位，可能是计算配筋控制。

规范对构造边缘构件纵筋直径大小与数量的规定，是控制最小量，并非控制最小直径，可以采用组合配筋，组合配筋的钢筋级差一般不超过2（较小钢筋的直径不应小于墙体纵筋直径，一般不小于10mm）。

从工程经验来看，构造边缘构件纵筋间距一般在150～200mm，有些构造边缘构件纵筋间距较大，一般宜小于300mm。

剪力墙抗震等级为四级时，一般只需设置构造边缘构件，但如用“接PM生成SATWE数据→地震信息→抗震构造措施的抗震等级”指定了提高要求，也可能需要约束边缘构件。

(3) 边缘构件绘图时应注意的问题　边缘构件在全楼高范围内一般要分成几段，截面变化处、配筋差异较大处要分段，再分别对每段边缘构件进行编号与配筋。同一段中，同一个编号的边缘构件，每层的截面及配筋均相同。

同一楼层截面不同的边缘构件编号不同，截面相同的边缘构件当配筋不同时（不在归并范围），编号不同。

(4) 剪力墙组合配筋　SATWE软件在计算剪力墙的配筋时是针对每一个直墙进行的，当直墙段重合时，程序取各段墙肢端部配筋之和，从而使剪力墙边缘构件配筋过大。

点击【剪力墙组合配筋修改及验算】→【选组合墙】，选择需要进行组合计算的墙体→【组合配筋】→【修改钢筋】，程序弹出组合墙节点处的配筋根数、直径、面积对话框，可以在此对话框中修改钢筋参数→【计算】，在“计算方式”中，程序提供了两种选择，分别是“配筋计算”和“配筋校核”，二者的区别在于前者在进行配筋验算时若发现配筋不足会自动增加配筋量，直到满足要求为止；后者只进行配筋校核，不增加配筋量，如果不够则显示配筋不满足的提示。在设计时，一般选择“配筋校核”和“A_s为截面配筋”进行验算，也可以选择“配筋校核”和“修改A_s为截面配筋”（手动修改后的钢筋）。

2.13.3.3 连梁设计

连梁上的竖向荷载主要是其上的填充墙，板上荷载主要传递给刚度大的剪力墙，传给连梁的竖向荷载较小，故对其约束也较小，这也是连梁不像框架梁一样刚度放大的主要原因。连梁主要受水平荷载作用，考虑到地震力的不确定性，梁受拉受弯都有可能，一般底筋与面筋相同。

（1）箍筋　本工程剪力墙抗震等级为三级，由《高规》7.2.27-2 可知，连梁箍筋应全场加密，箍筋直径最小为 8mm，箍筋最大间距为 8 倍纵筋直径、150mm、四分之一梁高三者的较小值。由于连梁高度大多数为 450mm，则连梁箍筋构造配筋时，可取 8@100（2）。

（2）腰筋（抗扭筋）

《高规》7.2.27-4 连梁高度范围内的墙肢水平分布钢筋应在连梁内拉通作为连梁的腰筋。连梁截面高度大于 700mm 时，其两侧面腰筋的直径不应小于 8mm，间距不应大于 200mm；跨高比不大于 2.5 的连梁，其两侧腰筋的总面积配筋率不应小于 0.3%。

（3）连梁　连梁配筋时应查看“混凝土构件配筋及钢构件验算简图”，并将截面相同、配筋相同（跨度可不同）的连梁命名为同一根连梁。

2.13.3.4　连梁设计时应注意的问题

（1）规范规定

《抗规》6.2.13-2　抗震墙地震内力计算时，连梁的刚度可折减，折减系数不宜小于 0.5。

《高规》7.1.3　跨高比小于 5 的连梁应按本章的有关规定设计，跨高比不小于 5 的连梁宜按框架梁设计。

（2）纵筋

规范规定

《高规》7.2.24　跨高比（l/h_b）不大于 1.5 的连梁，非抗震设计时，其纵向钢筋的最小配筋率可取为 0.2%；抗震设计时，其纵向钢筋的最小配筋率宜符合表 2-13 的要求；跨高比大于 1.5 的连梁，其纵向钢筋的最小配筋率可按框架梁的要求采用。

表 2-13　跨高比不大于 1.5 的连梁纵向钢筋的最小配筋率　　单位：%

跨高比	最小配筋率(采用较大值)
$l/h_b \leqslant 0.5$	$0.20, 45f_t/f_y$
$0.5 < l/h_b \leqslant 1.5$	$0.25, 55f_t/f_y$

《高规》7.2.25　剪力墙结构连梁中，非抗震设计时，顶面及底面单侧纵向钢筋的最大配筋率不宜大于 2.5%；抗震设计时，顶面及底面单侧纵向钢筋的最大配筋率宜符合表 2-14 的要求。如不满足，则应按实配钢筋进行连梁强剪弱弯的验算。

表 2-14　连梁纵向钢筋的最大配筋率　　单位：%

跨高比	最大配筋率/%
$l/h_b \leqslant 1.0$	0.6
$1.0 < l/h_b \leqslant 2.0$	1.2
$2.0 < l/h_b \leqslant 2.5$	1.5

《高规》7.2.27-1 梁的配筋构造（图 2-24）应符合下列规定：

连梁顶面、底面纵向水平钢筋伸入墙肢的长度，抗震设计时不应小于 l_{aE}，非抗震设计时不应小于 l_a，且均不应小于 600mm。

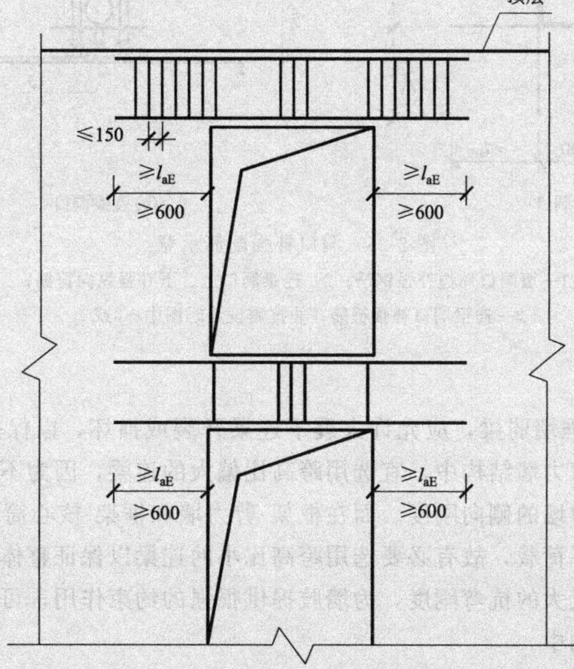

图 2-24　连梁配筋构造示意

注：非抗震设计时图中 l_{aE} 取 l_a

（3）箍筋

《高规》7.2.27-2 抗震设计时，沿连梁全长箍筋的构造应符合本规程第 6.3.2 条框架梁梁端箍筋加密区的箍筋构造要求；非抗震设计时，沿连梁全长的箍筋直径不应小于 6mm，间距不应大于 150mm。

《高规》7.2.27-3 顶层连梁纵向水平钢筋伸入墙肢的长度范围内应配置箍筋，箍筋间距不宜大于 150mm，直径应与该连梁的箍筋直径相同。

（4）开洞

《高规》7.2.28 剪力墙开小洞口和连梁开洞应符合下列规定：

① 剪力墙开有边长小于 800mm 的小洞口、且在结构整体计算中不考虑其影响时，应在洞口上、下和左、右配置补强钢筋，补强钢筋的直径不应小于 12mm，截面面积应分别不小于被截断的水平分布钢筋和竖向分布钢筋的面积［图 2-25(a)］；

② 穿过连梁的管道宜预埋套管，洞口上、下的截面有效高度不宜小于梁高的 1/3，且不宜小于 200mm；被洞口削弱的截面应进行承载力验算，洞口处应配置补强纵向钢筋和箍筋［图 2-25(b)］，补强纵向钢筋的直径不应小于 12mm。

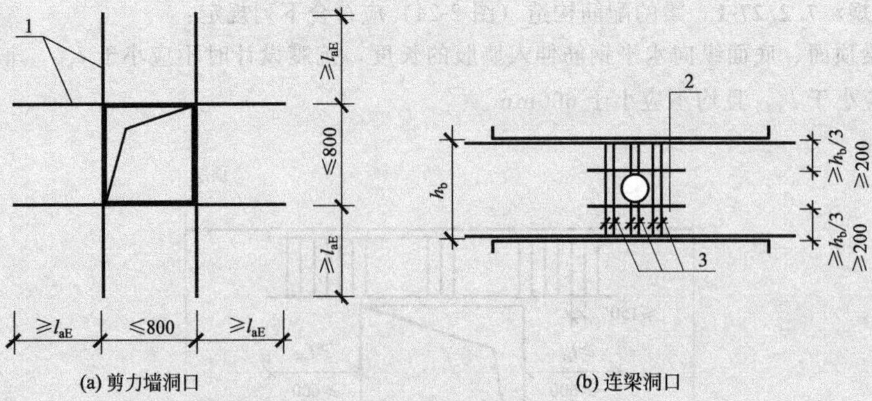

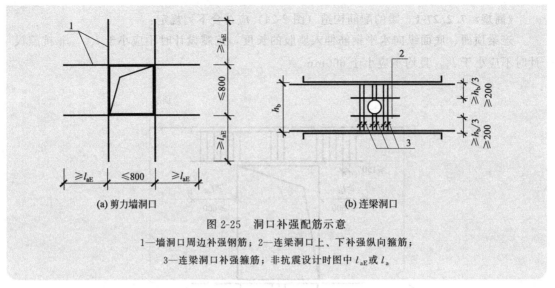

图 2-25 洞口补强配筋示意

1—墙洞口周边补强钢筋；2—连梁洞口上、下补强纵向箍筋；

3—连梁洞口补强箍筋；非抗震设计时图中 l_{aE} 或 l_a

(5) 其他

① 连梁应设计成强墙弱梁，应允许大震下连梁开裂或损坏，以保护剪力墙。在整体结构侧向刚度足够大的剪力墙结构中，宜选用跨高比偏大的连梁，因为不需要通过选用跨高比偏小的连梁来增大剪力墙的侧向刚度。而在框架-剪力墙和框架-核心筒结构中，剪力墙和核心筒承担了大部分水平荷载，故有必要选用跨高比小的连梁以保证整体结构所需要的侧向刚度。小跨高比连梁有较大的抗弯刚度，为墙肢提供很强的约束作用，可以将其应用于整体性较差的联肢剪力墙结构中。

跨高比小于 2.5 的连梁多数出现剪切破坏，为避免脆性剪切破坏，采取的主要措施是控制剪压比和适当增加箍筋数量。控制连梁的受弯钢筋数量可以限制连梁截面剪压比。

② 规范规定楼面梁不宜支撑在连梁上，不宜者，并不是不能采用，而是用的时候要采取加强措施。比如按框架梁建模分析，满足框架梁的要求。按连梁建模分析时，除正常计算分析设计外，尚应按简支梁校核连梁截面的受弯承载力，也就是只考虑梁截面下部钢筋的作用计算受完承载力。

③ 连梁刚度折减是针对抗震设计，一般来说，风荷载控制时，连梁刚度要少折减，折减系数应≥0.8，以保证正常使用时连梁不出现裂缝。不受风荷载控制时，抗震设防烈度越高，连梁应多折减，比如折减系数为 0.6，因为地震作用时连梁刚度折减后一般连梁的配筋也能保证在只有风荷载作用时连梁不出现裂缝，不会影响正常使用。非抗震设计地区，连梁刚度不宜折减，因为一般都是风荷载控制，尽管风很小，折减了，容易出现裂缝，影响正常使用。

④ 对于连梁，程序将考虑“连梁刚度折减系数”“梁设计弯矩放大系数”，不考虑“中梁刚度放大系数”“梁端负弯矩调幅系数”“梁扭矩折减系数”。连梁混凝土强度等级同剪力墙墙，抗震等级、钢筋等级与框架梁相同。

2.13.3.5 墙身设计

(1) 对于 200 厚的剪力墙，水平分布筋为 8@200 时（双层）时，其最小配筋率大于 0.25%（双层），满足规范中对水平分布筋的规定。竖向分布筋的间距宜≤300mm，抗震等级为三级时，竖向分布筋最小配箍率不应小于 0.25%。《抗规》6.4.4-3 抗震墙竖向和横向分布钢筋的直径，均不宜大于墙厚的 1/10 且不应小于 8mm，竖向钢筋直径不宜小于 10mm。在实际工程中，对于底部加强层，为了避免在底部过早出现塑性铰，一般配筋适当加大，竖向分布筋可取 10@200，非底部加强部分可取 8@200。

（2）本工程墙身 SATWE 计算结果若为 $H=1.0$，表示在墙水平分布筋间距范围内需要的水平分布筋面积为 $100mm^2$（双层），所以水平分布筋的直径为 $\phi 8$。

（3）墙身编号可以在“剪力墙平面图”中绘制，如果就一个墙身配筋，可以不绘制，如图 2-26、图 2-27 所示。

剪力墙墙身表					
编号	标高	墙厚	水平分布筋	垂直分布筋	拉筋(双向)
Q1	−1.500～8.920	200	Φ8@200	Φ10@200	ϕ6@600

图 2-26 剪力墙墙身表

序号	说明
1.	电梯间剪力墙应配合电梯安装施工预留电梯呼叫盒孔洞。
2.	墙体配筋详见本图剪力墙身表，未标明的剪力墙为Q1，未注墙居轴线中。
3.	边缘构件详图见一102。

图 2-27 剪力墙平面布置图说明

2.13.3.6 墙身设计时应注意的问题

（1）规范规定

《高规》7.2.17 剪力墙竖向和水平分布钢筋的配筋率，一、二、三级时均不应小于 0.25%，四级和非抗震设计时均不应小于 0.20%。

7.2.18 剪力墙的竖向和水平分布钢筋的间距均不宜大于 300mm，直径不应小于 8mm。剪力墙的竖向和水平分布钢筋的直径不宜大于墙厚的 1/10。

7.2.19 房屋顶层剪力墙、长矩形平面房屋的楼梯间和电梯间剪力墙、端开间纵向剪力墙以及端山墙的水平和竖向分布钢筋的配筋率均不应小于 0.25%，间距均不应大于 200mm。

7.2.20 剪力墙的钢筋锚固和连接应符合下列规定：

① 非抗震设计时，剪力墙纵向钢筋最小锚固长度应取 l_a；抗震设计时，剪力墙纵向钢筋最小锚固长度应取 l_{aE}。l_a、l_{aE} 的取值应符合《高规》第 6.5 节的有关规定。

② 剪力墙竖向及水平分布钢筋采用搭接连接时（图 2-28），一、二级剪力墙的底部加强部位，接头位置应错开，同一截面连接的钢筋数量不宜超过总数量的 50%，错开净距不宜小于 500mm；其他情况剪力墙的钢筋可在同一截面连接。分布钢筋的搭接长度，非抗震设计时不应小于 $1.2l_a$，抗震设计时不应小于 $1.2l_{aE}$。

③ 暗柱及端柱内纵向钢筋连接和锚固要求宜与框架柱相同，宜符合《高规》第 6.5 节的有关规定。

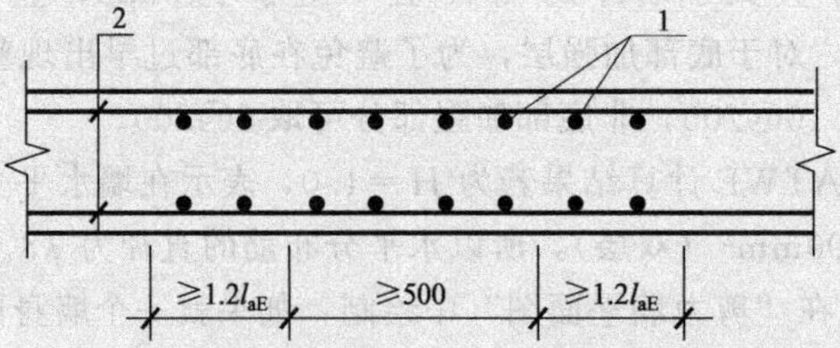

图 2-28 剪力墙分布钢筋的搭接连接

1—竖向分布钢筋；2—水平分布钢筋；非抗震时图中 l_{aE} 取 l_a

《抗规》6.4.3 抗震墙竖向、横向分布钢筋的配筋，应符合下列要求：

① 一、二、三级抗震墙的竖向和横向分布钢筋最小配筋率均不应小于 0.25%，四级抗震墙分布钢筋最小配筋率不应小于 0.20%。

注：高度小于 24m 且剪压比很小的四级抗震墙，其竖向分布筋的最小配筋率应允许按 0.15%采用。

② 部分框支抗震墙结构的落地抗震墙底部加强部位，竖向和横向分布钢筋配筋率均不应小于 0.3%。

6.4.4 抗震墙竖向和横向分布钢筋的配置，尚应符合下列规定：

① 抗震墙的竖向和横向分布钢筋的间距不宜大于 300mm，部分框支抗震墙结构的落地抗震墙底部加强部位，竖向和横向分布钢筋的间距不宜大于 200mm。

② 抗震墙厚度大于 140mm 时，其竖向和横向分布钢筋应双排布置，双排分布钢筋间拉筋的间距不宜大于 600mm，直径不应小于 6mm。

③ 抗震墙竖向和横向分布钢筋的直径，均不宜大于墙厚的 1/10 且不应小于 8mm，竖向钢筋直径不宜小于 10mm。

(2) 设计时要注意的一些问题

① 剪力墙厚度 $b_w \leqslant 400$mm 时可以双层配筋，$400 < b_w \leqslant 700$mm 时可以三排配筋。

② 边缘构件是影响延性和承载力的主要因素，墙身配筋率 ρ 在 0.1%～0.28%时，墙为延性破坏，一般除了底部加强部位要计算配筋外，其他部位一般都可以按构造配筋。当层高较高时，出于施工的考虑，也应适当提高竖向分布筋的配筋率（加大直径或减小间距）。墙身纵筋的配筋率越小，结构越容易产生变形和裂缝，变形和裂缝的产生会散失一部分刚度。

(3) 拉接筋 工程上拉筋的布置形状为梅花状，直径通常为 6mm，间距为墙分布钢筋间距的 2～3 倍，并不大于 600mm×600mm。如某剪力墙身分布钢筋为 2×ф10@100，相应拉筋可选用ф6@300mm×300mm；如墙身分布钢筋选用 2ф10@150，相应拉筋可选用ф6@450mm×450mm，如墙身钢筋为 2×ф8@200，相应拉筋可选用ф6@600mm×600mm。

在混凝土墙内，拉筋一般用于固定钢筋网并起适当的抗剪作用。约束边缘构件和构造边缘构件中拉筋能起到箍筋的作用。在边缘构件以外，拉筋主要的作用是固定双排钢筋网片，同时也能减小水平分布筋无支长度。无支长度过长时钢筋可能向外鼓胀，因此拉筋须钩住水平筋并设置 135°弯钩。拉筋的抗剪作用有限，拉筋直径一般用 6mm，间距为 3 倍分布筋间距。

2.13.3.7 对暗柱、扶壁柱的认识及设计

《高规》7.1.6 当剪力墙或核心筒墙肢与其平面外相交的楼面梁刚接时，可沿楼面梁轴线方向设置与梁相连的剪力墙、扶壁柱或在墙内设置暗柱，并应符合下列规定：

① 设置沿楼面梁轴线方向与梁先连的剪力墙时，墙的厚度不宜小于梁的截面宽度；

② 设置扶壁柱时，其截面宽度不应小于梁宽，其截面高度可计入墙厚；

③ 墙内设置暗柱时，暗柱的截面高度可取墙的厚度，暗柱的截面宽度可取梁宽加 2 倍墙厚；

④ 应通过计算确定暗柱或扶壁柱的纵向钢筋（或型钢），纵向钢筋的总配筋率不宜小于表 2-15 的规定。

表 2-15 暗柱、扶壁柱纵向钢筋的构造配筋率

设计状况	抗震设计				非抗震设计
	一级	二级	三级	四级	
配筋率/%	0.9	0.7	0.6	0.5	0.5

注：采用 400MPa、335MPa 级钢筋时，表中数值宜分别增加 0.05 和 0.10。

⑤ 楼面梁的水平钢筋应伸入剪力墙或扶壁柱，伸入长度应符合钢筋锚固要求。钢筋锚固段的水平投影长度，非抗震设计时不宜小于 $0.4l_{ab}$，抗震设计时不宜小于 $0.4l_{abE}$；当锚固段的水平投影长度不满足要求时，可将楼面梁伸出墙面形成梁头，梁的纵筋伸入梁头后弯折锚固 $15d$，也可采取其他可靠的锚固措施。

⑥ 暗柱或扶壁柱应设置箍筋，箍筋直径一、二、三级时不应小于 8mm，四级及非抗震时不应小于 6mm，且均不应小于纵向钢筋直径的 1/4；箍筋间距一、二、三级时不应大于 150mm，四级及非抗震时不应大于 200mm。

2.14 楼梯设计

参考第 1 章 1.10.4。

2.15 地下室设计

2.15.1 地下室的定义

地下室：房间地平面低于室外地平面的高度超过该房间净高的 1/2 者为地下室。

半地下室：房间地面低于室外设计地面的平均高度大于该房间平均净高 1/3，且小于等于 1/2 者为半地下室。

2.15.2 混凝土强度等级的选取

对于地下室外墙，其受竖向荷载较小，混凝土强度等级一般宜取 C30，混凝土强度等级越高，水泥用量大，易产生裂缝，在设计中，地下室外墙混凝土强度等级常取 C35。由地上主楼延伸下来的墙柱，其混凝土强度等级随地上一层或适当加大混凝土强度等级以满足轴压比。地下室范围内其他的墙、柱，其混凝土强度等级一般可随地下室外墙，对于一般住宅，一般能满足轴压比要求。本工程地下室外墙、内墙、框架柱均取 C35。

地下室顶板上有覆土，还要考虑车辆等各种荷载作用，梁板混凝土强度等级取C35。

2.15.3 保护层厚度的选取

《地下工程防水技术规范》（GB 50108—2008）对防水混凝土结构规定，迎水面钢筋保护层厚度取50mm。《混规》8.2.2-4：当对地下室墙体采取可靠的建筑防水做法或防护措施时，与土层接触一侧钢筋的保护层厚度可适当减少，但不应小于25mm。《全国民用建筑工程设计技术措施——防空地下室》中明确指出，当有外包柔性防水层时，迎水面保护层厚度可以取30mm。综上所述，保护层厚度一般可取25mm，并对地下室墙体采取可靠的建筑防水做法或防腐措施。无建筑防水时宜取40mm。

南方雨水较多地区地下室，顶板可取20mm，底板宜按《地下工程防水技术规范》取50mm，梁可按《混规》取，地下室独基、筏基、条基取40mm。

2.15.4 抗震等级的确定

(1)《抗规》6.1.3-3规定：当地下室顶板作为上部结构的嵌固部位时，地下一层的抗震等级应与上部结构相同，地下一层以下抗震构造措施的抗震等级可逐层降低一级，但不应低于四级。地下室中无上部结构的部分，抗震构造措施的抗震等级可根据具体情况采用三级或四级。

(2) 地下一层的抗震等级与上部结构相同，地下一层以下楼层抗震等级，7度不宜低于四级、8度不宜低于三级、9度不宜低于二级；对于乙类建筑，6度不宜低于四级、7度不宜低于三级、8度不宜低于二级、9度时专门研究。对超出上部主体部分地下室，可根据具体情况采用三级或四级。本工程上部剪力墙抗震等级为三级，只有一层地下室，地下室抗震等级为三级。

在SATWE软件参数定义菜单中可定义全楼的抗震等级，抗震等级不同的部位可点击【SATWE/接PM生成SATWE数据】→【特殊构件补充定义/抗震等级/墙】，在弹出的对话框中输入要修改的抗震等级，用光标或窗口方式选择构件。也可以在“特殊构件”中定义构件的混凝土强度等级。

(3) 地下室一侧或两侧开敞时由于土的约束作用较小，所以地下室层抗震等级与上部结构抗震等级相同。

2.15.5 地下室墙厚

地下室应做防水混凝土，防水混凝土的最小厚度为250mm。当地下室为多层时，最下层墙厚一般取到300～400mm。表2-16是淄博市建筑设计研究院徐传亮总工的经验总结，设计时可以参考，但不能作为设计依据。

表2-16 地下室外墙配筋

墙高 H/m	墙厚 h/mm	竖向筋	水平筋	混凝土强度等级
3.6	250	ϕ10@100	ϕ10@150	C30
3.9	250	ϕ12@150	ϕ10@150	C30
4.2	250	ϕ12@125	ϕ12@150	C30
4.5	300	ϕ12@125	ϕ12@150	C30
4.8	300	ϕ12@110	ϕ12@150	C30
5.1	300	ϕ14@120	ϕ12@150	C30

本工程地下室墙墙厚取300mm，地下室内墙取200mm。

2.15.6 荷载和地震作用

（1）竖向荷载　竖向荷载有上部及各层地下室顶板传来的荷载和外墙自重，覆土荷载（恒载）等。

（2）水平荷载　水平荷载有室外地坪活荷载、侧向土压力、地下水压力、人防等效静荷载。

① 室外地坪活荷载：一般民用建筑的室外地面没有消防车时可取 $5kN/m^2$，有消防车时，一般在 $10\sim20kN/m^2$，消防车等效活荷载与覆土厚有很大的关系，车辆为两台时比一台时的等效活荷载要大。覆土高度越大，等效活荷载越小，覆土高度为 1m 时，等效活荷载一般在 $20kN/m^2$ 左右，覆土高度为 1.5m 时，等效活荷载一般在 $15kN/m^2$ 左右，覆土高度为 2m 时，等效活荷载一般在 $10kN/m^2$ 左右，如有堆载等，按实际情况确定。

② 土压力：当地下室采用大开挖方式，无护坡桩或连续墙支护时，地下室外墙承受的土压力宜取静止土压力，土压力系数为 K_0，对一般固结土可取 $K_0=1-\sin\phi$（ϕ 为土的有效内摩擦角），一般情况可取 0.5。

当地下室施工采用护坡桩或连续墙支护时，地下室外墙土压力计算中可以考虑基坑支护与地下室外墙的共同作用，或按静止土压力乘以折减系数 0.66 近似计算，$K_a=0.5\times0.66=0.33$。

地下水以上土的容重，可近似取 $18kN/m^3$，地下水以下土的容重可近似取 $11.0kN/m^3$。

③ 水压力：水位高度可按最近 3～5 年的最高水位确定，不包括上层滞水。

（3）风荷载　地下室一般不考虑风荷载；如果地下室层数不填 0，表示有地下室，程序自动取地下室部分的基本风压为 0，并从上部结构风荷载中自动扣除地下室部分的高度。

（4）地震作用　地下室的地震作用主要被室外回填土吸收，只有少部分由地下室构件承担，因此《抗规》第 5.2.5 条要求的最小地震剪力调整，地下室部分可不考虑，即不考虑剪重比，但程序仍然给出调整。

2.15.7 荷载分项系数（表 2-17）

表 2-17　荷载分项系数

荷载分项系数	室外地面活荷载	土压力	水压力
普通地下室	1.4	1.2	1.2

注：1. 表中普通地下室外墙的荷载分项系数是指可变荷载效应控制的基本组合分项系数。必要时应考虑永久荷载效应控制的组合。

2. 地下室外墙受弯及受剪计算时，土压力引起的效应为永久荷载效应，其荷载分项系数可取 1.35。水压力若按最高水平，则一般按恒荷载设计，分项系数可参考地下水池设计规范。

3. 依据荷载规范，当活荷载占总荷载之比值不大于 20%时，$\gamma_G=1.35$，$\gamma_Q=1.40$，$\psi_c=0.7$，综合分析后，外墙各项分项系数可以取 1.30。

2.15.8 裂缝控制

2.15.8.1 地下室外墙

（1）地下室外墙裂缝　有资料表明，地下室混凝土外墙的裂缝主要是竖向裂缝，地基不均匀沉降造成的倾斜裂缝非常少见，竖向裂缝产生的主要原因是混凝土干缩和温度收缩应力造成的，温度收缩裂缝是由于温度降低引起收缩产生的，但混凝土干缩裂缝出现时，钢筋应力有资料表明，只达到约60MPa，远没有发挥钢筋的作用，所以要防止混凝土早期的干缩裂缝，一味的加大钢筋是不明智的，要与其他措施同时进行。

室外地下水的最高地下水位高于地下室的底标高时，外墙的裂缝宽度限值如有外防水保护层时取0.3mm，无外防水保护层时取0.2mm。如果当室外地下水的最高地下水位低于地下室的底标高时，外墙的裂缝宽度限值可以取到0.3mm进行计算。

为了便于构造和节省钢筋，外墙可考虑塑性变形内力重分布，该值一般可取0.9。塑性计算不仅可以在有外防水的墙体中采用，也可在混凝土自防水的墙体中采用。塑性变形可能只在截面受拉区混凝土中出现较细微的弯曲裂缝，不会贯通整个截面厚度，所以外墙仍有足够的抗渗能力。

(2) 控制裂缝措施

① 墙体配筋时尽量遵循小而密的原则。

② 地下室混凝土外墙的裂缝主要是竖向裂缝，建议把地下室外墙外水平筋放外面，也方便施工，并适当加大水平分布筋。

③ 设置加强带。为了实现混凝土连续浇注无缝施工而设置补偿收缩混凝土带，根据一些工程实践经验，一般超过60m应设置膨胀加强带。

④ 设置后浇带。可以在混凝土早期短时期释放约束力。一般每隔30～40m设置贯通顶板、底部及墙板的施工后浇带。后浇带可设置在柱距三等分的中间范围内以及剪力墙附近，其方向宜与梁正交，沿竖向应在结构同跨内；底板及外墙的后浇带宜增设附加防水层；后浇带封闭时间宜滞后45d以上，其混凝土强度等级宜提高一级，并宜采用无收缩混凝土，低温入模。

⑤ 优化混凝土配合比，选择合适的集料级配，从而减少水泥和水的用量，增强混凝土的和易性，有效地控制混凝土的温升。也可以掺加高效减水剂。

2.15.8.2 地下室顶板

普通地下室顶板其承受的水压力比较小，防水质量和效果比较好，一般裂缝可以按0.3mm控制。普通地下室顶板有覆土荷载，一般多采用井字梁楼盖，顶板厚度一般至少控制在120～150mm。一般按《地下工程防水技术规范》4.1.6条执行。

2.15.9 嵌固端概念设计及覆土的作用

(1) 当四周有覆土、地下室相关范围刚度满足规范要求、水平力在地下室顶板处传递连续、板厚满足规范要求时，一般可将嵌固端定在地下室顶板处，这样的模型比较理想，也比较经济。地下室部分刚度大时（满足规范要求），地下室顶板处水平位移较小，同时若地下室四周覆土约束住了地下室水平扭转变形，地下室部分可不考虑地震作用。当不是四周有覆土时，比如三面有覆土，且地下室形状比较规则，地震作用下地下室扭转变形较小时，应该“抓大放小”，较准确地模拟结构的边界条件，将嵌固端定位地下室顶板处，但是用该上述边界条件模拟整个结构受力会对某些构件不利，此时应该分别取不同的嵌固端，进行包络设计。当地下室覆土较小且地下室最终的扭转变形较大时，应当满足结构的实际受力情况，将嵌固端下移。地下室设计时，有两个关键要点，第一是刚度比约束水平位移，第二是四周覆土约束水平扭转变形。

(2) 一般可以认为嵌固端为力学概念，即约束所有自由度，嵌固部位是预期塑性铰出现的部位，其水平位移为零，规范和众多文章中对与嵌固端和嵌固部位的用词不做区分不是很合理，规范中确定剪力墙底部加强部位的嵌固端可以认为是嵌固部位。在设计时，地下一层与首层侧向刚度比不宜小于 2，加上覆土的约束作用，预期塑性铰会出现在地下室顶板部位。

满足刚度比时，不考虑覆土的作用，地下室水平位移比较小。覆土的作用是约束地下室的水平扭转变形，逐步“吃掉”上部结构的地震作用，不约束竖向位移和竖向转动。在设计时，要用程序模拟结构受力，就要符合程序计算的边界条件，程序是采用弹簧刚度法，将上部结构和地下室作为整体考虑，嵌固端取基础底板处，并在每层的地下室楼板处引入水平土弹簧刚度，反映回填土对地下室的约束作用。

(3) 实际工程中，土的约束作用可能较弱，刚度比可能不满足要求，当地下室顶板之间高差比较大时，会导致水平力不能正常传递。这些情况需要认真对待。

当地下室覆土不是四周都有覆土，如三面或两面或一面有土，此时难以限制由土压力产生的侧向推力和上部水平力共同作用下半地下室顶板处的位移，位移比也比较大，可以采用以下方法：①采取措施营造局部平地环境，使建筑物获得均匀对称的地面约束，减少建筑物的扭转，将土脱开，另设挡土墙，这样可以将地下室部分当作无周边土约束的建筑，但代价过高；②取不同的嵌固端进行包络设计。

楼板有高差，导致水平力传递不直接。力的分配过程中，力的传递要连续，即主楼楼板与主楼之外楼板在±0.000 嵌固部位的楼板高差要尽量小，否则，应加强地下室及车库顶板刚度，加强主楼地下室外墙抵抗水平力的能力，例如垂直于外墙的内墙尽可能多且拉通对直等。车库内应根据车库外墙、主楼地下室外墙的距离，考虑是否设置钢筋混凝土构造墙以加强车库结构刚度，保证车库顶板满足刚性板假设。由于室外地面绿化的需要，主楼以外的地下室顶板往往因建筑需要而降低，导致主楼内外地下室顶板标高不一致。对此，如果能满足侧向刚度且地下室的楼板及梁、柱及剪力墙满足地下室顶板作为上部结构嵌固部位的要求的前提下，可以按嵌固来考虑，但应保证剪力的传递以及注意错平处梁的受扭问题。采用图 2-29 所示的处理措施一可有效地避免抗震薄弱部位的出现，特别是地下室高差交接处柱剪力会大大降低。如室内外高差过大，应用于工程中的做法如图 2-29 所示的处理措施二，沿周边一跨抬升地下室顶面梁板，使与主楼区域顶板高差不大于一个梁高。对于此做法的有效性可作进一步研究。

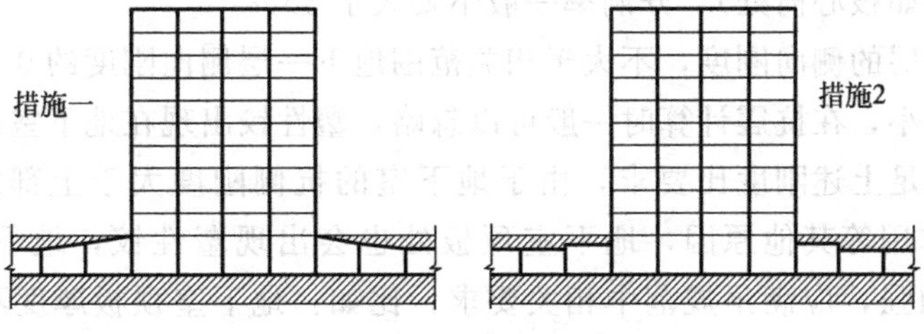

图 2-29 楼板有高差时的做法

(4) 对于地下室为大底盘的多塔结构，当四周有覆土、地下室相关范围刚度满足规范要求、水平力在地下室顶板处传递连续、板厚满足规范要求时，一般可将嵌固端定在地下室顶板处，此时大地下室与最外侧土形成一个连续的约束大的刚体，中间部位的地下室类似于土约束塔楼。

(5) 相关范围，即距主楼两跨且不小于15m的范围。也可近似地计入沿主楼周边外扩两跨，或45°线延伸至底板范围内的竖向构件的抗侧刚度。

(6) SATWE (PKPM)“嵌固端所在层号”的作用。当地下室顶板作为嵌固部位时，那么嵌固端所在层为地上一层，即地下室层数+1；而如果在基础顶面嵌固时，嵌固端所在层号为1。其作用为：《抗规》6.1.10中，当结构计算嵌固端位于地下一层的底板或以下时，底部加强部位尚宜向下延伸到计算嵌固端。在确定“嵌固端所在层号”时，刚度比计算方法也有所不同，从而影响薄弱层的判断，对内力也有一定的影响，但一般可以认为“嵌固端所在层号”的地震作用影响很小。

《抗规》6.1.14-3 地下室顶板作为上部结构的嵌固部位时，地下室顶板对应于地上框架柱的梁柱节点除应满足抗震计算要求外，尚应符合下列规定之一：

① 地下一层柱截面每侧纵向钢筋不应小于地上一层柱对应纵向钢筋的1.1倍，且地下一层柱上端和节点左右梁端实配的抗震受弯承载力之和应大于地上一层柱下端实配的抗震受弯承载力的1.3倍。

② 地下一层梁刚度较大时，柱截面每侧的纵向钢筋面积应大于地上一层对应柱每侧纵向钢筋面积的1.1倍；同时梁端顶面和底面的纵向钢筋面积均应比计算增大10%以上。

PKPM会根据“嵌固端所在层号”按照《抗规》6.1.14-3进行调整。如果“嵌固端所在层号”不是填写地下室顶板处而是其下面（地下室层数大于1时），则PKPM也会把地下室一层处的柱与梁也会按照《抗规》6.1.14进行调整，上部结构不进行调整。

(7)“嵌固部位”的构造。“嵌固部位”是为了在预期的位置实现塑性铰，结构预设塑性铰，可以通过构造、配筋等来假定。《抗规》对“嵌固部位”的构造做了如下规定：《抗规》6.1.14-1，地下室顶板应避免开设大洞口；地下室在地上结构相关范围的顶板应采用现浇梁板结构，相关范围以外的地下室顶板宜采用现浇梁板结构；其楼板厚度不宜小于180mm，混凝土强度等级不宜小于C30，应采用双层双向配筋，且每层每个方向的配筋率不宜小于0.25%。《抗规》6.1.14-2：结构地上一层的侧向刚度，不宜大于相关范围地下一层侧向刚度的0.5倍；地下室周边宜有与其顶板相连的抗震墙。《高规》3.5.2-2条规定结构底部嵌固层的刚度比不宜小于1.5。规范对楼板开洞的限制，是为了使上部结构传来的力通过地下室顶板传至那些不是由上部结构构件延伸下来的抗侧力构件，如地下室外墙等。对于一些非重要位置的洞口（如核心筒处），开洞率一般不要大于30%。

当结构地上一层的侧向刚度，不大于相关范围地下一层侧向刚度的0.5倍时，地下室顶板处的水平位移很小，在抗震计算时一般可以忽略，塑性铰出现在地下室顶板处是客观存在的事实。如果不满足上述刚度比要求，由于地下室的抗侧刚度大于上部结构的抗侧刚度，加上覆土的约束作用等其他原因，地下室顶板处也会出现塑性铰，地下室顶板处楼板及其构件也应适当加强，应满足规范中相关要求，比如：地下室顶板厚度不宜小于150mm。地下一层柱的配筋，应不小于地下室顶面作为上部结构嵌固部位计算时，地上一层柱的配筋。

注：《高规》第3.5.2条第2款的规定，“对结构底部嵌固层，该比值不宜小于1.5”较适合于上部结构的嵌固端为绝对嵌固（不带地下室，将地下室顶板标高确定为嵌固端，嵌固端的水平位移、竖向位移和转角均为零）的计算模型。《高规》第5.3.7条规定“地下一层与首层的侧向刚度比不宜小于2”指的是地下一层与上部结构首层的比值。

2.15.10 地下室抗浮设计

单纯地下室或高层建筑带地下室越来越多地存在地下水位高于地下室底标高的情况，未进行专门抗浮设计的话，在施工及日后的使用过程中，有可能出现整体上浮或局部部位结构破坏，如地下室底板局部隆起，柱间板出现 45°破坏性裂缝等。地下室就像一条“船”，地下室底板和侧墙形成一个密闭的船身，地下室的抗浮设计就是要使这个船既不上浮，船身又不被破坏，因此，地下室的抗浮设计应进行整体抗浮和局部抗浮验算。

(1) 抗浮设计水位　地下室抗浮设计首先应明确地下水抗浮设防水位，即指基础埋置深度内地下水层在建筑物建造及运营期间的最高水位。根据现行的规范和有关资料，确定原则基本有：①当有长期水位观测资料时，抗浮设防水位可采取长期水位观测资料的最高水位；②当无长期水位观测资料或资料缺乏时，按勘察期间实测最高稳定水位并结合场地地形地貌、地下水补给、排泄条件等因素综合确定；③江、河、库岸边的建筑，存在滤水层时，抗浮设防水位可按设计使用年限内最高洪水位确定；④降水较多经常发生街道浸水的场地，抗浮水位可取室外地坪标高。

一般设计地下混凝土外墙时，用历年最高水位（取最不利值）。抗浮时要用抗浮水位，抗浮水位一般比历年最高水位低一些，有时低很多。

(2) 抗浮稳定性验算　地下室抗浮稳定性验算应满足下式要求

$$W/F \geqslant 1.05 \tag{2-3}$$

式中　W——地下室自重及上部作用的永久荷载标准值的总和；

F——地下水浮力，计算公式为 $F=10\text{kN/m}^3\times$抗浮设计水位压力差高度（即水头差高度）。

式(2-3) 中，1.05 为安全系数。不同规范结构抗浮安全系数均不同，《荷规》中当水浮力只取其标准值时，结构抗浮的安全度水准最低，安全系数约为 1.10；当水浮力算作起控制作用的可变作用分项系数取为 1.4 时，结构抗浮的安全度水准最高，安全系数约为 1.55。《给水排水工程构筑物结构设计规范》《给水排水工程管道结构设计规范》分别针对构筑物及管道结构给出了不同的结构抗浮安全系数，与《地铁设计规范》《地下工程防水技术规范》所给出的结构抗浮安全系数基本一致，安全系数均在 1.05～1.1 之间。对于全埋式地下建（构）筑物，在不计外墙与土层之间的摩擦力的前提下，抗浮安全系数取 1.05 是安全可靠的，原因主要有以下三点：首先，多年来大量的实际工程表明采用该安全系数是可靠的；其次，抗浮验算中不计外墙与土层之间的摩擦力，这部分抗力可作为安全储备考虑；同时，由勘察部门提供的抗浮设防水位是已经综合考虑了各种不利因素后确定的水位。

(3) 抗浮措施

① 地下室抗浮设计可归纳为“一压二拉”，“压”即为配重法，增加永久荷载的结构自重，比如地下室顶板覆土、地下室底板的配重等来平衡地下水浮力；“拉”即为设置抗拔桩或抗拔锚杆，以抗浮构件提供的抗拔力平衡地下水浮力。在工程实际应用中，单独运用一种方式抵抗地下室浮力往往事倍功半，耗材费力，通常采用两者相结合的方式进行抗浮设计，以达到经济合理。

在高层结构地下室中，常采用：车库顶板覆土＋车库底板配重＋结构桩基抗拔锚固，而不单独设置“单纯抗拔桩”，否则可能不经济。若原有承重桩作为抗拔桩后仍不足以承受地下水作用产生的浮力，可在适当位置增设纯抗拔桩。抗拔桩桩身最大裂缝宽度一般不应超过0.2mm，其配筋率比抗压桩往往大很多，一般超过1%。

② 尽可能提高基坑坑底的设计标高，间接降低抗浮设防水位，梁式筏基的基础埋深要大于平板式筏基，故采用平板式筏板基础更有利于降低抗浮水位。楼盖提倡使用宽扁梁或无梁楼盖。一般宽扁梁的截面高度为（1/22～1/16）L，宽扁梁的使用将有效地降低地下结构的层高，从而降低了抗浮设防水位。

③ 增设抗拔锚杆，抗拔锚杆应进入岩层，如岩层较深，可锚入坚硬土层，并通过现场抗拔试验确定其抗拔承载力。对于全长黏结型非预应力锚杆，土层锚杆的锚固段长度不应小于4m，且不宜大于10m；岩石锚杆的锚杆长度不应小于3m，且不宜大于45d 和6.5m；锚杆的间距，应根据锚杆所锚定的建筑物的抗浮要求及地层稳定性确定。锚杆的间距除必须满足锚杆的受力要求外，尚需大于1.5m。所采用的间距更小时，应将锚固段错开布置。锚杆孔直径宜取3倍锚杆直径，但不得小于1倍锚杆直径加50mm。锚杆宜采用带肋钢筋，抗拔锚杆的截面直径应比计算要求加大一个等级。

锚杆孔填充料可采用水泥砂浆或细石混凝土。水泥砂浆强度等级不宜低于M30，细石混凝土强度等级不宜低于C30。

锚杆钢筋截面面积可以按照《建筑边坡工程技术规范》计算，但计算出来的钢筋面积值太大，一般建议按《混规》正截面受拉承载力计算的公式计算，并且当钢筋的抗拉强度设计值大于300N/mm^2 时，取300N/mm^2。

④ 在目前的地下室采用锚杆抗浮设计中，有下列两种常用的方法：第一，上部建筑结构荷重不满足整体抗浮要求，采用锚杆抗浮。其计算方法为：总的水浮力设计值/单根锚杆设计值=所需锚杆根数。具体做法：底板下（连柱底或混凝土墙下）满铺锚杆，水浮力全部由锚杆承担，既不考虑上部建筑自重，也不考虑地下室底板自重可抵抗水浮力的作用，保守且不合理。第二，利用上部结构自重和锚杆共同抗浮，其计算方法为：(总的水浮力设计值−底板及上部结构自重设计值)/单根锚杆设计值=所需锚杆根数。具体做法：将锚杆均匀分布在底板下（包括柱底或混凝土墙下），锚杆间距用底部面积除所需锚杆根数确定，存在安全隐患。

水的浮力是均匀作用在底板上，而结构抗浮力作用（除底板自重外）都具有不均匀性，并不是在整个地下室底板区域均匀分布的，可能是集中在一个点上（即柱、桩和锚杆）或一条线上（即墙、梁），因此抗浮力与水浮力平衡计算可分成两种区域：柱、墙、梁影响区域和纯底板抵抗区域。纯底板抵抗区域的计算方法应是抗浮锚杆设计承载力除以每平方米水浮力（减去每平方米底板自重），得到抗浮锚杆的受力面积；而柱、墙、梁影响区域应充分利用上部建筑自重进行抗浮，验算传递的上部建筑自重是否能平衡该区域的水浮力，此外，还应验算在水浮力作用下梁强度和裂缝满足要求。计算方法具体可分解为以下四个方面：①在柱、墙、梁影响区格中：梁、墙可以传递的建筑自重线荷载除以每平方米的水浮力，得到影响区域的宽度 b。其中梁传递的建筑自重荷载，根据柱子的建筑自重按照与其相连的梁刚度分配所得。②靠近梁、墙的第一排锚杆：其从属宽度 b_0 应是梁、墙传递建筑自重影响区域的宽度 b，即 $b_0=b$，由于每根锚杆的抵抗面积有限，当上部自重较大时，为充分利用该部分自重，可以考虑加密靠近地梁第一排锚杆的间距。③纯底板抵抗区域的计算方法应是抗浮锚杆设计承载力除以每平方米水浮力，得到抗浮锚杆的受力面积。例如，水浮力设计值为每平方米50kN，单根抗浮锚杆的设计承载力为250kN，它能承受的抗浮力的受力面积为

$5m^2$，若采用点式布置，锚杆的间距为 2.25m×2.25m。④第一排锚杆与第二排锚杆的间距 $a=b/2+c/2$，其中 c 为纯底板抵抗区域中间排锚杆的间距。

2.15.11 地下室施工图绘制

2.15.11.1 地下室外墙

(1) 程序操作

外墙一般自己手算或者用小软件计算，计算外墙的小软件有很多，操作过程基本相同，先填写一些基本参数，如：地下室层数，层高，墙厚，混凝土强度等级，钢筋强度等级，土层总数及土的相关参数、计算模型、室外地坪标高、室外水位标高、室外堆载、土压分项系数、水压分项系数、裂缝限值等，然后再计算，在计算结果中可以查看弯矩、剪力图、配筋结果等。

(2) 施工图绘制

地下室外墙边缘构件配筋参考 SATWE 中地下室层的“混凝土构件配筋及钢构件验算简图”中的计算结果，地下室外墙墙身竖向钢筋根据小软件计算结果进行配筋。边缘构件与墙身施工图绘制方法参考上部结构剪力墙施工图绘制方法，可利用 PKPM 中生成的模板图进行施工图绘制。

(3) 地下室外墙设计时要注意的一些问题

① 规范规定。

《高规》12.2.5 高层建筑地下室外墙设计应满足水土压力及地面荷载侧压作用下承载力要求，其竖向和水平分布钢筋应双层双向布置，间距不宜大于 150mm，配筋率不宜小于 0.3%。

注：0.3%是指总配筋率。本工程 300mm 的墙，双层配筋，则满足最小配筋率的单侧钢筋面积为 $300\times1000\times0.3\%\times1/2=450mm^2$，$10@150=524mm^2$。

② 其他。

a. 当地下室无横墙或横墙间距大于层高的 2 倍时，其底部与刚度很大的基础底板或基础梁相连，可认为是嵌固端，首层顶板相对于外墙而言平面外刚度很小，对外墙的约束较弱，所以外墙顶部应按铰接考虑。当地下室只有一层时，可简化为下端嵌固、上端铰支的简支梁计算。地下室层数超过一层时，可简化为下端嵌固、上端铰支的连续梁计算，地下室中间层可按连续铰支座考虑。当地下室内横墙较多或扶壁柱刚度相对于外墙板较大、且间距不大于 2 倍层高时，地下室外墙可简化为下端嵌固、上端铰支的双向板。

b. 地面层开洞位置（如楼梯间、地下车道）地下室外墙顶部无楼板支撑，为悬臂构件，计算模型的支座条件和配筋构造均应与实际相符。当竖向荷载较大时，外墙应该按压弯构件计算（偏心受压），但一般可仅考虑墙平面外受弯计算配筋。

c. 当只有一层地下室，外墙高度不满足首层柱荷载扩散刚性角，或者窗洞较大时，外墙平面内在基础底板反力作用下，应按深梁或空腹桁架验算，确定墙底部及墙顶部的所需配筋。当有多层地下室，或外墙高度满足了柱荷载扩散刚性角时，外墙顶部宜配两根直径不小于 20mm 的水平通长构造钢筋，墙底部由于基础底板钢筋较大，没有必要另配附加构造钢筋。

d. 地下室外墙顶板处一般要设计暗梁，用剖面图表示。

2.15.11.2 地下室内墙设计及施工图绘制

参考上部结构剪力墙设计及施工图绘制方法。需要注意的是，主体结构中地上一层的边缘构件应延伸至地下一层。可利用 PKPM 中生成的模板图进行施工图绘制。

2.15.11.3 地下室梁板平法施工图绘制

可参考上部结构的梁板平法施工图绘制方法。《抗规》6.1.14 中规定：地下室顶板作为上部结构的嵌固部位时，地下室在地上结构相关范围的顶板应采用现浇梁板结构，相关范围以外的地下室顶板宜采用现浇梁板结构。在实际设计中，地下室在地上结构相关范围的顶板采用现浇梁板结构，相关范围以外的地下室顶板可采用无梁楼盖结构。地下室有多层时，负一层、负二层楼板均可采用无梁楼盖结构。需要注意的是，“相关范围”一般可从地上结构（主楼、有裙房时含裙房）周边外延不大于 20m。

对于无梁楼盖结构，应设置柱墩，柱墩尺寸根据柱网尺寸合理取值，一般为（0.3～0.35）L。地下室顶板采用现浇梁板结构时，尽量控制梁支座配筋率＜2.0%（纵筋配筋率超2.0%时梁箍筋直径要加大一级）；在满足梁上下截面配筋比值的前提下，架立筋采用小直径钢筋；梁宽尽量控制在 300mm 及 300mm 以内，减少箍筋用量，一般采用 300mm 较多。当梁宽为 350m、400mm、450mm 时，在满足计算要求的前提下可采用 3 肢箍。

2.16 基础设计

本工程场地内各地层工程特性指标如表 2-18 所示。本工程采用旋挖成孔灌注桩，点击JCCAD/基础人机交互输入/图形文件/(显示内容，勾选节点荷载、线荷载、按柱形心显示节点荷载，线荷载按荷载总值显示)、(写图文件/全部选，再勾选标准组合，最大轴力)，将 Ftarget _ 1 Nmax，T 图转换为 dwg 图。对照 Ftarget _ 1 Nmax 图，对照表 2-19、图 2-30 布置旋挖成孔灌注桩。

表 2-18 场地内各地层工程特性指标

地层＼指标	承载力特征值/kPa	压缩模量/MPa	渗透系数/(cm/s)	地层厚度/m	旋挖成孔灌注桩、人工挖孔灌注桩	
					桩的侧阻力特征值/kPa	桩的端阻力特征值/kPa
人工填土	—	—	1.0×10^{-4}	0.5～6.1	—	—
粉质黏土	200	6.55	6.0×10^{-6}	0.5～7.2	30	400
强风化泥灰岩	300	—	—	1.2～3.2	70	600
中风化泥灰岩	3000	—	—	≥8.00	—	5000

表 2-19 桩基尺寸和配筋表

桩编号	单桩承载力特征值/kN	单桩抗拔承载力设计值/kN	桩顶设计标高	桩尺寸			桩配筋							桩心混凝土强度等级
				d	H	H_1	截面型式	①	L_1	②加劲箍	③ 螺旋箍 非加密区	加密区	L_n	
ZH1	3015			800	≥6000	800	A	10Φ14	桩长 H	Φ14@2000	Φ8@200	Φ8@100	4000	C30
ZH2	3815			900	≥6000	900	A	11Φ14	桩长 H	Φ14@2000	Φ8@200	Φ8@100	4000	C30
ZH3	4710			1000	≥6000	1000	A	14Φ14	桩长 H	Φ14@2000	Φ8@200	Φ8@100	5000	C30
ZH4	5700			1100	≥6000	1100	A	16Φ14	桩长 H	Φ14@2000	Φ8@200	Φ8@100	5000	C30
ZH5	6785			1200	≥6000	1200	A	18Φ14	桩长 H	Φ14@2000	Φ8@200	Φ8@100	5000	C30
ZH6	7960			1300	≥6000	1300	A	18Φ16	桩长 H	Φ14@2000	Φ8@200	Φ8@100	5000	C30
ZH7	9235			1400	≥6000	1400	A	20Φ16	桩长 H	Φ14@2000	Φ8@200	Φ8@100	5000	C30

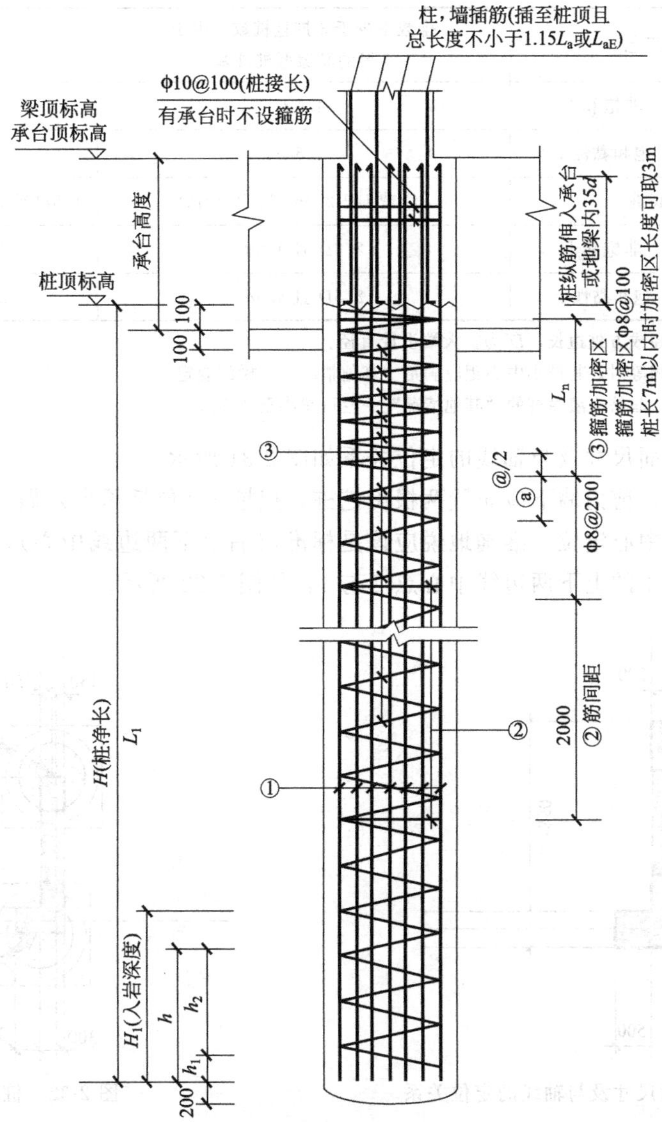

图 2-30 桩身大样

2.16.1 旋挖成孔灌注桩布置方法

若旋挖成孔灌注桩属于端承桩，查表 2-20 可知，最小桩间距为 2.5d（考虑侧摩阻时，d 为桩身直径而非扩底后直径），如果采用桩身直径为 800 的旋挖桩 1（扩底后 1100mm），则考虑侧摩阻时，最小桩间距为 2000mm。某墙 1 布置旋挖桩的步骤如（1）～（4）所示；墙 2 布置旋挖桩的步骤如（5）～（6）所示。

表 2-20 桩的最小中心距

土类与成桩工艺	排数不少于 3 排且桩数不少于 9 根的摩擦型桩桩基	其他情况
非挤土灌注桩	3.0d	3.0d
部分挤土桩	3.5d	3.0d

续表

土类与成桩工艺		排数不少于3排且桩数不少于9根的摩擦型桩桩基	其他情况
挤土桩	非饱和土	4.0d	3.5d
	饱和黏性土	4.5d	4.0d
钻、挖孔扩底桩		2D或D+2.0m(当D>2m)	1.5D或D+1.5m(当D>2m)
沉管夯扩、钻孔挤扩桩	非饱和土	2.2D且4.0d	2.0D且3.5d
	饱和黏性土	2.5D且4.5d	2.2D且4.0d

注：1. d为圆桩直径或方桩边长，D为扩大端设计直径。

2. 当纵横向桩距不相等时，其最小中心距应满足“其他情况”一栏的规定。

3. 当为端承型桩时，非挤土灌注桩的“其他情况”一栏可减小至2.5d。

(1) 墙1的截面尺寸及与轴线的定位关系如图2-31所示。

(2) 经过计算，剪力墙下应布置两根旋挖桩，把桩1（包括承台）做成一个块，然后给墙1的上下两边线中心定位（准确地说应该是标准层墙上下两边线中心），再把桩1的中心点，定点复制到墙1的上下两边线中心点2与1，如图2-32所示。

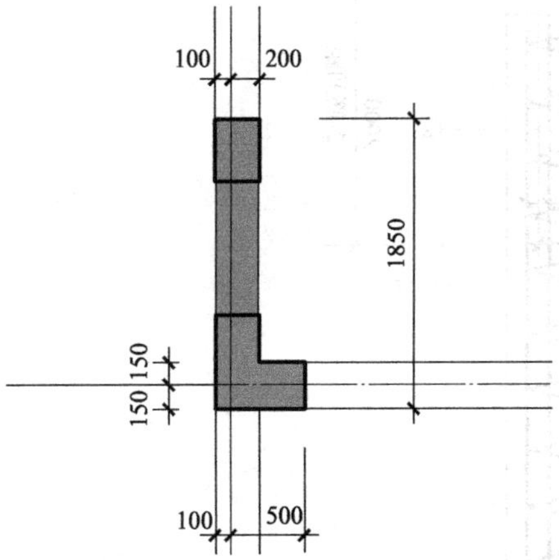

图2-31 墙1的截面尺寸及与轴线的定位关系

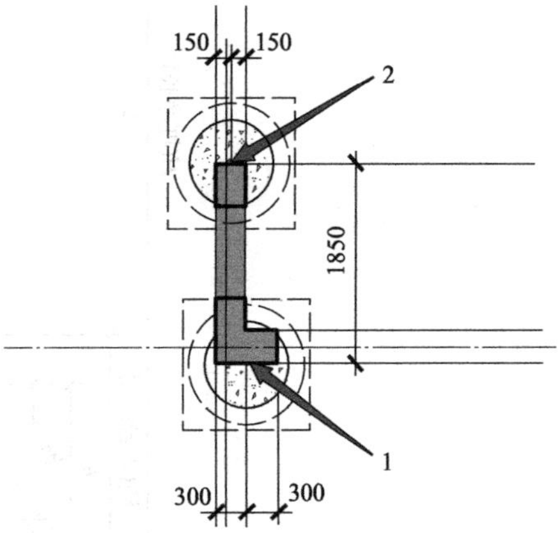

图2-32 桩布置(1)

(3) 由于在考虑侧摩阻时，桩间距应满足至少2000mm，则可以让“2”处的桩向上偏移150mm（一般尽量不要超过200mm，因为这样两桩之间的承台梁高度不会很大，往往构造即可），如图2-33所示。

注：1. 桩间距不一定要满足2.5d，设计中出现由于平面受限，桩距不得不小于2.5d时，要折减基桩的侧阻力，比如桩一侧有一根桩靠的很近时（扩底后净间距不得小于500mm），可以不考虑其一侧的侧摩阻力（只考虑一半），如果两侧都有桩靠的很近，则可以完全不考虑侧摩阻力。同时，也应提出有效减小挤土效应措施（如跳钻），因为2根桩靠的太近，旁边钻桩时会对周边的土有扰动，如在影响范围内有未凝固的桩混凝土，就容易出现桩身缺陷。

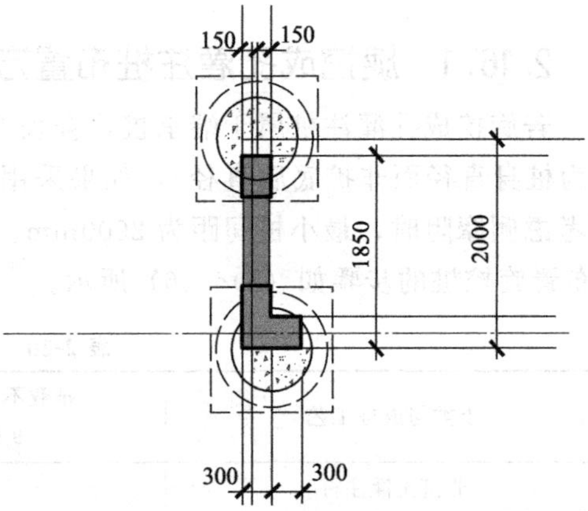

图2-33 桩布置(2)

2. 端承型桩是指桩顶竖向荷载由桩侧阻力和桩端阻力共同承受，但桩端阻力分担比较多的桩，其桩端一般进入中密以上的砂类、碎石类土层，或位于中等风化、微风化及新鲜基岩顶面。这类桩的侧摩阻力虽属次要，但不可忽略。

（4）添加两桩之间的承台梁，如图 2-34 所示。

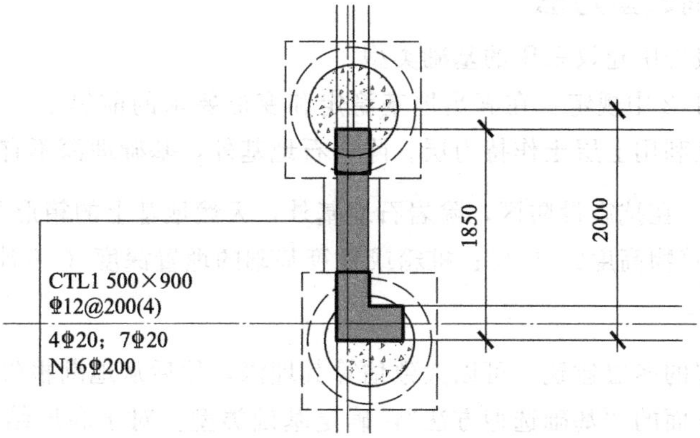

图 2-34 承台梁布置

注：承台梁截面及配筋的取值，除了要满足规范，一般根据经验取值。特别是当墙两端落在桩整个截面内时，承台梁一般都是构造，高度可在满足墙纵筋锚固的前提下，可取的很小，比如 500～600mm。

（5）墙 2 布置旋挖桩的步骤参考墙 1 布置旋挖桩的步骤（1）～（4）。经过计算，墙 2 需要布置桩身直径 1200mm（扩底后 1500mm）旋挖桩两根（只布置两根是因为布置两根桩再加承台梁的方式比较节省），则考虑侧摩阻时，桩间距最小值为 3000mm，根据墙 2 上下边线的中心点，把桩 2 及承台通过其中心点定点复制到中心点 3 与 4，如图 2-35 所示。

（6）由于图 2-35 桩间距为 4350mm，大于 3000mm，则可以把桩位置移动，尽量让桩身截面内都充满剪力墙，从而让受力更直接，承台梁截面及配筋更小。对于某些短肢剪力墙或者墙翼缘长度比较长时，墙翼缘截面超出桩身截面，也是可以的，但不要超过太多。桩 2 上下移动时应以 50mm 为模数移动，移动后如图 2-36 所示。

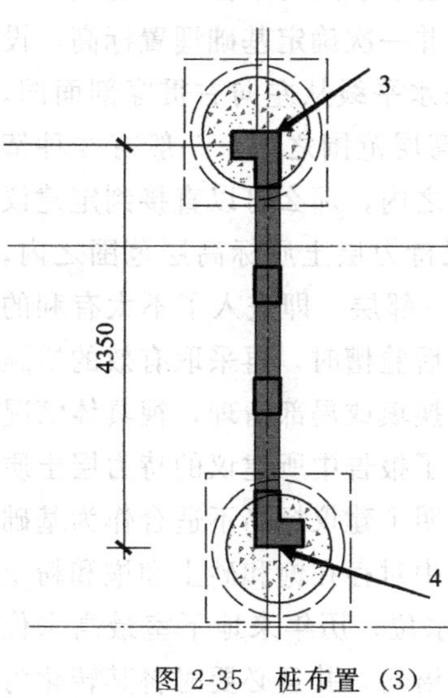

图 2-35 桩布置（3）

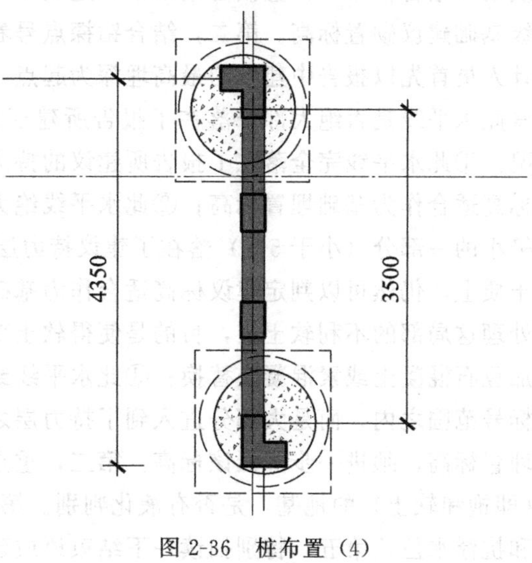

图 2-36 桩布置（4）

注：对于剪力墙下两桩（旋挖桩、灌注桩等）之间的承台梁，一般根据经验取值，比如600～700mm，构造配筋并适当放大即可。如果一定要通过计算取值，可以根据经验取600～1000mm高，再把桩或承台按柱子输入（并考虑柱端部刚域），把承台梁按普通框架梁输入，再将其定义为转换梁，不定义为转换层（考虑墙形成深梁的作用），然后根据其受力特点，将计算结果适当放大。

2.16.2 基础选型方法

（1）查看地勘报告中建议采用的基础类型。

（2）《地规》5.1.2中规定：在满足地基稳定和变形要求的前提下，当上层地基的承载力大于下层土时，宜利用上层土作持力层。除岩石地基外，基础埋深不宜小于0.5m。

《地规》5.1.4 在抗震设防区，除岩石地基外，天然地基上的箱形和筏形基础，其埋置深度不宜小于建筑物高度的1/15；桩箱或桩筏基础的埋置深度（不计桩长）不宜小于建筑物高度的1/18。

对于没有地下室的多层建筑，可以大致估算其埋深，然后从地勘报告中查看该埋深处的地基承载力，套用下面的“基础选型方法”，确定基础类型。对于高层结构，规范对其埋深有规定，一般都会设置地下室，从地勘报告中查看地下室底标高处的地基承载力，套用下面的“基础选型方法”，确定基础类型。

地面以下5m以内地基承载力特征值（可考虑深度修正）f_a与结构总平均重度$p=np_0$（p_0为楼层平均重度，n为楼层数）之间关系对基础选型影响很大，一般规律如下：若$p\leqslant 0.3f_a$，则采用独立基础；若$0.3f_a<p\leqslant 0.5f_a$，可采用条形基础；若$0.5f_a<p\leqslant 0.8f_a$，可采用筏板基础；若$p>0.8f_a$，应采用桩基础或进行地基处理后采用筏板基础。

注：楼层平均重度可在SATWE后处理-文本文件输出中的“结构设计信息”中查看，一般在15kN/m^{2}左右。

如果考虑地下室，地下室一般可按25kN/m^{2}估算。

2.16.3 查看地质勘查报告

首先应从建筑工程师那知道建筑图中±0.00m处的绝对标高值。怎么有效地去查看地质勘查报告？第一，直接看结束语和建议中的持力层土质、地基承载力特征值和地基类型一级基础建议砌置标高。第二，结合钻探点号看懂地质剖面图，并一次确定基础埋置标高，设计人员首先以报告中建议的最高埋深为起点（用铅笔）画一条水平线从左向右贯穿剖面图，看此水平线是否绝大部分落在了报告所建议的持力层土质标高层范围之内，一般有3种情况：①此水平线完全落在了报告所建议的持力层土质标高范围之内，那么可以直接判定建议标高适合作为基础埋置标高；②此水平线绝大部分落在了建议持力层土质标高层范围之内，极小的一部分（小于5%）落在了建议持力层土质标号层的上一邻层，即进入了不太有利的土质上，仍然可以判定建议标高适合作为基础埋置标高，但日后验槽时，再采取有效的措施处理这局部的不利软土层，目的是使得软土变硬些，比如局部换填或局部清理，视具体情况加豆石混凝土或素混凝土替换；③此水平线绝大部分并非落在了报告中所建议的持力层土质标号范围之内，而是大部分进入到了持力层之上一邻层，这说明了建议标高不适合作为基础埋置标高，须进一步降低该标高。第三，重点看结束语或建议中对存在饱和砂土和饱和粉土（即饱和软土）的地基，是否有液化判别。第四，重点看两个水位，历年来地下室最高水位和抗浮水位。第五，特别扫读一下结束语或建议中定性的预警语句，并且必要时将其转化为基础的一般说明中。第六，特别扫读一下结束语或建议中场地类别、场地类型、覆盖层厚度和地面下 15m 范围内平均剪切波速，尤其是建筑场地类别。此外，还可以次要地看下述内容：比如持力层土质下是否存在不良工程地质中的局部软弱下卧层，如果有，则要验算一下软弱下卧层的承载力是否满足要求。

2.16.4 地基持力层的选取

对深基础而言，一般桩端持力层宜选择层位稳定的硬塑-坚硬状态的低压缩性黏性土层和粉土层，中密以上的砂土和碎石土层，中微风化的基岩。当以第四系松散沉积岩做桩端持力层时，持力层的厚度宜超过 5～10 倍桩身直径或桩身宽度。持力层的下部不应有软弱地层和可液化地层。当持力层下的软弱地层不可避免时，应从持力层的整体强度及变形要求考虑，保证持力层有足够的厚度。此外，还应结合地层的分布情况和岩土层特征，考虑成桩时穿过持力层以上各地层的可能性。

进入持力层深度的选择见《建筑桩基技术规范》(下简称《桩基规范》)第 3.3.3-5 规定：应选择较硬土层作为桩端持力层。桩端全断面进入持力层的深度，对于黏性土、粉土不宜小于 $2d$，砂土不宜小于 $1.5d$，碎石类土不宜小于 $1d$。当存在软弱下卧层时，桩端以下硬持力层厚度不宜小于 $3d$。

《桩基规范》3.3.3-6 对于嵌岩桩，嵌岩深度应综合荷载、上覆土层、基岩、桩径、桩长诸因素确定；对于嵌入倾斜的完整和较完整岩的全断面深度不宜小于 $0.4d$ 且不小于 0.5m，倾斜度大于 30%的中风化岩，宜根据倾斜度及岩石完整性适当加大嵌岩深度；对于嵌入平整、完整的坚硬岩和较硬岩的深度不宜小于 $0.2d$，且不应小于 0.2m。

2.16.5 桩基础设计

桩基础采用预应力管桩、人工挖孔桩较多。上部结构层数不同时，桩身轴力差异较大。桩一般都进入较好的持力层，桩长也一般在一个固定范围，从工程经验来看，如果采用预应力管桩，一般直径 400mm、500mm、600mm 的预应力管桩组成两桩承台、三桩承台、四桩承台时，一般能包络住 10～30 层剪力墙结构中大多数长度不是很大的 L 形、T 形、Z 形、带端柱的一字形墙肢。如果采用人工挖孔桩，由于其直径可以采用多种（不宜小于 800mm），可以扩底，柱下一般采用单根人工挖孔桩，多个墙肢共用一个大承台，其设计也是比较简单的。确定桩数时，只能是找到“更优”桩数，而不是找到“最好”桩数。

2.16.5.1 力的传递与转化过程

上部结构在地下室顶板处的内力有轴力、剪力、弯矩，由于地下室刚度大，地下室水平位移很小，四周有覆土的作用，地下室水平扭转变形被约束，内力传到承台时，弯矩与剪力很小，只剩下轴力。但承台并不是没有弯矩，由于不同墙肢轴力不同，与承台形心距离不同，承台也会有弯矩，此弯矩通过承台协调后，转化为轴力作用在桩上。桩身轴力又通过桩身四周土侧限阻力与桩端阻力平衡。对于预应力管桩，一般应同时考虑侧限阻力与桩端阻力的作用。人工挖孔桩桩端阻力远远大于侧摩阻力，因此侧摩阻力可以不计算，主要作为安全储备考虑。当桩身较长、长径比 $l/d>8$ 时，建议计算侧摩阻力。

在实际设计中，PKPM 程序会根据 SATWE 计算结果做一定的简化后，考虑承台承受弯矩作用。桩承台一般都是构造配筋，考虑地震作用后的承台配筋与不考虑地震作用的承台配筋差别一般不大。

2.16.5.2 桩型选用

最常用的桩基础类型为预应力混凝土管桩、泥浆护壁灌注桩、人工挖孔灌注桩。在设计时，可以查看“岩土工程勘察报告”中建议的桩型。

(1) 预应力混凝土管桩属于挤土桩，入岩很困难，不宜用于有孤石或较多碎石土的土层，也不宜用于持力层岩面倾斜或无强风化岩层的情况，一般主要用于层数不大于30层的建筑中，桩径一般为300～600mm，其中以直径400mm、500mm应用最多；如果细分，则一般10层以下宜采用直径为400mm的预制桩，10～20层宜采用边长为450～500mm的预制桩，20～30层宜采用直径大于500mm的预制桩。

(2) 泥浆护壁灌注桩称为万能桩，施工方便，造价低，应用范围最广，但其施工现场泥浆最大，外运渣土最大，对周围环境影响很大，因此，难以在大城市市区中心应用。桩径一般为600～1200mm，其中以直径600～800mm应用最多；如果细分，则一般10层以下宜采用直径为500mm的灌注桩，10～20层宜采用边长为800～1000mm的灌注桩，20～30层宜采用直径1000～1200mm的灌注桩。灌注桩可以做端承桩或者摩擦桩，要是看所需承载力的大小与地质情况，但一般都设计成端承桩，虽然其也考虑桩侧摩擦力。

(3) 旋挖成孔灌注桩对环境影响较小，造价较高，主要用于对环境要求较高的区域，深度不应超过60m，且要求穿越的土层不能有淤泥等软土，桩径一般为800～1200mm，最常用的桩径一般为800mm、1000mm；

(4) 人工挖孔桩施工方便快捷，造价较低，人工挖孔桩易发生人身安全事故，不得用于有淤泥、粉土、砂土的土层，否则很容易坍塌出安全问题。桩径一般为1000～3000mm（广州地区桩径不小于1200mm）。当基岩或密实卵砾石层埋藏较浅时可采用。

2.16.5.3 单桩承载力特征值计算

《地规》第8.5.6-4条 初步设计时单桩竖向承载力特征值可按公式(2-4)进行估算：

$$R_a = q_{pa}A_p + u_p \sum q_{sia} l_i \tag{2-4}$$

式中 A_p——桩底端横截面面积，m^2；

q_{pa}，q_{sia}——桩端端阻力特征值、桩侧阻力特征值，kPa，由当地静载荷试验结果统计分析算得；

u_p——桩身周边长度，m；

l_i——第 i 层岩土的厚度，m。

2.16.5.4 桩身承载力控制计算

(1) 规范规定

《桩基规范》5.8.2 钢筋混凝土轴心受压桩正截面受压承载力应符合下列规定：

① 当桩顶以下 $5d$ 范围的桩身螺旋式箍筋间距不大于100mm，且符合《桩基规范》第4.1.1条规定时

$$N \leqslant \Psi_c f_c A_{ps} + 0.9 f'_y A'_s \tag{2-5}$$

② 当桩身配筋不符合上述①款规定时

$$N \leqslant \Psi_c f_c A_{ps} \tag{2-6}$$

式中 N——荷载效应基本组合下的桩顶轴向压力设计值；

Ψ_c——基桩成桩工艺系数，按《桩基规范》第 5.8.3 条规定取值；

f_c——混凝土轴心抗压强度设计值；

f'_y——纵向主筋抗压强度设计值；

A'_s——纵向主筋截面面积；

A_{ps}——桩身截面面积。

《地规》8.5.11 按桩身混凝土强度计算桩的承载力时，应按桩的类型和成桩工艺的不同将混凝土的轴心抗压强度设计值乘以工作条件系数 φ_c，桩轴心受压时桩身强度应符合公式(2-7) 的规定。

当桩顶以下 5 倍桩身直径范围内螺旋式箍筋间距不大于 100mm 且钢筋耐久性得到保证的灌注桩，可适当计入桩身纵向钢筋的抗压作用。

$$Q \leqslant A_p f_c \varphi_c \tag{2-7}$$

式中 Q——相应于作用的基本组合时的单桩竖向力设计值，kN；

A_p——桩身横截面积，m^2。

《桩基规范》5.8.7 钢筋混凝土轴心抗拔桩的正截面受拉承载力应符合下式规定：

$$N \leqslant f_y A_s + f_{py} + A_{py} \tag{2-8}$$

式中 N——荷载效应基本组合下桩顶轴向拉力设计值；

f_y、f_{py}——普通钢筋、预应力钢筋的抗拉强度设计值；

A_s、A_{py}——普通钢筋、预应力钢筋的截面面积。

(2) 其他

桩身承载力验算一般可以利用小软件或者自己编写 Excel 小程序计算。对于预应力管桩，土侧阻力分担了很大比例的竖向轴力，预应力管桩混凝土强度等级较高（不小于 C60），桩身承载力一般都能通过验算。

2.16.5.5 桩顶作用效应及桩数计算

(1) 竖向力 规范规定如下。

《桩基规范》5.1.1 对于一般建筑物和受水平力（包括力矩与水平剪力）较小的高层建筑群桩基础，应按下列公式计算柱、墙、核心筒群桩中基桩或复合基桩的桩顶作用效应。

轴心竖向力作用下

$$N_k = \frac{F_k + G_k}{n} \tag{2-9}$$

偏心竖向力作用下

$$N_{ik}=\frac{F_k+G_k}{n}\pm\frac{M_{xk}y_i}{\sum y_j^2}\pm\frac{M_{yk}x_i}{\sum x_j^2} \tag{2-10}$$

式中 F_k——荷载效应标准组合下，作用于承台顶面的竖向力；

G_k——桩基承台和承台上土自重标准值，对稳定的地下水位以下部分应扣除水的浮力；

N_k——荷载效应标准组合轴心竖向力作用下，基桩或复合基桩的平均竖向力；

N_{ik}——荷载效应标准组合偏心竖向力作用下，第 i 基桩或复合基桩的竖向力；

M_{xk}、M_{yk}——荷载效应标准组合下，作用于承台底面，绕通过桩群形心的 x、y 主轴的力矩；

x_i、x_j、y_i、y_j——第 i、j 基桩或复合基桩至 y、x 轴的距离。

《桩基规范》5.2.1 桩基竖向承载力计算应符合下列要求：

① 荷载效应标准组合

轴心竖向力作用下

$$N_k\leqslant R \tag{2-11}$$

偏心竖向力作用下，除满足上式外，尚应满足下式的要求

$$N_{kmax}\leqslant 1.2R \tag{2-12}$$

② 地震作用效应和荷载效应标准组合

轴心竖向力作用下

$$N_{Ek}\leqslant 1.25R \tag{2-13}$$

偏心竖向力作用下，除满足上式外，还应满足下式的要求

$$N_{Ekmax}\leqslant 1.5R \tag{2-14}$$

式中 N_k——荷载效应标准组合轴心竖向力作用下，基桩或复合基桩的平均竖向力；

N_{kmax}——荷载效应标准组合偏心竖向力作用下，桩顶最大竖向力；

N_{Ek}——地震作用效应和荷载效应标准组合下，基桩或复合基桩的平均竖向力；

N_{Ekmax}——地震作用效应和荷载效应标准组合下，基桩或复合基桩的最大竖向力；

R——基桩或复合基桩竖向承载力特征值。

《桩基规范》5.2.2 单桩竖向承载力特征值 R_a 应按下式确定

$$R_a=\frac{1}{K}Q_{uk} \tag{2-15}$$

式中 Q_{uk}——单桩竖向极限承载力标准值；

K——安全系数，取 $K=2$。

注：规范规定了不考虑地震作用时荷载效应标准组合轴心竖向力作用下与基桩或复合基桩竖向承载力特征值的关系，也规定了考虑地震作用时基桩或复合基桩的平均竖向力、基桩或复合基桩的最大竖向力与桩或复合基桩竖向承载力特征值的关系。一般来说，嵌固端在地下室顶板处时，地下室可以不考虑地震作

用，由于 PKPM 程序作了一定的简化，考虑地震作用与不考虑地震作用都能算过，所以在算桩基础与承台时，一般也可考虑地震作用。

《桩基规范》5.2.3 对于端承型桩基、桩数少于 4 根的摩擦型柱下独立桩基或由于地层土性、使用条件等因素不宜考虑承台效应时，基桩竖向承载力特征值应取单桩竖向承载力特征值。

《桩基规范》5.2.4 对于符合下列条件之一的摩擦型桩基，宜考虑承台效应确定其复合基桩的竖向承载力特征值：①上部结构整体刚度较好、体型简单的建（构）筑物；②对差异沉降适应性较强的排架结构和柔性构筑物；③按变刚度调平原则设计的桩基刚度相对弱化区；④软土地基的减沉复合疏桩基础。

（2）水平力

《桩基规范》5.1.1 对于一般建筑物和受水平力（包括力矩与水平剪力）较小的高层建筑群桩基础，应按下列公式计算柱、墙、核心筒群桩中基桩或复合基桩的桩顶作用效应

$$H_{ik}=H_k/n \tag{2-16}$$

式中 H_{ik}——荷载效应标准组合下，作用于第 i 基桩或复合基桩的水平力；

H_k——荷载效应标准组合下，作用于基桩或复合基桩的水平力；

n——桩基中的桩数。

《桩基规范》5.7.1 受水平荷载的一般建筑物和水平荷载较小的高大建筑物单桩基础和群桩中基桩应满足下式要求

$$H_{ik}\leqslant R_h \tag{2-17}$$

式中 H_{ik}——在荷载效应标准组合下，作用于基桩 i 桩顶处的水平力；

R_h——单桩基础或群桩中基桩的水平承载力特征值，对于单桩基础，可取单桩的水平力特征值 R_{ha}。

2.16.5.6 桩布置

（1）规范规定

《桩基规范》3.3.3-1 基桩的最小中心距应符合本规范的规定；当施工中采取减小挤土效应的可靠措施时，可根据当地经验适当减小。

排列基桩时，宜使桩群承载力合力点与竖向永久荷载合力作用点重合，并使基桩受水平力和力矩较大方向有较大抗弯截面模量。

（2）布桩方法

① 承台下布桩（柱下承台，剪力墙下承台）。

a. 使各桩桩顶受荷均匀，上部结构的荷载重心与承台形心、基桩反力合力作用点尽量重合，并在弯矩较大方向布置拉梁。

b. 承台下布桩，桩间距应满足规范最小间距要求（保证土给桩提供摩擦力），承台桩桩间距小，承台配筋就会经济些，一般可按最小间距布桩。桩间距有些情况很难满足 $3.5d$（非饱和土、挤土桩），比如核心筒位置处，轴力比较大，墙又比较密，桩间距可按间距 $3d$ 控制。

c. 若按轴力只需布置2个桩，但墙形状复杂时，考虑结构稳定性等其他因素，可能要布置三个桩。

d. 桩的布置，可根据力的分布布置，做到“物尽其用”，尤其是对于大承台桩，在满足冲切剪应力、弯矩强度计算和规范规定的前提下，桩数可以按角、边、中心依次减少的布桩方式，但基桩反力的合力应与结构轴向力重合。

e. 高层剪力墙结构墙下荷载往往分布较复杂，荷载局部差异较大，一般应划分区域布桩或采用不均匀布桩方式，荷载大的桩数应密。如果出现偏轴情况（结构合力作用点偏离建筑轴线）而承台位置无法调整时，我们有时还可能根据偏心情况调整桩的疏密程度，压力大的一侧密。

f. 承台的受力，可以简化为 $M=FD$，其中 D 为力臂，承台的布置方向，可以以怎么布置去平衡最多弯矩的原则来控制，当弯矩不大时，对承台布置方向没有规定。

② 墙下布桩。

a. 墙下布桩一般应直接让墙直接传力到桩身，减小承台协调的过程，更经济。

b. 剪力墙在地震力作用下，两端应力大，中间小，布桩时也应尽量符合此规律，一般应在墙端头布置桩，墙中间位置布桩时一般应比端头弱。有时候相连墙肢（如L形、T形等）有长有短，一般可先计算出单个墙肢墙下桩数，再在其附近布置，但每片墙的布桩数若均大于其各自的荷载值，可能造成桩基总承载力相对总荷载的富余量很大（即经济性差）。可考虑端部的墙公用一根桩，即单片墙下的布桩数不够（如要求2.5根，布了2根），但相邻片墙共同计算是满足的，局部的受力不平衡可由承台去协调。

c. 墙下布桩，要满足各个墙肢下桩的反力与墙肢作用力完全对应平衡较难，但整个桩基础和所有的墙肢作用力之和平衡。局部不平衡的力由承台来调节。

d. 要控制墙下布桩承台梁的高度，布桩时原则要使墙均落在冲切区；墙尽端与桩的距离控制，在数据上不上绝对的，根据荷载大小（层数），桩承载力大小确定控制是严一点或松一点，筏板较厚的控制可松一点。

e. 门洞口下不宜布桩，若根据桩间距要求，开洞部位必须布桩时，应对承台梁验算局部抗剪能力（剪力可以采用单桩承载力特征值），且应验算开洞部位承台梁的抗冲切能力，必要时需加密开洞部位箍筋或是提高箍筋规格及配置抗剪钢筋等。

③ 其他。

a. 大直径桩宜采用一柱一桩；筒体采用群桩时，在满足桩的最小中心距要求的前提下，桩宜尽量布置在筒体以内或不超出筒体外缘1倍板厚范围之内。

b. 桩基选用与优化时考虑以下原则：尽量减少桩型，如主楼采用一种桩型，裙房可采用一种桩型，桩型少，方便施工，静载试验与检测工作量小。

c. 大直径人工挖孔桩直径至少800mm，地基规范中桩距为 $3d$ 的规定其本身是针对于成桩时的“挤土效应”和“群桩效应”及施工难度等因素，若大直径人工挖孔桩，既要满足3倍桩距，又要满足“桩位必须优先布置在纵横墙的交点或柱下”会使得桩很难布置；但大直径人工挖孔桩属于端承桩，每个桩相当于单独的柱基，桩距可不加以限制，只要桩端扩大头面积满足承载力既可。嵌岩桩的桩距可取 $2\sim2.5d$，夯扩桩、打入或压入的预置桩，考虑到挤土效应与施工难度，最小桩距宜控制在 $(3.5\sim4)d$。

d. 对于以端承为主的桩，当单桩承载力由地基强度控制时应优先考虑扩底灌注桩，当单桩承载力由桩身强度控制时，应选用较大直径桩或提高桩身混凝土强度等级。

2.16.6 承台设计

2.16.6.1 承台截面

(1) 规范规定

《桩基规范》4.2.1 桩基承台的构造，应满足抗冲切、抗剪切、抗弯承载力和上部结构要求，还应符合下列要求：

① 独立柱下桩基承台的最小宽度不应小于 500mm，边桩中心至承台边缘的距离不应小于桩的直径或边长，且桩的外边缘至承台边缘的距离不应小于 150mm。对于墙下条形承台梁，桩的外边缘至承台梁边缘的距离不应小于 75mm。承台的最小厚度不应小于 300mm。

② 高层建筑平板式和梁板式筏形承台的最小厚度不应小于 400mm，墙下布桩的剪力墙结构筏形承台的最小厚度不应小于 200mm。

③ 高层建筑箱形承台的构造应符合《高层建筑箱形与筏形基础技术规范》(JGJ 6—2011) 的规定。

(2) 经验

① 承台厚度应通过计算确定，承台厚度需满足抗冲切、抗剪切、抗弯等要求。当桩数不多于两排时，一般情况下承台厚度由冲切和抗剪条件控制；当桩数为 3 排及其以上时，承台厚度一般由抗弯控制。

② 承台下桩布置尽量采用方形间距布置以使得承台平面为矩形，方便承台设计和施工。选择承台时应让各竖向构件的重心落在桩围内。

③ 一柱一桩的大直径人工挖孔桩承台宽度，只要满足桩侧距承台边缘的距离至 150mm 即可，承台宽度不必满足 2 倍桩径的要求。桩承台比桩宽一定尺寸的构造，主要是为了让桩主筋不与承台内的钢筋打架。另一方面，桩承台可视为支撑桩的双向悬挑构件，可受到土体向上、向下的力，承台悬挑长度过大，对承台是不利的。

④ 墙下承台的高度，关键在于概念设计，配筋一般都是构造，高度也有很强的经验性，对于剪力墙结构，一般可按每层 50～70mm 估算，即 $H=N\times(50\sim70)$，也可以套用图集。当柱距与荷载比较大时，承台厚度不遵循以上规律，承台厚度会很大，5 层的框架结构承台厚度都有可能取到 1000mm。

⑤ 剪力墙下布桩，由于剪力墙结构具备极大整体抗弯刚度，故可将上部结构视为承台，此时布置的条形承台（梁）可以认为是“底部加强带”，同时方便钢筋锚固及满足局部受压。承台（梁）宽度可为 200mm＋桩径，高度为 600mm，在构造配筋的基础上适当放大即可。

⑥ 经验上认为两桩承台由受剪控制，3 桩承台由角桩冲切控制，4 桩承台由剪切和角桩冲切控制，超过两排布桩由冲切控制。

2.16.6.2 承台配筋

(1) 规范规定

《桩基规范》4.2.3 承台的钢筋配置应符合下列规定：

① 柱下独立桩基承台纵向受力钢筋应通长配置［图2-37(a)］，对四桩以上（含四桩）承台宜按双向均匀布置，对三桩的三角形承台应按三向板带均匀布置，且最里面的三根钢筋围成的三角形应在柱截面范围内［图2-37(b)］。纵向钢筋锚固长度自边桩内侧（当为圆桩时，应将其直径乘以0.8等效为方桩）算起，不应小于$35d_g$（d_g为钢筋直径）；当不满足时应将纵向钢筋向上弯折，此时水平段的长度不应小于$25d_g$，弯折段长度不应小于$10d_g$。承台纵向受力钢筋的直径不应小于12mm，间距不应大于200mm。柱下独立桩基承台的最小配筋率不应小于0.15%。

② 柱下独立两桩承台，应按现行国家《混规》中的深受弯构件配置纵向受拉钢筋、水平及竖向分布钢筋。承台纵向受力钢筋端部的锚固长度及构造应与柱下多桩承台的规定相同。

③ 条形承台梁的纵向主筋应符合现行国家标准《混规》关于最小配筋率的规定［图2-37(c)］，主筋直径不应小于12mm，架力筋直径不应小于10mm，箍筋直径不应小于6mm。承台梁端部纵向受力钢筋的锚固长度及构造应与柱下多桩承台的规定相同。

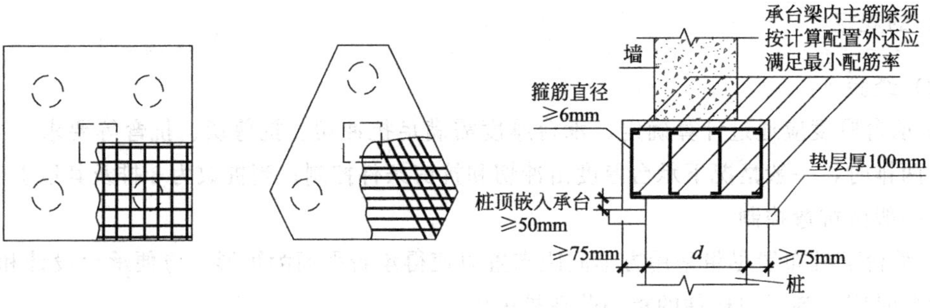

(a) 矩形承台配筋　(b) 三桩承台配筋　(c) 墙下承台梁配筋图

图2-37 承台配筋示意图

(2) 经验 桩基承台设计，《桩基规范》明确规定，除了两桩承台和条形承台梁的纵筋须按《混规》执行最小配筋率外，其他情况均可以按照最小配筋率0.15%控制。对联合承台或桩筏基础的筏板应按照整体受力分析的结果，采用“通长筋＋附加筋”的方式设计。对承台侧面的分布钢筋，则没必要执行最小配筋率的要求，采用12@300的构造钢筋即可。

规范规定承台纵向受力钢筋的直径不应小于12mm，间距不应大于200mm。在实际设计中，承台底筋间距常取100～150mm，如果取200mm，底筋纵筋可能会很大。

2.16.6.3 承台其他构造

(1) 规范规定

《桩基规范》4.2.3 承台底面钢筋的混凝土保护层厚度，当有混凝土垫层时，不应小于50mm，无垫层时不应小于70mm；此外尚不应小于桩头嵌入承台内的长度。

《桩基规范》4.2.4 桩与承台的连接构造应符合下列规定：

① 桩嵌入承台内的长度对中等直径桩不宜小于50mm；对大直径桩不宜小于100mm。

② 混凝土桩的桩顶纵向主筋应锚入承台内，其锚入长度不宜小于35倍纵向主筋直径。

对于抗拔桩，桩顶纵向主筋的锚固长度应按现行国家标准《混规》确定。

③ 对于大直径灌注桩，当采用一柱一桩时可设置承台或将桩与柱直接连接。

《桩基规范》4.2.5 柱与承台的连接构造应符合下列规定：

① 对于一柱一桩基础，柱与桩直接连接时，柱纵向主筋锚入桩身内长度不应小于35倍纵向主筋直径。

② 对于多桩承台，柱纵向主筋应锚入承台不应小于35倍纵向主筋直径；当承台高度不满足锚固要求时，竖向锚固长度不应小于20倍纵向主筋直径，并向柱轴线方向呈90°弯折。

③ 当有抗震设防要求时，对于一、二级抗震等级的柱，纵向主筋锚固长度应乘以1.15的系数；对于三级抗震等级的柱，纵向主筋锚固长度应乘以1.05的系数。

《桩基规范》4.2.6 承台与承台之间的连接构造应符合下列规定：

① 一柱一桩时，应在桩顶两个主轴方向上设置联系梁。当桩与柱的截面直径之比大于2时，可不设联系梁。

② 两桩桩基的承台，应在其短向设置联系梁。

③ 有抗震设防要求的柱下桩基承台，宜沿两个主轴方向设置联系梁。

④ 联系梁顶面宜与承台顶面位于同一标高。联系梁宽度不宜小于250mm，其高度可取承台中心距的1/15～1/10，且不宜小于400mm。

⑤ 联系梁配筋应按计算确定，梁上下部配筋不宜小于2根直径12mm钢筋；位于同一轴线上的联系梁纵筋宜通长配置。

(2) 经验

① 位于电梯井筒区域的承台，由于电梯基坑和集水井深度的要求，通常需要局部下沉，一般情况下仅将该区域的承台局部降低，若该联合承台面积较小，可将整个承台均下降，承台顶面标高降低至电梯基坑顶面。消防电梯的集水坑应与建筑专业协调，尽量将其移至承台外的区域，通过预埋管道连通基坑和集水坑。

② 高桩承台是埋深较浅，低桩承台是埋深较深。建筑物在正常情况下水平力不大，承台埋深由建筑物的稳定性控制，并不要求基础有很大的埋深（规定不小于0.5m），但在地震区要考虑震害的影响，特别是高层建筑，承台埋深过小会加剧震害；一般仅在岸边、坡地等特殊场地当施工低桩承台有困难时，才采用高桩承台。

2.16.6.4 承台布置方法（图2-38）

(1) 方法一　两桩中心连线与长肢方向平行，且两桩合力中心与剪力墙准永久组合荷载中心重合，布一个长方形大承台。

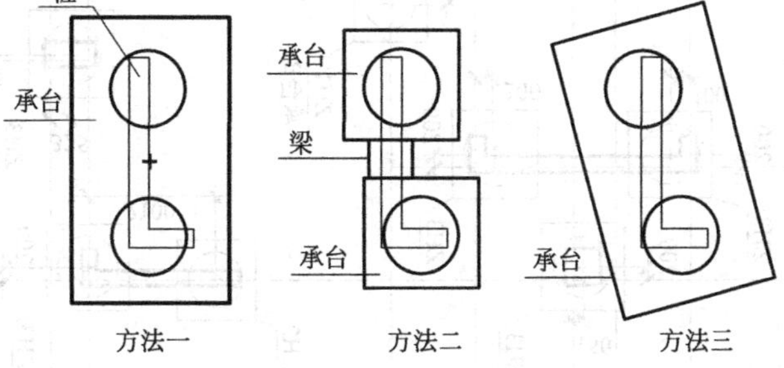

图2-38　承台布置方法

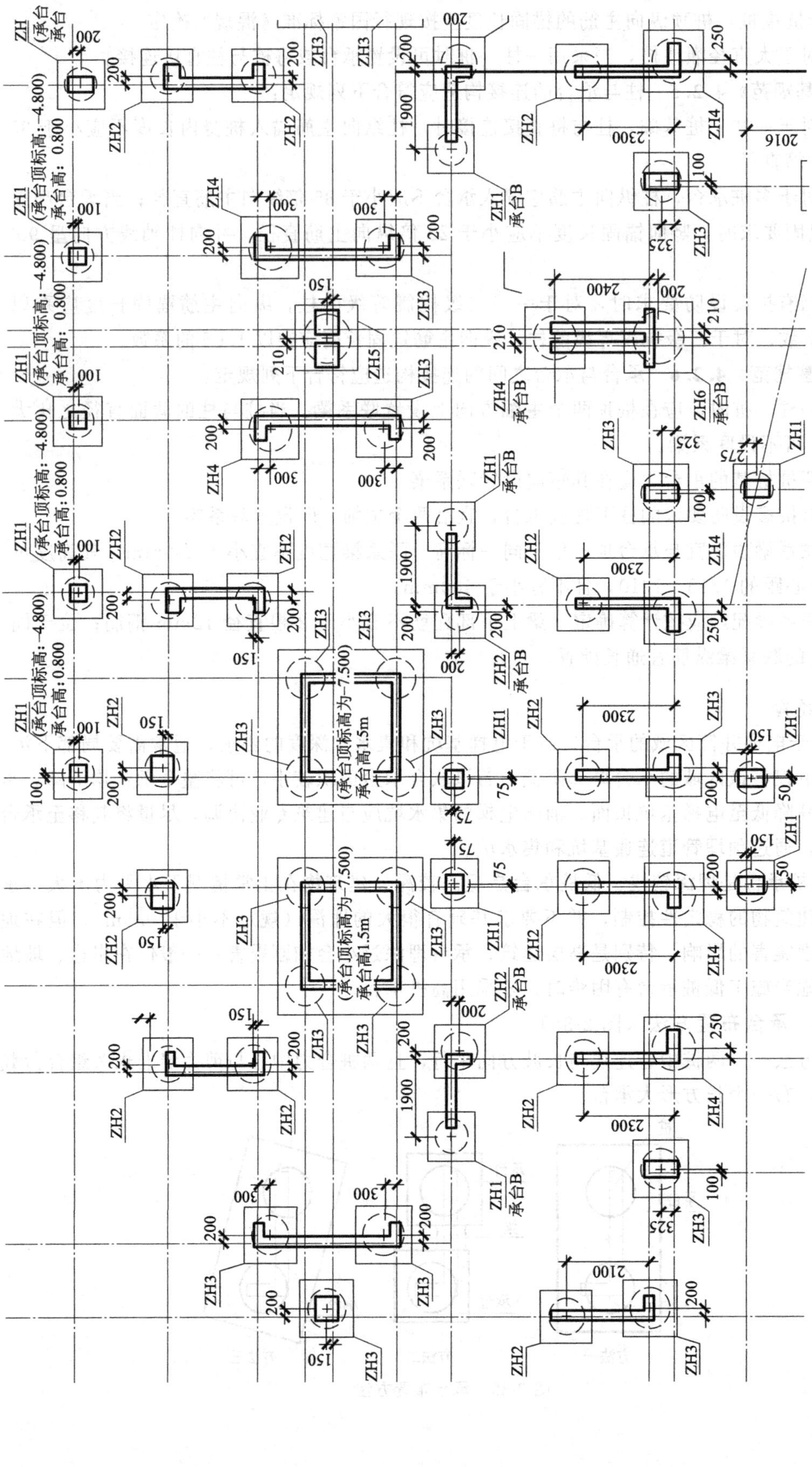

图 2-39 基础平面布置图

（2）方法二　在墙肢两端各布一个单桩承台，再在两承台间布置一根大梁支承没在承台内的墙段。

（3）方法三　两桩中心连线与短墙肢和长墙肢的中心连线平行，布一个长方形大承台。

2.16.6.5　承台拉梁设计

（1）截面　拉梁最小宽度和高度尺寸的规定，是为了确保其平面外有足够的刚度，拉梁宽度不宜小于250mm，其高度可取承台中心距的1/15～1/10，且不宜小于400mm。

（2）承台拉梁计算　承台拉梁上如果没有填充墙荷载，则一般可以在构造配筋的基础上适当放大（凭借经验）。如果承台拉梁上面有填充墙荷载，一般有以下三种方法。方法一，建两次模型，第一次不输入承台拉梁，计算上部结构的配筋；第二次输入承台拉梁（在PMCAD中按框架梁建模），拉梁顶与承台顶齐平时，把拉梁层设为一个新的标准层，层高1.0m或者1.5m来估算，拉梁上输入线荷载（有填充墙时），用它的柱底（或墙底）内力来计算基础，同时也计算承台拉的配筋。方法二，《桩基规范》4.2.6条文说明：联系梁的截面尺寸及配筋一般按下述方法确定：以柱剪力作用于梁端，按轴心受压构件确定其截面尺寸，配筋则取与轴心受压相同的轴力（绝对值），按轴心受拉构件确定。在抗震设防区也可取柱轴力的1/10为梁端拉压力的粗略方法确定截面尺寸及配筋。联系梁最小宽度和高度尺寸的规定，是为了确保其平面外有足够的刚度。方法三，在实际设计中，可以不考虑0.1N所需要的纵筋。直接按铰接计算在竖向荷载作用下所需的配筋，然后底筋与面筋相同，并满足构造要求。

2.16.7　本工程基础平面布置图

基础平面布置（部分）如图2-39所示。

2.16.8　基础沉降计算与计算分析

（1）规范规定

《地规》3.0.1　地基基础设计应根据地基复杂程度、建筑物规模和功能特征以及由于地基问题可能造成建筑物破坏或影响正常使用的程度分为三个设计等级，设计时应根据具体情况，按表2-21选用。

表2-21　地基基础设计等级

设计等级	建筑和地基类型
甲级	重要的工业与民用建筑物 30层以上的高层建筑 体型复杂，层数相差超过10层的高低层连成一体建筑物 大面积的多层地下建筑物（如地下车库、商场、运动场等） 对地基变形有特殊要求的建筑物 复杂地质条件下的坡上建筑物（包括高边坡） 对原有工程影响较大的新建建筑物 场地和地基条件复杂的一般建筑物 位于复杂地质条件及软土地区的二层及二层以上地下室的基坑工程 开挖深度大于15m的基坑工程 周边环境条件复杂、环境保护要求高的基坑工程
乙级	除甲级、丙级以外的工业与民用建筑物 除甲级、丙级以外的基坑工程

续表

设计等级	建筑和地基类型
丙级	场地和地基条件简单、荷载分布均匀的七层及七层以下民用建筑及一般工业建筑；次要的轻型建筑物 非软土地区且场地地质条件简单、基坑周边环境条件简单、环境保护要求不高且开挖深度小于5.0m的基坑工程

《地规》3.0.2 根据建筑物地基基础设计等级及长期荷载作用下地基变形对上部结构的影响程度，地基基础设计应符合下列规定：

① 所有建筑物的地基计算均应满足承载力计算的有关规定；

② 设计等级为甲级、乙级的建筑物，均应按地基变形设计；

③ 设计等级为丙级的建筑物有下列情况之一时应作变形验算：

a. 地基承载力特征值小于130kPa，且体型复杂的建筑；

b. 在基础上及其附近有地面堆载或相邻基础荷载差异较大，可能引起地基产生过大的不均匀沉降时；

c. 软弱地基上的建筑物存在偏心荷载时；

d. 相邻建筑距离近，可能发生倾斜时；

e. 地基内有厚度较大或厚薄不均的填土，其自重固结未完成时。

④ 对经常受水平荷载作用的高层建筑、高耸结构和挡土墙等，以及建造在斜坡上或边坡附近的建筑物和构筑物，尚应验算其稳定性；

⑤ 基坑工程应进行稳定性验算；

⑥ 建筑地下室或地下构筑物存在上浮问题时，尚应进行抗浮验算。

《地规》5.3.4 建筑物的地基变形允许值应按表2-22规定采用。对表中未包括的建筑物，其地基变形允许值应根据上部结构对地基变形的适应能力和使用上的要求确定。

表2-22 建筑物的地基变形允许值

变形特征		地基土类别	
		中、低压缩性土	高压缩性土
砌体承重结构基础的局部倾斜		0.002	0.003
工业与民用建筑相邻柱基的沉降差	框架结构	0.0021	0.003l
	砌体墙填充的边排柱	0.00071	0.001l
	当基础不均匀沉降时不产生附加应力的结构	0.0051	0.005l
单层排架结构(柱距为6m)柱基的沉降量/mm		(120)	200
桥式吊车轨面的倾斜(按不调整轨道考虑)	纵向	0.004	
	横向	0.003	
多层和高层建筑的整体倾斜	$H_g \leqslant 24$	0.004	
	$24 < H_g \leqslant 60$	0.003	
	$60 < H_g \leqslant 100$	0.0025	
	$H_g > 100$	0.002	

续表

变形特征		地基土类别	
		中、低压缩性土	高压缩性土
体型简单的高层建筑基础的平均沉降量/mm		200	
高耸结构基础的倾斜	$H_g \leqslant 20$	0.008	
	$20<H_g \leqslant 50$	0.006	
	$50<H_g \leqslant 100$	0.005	
	$100<H_g \leqslant 150$	0.004	
	$150<H_g \leqslant 200$	0.003	
	$200<H_g \leqslant 250$	0.002	
高耸结构基础的沉积量/mm	$H_g \leqslant 100$	400	
	$100<H_g \leqslant 200$	300	
	$200<H_g \leqslant 250$	200	

注：1. 本表数值为建筑物地基实际最终变形允许值。
2. 有括号者仅适用于中压缩性土。
3. l 为相邻柱基的中心距离（mm）；H_g 为自室外地面起算的建筑物高度（m）。
4. 倾斜指基础倾斜方向两端点的沉降差与其距离的比值。
5. 局部倾斜指砌体承重结构沿纵向 6～10m 内基础两点的沉降差与其距离的比值。

（2）经验

① 用JCCAD算基础沉降不是很准确，除非地勘资料输入的很准确。在实际设计中，可以自己用小软件算，选取几个主要的角点和中间点，然后把沉降相减取绝对值，再除以两点之间的距离，得出基础的倾斜，再与《地规》5.3.4 作对比。如果一定要用JCCAD的计算结果，可以在计算出的沉降线之间取两点（最短），把沉降相减，再除以两点之间的距离，最后与《地规》5.3.4 做对比。

② 比如沈阳地区，30层高层采用筏板基础，当持力层为圆砾时，总沉降一般为 2～3cm。

2.16.9 基础梁板弹性地基梁法计算与分析

2.16.9.1 基础梁板弹性地基梁法计算

点击【结构/JCCAD/础梁板弹性地基梁法计算】→【模型参数】，如图 2-40～图 2-42 所示。

【参数注释】

（1）结构重要性系数　一般可按默认值 1.0 填写。

《混规》3.3.2　结构重要性系数：在持久设计状况和短暂设计状况下，对安全等级为一级的结构构件不应小于 1.1，对安全等级为二级的结构构件不应小于 1.0，对安全等级为三级的结构构件不应小于 0.9；对地震设计状况下应取 1.0。

（2）混凝土强度等级　应根据实际工程填写，一般以 C30、C35 居多。

（3）梁纵向钢筋级别、梁箍筋钢筋级别、板梁翼缘受力筋级别　应根据实际工程填写，一般可填写 HRB400。

（4）梁箍筋间距　可按默认值填写，200mm。

（5）梁配筋归并系数　应根据实际工程填写，一般可填写 0.1。

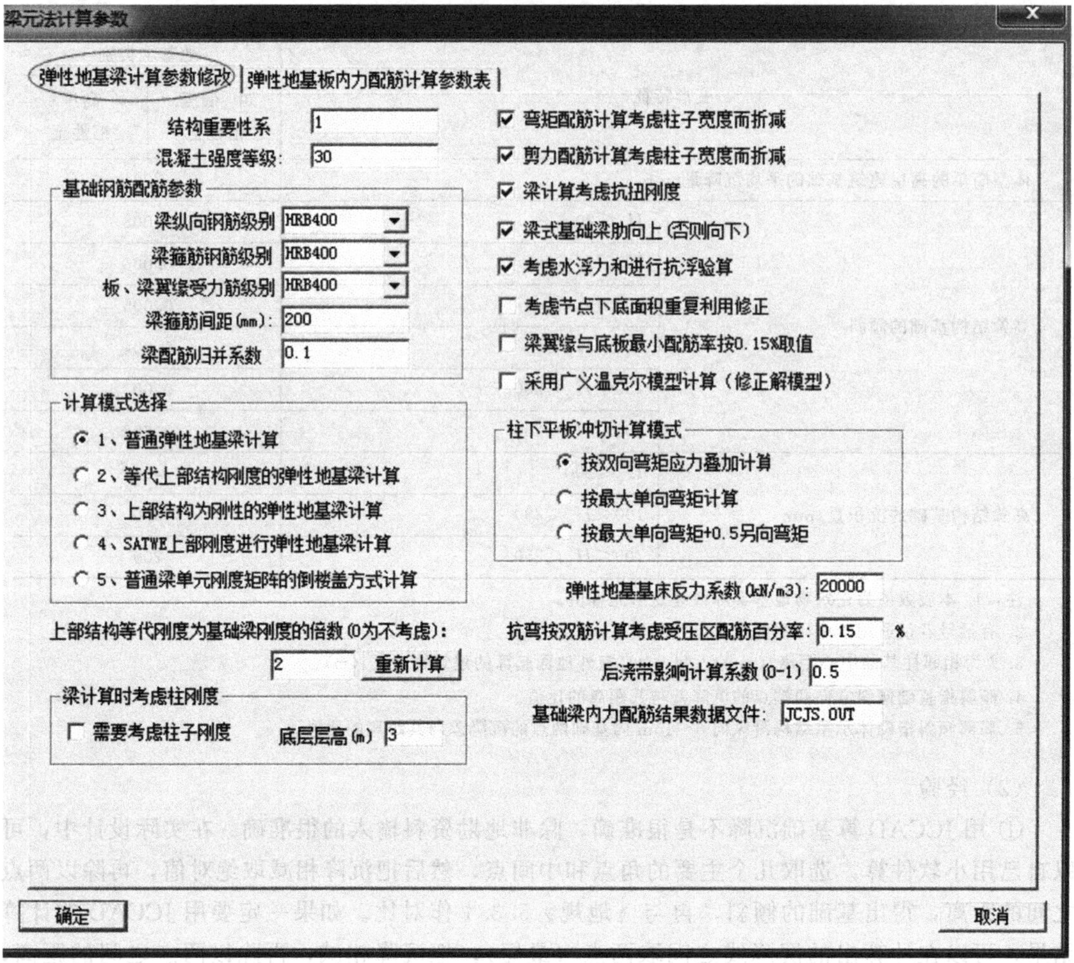

图 2-40　弹性地基梁计算参数修改

（6）计算模式选择　系统在弹性地基梁计算中给出了五种模式，一般可选择第一种，但也应根据实际工程情况根据计算模式说明选择对应的计算模式。

① 按普通弹性地基梁计算：这种计算方法不考虑上部刚度的影响，绝大多数工程都可以采用此种方法，只有当采用该方法时计算截面不够且不宜扩大再考虑其他模式。

② 按等代上部结构刚度的弹性地基梁计算：该方法实际上是要求设计人员人为规定上部结构刚度是地基梁刚度的几倍。该值的大小直接关系到基础发生整体弯曲的程度。上部结构刚度相对地基梁刚度的倍数通过输入参数系统自动计算得出。如图 2-41 所示。

③ 按上部结构为刚性的弹性地基梁计算：模式 3 与模式 2 的计算原理实际上基本一致，只不过模式 3 自动取上部结构刚度为地基梁刚度的 200 倍。采用这种模式计算出来的基础几乎没有整体弯矩，只有局部弯矩。其计算结果类似传统的倒楼盖法。该模式主要用于上部结构刚度很大的结构，比如高层框支转换结构、纯剪力墙结构等。

④ 按 SATWE 上部刚度进行弹性地基架计算：从理论上讲，这种方法最理想，因为它考虑的上部结构的刚度最真实，但这也只对纯框架结构而言。对于带剪力墙的结构，由于剪力墙的刚度凝聚有时会明显地出现异常，其刚度只能凝聚到离形心最近的节点上，因此传到基础的刚度就更有可能异常。所以此种计算模式不适用带剪力墙的结构。

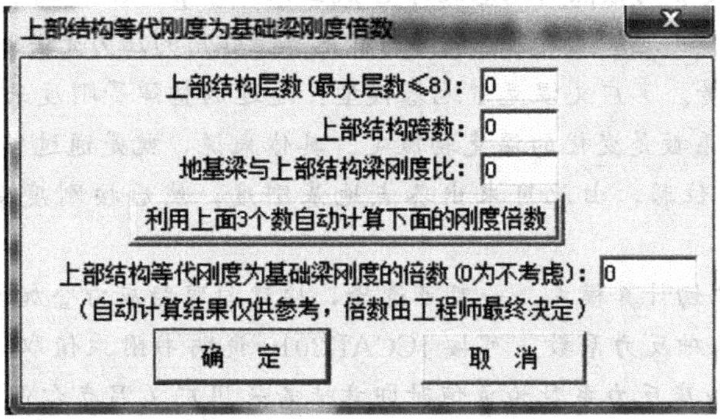

图 2-41　上部结构等代刚度为基础梁刚度倍数

注：只有当上部结构刚度较大、荷载分布不均匀，并且用模式1算不下来时方可采用，一般情况不选。

⑤ 按普通梁单元刚度的倒楼盖方式计算：模式5是传统的倒楼盖模型，地基梁的内力计算考虑了剪切变形。该计算结果明显不同于上述四种计算模式，因此一般没有特殊需要不推荐使用。

(7) 梁计算时考虑柱刚度　一般可勾选。考虑柱的刚度可使柱下的地基梁转角减小一些，特别是梁端点，通常可出现正弯矩。

(8)“弯矩配筋计算考虑柱子宽度而折减”“剪力配筋计算考虑柱子宽度而折减”：一般应勾选这两项。在弹性地基梁元法配筋计算时，程序考虑了支座（柱）宽度的影响，实际配筋用的内力为距柱边 $B/3$ 处得计算内力（B 为柱宽），同时规定折减的弯矩不大于最大弯矩的30%。若选择此项，则相应的配筋值是用折减后的内力值计算出来的。

(9) 梁计算考虑抗扭刚度　一般应勾选。若不考虑，则梁内力没有扭矩，但另一方向的梁的弯矩会增加。

(10) 梁式基础梁肋向上（否则向下）　按实际工程选择，一般在肋板式基础中，大部分基础都是使梁肋朝上，这样便于施工，梁肋之间回填或盖板处理。

(11) 考虑水浮力和进行抗浮验算　一般可勾选。选择此项将在梁上加载水浮力线荷载（反向线荷载），一般来说这个线荷载对梁内力计算结果没有影响，因为水浮力与土反力加载一起与没有水浮力的土反力完全一样。抗漂浮验算是验算水浮力在局部（如群房）是否超过建筑自重时的情况。当梁底反力为负，且超过基础自重与覆土等板面恒荷之和时，即意味该处底板抗漂浮验算有问题，应采取抗漂浮措施，如底板加覆土等加大基础自重方法，或采用其他有效措施。

(12) 考虑节点下底面积重复利用修正　对于柱下平板基础，可勾选，对于其他类型，可不勾选。由于在纵横梁交叉节点处下的一块底面积被两个方向上的梁使用了两次，因此存在着底面积重复利用的问题。对节点下底面积重复利用进行修正，一般来说会增加梁的弯矩，特别是梁翼缘宽度较大时，修正后弯矩和钢筋将会增加。

(13) 梁翼缘与底板最小配筋率按0.15%取值　一般可勾选。如不选取，则自动按《混规》8.5.1规定为0.2和 $45f_t/f_y$ 中的较大值；如选取，则按《混规》8.5.2规定适当降低为0.15%；

《混规》8.5.2：卧置于地基上的混凝土板，板中受拉钢筋的最小配筋率可适当降低，但不应小于0.15%。

(14) 采用广义温克尔模型计算（修正解模型）　一般可勾选。温克尔地基模型：地基上任一点所受的压力强度 p 与该点的地基沉降 S 成正比，即 $p=kS$，式中比例常数 k 称为基床系数，单位为 kPa/m。（地基上某点的沉降与其他点上作用的压力无关，类似胡克定理，把地基看成一群独立的弹簧。）广义温克尔地基模型：通过调整弹簧刚度来考虑地基土之间的相互作用，即采用基床系数是变化的温克勒假定。具体来说，就是通过整体基础沉降计算得到各点处的反力与竖向位移，由此可求出各点地基刚度，然后按刚度变化率调整基床反力系数。

（15）柱下平板冲切计算模式　一般可选择，按双向弯矩应力叠加计算。

（16）弹性地基基础反力系数　可按 JCCAD2010 说明书附录值取，单位为 kN/m³。基初始值为 20000。当基床反力系数为负值时即意味着采用广义温克尔假定计算，此时各梁基床反力系数将各不相同，一般来说边角部大些，中间小写。广义温克尔假定计算条件是前面进行了刚性假定的沉降计算，如不满足该条件，程序自动采用一般温克尔假定计算。

（17）抗弯按双筋计算考虑受压区配筋百分率　一般可填写 0.15%，为合理减少钢筋用量，在受弯配筋计算时考虑了受压区有一定量的钢筋。

（18）后浇带影响计算系数　按实际工程填写。该系数指的是恒载变形在后浇带浇筑合并前的完成比例，1 表示恒载完全按照被后浇带分开的筏板模型计算，填 0 表示恒载完全按照合并后的完整筏板模型计算。一般可填写 0.5。

弹性地基板内力配筋计算参数见图 2-42。

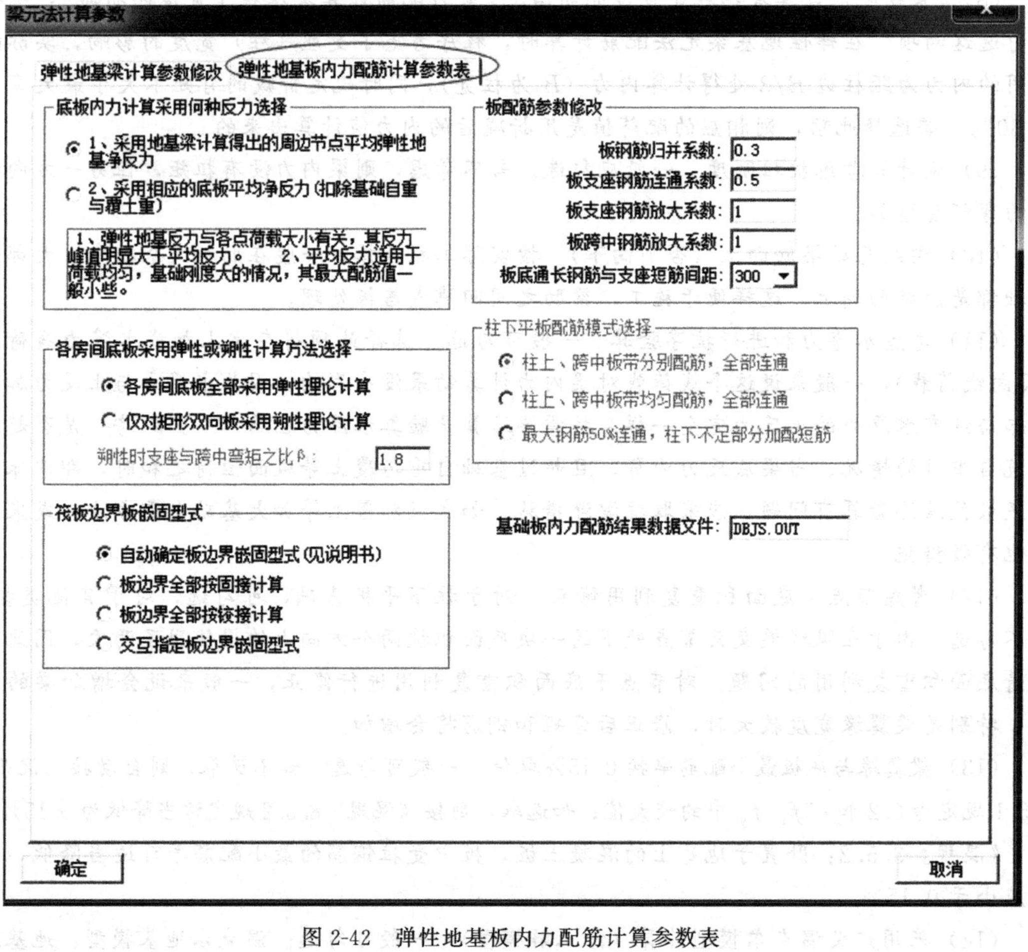

图 2-42　弹性地基板内力配筋计算参数表

【参数注释】

（1）底板内力计算采用何种反力选择　一般来说上部荷载不均匀，如高层与群房共存时，应采用“地基梁计算得出的周边节点平均弹性地基反力”，否则高层部分反力偏低，群房部分反力偏高；当荷载均匀，基础刚度大时，可选择“相应的底板平均净反力（扣除基础自重与覆土重）”。

（2）各房间底板采用弹性或塑性计算方法选择　选择弹性理论计算还是塑性理论计算不同设计院有不同的做法。选弹性理论计算偏于安全，选塑性理论计算更符合实际受力，建议选择“仅对矩形双向板采用塑性理论计算”，塑性支座与跨中弯矩之比可填写1.4。

（3）筏板边界板嵌固型式　一般可选择“自动确定板边界嵌固型式（见说明书）”，当墙下筏板为边界且挑出宽度小于600mm，支座为铰接处理，否则一律按嵌固处理。

（4）板钢筋归并系数　一般可取0.2。

（5）板支座钢筋连通系数　一般可按默认值，0.5；程序还对通长支座钢筋按最小配筋率0.15%做了验算，使通长支座钢筋不小于0.15%的配筋率。当系数大于0.8时，程序按支座钢筋全部连通处理。另外跨中筋则全部连通。

（6）板支座钢筋放大系数　一般可按默认值，1.0填写。

（7）板跨中钢筋放大系数　一般可按默认值，1.0填写。

（8）板底通长钢筋与支座短筋间距　一般可按默认值300mm填写。该间距参数是指通长筋与通长筋的间距，短筋与短筋的间距，当通长筋与短筋同时存在时，两者间距应相同，以保持钢筋配置的有序。规范要求基础底板的钢筋间距一般不小于150mm，但由于板可能通长钢筋与短筋并存，也可能通筋单独存在，因此板筋的实配比较复杂。通过该参数，可根据不同情况控制板底总体钢筋间距。该参数隐含为300mm。当实配钢筋选择无法满足指定间距时，程序自动选择直径36mm或40mm的钢筋，间距根据配筋梁反算得到。

（9）柱下平板配筋模式选择　①“分别配筋，全部连通”，适用于梁元法、板元法计算模型，但要求正确设置柱下板带位置，即暗梁位置；②“均匀配筋，全部连通”，适用于跨度小或厚板情况，该方法对桩筏筏板有限元计算模型无效；③“部分连通，柱下不足部分加配短筋”，在通长筋区域内取柱下板带最大配筋量50%和跨中板带最大配筋量得大者作为该通常区域的连通钢筋，对于柱下不足处短筋补足。此方法钢筋用量小，施工方便。该项初始值为方法（3），在第（1）、（3）中模式配筋中，程序考虑了《地规》要求的柱子宽度加一倍板厚范围内钢筋增强（不少于50%的柱下板带配筋量）的要求，并将其应用在整个柱下板带区。

2.16.9.2　基础梁板弹性地基梁计算分析

（1）地梁抗剪强度不够是结构分析中常遇到的问题。一般来说，地梁内力都伴有扭矩，在弯剪扭联合作用下，很容易出现抗剪强度不足的问题。采取的措施一般是提高地梁混凝土强度等级，增加荷载集中部位的地梁数，不选择“弹性基础考虑抗扭”（地梁扭矩会减少，但弯矩会增加），增加地梁截面特别是翼缘宽度，考虑上部结构刚度影响等。

（2）弹性地基梁截面是否合适，可以自己手算配筋率，可参考普通连续梁的经济配筋率，梁端经济配筋率一般为1.2%～1.6%，跨中经济配筋率一般为0.6%～0.8%。

2.16.10　桩筏、筏板有限元计算与计算分析

2.16.10.1　桩筏、筏板有限元计算

点击【结构/JCCAD/桩筏、筏板有限元计算】→【模型参数】，如图2-43所示。

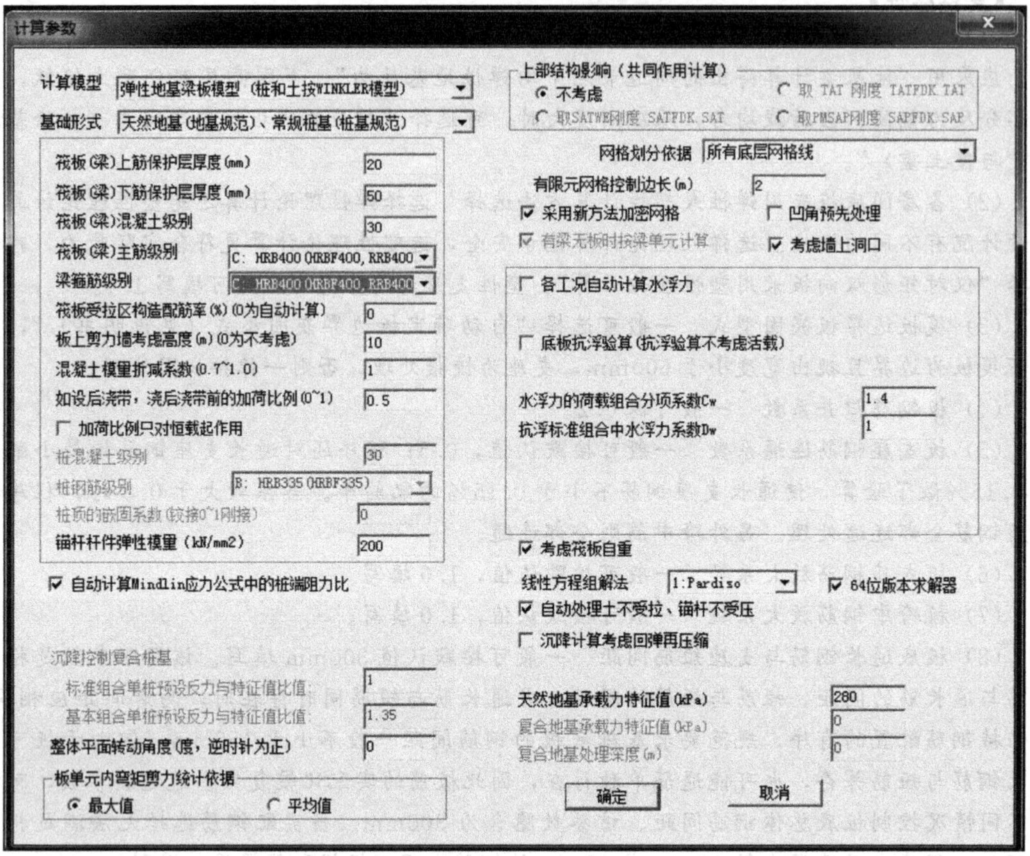

图 2-43　计算参数

【参数注释】

(1) 计算模型　JCCAD提供四种计算方法，分别为：①弹性地基梁板模型（桩和土按Winkler模型）；②倒楼盖模型（桩及土反力按刚性板假设求出）；③单向压缩分层总和法——弹性解：Mindlin应力公式（明德林应力公式）；④单向压缩分层总和法——弹性解修正。对于上部结构刚度较小的结构，可采用①、③和④模型，反之，可采用第②种模型。初始选择为第一种也可根据实际要求和规范选择不同的计算模型。①适合于上部刚度较小，薄筏板基础，②适合于上部刚度较大及厚筏板基础的情况。

Winkler假定［弹性地基梁板模型（整体弯曲）］：将地基范围以下的土假定为相互无联系的独立竖向弹簧，适用于地基土层很薄的情况，对于下覆土层深度较大的情况，土单元之间的相互联系不能忽略；计算时条板按受一组横墙集中荷载作用的无限长梁计算。其缺点是此方法的一般假定为基底反力是按线性分布的，柱下最大，跨中最小，只适用于柱下十字交叉条形基础和柱下筏板基础的简化计算，不适用于剪力墙结构的筏板基础计算。工程设计常用模型，虽然简单但受力明确。当考虑上部结构刚度时将比较符合实际情况。如果能根据经验调整基床系数，如将筏板边缘基床系数放大，筏板中心基床系数缩小，计算结果将接近模型3和4。对于基于Winkler假定的弹性地基梁板模型，在基床反力系数$k<5000\sim10000\text{kN/m}^3$时，常用设计软件JCCAD的分析结果比通用有限元ANSYS的分析结果大，设计时具有一定的安全储备；但该假定忽略了由土的剪切刚度得到的沉降分布规律与实际情

况存在较大的差异，可考虑对于板边单元适当放大基床反力系数进行修正。

刚性基础假定（倒楼盖模型/局部弯曲）：假定基础为刚性无变形，忽略了基础的整体弯曲，在此假定下计算的沉降值是根据规范的沉降公式计算的均布荷载作用下矩形板中心点的沉降。此假定在土较软，基础刚度与土刚度相差较悬殊的情况下适用；其缺点是没有考虑到地基土的反力分布实际上是不均匀的，所以各墙支座处所算得的弯矩偏小，计算值可能偏不安全。此模型在早期手工计算常采用，由于没有考虑筏板整体弯曲，计算值可能偏不安全；但对于上部结构刚度比较高的结构（如剪力墙结构、没有裙房的高层框架剪力墙结构），其受力特性接近于2模型。

弹性理论有限压缩层假定（单向压缩分层总和法模型）：以弹性理论法与规范有限压缩层法为基础，采用Mindlin应力解直接进行数值积分求出土体任一点的应力，按规范的分层总和法计算沉降。假定地基土为均匀各向同性的半无限空间弹性体，土在建筑物荷载作用下只产生竖向压缩变形，侧向受到约束不产生变形。由于是弹性解，与实际工程差距比较大，如筏板边角处反力过大，筏板中心沉降过大，筏板弯矩过大并出现配筋过大或无法配筋，设计中需根据工程经验选取适当的经验系数。Winkler假定模型中基床反力系数及单向压缩分层总和法模型中沉降计算经验系数的取值均具有较强的地区性和经验性。

根据建研院地基所多年研究成果编写的模型（单向压缩分层总和法——弹性解修正），可以参考使用。

（2）基础形式　应根据实际工程选取。程序提供两种选择方案：第一种为，天然地基《地规》、常规桩基《桩基规范》，第二种为复合地基［《建筑地基处理技术规范》（JGJ 79—2002）］，对于常规工程，一般可选择第一种。

（3）筏板（梁）上筋保护层厚度（mm）　一般可填写：20。

（4）筏板（梁）下筋保护层厚度（mm）　一般可填写：50。

（5）筏板（梁）混凝土级别　一般按实际工程填写，以C30、C35居多。

（6）筏板（梁）主筋级别　一般按实际工程填写，一般可填写HRB400。

（7）梁箍筋级别　一般按实际工程填写，一般可填写HRB400。

（8）筏板受拉区构造配筋率（0为自动计算）　一般可填写0.15%；0为自动计算，按《混规》8.5.1取0.2和$45f_t/f_y$中的较大值；也可按8.5.2取0.15%。

（9）板上剪力墙考虑高度，单位：m，0为不考虑　一般可按默认值填写，10；按深梁考虑，高度越高剪力墙对筏板刚度的贡献越大。其隐含值为10，表明10m高的深梁，0为不考虑。

（10）混凝土模量折减系数　一般填写0.85；默认值为1，计算时采用《混规》4.1.5中的弹性模量值，可通过缩小弹性模量减小结构刚度，进而减小结构内力，降低配筋。

（11）如设后浇带，浇后浇带前的加荷比例　一般可按默认值0.5填写。后浇带配合使用，解决由于后浇带设置后的内力、沉降计算和配筋计算、取值。填0取整体计算结果，即没有设置后浇带，填1取分别计算结果，类似于设沉降缝。取中间值a按下式计算：实际结果＝整体计算结果×$(1-a)$＋分别计算结果×a，a值与浇后浇带时沉降完成的比例相关。

（12）加荷比例只对恒载起作用　一般可不勾选。

（13）桩混凝土级别　一般按实际工程填写。

（14）桩钢筋级别　一般按实际工程填写，可填写HRB400。

(15) 桩顶的嵌固系数　一般可填写默认值0，一般工程施工时桩顶钢筋只将主筋伸入筏板，很难完成弯矩的传递，出现类似塑性铰的状态，只传递竖向力不传递弯矩。如果是钢桩或预应力管桩，深入筏板一倍桩径以上的深度，可认为是刚接；海洋平台可选刚接。

(16) 锚杆杆件弹性模量　按实际工程填写。

(17) 自动计算Mindlin应力公式中的桩端阻力比　一般应勾选。

(18) 板单位内弯矩剪力统计数据　一般可选择最大值；程序提供两种选择，最大值和平均值。

(19) 上部结构影响（共同作用计算）　一般可选择，取SATWE刚度SATFDK SAT；考虑上下部结构共同作用计算比较准确反映实际受力情况，可以减少内力节省钢筋；要想考虑上部结构影响应在上部结构计算时，在SATWE计算控制参数中，点取"生成传给基础的刚度"。

(20) 网格划分依据　当网格线不复杂时，可选择"所有底层网格线"；当底层网格线比较混乱时，划分的单元也比较混乱，一般可选择"布置构件（墙、梁、板带）的网格线"；当有桩位时，为了提高桩位周围板内力的计算精度，可选择"布置构件（墙、梁、板带）的网格线及桩位"。

(21) 有限元网格控制边长　一般可按默认值2.0m填写，一般可符合工程要求。对于小体量筏板或局部计算，可将控制边长缩小（如0.5～1m）。

(22) 采用新方法加密网格　一般可勾选。

(23) 凹角预先处理　一般可勾选。

(24) 考虑墙上洞口　一般可勾选。

(25) 各工况自动计算水浮力　一般可勾选。在原计算工况组合中增加水浮力，标准组合的组合系数为1.0；一般计算基底反力时只考虑上部结构荷载，而不考虑水的浮力作用，相当于存在一定的安全储备；建议在实际设计中，按有无地下水两种情况计算，详细比较计算结果，分析是否存在可以采用的潜力及设计优化。

(26) 底板抗浮验算（抗浮验算不考虑活载）　一般可勾选；"底板抗浮验算"：是新增的组合，标准组合=1.0恒载+1.0浮力，基本组合=1.0恒载+水浮力组合系数×浮力。由于水浮力作用，计算结果土反力与桩反力都有可能出现负值，即受拉。如果土反力出现负值，基础设计结果是有问题的，可增加上部恒载或打桩来进行抗浮。

(27) 水浮力的荷载组合分项系数　一般可按默认值填写，1.4。

(28) 抗浮标准组合中水分浮力系数　一般可按默认值填写，1.0。

(29) 考虑筏板自重　一般应勾选。

(30) 线性方程组解法　可选择"1：Pardiso"。

(31) 自动处理土不受拉、锚杆不受压　一般可勾选。

(32) 沉降计算考虑回弹再压缩　一般不勾选；对于先打桩后开挖，可忽略回弹再压缩；对于其他深基础，必须考虑。根据工程实测，若不考虑回弹再压缩，裙房沉降偏小，主楼沉降偏大。

(33) 天然地基承载力特征值　按实际工程填写。

2.16.10.2 桩筏、筏板有限元计算分析

筏板厚度与柱网间距、楼层数量关系最大，其次与地基承载力有关。一般来说柱网越大、楼层数越多，筏板厚度越大。对于20层以上的高层剪力墙结构，6、7度可按50mm每

层估算，8 度区可按 35mm 每层估算；对于框剪结构或框架-核心筒结构，可按 50～60mm 每层估算。局部竖向构件处冲切不满足规范要求时可采用局部加厚筏板或布置柱墩等措施处理。

当按估算的板厚布置筏板后，一般可以用以下两种方法判断筏板厚度是否合适，第一，点击【筏板/柱冲板、单墙冲板】，看 R/S 值大小，柱、边剪力墙的抗冲切 R/S 应大于 1.2，因为不平衡弯矩会使得冲切力增大，对于中间的柱或剪力墙，其 R/S 应大于 1.05，留有一定的安全余量，如果比值远远大于上面的 1.2 或 1.05，说明板厚可减小；第二，点击【桩筏、筏板有限元计算/结果显示/配筋量图 ZFPJ. T】，如果单层配筋量（按 0.15%计算）为构造，一般可能板厚有富余，可减小，如果配筋量太大，则有可能板厚偏小。

有限元计算结果会存在应力集中的现象，在柱下或剪力墙的转角部位往往因为内力较大导致配筋偏大，此时可以通过分区域均匀配筋的方式降低局部钢筋，即将配筋较大的区域的钢筋分不到周边相邻区域，这也符合应力扩散原理，在 JCCAD 有限元计算程序中，可以通过“分区域均匀配筋”菜单来实现该功能。

考虑上部结构刚度，减小基础差异沉降，减少筏板内力，使筏板配筋更加均匀合理。未考虑上下部结构共同作用时，平铺在地基上的大面积筏板基础（或其他整体式基础，如地基梁等），其在筏板平面外的刚度较弱，在上部结构的不均匀荷载作用下容易产生较大的变形差，进而导致筏板内力和配筋的增加。

有限元程序网格划分的情况对计算结果有较为直接的影响，尤其是在剪力墙或者柱子等荷载较为集中的地方，网格划分的情况对计算结果有较大的影响。通常情况下，横平竖直的四边形单元计算结果合理性较高。

3 底框结构设计

3.1 工程概况

本工程位于湖南省长沙市莲花镇东塘村，结构形式为底部框架-抗震墙结构，层数为 4 层，底部 1 层框架。1 层为农具用房，层高为 3.6m；2～4 层为住宅，层高均为 3m，建筑高度为 12.6m。抗震设防烈度 6 度，设计基本地震加速度 0.05g，设计地震分组为第一组，设计使用年限为 50 年。建设场地Ⅱ类，特征周期值为 0.35s，框架抗震等级为三级、剪力墙抗震等级为三级。基本风压值 0.35kN/m^2，基本雪压值 0.45kN/m^2，地基基础设计等级为丙级，采用桩基础。

3.2 上部构件截面估算

3.2.1 梁

(1) 参考第 1 章 1.2.1 节。

(2)《抗规》7.5.8-1 对底部框架-抗震墙结构梁的抗震构造提出了要求：梁的截面宽度不应小于 300mm，梁的截面高度不应小于跨度的 1/10。

(3) 本工程底框梁截面尺寸如图 3-1 所示。

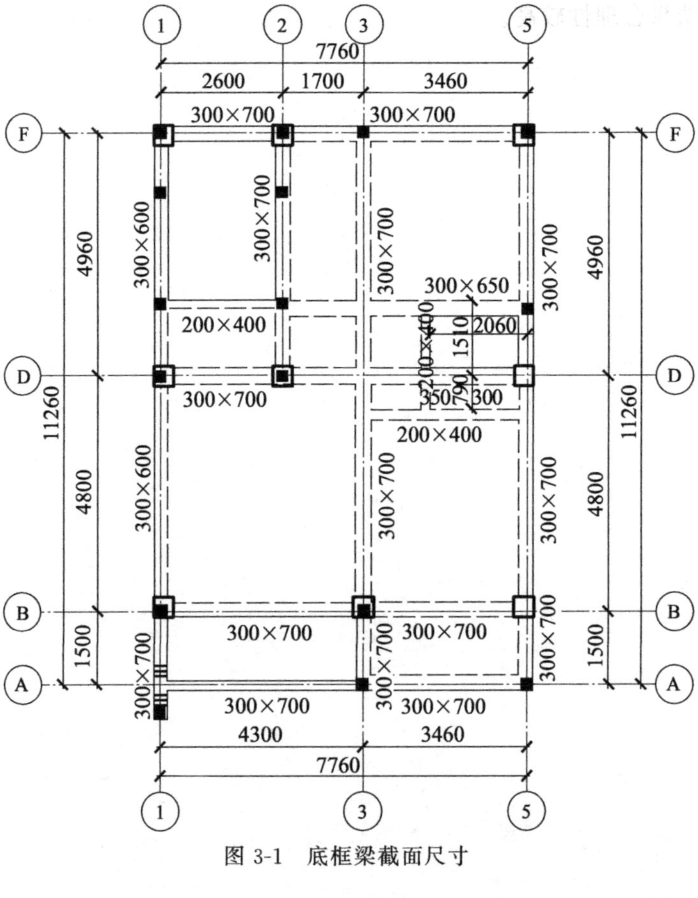

图 3-1 底框梁截面尺寸

3.2.2 柱

（1）参考第 1 章 1.2.2 节。

（2）《抗规》7.5.6-1 对底部框架-抗震墙结构柱的抗震构造提出了要求：柱的截面不应小于 400mm×400mm，圆柱直径不应小于 450mm。

（3）本工程底框框架柱截面尺寸如图 3-2 所示。

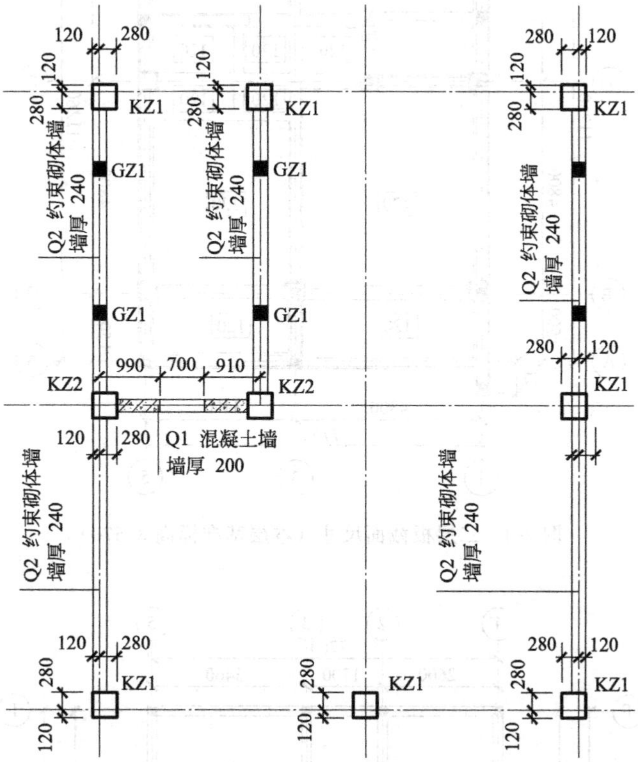

图 3-2 底框框架柱截面尺寸

3.2.3 墙

（1）底层如采用砖抗震墙，应注意墙厚至少为 240mm，最好为 370mm。砂浆等级最好为 M7.5 或 M10。抗剪承载力不足时可以在砖墙水平缝中加钢筋。底层抗震墙布置在房屋四角和上层有砖墙的部位，尽量避免开洞。如必须开洞，尽量开小洞，洞口尽量设置在墙体的中段。

（2）本工程墙截面如图 3-2 所示。±0.000 以下采用 MU10 页岩砖，±0.000 以上采用 MU10（240 厚）烧结黏土多孔砖（空洞率≤25%）。

3.2.4 板

（1）对于底框顶板板厚，一般取 120mm。《抗规》7.5.7-1 中规定：过渡层的底板应采用现浇钢筋混凝土板，板厚不应小于 120mm；并应少开洞、开小洞，当洞口尺寸大于 800mm 时，洞口周边应设置边梁。

（2）参考第 1 章 1.2.3 节。

（3）本工程板截面尺寸如图 3-3～图 3-5 所示。

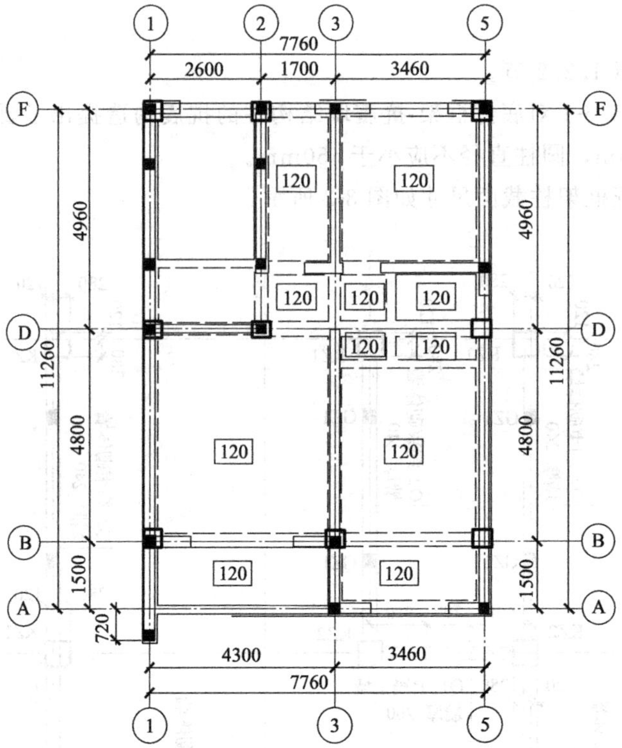

图 3-3 二层板截面尺寸（本层基准标高 3.570）

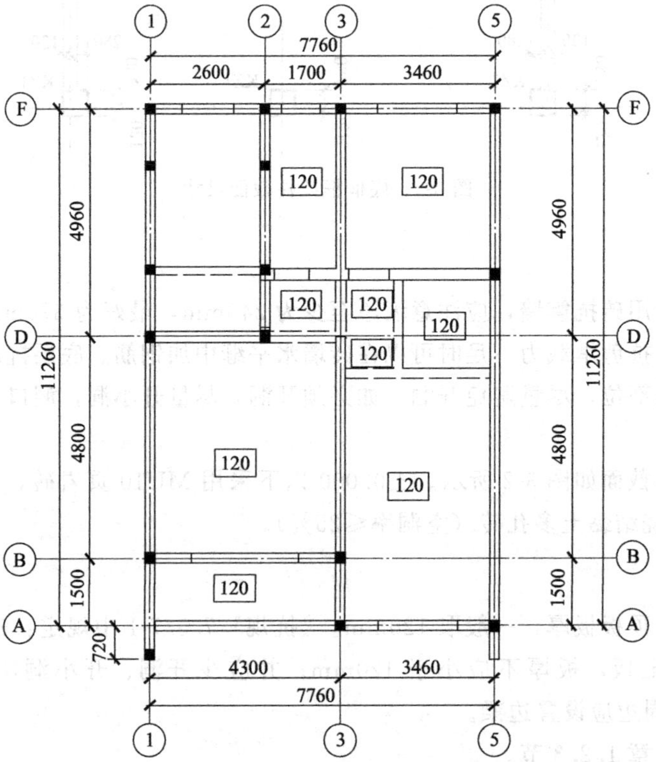

图 3-4 三～四层板截面尺寸（本层基准标高 6.570/9.570）

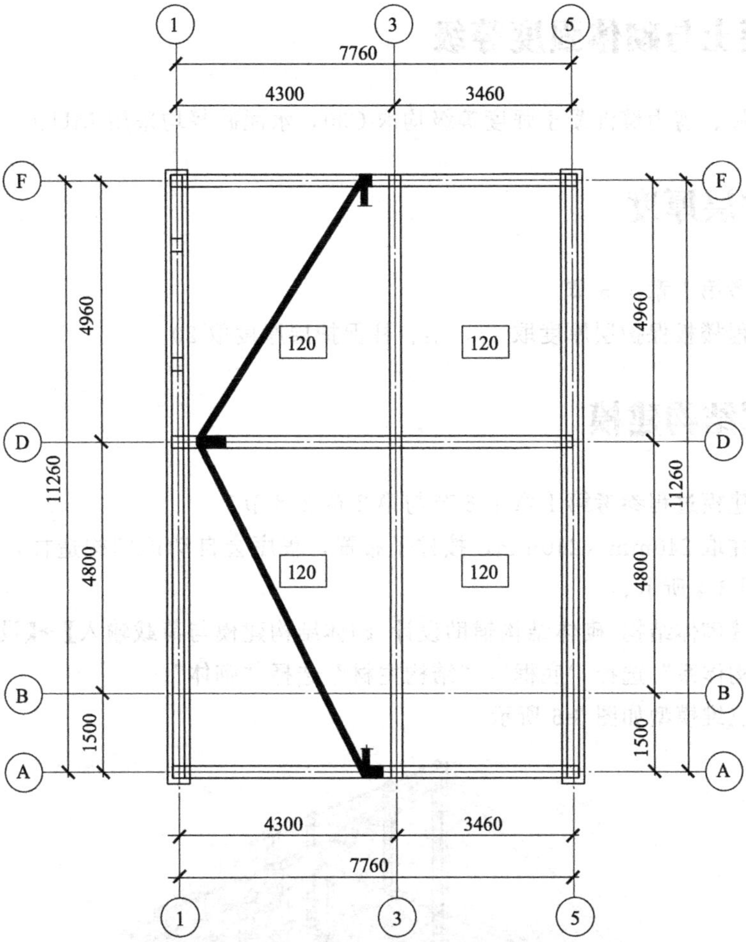

图 3-5 屋面层板截面尺寸（本层基准标高 12.600～15.870）

3.3 荷载

（1）参考第 1 章 1.3 节。

（2）本工程楼面附加恒载取 1.5kN/m²，楼梯间板厚取 0，附加恒载为 7.0kN/m²，屋面附加恒载取 3.5kN/m²。

（3）本工程活荷载如表 3-1 所示。

（4）线荷载取值可参考第 1 章 1.3.3 节，本工程线荷载取 9.0kN/m。

表 3-1 活荷载取值

建筑使用类别	标准值/(kN/m²)	建筑使用类别	标准值/(kN/m²)
卧室、餐厅、客厅	2.0	疏散楼梯	3.5
阳台	2.5	不上人屋面/上人屋面	0.5/2.0
一层商铺	3.5	卫生间	2.5

注：栏杆、栏板顶部水平荷载 1.0kN/m，下沉板回填物容重不大于 13kN/m²。

3.4 混凝土与砌体强度等级

梁、板、柱、剪力墙混凝土强度等级均取C30，水泥砂浆均采用MU10。

3.5 保护层厚度

（1）可参考第1章1.5节。

（2）本工程楼板保护层厚度取15，梁、柱保护层厚度取20。

3.6 底框结构建模

（1）具体建模过程参考第1章1.6节与第2章2.8节。

（2）构造柱取240mm×240mm，按柱子布置，程序会自动识别构造柱，构造柱布置位置如图3-2～图3-4所示。

（3）点击【砌体结构/砌体结构辅助设计/砌体结构建模与荷载输入】→【设计参数】，“总信息”中“结构体系”选择“底框”，“结构主材”选择“砌体”。

（4）最终三维模型如图3-6所示。

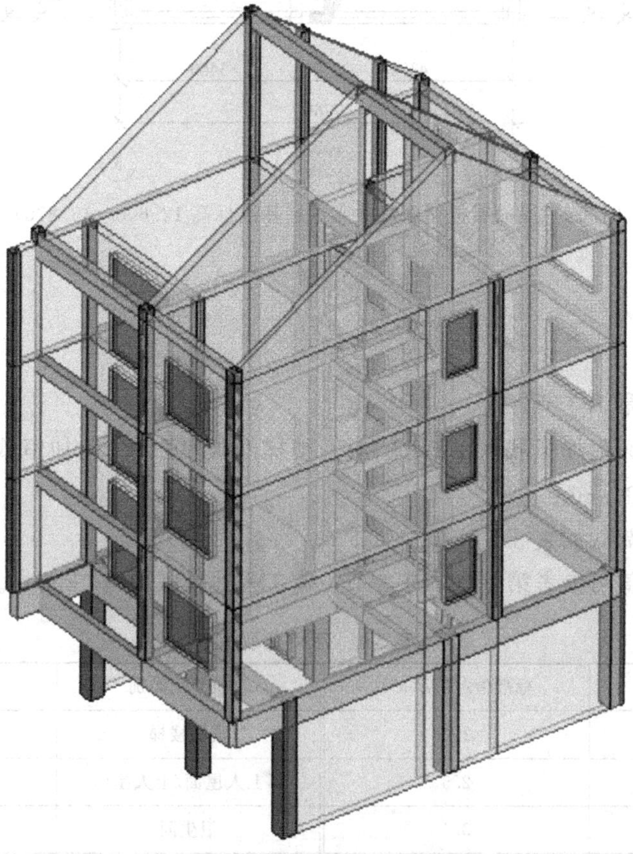

图3-6 底框三维模型

3.7 砌体信息及计算

（1）点击【砌体结构/砌体结构辅助设计/砌体信息及计算】→【参数定义】，如图 3-7～图 3-10 所示。

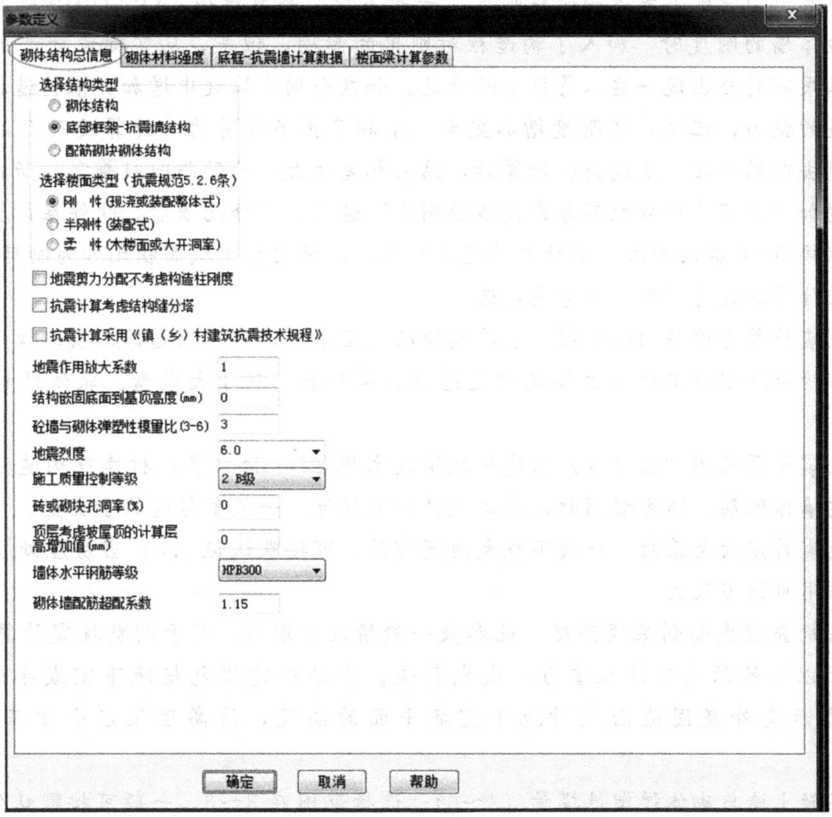

图 3-7 砌体结构总信息

砌体结构总信息参数注释如下。

【参数注释】

（1）选择结构类型 应根据实际工程选择结构类型；程序提供的类型有三种：砌体结构、底部框架-抗震墙结构、配筋砌块砌体结构。

（2）选择楼面类型（《抗规》5.2.6） 程序提供三种选项：刚性（现浇或装配整体式）、半刚性（装配式）、柔性（木楼面或大开洞率）。应根据《抗规》5.2.6 条与实际工程具体情况填写，对于常规的砌体或底框结构，一般可选择刚性（现浇或装配整体式）；目前砌体适用的静力计算方案只能是刚性。

《抗规》5.2.6 结构的楼层水平地震剪力，应按下列原则分配。

① 现浇和装配整体式混凝土楼、屋盖等刚性楼、屋盖建筑，宜按抗侧力构件等效刚度的比例分配。

② 木楼盖、木屋盖等柔性楼、屋盖建筑，宜按抗侧力构件从属面积上重力荷载代表值的比例分配。

③ 普通的预制装配式混凝土楼、屋盖等半刚性楼、屋盖的建筑，可取上述两种分配结果的平均值。

④ 计入空间作用、楼盖变形、墙体弹塑性变形和扭转的影响时，可按本规范各有关规定对上述分配结果作适当调整。

(3) 地震剪力分配不考虑构造柱刚度　一般不应勾参数选项。QITI2010 版发布时，软件在计算砌体墙的刚度时，加入了构造柱对刚度的影响，但是，从实际设计使用的情况来看，计算结果有时会出现一些不易接受的情况，如在个别小墙肢中增加一根构造柱，虽然增加了小墙肢的抗力，但是，其刚度增加更大，承担了更多的剪力，计算反而无法通过。另外，一些过去旧的工程，改成新版计算后，结果相差太大，为了与旧版兼容，新版在“参数定义”中增加“地震剪力分配不考虑构造柱刚度”选项，选择此项后，软件在计算砌体墙刚度时，仍然按照 08 版的方法，不计算构造柱作用，以墙的水平截面积比作为刚度计算依据。建议：如果计算通过有困难，可考虑勾选。

(4) 抗震计算考虑结构缝分塔　当结构缝从上至下贯通时，应选择该项，软件可以自行判断，并将缝全楼划分多个独立结构单元进行抗震计算。对于大底盘、联体结构等则不应勾选。

(5) 抗震计算采用“镇（乡）村建筑抗震技术规程”　镇（乡）村建筑构造措施要求偏低，不考虑墙体配筋。墙体配筋时，应该选择国家规范。一般不勾选偏于安全。

(6) 地震作用放大系数　一般不放大地震作用，可按默认值 1.0；当房屋处于不利地段时，地震作用可适当放大。

(7) 结构嵌固底面到基顶高度　此参数一般情况下取 0，用于调整抗震计算时的地面高度，地面以下的结构不计入重力荷载代表值。当结构建模包括地下室或半地下室时，则此参数表示室外嵌固地面相对地下室底平面的高度，该高度值应小于房屋 3 层的高度。

(8) 混凝土墙与砌体弹塑性模量（3～6）　选择范围在 3～6，一般可按默认值 3，偏于安全。此参数主要是针对于同时存在砌体墙与混凝土墙的组合砌体。对底框结构，在计算上部砌体房屋与底框的侧移刚度比中该参数不起作用。

(9) 地震烈度　应按实际工程填写。

(10) 施工质量控制等级　一般可按默认值 B 级控制，考虑到我国目前的施工质量，水平设计时宜选用 B 级，而在施工时宜采用 A 级的施工质量控制等级，这样做是有意提高结构体系的安全储备。

(11) 砖或砌块孔洞率　应按实际工程砖或砌块孔洞率填写。目前用于配筋砌体结构所用主砌块孔洞率为 49%，辅砌块孔洞率约为 43%～49%，结构整体总体孔洞率可取中间值 46%。当烧结砖孔洞率＞30%时，抗压强度会乘以系数 0.9。

(12) 顶层考虑坡屋顶的计算层高增加值（单位：mm）　当出现坡屋顶时，可用其调整抗震计算时的顶层质点的高度，否则，程序以输入的顶层层高计算质点高度。程序在用底部剪力法计算各质点高度时，是以楼层组装时输入的层高度计算质点高度，但是对于顶层的坡屋顶，屋顶质点可能并不在输入的层高度位置上，如建模时，顶层层高为 2500mm，部分节点升高 1500mm，形成坡屋顶。用户可输入“顶层考虑坡屋顶的计算层高增加值”为 750 mm，调整质点的计算层高到 3250mm。

（13）墙体水平钢筋等级　一般应按实际工程填写，一般可填写 HRB400。

（14）砌体墙配筋超配系数　一般可按默认值 1.15。

图 3-8　砌体材料强度

砌体材料强度参数注释如下。

【参数注释】

（1）砂浆等级一般可填写 M5.0，本工程均为 M10.0；块体等级一般可填写 MU10.0；灌孔混凝土等级 Cb 一般可填写 20.0。

承重墙体的砌筑砂浆实际达到的强度等级，砖墙体不应低于 M2.5，砌块墙体不应低于 M5。砌体块材实际达到的强度等级，普通砖、多孔砖不应低于 MU7.5，混凝土小砌块不宜低于 MU5，混凝土中型砌块、粉煤灰中砌块不宜低于 MU10。

由《砌体结构设计规范》（GB 50003—2011，下简称《砌规》）3.2.5-1 可知，当砂浆强度等级大于 M10 时，砌体的抗剪强度设计值不再提高，与砂浆强度等级等于 M10 相同。所以，无论采用 M10 或 M15 砂浆，砌体的抗剪承载力是一样的。

（2）蒸压砖抗剪强度按同等级砌筑烧结砖采用　一般不应勾选。

底框抗震墙计算数据参数注释如下。

【参数注释】

（1）底框上部荷载确定方法　一般可选择“按规范墙梁方法确定拖梁上部荷载”。采用 PKPM 软件建立底框结构模型，在考虑墙梁作用（托梁所支承砖砌体的起拱作用）时，不

图3-9　底框-抗震墙计算数据

应对托梁上荷载折减过多。因为在实际施工和使用过程中，往往由于现场施工质量以及用户随意在墙梁砖砌体上开洞、剔管线槽，使墙梁结构不符合结构设计者要求的技术条件，结果相应就会增大托梁上的荷载。所以，在底框结构设计中，托梁在考虑墙梁作用计算时，应有一定的安全储备。

底框结构的托墙梁与上部的墙体组成共同体——墙梁，除了梁可以承担上部荷载以外，由于墙拱作用，墙也可以承担一部分荷载。托墙梁除了承受梁所在楼层的楼面荷载以外，还承受上部砌体墙传下来的竖向荷载；对于前者，程序按实际情况考虑，即根据楼板导荷方式将楼面荷载转为梁上的均布线荷载或梯形线荷载；对于后者，程序提供两种处理方法：一是根据墙梁理论计算托梁承担的荷载，二是上部荷载全部或折减后作用在托梁上。

① 选择“按规范墙梁方法确定托梁上部荷载”项，程序首先判断托梁是否满足《砌规》中表7.3.2的墙梁要求，如满足墙梁要求，程序采用墙梁理论求出托梁上部砌体荷载作用下托梁的内力，再反算出作用在该梁上的等效荷载（三角形或梯形分布线荷载和节点弯矩），折减掉的荷载（原竖向荷载与等效荷载合力之差）作为集中力作用在梁两端的柱顶，托梁按墙梁方法计算配筋。如不满足墙梁要求，程序将上部荷载全部作用在托梁上，托梁按普通

梁计算配筋。

② 选择“按经验考虑墙梁作用上部荷载折减”项，需要设计人员根据设计经验，输入无洞口和有洞口的墙梁荷载折减系数，取值范围为 0.5 ～1.0。程序将根据折减系数，将上部荷载折减后作用在托梁上（过渡层洞口在两个以上时荷载不折减），折减掉的荷载化为集中力作用在梁两端柱顶。托梁按普通受弯梁计算配筋。用户应注意，此时托梁计算未考虑偏心受拉情况，也未判断是否满足墙梁要求，均进行荷载折减，因此输入的折减系数不应太小。

③ 同时选择两项，程序对满足《砌规》之表 7.3.2 墙梁要求的托梁，按规范提供的墙梁公式计算配筋；对不满足表 7.3.2 墙梁要求的托梁，则根据用户输入的折减系数按普通受弯梁计算配筋。

表 3-2　墙梁的一般规定

墙梁类别	墙体总高度/m	跨度/m	墙体高跨比 h_w/l_{0i}	托梁高跨比 h_b/l_{0i}	洞宽比 b_h/l_{0i}	洞高 h_h/m
承重墙梁	≤18	≤9	≥0.4	≥1/10	≤0.3	≤$5h_w/6$ 且 h_w-h_h≥0.4
自承重墙梁	≤18	≤12	≥1/3	≥1/15	≤0.8	—

注：墙体总高度指托梁顶面到檐口的高度，带阁楼的坡屋面应算到山尖墙 1/2 高度处。

④ 两项都不选择，程序将上部荷载全部作用在托梁上，托梁与普通梁一样按受弯构件计算配筋。这种计算方式偏于保守。

(2) 按侧向刚度计算地震倾覆弯矩引起框架柱附加轴力　对于底框结构，为了偏于安全，可勾选。

(3) 抗震墙侧移刚度考虑边框柱作用　软件设置参数“抗震墙侧移刚度考虑边框柱作用”，如选择此项，在计算层间侧向刚度比时，与边框柱相连的剪力墙将作为组合截面剪力墙考虑。否则，程序分别计算墙、柱侧移刚度。对混凝土抗震墙易考虑边框柱作用，对砌体抗震墙不易考虑边框柱作用。

(4) 抗震墙的端部主钢筋类别　一般应按实际工程填写，现在大多数工程都采用 HRB400 级钢筋。

(5) 抗震墙水平分布筋类别　一般应按实际工程填写，现在大多数工程都采用 HRB400 级钢筋。

(6) 抗震墙的竖向钢筋配筋率

《抗规》6.4.3　一、二、三级抗震墙的竖向和横向分布钢筋最小配筋率均不应小于 0.25%，四级抗震墙分布钢筋最小配筋率不应小于 0.2%；需要注意的是，高度小于 24m 且剪压比很小的四级抗震墙，其竖向分布筋的最小配筋率允许按 0.15%采用。

(7) 抗震墙的水平钢筋间距　一般可按默认值 200mm。

楼面梁计算参数注释如下。

【参数注释】

(1) 荷载基本组合类型　墙体轴力设计值有以下两种组合 a：1.2 恒＋1.4 活；b：1.35 恒＋0.98 活。仅当楼面活荷载较大时，第 a 组合的轴力可能比 b 组合大。通常情况下，对于常规的砖混结构，第 b 组合的轴力比第 a 组合大。

(2) 梁端弯矩调幅系数　调幅后，竖向总弯矩不会丢失。一般可填写 0.85。

(3) 考虑墙梁作用　一般不考虑，偏于安全。如果实际工程满足《砌规》墙梁的定义，

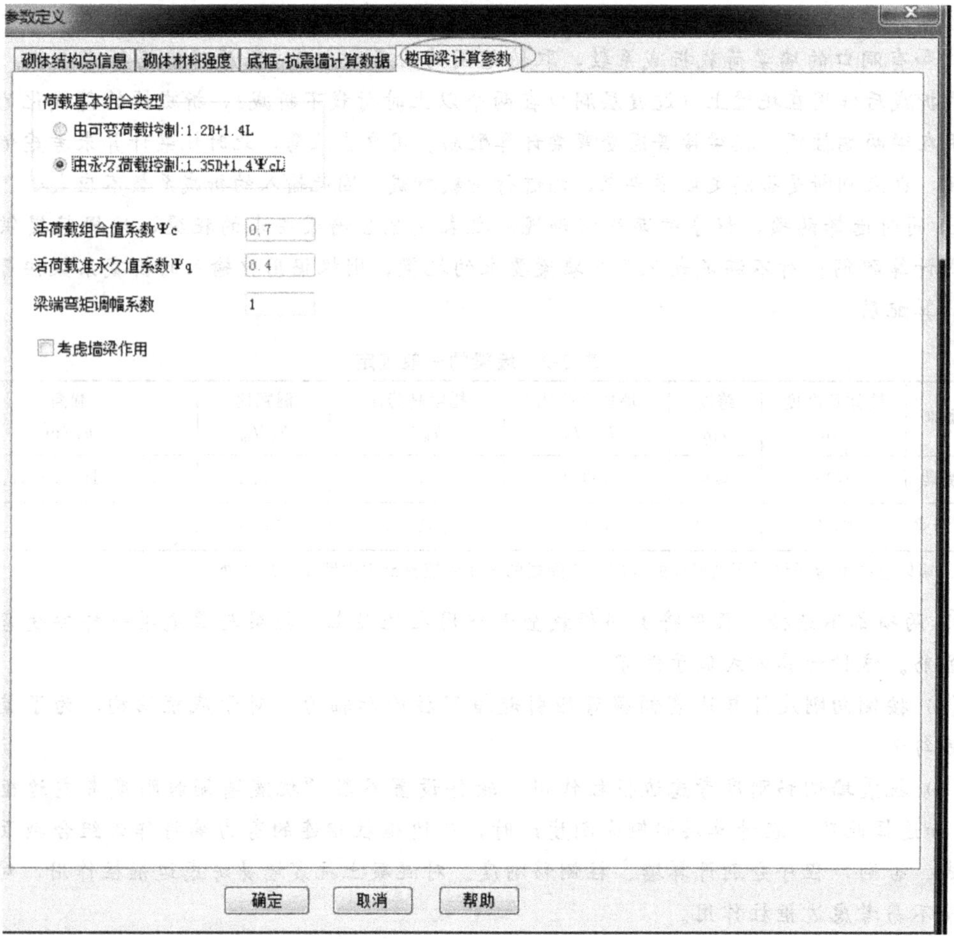

图 3-10 楼面梁计算参数

可考虑墙梁的作用。

(2) 砌体结构计算分析

① 抗震计算。PKPM计算出现“红字”现象时，如果小于0.8时应重做方案调整建筑布局，但大于0.8时，可以考虑用配水平钢筋来提高承载力以达到“算得过”的目的。传统方法即多加构造柱。有红字的有关墙或墙段（必须确信知道哪道墙或墙段有红字），加大洞口宽度；把洞口标有红字的有关墙或墙段移动；尽量使有关墙或墙段截面减小即可。

绝大部分红字出现在平行于墙的数字，也即该整道纵墙中的各墙段的抗震抗剪承载力与所分得的地震剪力之比小于1。具体一点就是洞口两侧墙段承载力小于所分得的地震剪力。在这个问题的基础上如果微微调一下洞口的位置，墙承载力与地震剪力之比将会有非常大的变化。一般0.8以上的红字都会“变色”，即大于1。另外如果一道纵墙连续的话，抗力比将有较大增长。

以上方法，一种就是加墙长取抗或构造柱去抗，或者增大墙肢间的洞口尺寸，减小墙肢的刚度，减小地震作用，去协调。

② 受压计算。当受压计算不满足规范要求时，可以提高块体强度等级、提高砂浆强度等级、增加墙体横截面面积、增加构造柱截面面积（增加构造柱或增大已有构造柱的截面尺寸）、提高构造柱混凝土强度等级、增加构造柱钢筋面积、提高构造柱钢筋强度等级等。

③ 墙高厚比。砌体墙高厚比不满足规范要求时，可增加块体的强度等级、增加墙的厚度，减小墙中间洞口的面积。

④ 抗剪承载力。提高墙体抗剪承载力的措施可以为：增加墙体横截面积、提高砂浆强度等级（提高 f_v）、在大片墙两端设构造柱（λ_{RE}取 0.9）、增加中部构造柱截面面积（增加构造柱或增大已有构造柱的截面尺寸）、提高构造柱混凝土强度等级、增加构造柱钢筋面积、提高构造柱钢筋强度等级等。提高块体强度等级对墙体抗剪承载力没有帮助。

大片墙满足抗剪要求，而大片墙中的个别墙段不满足抗剪要求，主要原因是因为各墙段剪应力分布不均匀或构造柱设置不合理。解决的方法一般有以下两种：a. 调整墙段刚度，使各墙段的剪应力基本一致，也就是让不满足抗剪要求墙段的剪力减少，让抗剪承载力有富余墙段的剪力增加。由于墙段刚度与墙段高宽比有关，可以通过改变洞口的位置、改变洞口的尺寸（高度等）来改变墙段的高宽比，从而改变墙段的刚度和剪力。b. 在不满足抗剪要求的墙段中部设置构造柱或加大已有构造柱截面、提高已有构造柱混凝土强度等级、增加以后构造柱钢筋面积。增加墙段面积不一定能解决抗剪承载力不足问题，因为面积增加的同时，刚度增加，剪力也随之增加。

当横墙的所有中部构造柱面积之和与横墙面积之比大于 0.15 时，中部构造柱面积之和取 0.15 倍横墙面积；当纵墙所有中部构造柱面之和与纵墙面积之比大于 0.25 时，中部构造柱面积之和取 0.25 倍的纵墙面积。当某一中部构造柱的钢筋面积与构造柱面积之比大于 1.4%时，钢筋面积取构造柱面积的 1.4%。所以构造柱面积和其纵筋增大到某一限值后，墙体抗剪承载力不再提高了。

沿砌体灰缝截面破坏时，砌体的抗剪强度设计值与块体强度等级无关。

3.8 底框-抗震墙结构三维分析

具体可参考第 1 章 SATWE 前处理、内力配筋计算。

3.9 SATWE 计算结果分析与调整

(1) 具体可参考第 1 章 1.9 节。

(2) 底层如采用砖抗震墙，应注意墙厚至小为 240mm，最好为 370mm。砂浆等级最好为 M7.5 或 M10。抗剪承载力不足时可以在砖墙水平缝中加钢筋。底层抗震墙布置在房屋四角和上层有砖墙的部位，尽量避免开洞。如必须开洞，尽量开小洞，洞口尽量设置在墙体的中段。

《抗规》7.5.8 底部框架-抗震墙砌体房屋的钢筋混凝土托墙梁，其截面和构造应符合下列要求：

① 梁的截面宽度不应小于300mm，梁的截面高度不应小于跨度的1/10。

② 箍筋的直径不应小于8mm，间距不应大于200mm；梁端在1.5倍梁高且不小于1/5梁净跨范围内，以及上部墙体的洞口处和洞口两侧各500mm且不小于梁高的范围内，箍筋间距不应大于100mm。

③ 沿梁高应设腰筋，数量不应少于2Φ14，间距不应大于200mm。

④ 梁的纵向受力钢筋和腰筋应按受拉钢筋的要求锚固在柱内，且支座上部的纵向钢筋在柱内的锚固长度应符合钢筋混凝土框支梁的有关要求。

《抗规》7.5.6 底部框架-抗震墙砌体房屋的框架柱应符合下列要求：

① 柱的截面不应小于400mm×400mm，圆柱直径不应小于450mm。

② 柱的轴压比，6度时不宜大于0.85，7度时不宜大于0.75，8度时不宜大于0.65。

③ 柱的纵向钢筋最小总配筋率，当钢筋的强度标准值低于400MPa时，中柱在6、7度时不应小于0.9%，8度时不应小于1.1%；边柱、角柱和混凝土抗震墙端柱在6、7度时不应小于1.0%，8度时不应小于1.2%。

④ 柱的箍筋直径，6、7度时不应小于8mm，8度时不应小于10mm，并应全高加密箍筋，间距不大于100mm。

⑤ 柱的最上端和最下端组合的弯矩设计值应乘以增大系数，一、二、三级的增大系数应分别按1.5、1.25和1.15采用。

(3) 混凝土剪力墙超筋一般是因为剪力墙设置过少。底框结构底部剪力墙的数量由构造要求和层间刚度比控制。混凝土墙的侧移刚度由剪切刚度和弯曲刚度组成，而弯曲刚度与墙宽的立方成正比，因为，墙体越宽，需要的墙体数量就越少。但是，墙体越少，每片墙的内力就越大，就越容易超筋。

在满足剪力墙高宽比的前提下，通过调整剪力墙数量，使层间刚度比落在许可范围内，剪力墙超筋一般可以避免。

(4) 在采用PKPM软件计算底框结构时，当框架柱侧有一较大集中力（如此处有承重次梁作用），往往承担此集中力的框架梁抗剪不能满足要求，在实际设计中，除加高和加宽此框架梁截面外，还可以采用框架梁端加腋的办法满足抗剪要求。这样既可降低框架梁的高度，又可以满足建筑的室内净高要求。

(5) 由于全楼抗震计算都在QITI中进行，SATWE仅对底部构件做内力和配筋计算，不做抗震计算，因此其“地震信息”中的各项参数没有必要输入，计算书中的抗震计算结果也没有必要查看。

由于底框结构剪力墙楼层数不多，不需要设置加强区，可以在“剪力墙加强区起算层号”选项中，输入一个大于底框层数的数值。底框结构作为一种特殊的结构形式，QITI已按规范的要求进行了内力调整，没有必要考虑其是否为转换结构，是否有转换层和薄弱层，是否进行特殊构件设置和调整。

非抗震设防地区，不需要对底框结构进行抗震计算时，可以在QITI中将地震烈度设定为<0（不设防）；在SATWE中设定不计算地震作用。SATWE和PK适于计算框支墙梁，对简支墙梁或连续墙梁，建议采用QITI的“砌体结构混凝土构件设计”中的相关程序完成。

对多塔底框结构和错层底框结构，目前还没有较理想的整体分析方法，根据《抗规》第7.1.7条的规定宜设置防震缝，各自独立计算分析。

(6)《抗规》7.1.9：底部框架-抗震墙砌体房屋的钢筋混凝土结构部分，除应符合本章规定外，尚应符合本规范第6章的有关要求；此时，底部混凝土框架的抗震等级，6、7、8度应分别按三、二、一级采用，混凝土墙体的抗震等级，6、7、8度应分别按三、三、二级采用。

(7) 点击【砌体结构/砌体结构辅助设计/砌体信息及计算】→【底框计算】，计算结果 K 即为第二层与底层侧移刚度比值。

通过对底层框架抗震墙砖房的弹性和弹塑性位移反应的计算以及对这类房屋层间极限剪力系数的分析，提出了底层框架抗震墙砖房第二层与底层侧移刚度比的合理取值为1.2～2.0，特别指出了其侧移刚度比不应小于等于1.0；探讨了底层抗震墙的数量和第二层与底层侧移刚度比的关系。这个合理取值既要求底层布置一定数量的抗震墙，又可避免因底层设置过多的抗震墙而导致薄弱楼层转移到多层砖房部分。

① 第二层与底层的侧向刚度比在1.5左右时，虽然第一层的弹塑性最大位移反应仍偏大一些，但是弹塑性变形集中现象要好很多，能够发挥自身变形和耗能能力大的特性，而且上部砌体房屋受力比较均匀，结构的整体抗震发挥正常。

② 当第二层与底层的侧向刚度比 $k<1.2$ 特别是 $k<1.0$ 时，底层剪力墙设计得多而大，亦即底层抗震的极限剪力比上部多层砌体大，导致薄弱楼层不再是底层反而转移到了上部砌体房屋层间剪力较小的部分。

③ 底框结构的第二层与底层的刚度比控制在1.2～2.0时，有钢筋混凝土墙可以适当放宽其限值，但不应大于2.5；当仅设嵌砌于框架的无筋砖墙时不宜大于2.0。

若底层采用钢筋混凝土剪力墙，由于混凝土的弹性模量为上层砖砌体弹性模量的10倍左右，上述要求比较容易满足，但是采用砖砌体抗震墙，则较为不易，设计时尤为注意。底部剪力墙设置数量较少时，过渡层与底层的刚度比大于抗规限值，使得底层成为明显的薄弱层，另底层剪力墙布置过少又使得过渡层与底层的刚度比小于1，则过渡层成为薄弱层。从大震的角度看，由于底框的变形与耗能能力较上部砌体部分好得多，因此不宜把底部的承载能力设计得过强，以防止薄弱楼层转移到上部砌体房屋，一是底部设计较多的钢筋混凝土抗震墙，无论是底部的侧移刚度还是底部的极限承载力都较上部楼层大；二是底部抗震墙数量较为合理，但由于框架柱和钢筋混凝土墙的混凝土强度等级采用的较高或纵筋配筋量大，使得底部的极限承载力较大。对于前一种情况，薄弱楼层为上部砌体部分的弹塑性变形集中，而底部变形较小。对于后一种情况，底部的钢筋混凝土墙首先开裂但破坏集中的楼层仍为上部砌体中相对较弱的楼层。因此，底框结构的抗震设计按底部框架-剪力墙与上部砌体的抗侧刚度相匹配的原则，在遵守《抗规》对底框砌体房屋的底部地震剪力设计值乘以增大系数时，应对上部砌体部分特别是过渡层也应采取提高承载能力和变形、耗能的措施，比如增加内纵横墙交界处的构造柱及在纵横向部分墙体取用配筋砌体等。

开洞后的剪力墙仍属于低矮墙，不存在弯曲变形，也不符合规范精神，实践表明通过开设小洞口使剪力墙产生弯曲变形的可能性并不大。PKPM软件在计算小洞口剪力墙的刚度时，根据开洞率乘以《抗规》的墙段洞口影响系数进行近似计算。需要指出《抗规》中的洞口影响系数主要用于砌体墙段，并没有说明用于混凝土剪力墙段，之所以这么说，主要是因为对于小洞口墙体结构，从理论上讲起刚度的计算公式除了弹性模量不一样外，其他参数及计算方法均一样，因此程序上仍沿用计算带洞口混凝土剪力墙结构的刚度。墙段洞口影响系数对墙体的刚度影响十分有限。

3.10 上部结构施工图绘制

3.10.1 梁施工图绘制

（1）具体可参考第1章1.10.1。

（2）本工程梁平法施工图如图3-11～图3-14。

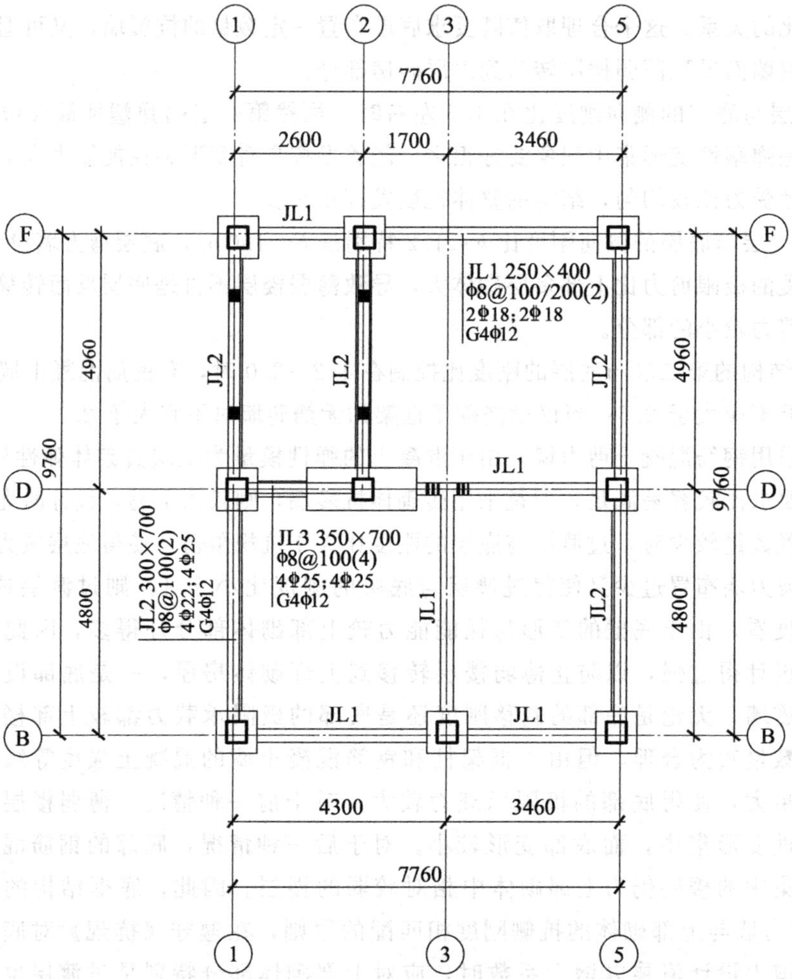

图3-11 基础梁配筋图

3.10.2 板施工图绘制

（1）板施工图绘制可参考第1章1.10.2节。

（2）本工程板配筋图如图3-15～图3-18所示。

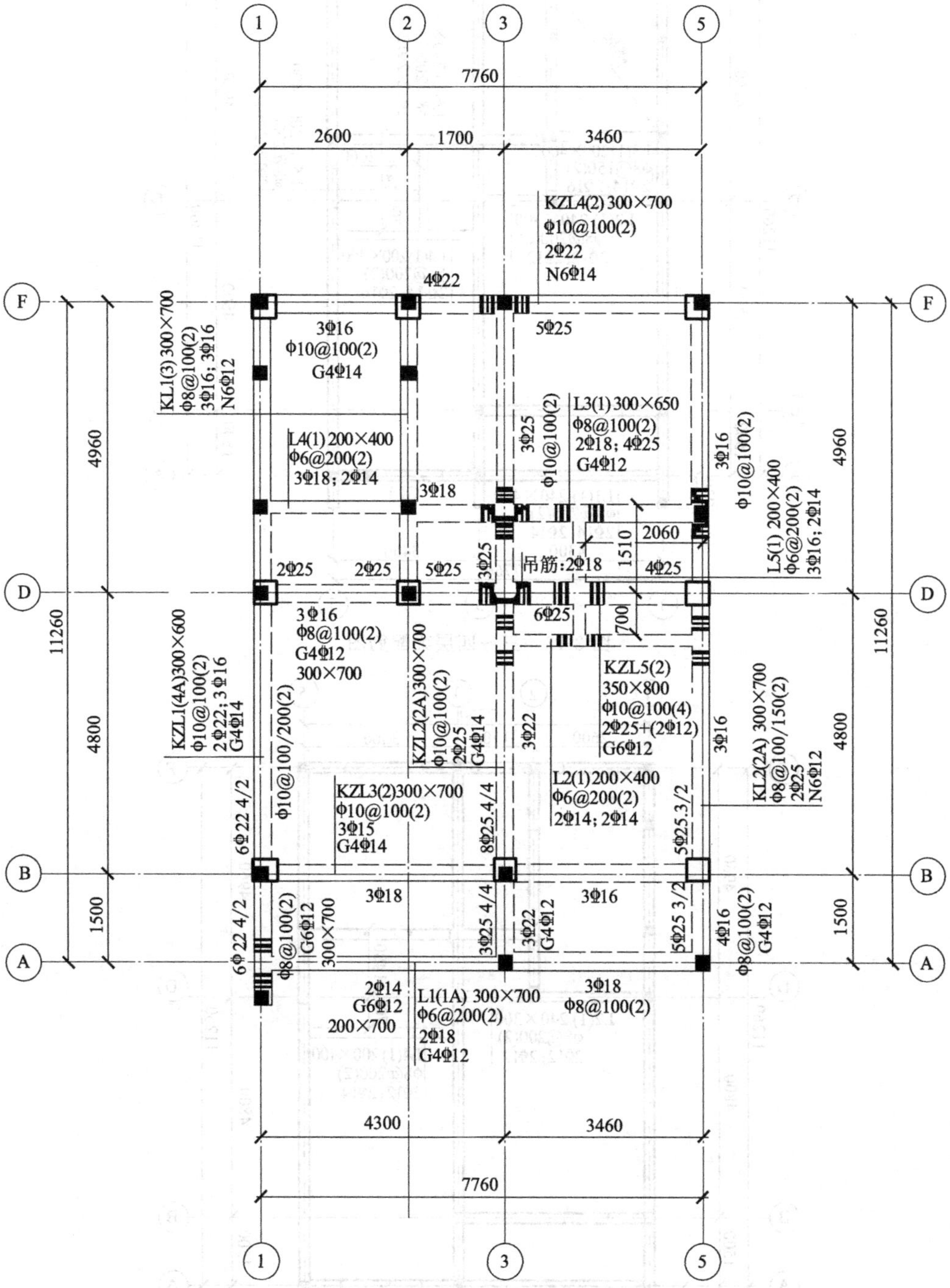

1
2
3
5
7760
2600
1700
3460
KZL4(2) 300×700
Φ10@100(2)
2Φ22
N6Φ14
4Φ22
F
KL1(3) 300×700
Φ8@100(2)
3Φ16; 3Φ16
N6Φ12
3Φ16
Φ10@100(2)
G4Φ14
5Φ25
L3(1) 300×650
Φ8@100(2)
2Φ18; 4Φ25
G4Φ12
3Φ25
Φ10@100(2)
3Φ16
Φ10@100(2)
L4(1) 200×400
Φ6@200(2)
3Φ18; 2Φ14
3Φ18
4960
L5(1) 200×400
Φ6@200(2)
3Φ16; 2Φ14
2060
1510
吊筋:2Φ18
2Φ25
2Φ25
5Φ25
3Φ25
4Φ25
D
6Φ25
700
3Φ16
Φ8@100(2)
G4Φ12
300×700
11260
KZL1(4A)300×600
Φ10@100(2)
2Φ22; 3Φ16
G4Φ14
Φ10@100/200(2)
KZL2(2A)300×700
Φ10@100(2)
2Φ25
G4Φ14
KZL5(2)
350×800
Φ10@100(4)
2Φ25+(2Φ12)
G6Φ12
3Φ22
3Φ16
KL2(2A) 300×700
Φ8@100/150(2)
2Φ25
N6Φ12
4800
KZL3(2)300×700
Φ10@100(2)
3Φ15
G4Φ14
L2(1)200×400
Φ6@200(2)
2Φ14; 2Φ14
6Φ22 4/2
8Φ25 4/4
5Φ25 3/2
B
3Φ18
3Φ16
1500
Φ8@100(2)
G6Φ12
300×700
3Φ25 4/4
3Φ22
G4Φ12
5Φ25 3/2
4Φ16
Φ8@100(2)
G4Φ12
A
6Φ22 4/2
2Φ14
G6Φ12
200×700
L1(1A) 300×700
Φ6@200(2)
2Φ18
G4Φ12
3Φ18
Φ8@100(2)
4300
3460
7760

图 3-12　二层梁配筋图

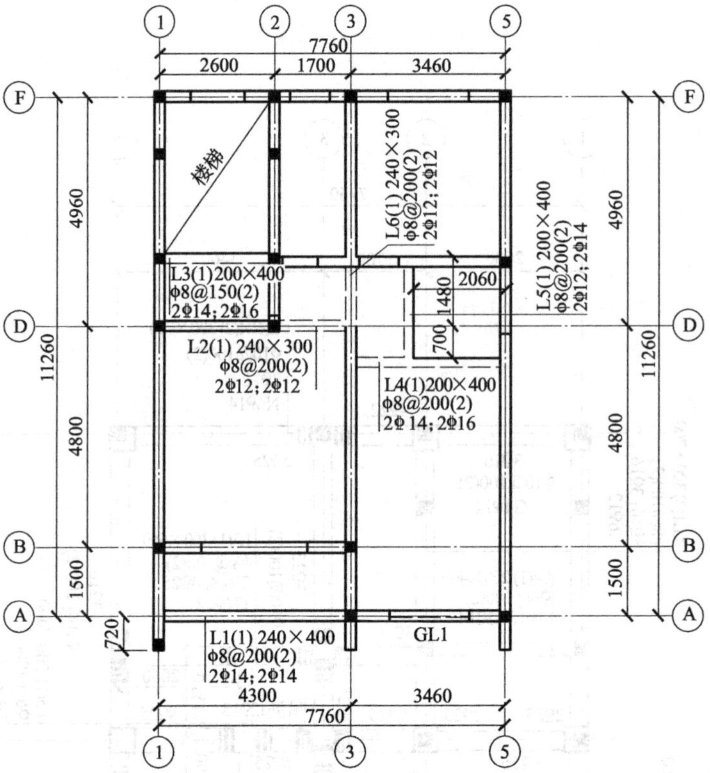

图 3-13 三～四层梁配筋图

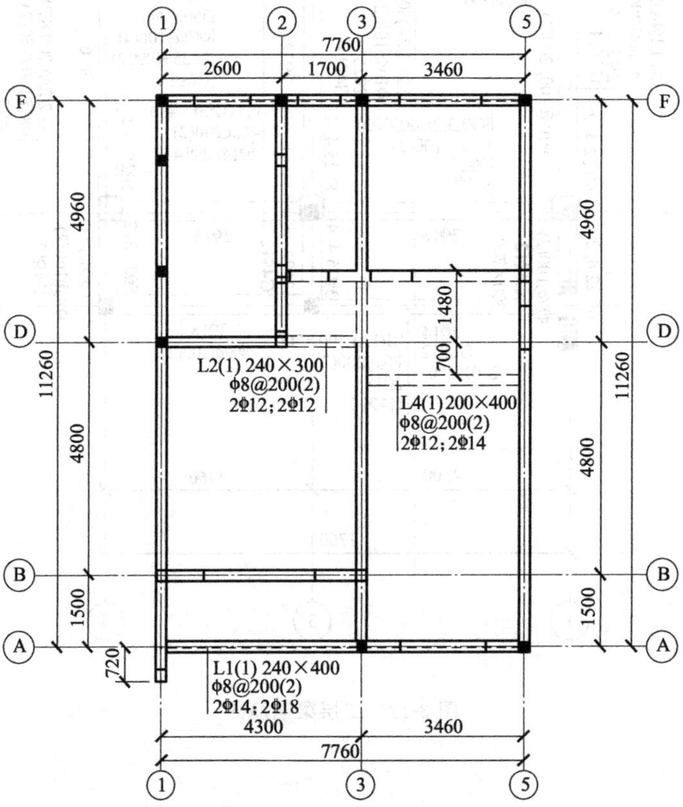

图 3-14 顶层梁配筋图

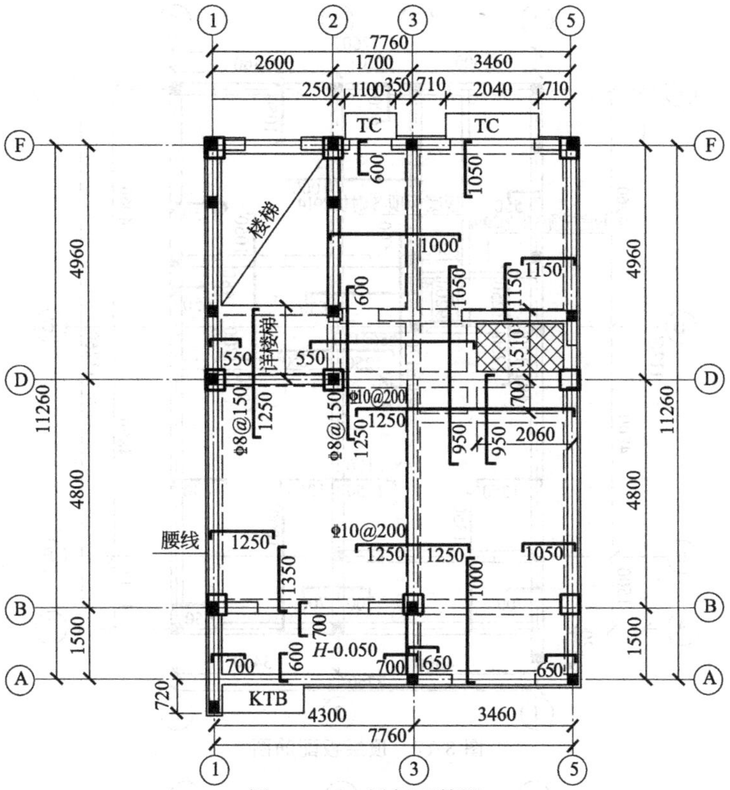

图 3-15　二层板配筋图

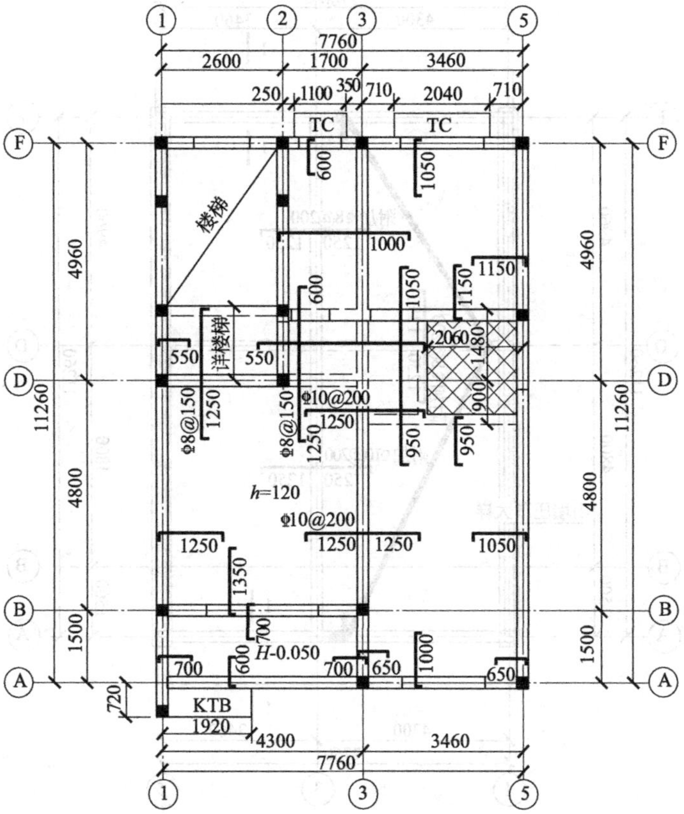

图 3-16　三～四层板配筋图

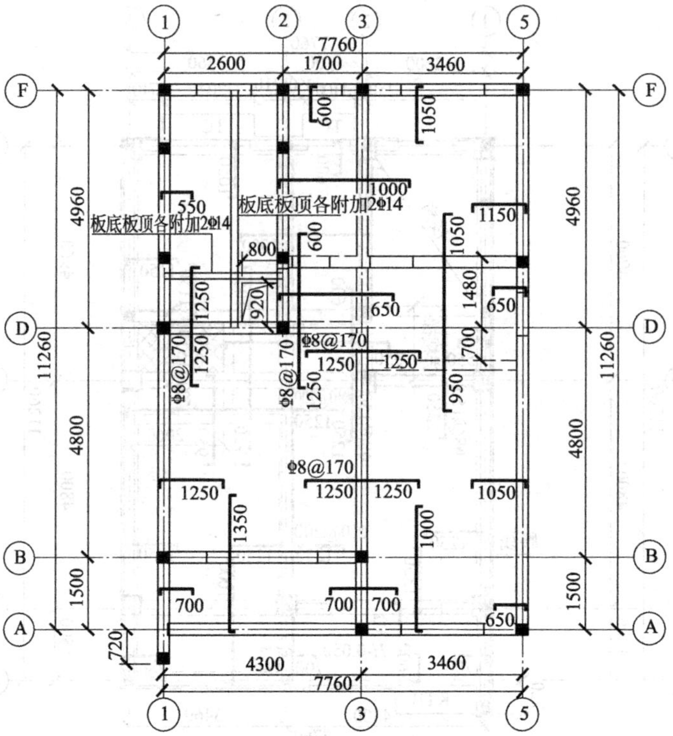

图 3-17 顶层板配筋图

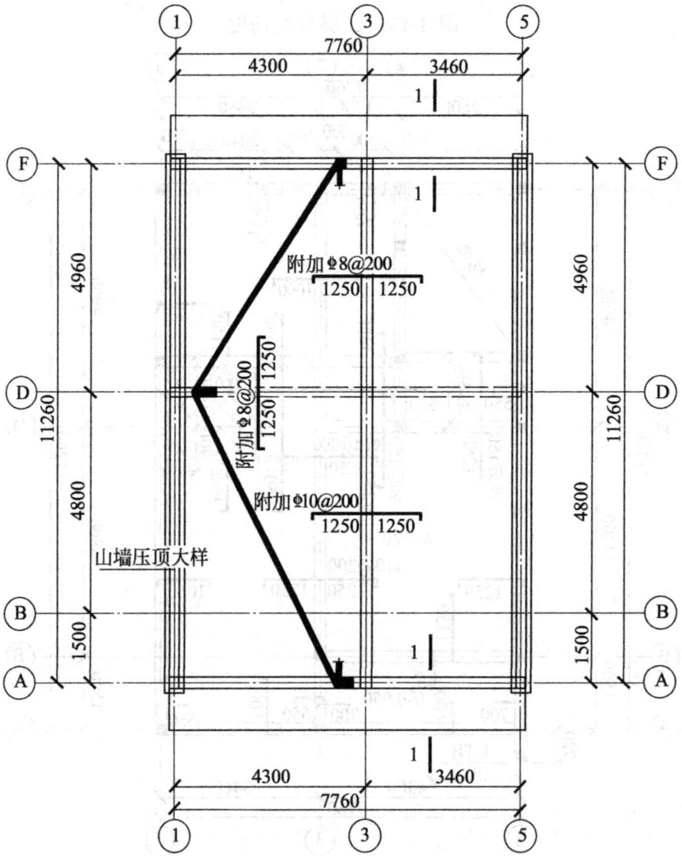

图 3-18 屋面层板配筋图

3.10.3 柱、墙施工图绘制

（1）参考第 1 章 1.10.3 节与第 2 章 2.13.3。

（2）本工程一层墙柱配筋如图 3-19～图 3-21 所示。

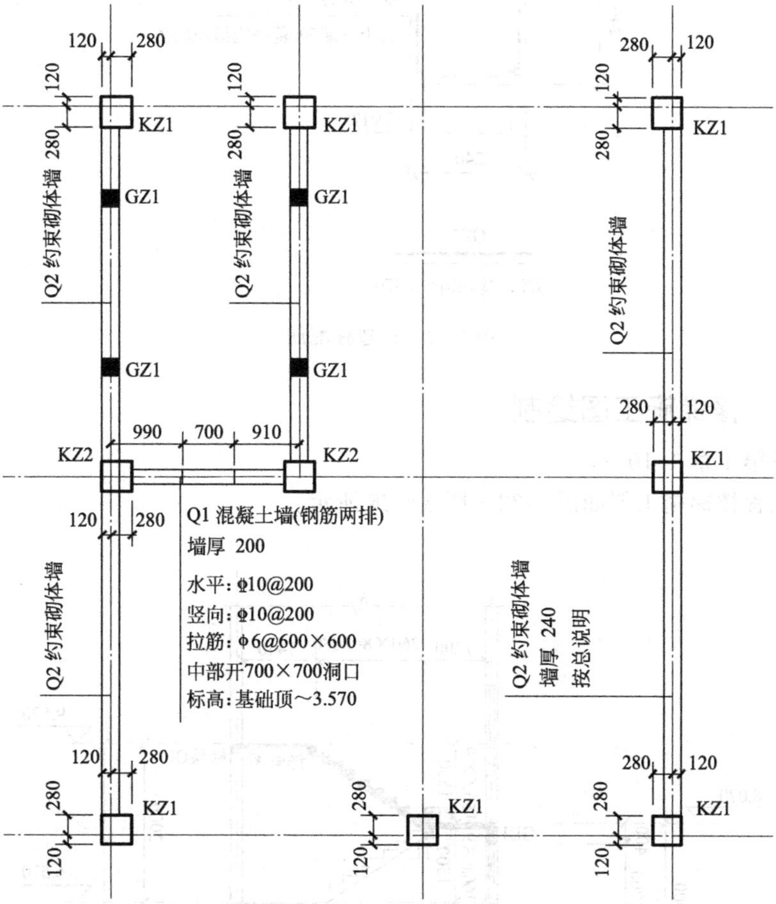

图 3-19　一层墙柱配筋图

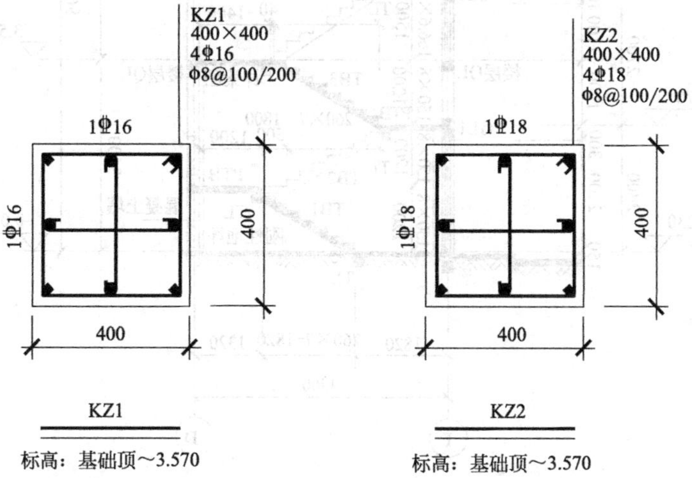

图 3-20　框柱配筋

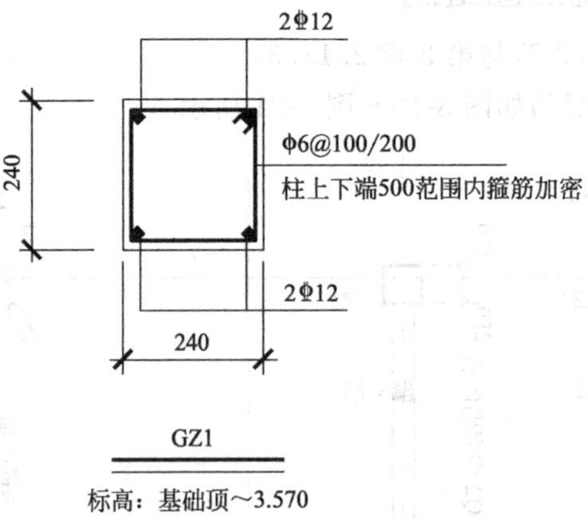

图 3-21 构造柱配筋

3.10.4 楼梯施工图绘制

(1) 参考第 1 章 1.10.4。

(2) 本工程楼梯施工图如图 3-22～图 3～26 所示。

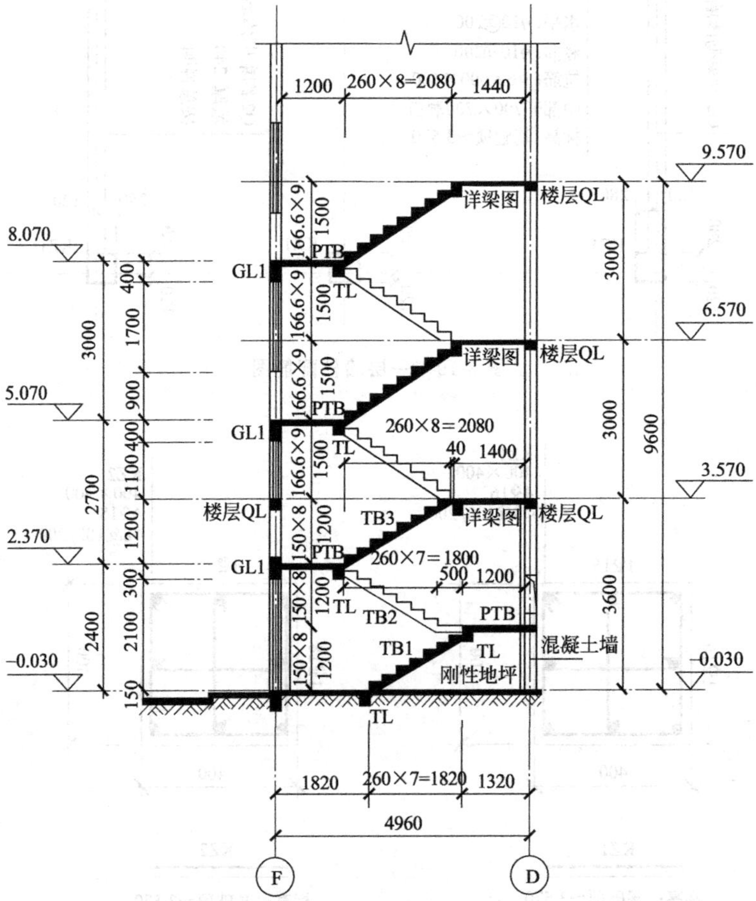

图 3-22 楼梯剖面图

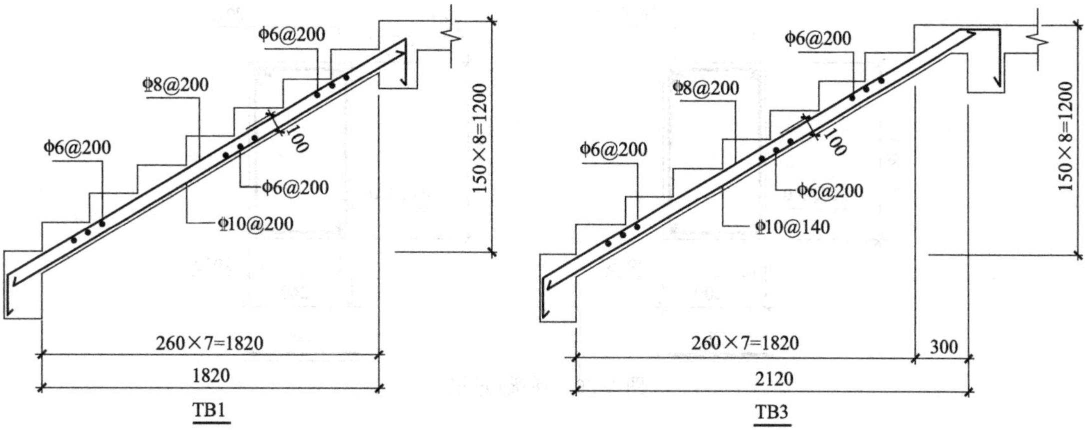

图 3-23　梯段板配筋图（1）

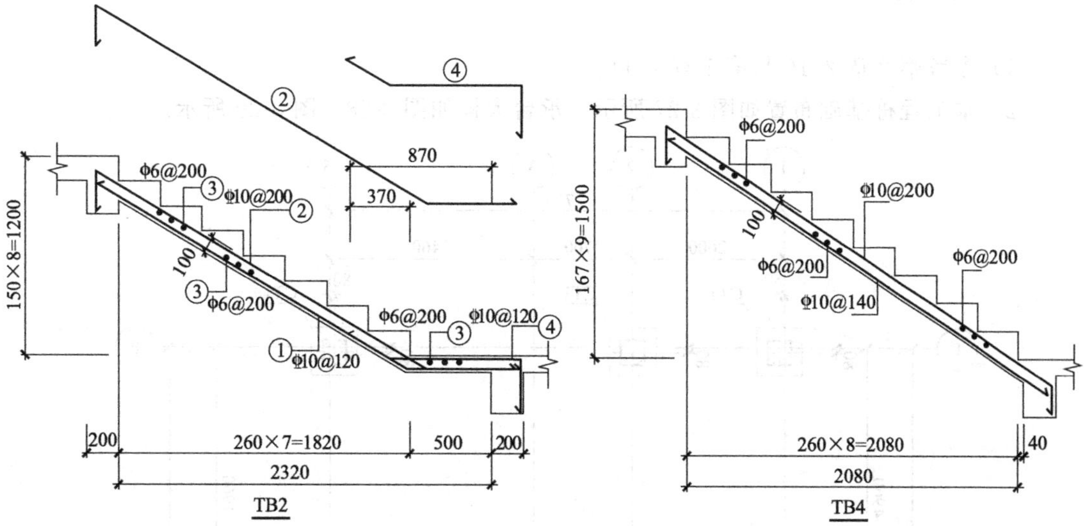

图 3-24　梯段板配筋图（2）

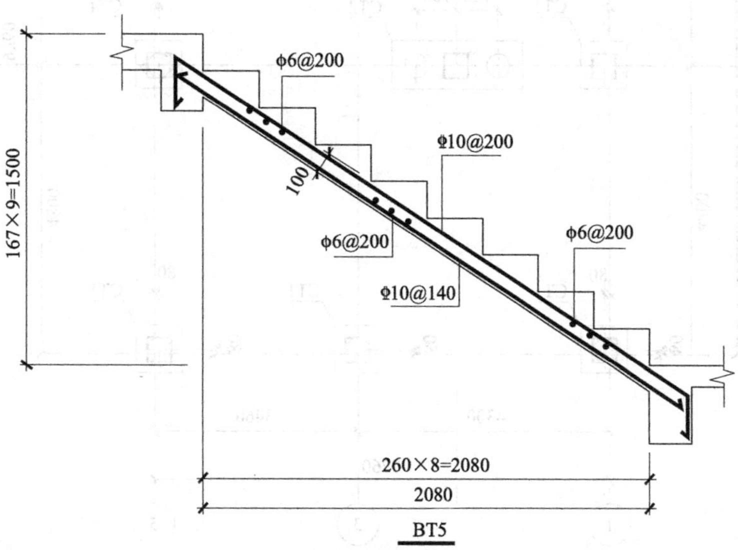

图 3-25　梯段板配筋图（3）

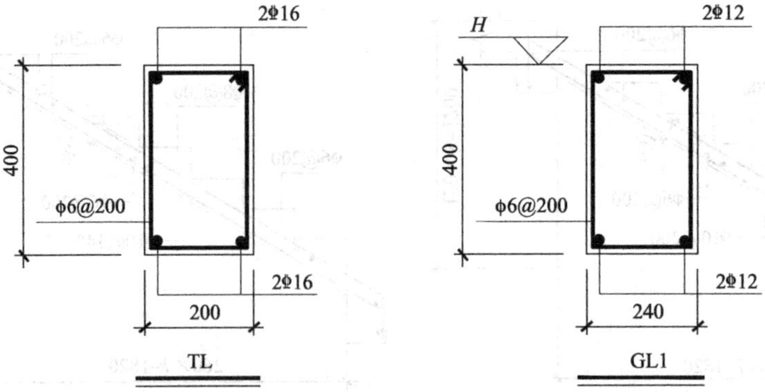

图 3-26 梯梁/过梁

3.11 基础设计

（1）参考第 2 章 2.16 与第 1 章 1.11。

（2）本工程桩基础布置如图 3-27 所示。承台大样如图 3-28、图 3-29 所示。

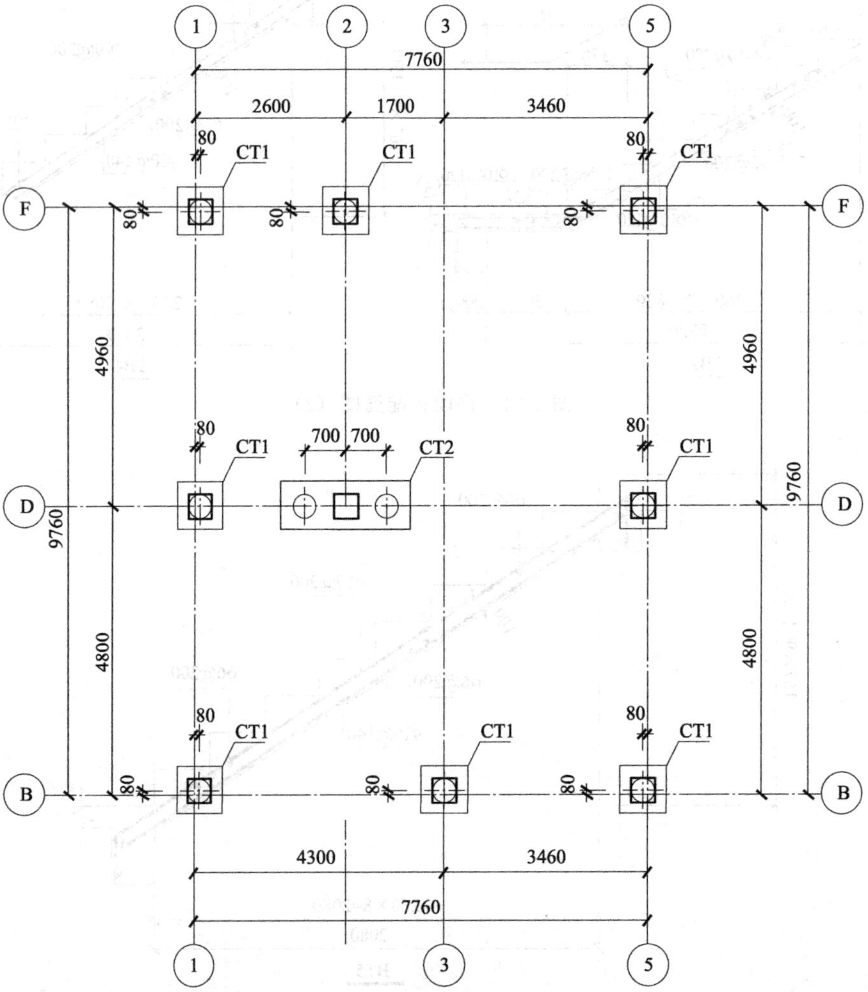

图 3-27 桩基础布置图

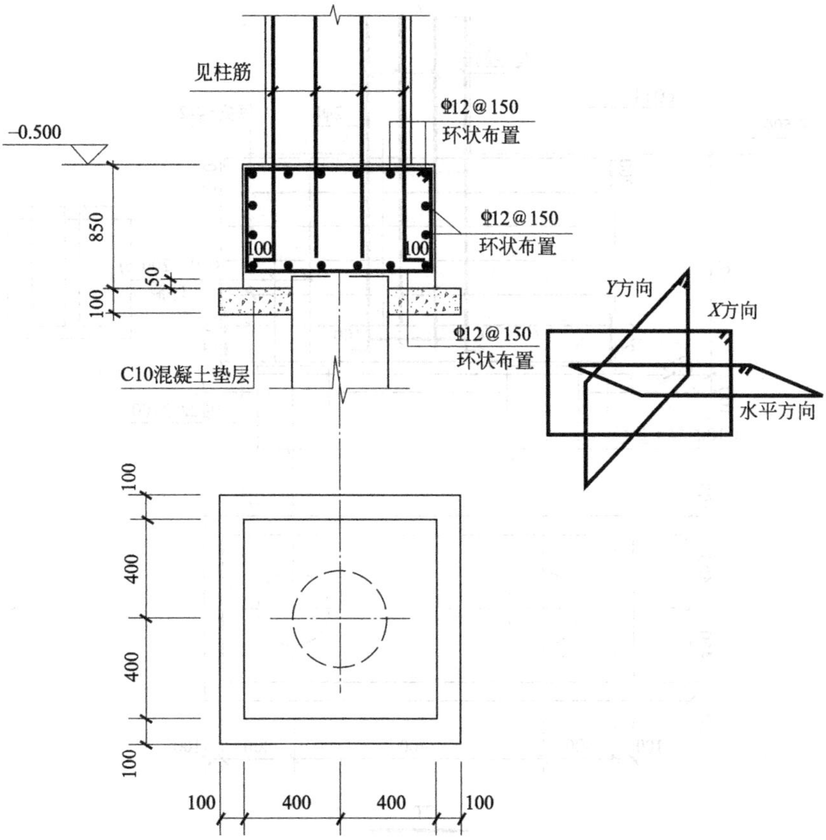

CT1

图 3-28　CT1

柱下承台可以在 JCCAD 中布置与计算，也可以在 TSSD 与理正中计算。

对于单桩承台，由于其传力直接，其高度由上部框架柱主筋锚固长度决定（这里的锚固只能直锚 $35d$，一般不采用 11G101-3 图集中的做法，依据《桩基规范》4.2.5 多桩可以弯锚，或者说单桩不能弯锚，否则强调“多桩”就没有任何意义了）。单桩承台的配筋按构造确定，一般采用 12@150，太大的配筋是不必要的，但有的地区审图机构说要按构造 0.15% 配筋，高度越大配筋越多。对于人工挖孔桩，只要柱子没桩大，承台不做都可以。单桩承台配筋一般是环箍用以抗裂，水平环箍可以构造，单桩承台做成三向环箍是为了箍住混凝土，使承台内的混凝土处于三向受压的状态，以增加混凝土的抗压强。对于多桩承台，承台一般传力不直接，产生弯矩，其配筋一般为构造配筋，纵横两个方向的下层钢筋配筋率不宜小于 0.15%。柱下独立两桩承台应按梁式配筋，纵向受力钢筋最小配筋率为 0.2%。受力钢筋直径应不小于 12mm，间距不应大于 200mm，腰筋可按 12@200 构造，对于筏形承台板或箱形承台板在计算中仅考虑局部弯矩作用时，考虑到整体弯曲的影响，在纵横两个方向的下层钢筋配筋率不宜小于 0.15%。剪力墙下承台要看情况，如果整片墙的形心与承台都重合就可按构造配筋，如果有偏心，或者其他情况，最好是用桩筏有限元计算其承台配筋。现在高层剪力墙做墙下承台很少，大多时候都做筏板基础或者桩筏基础，比较浪费但计算方便。

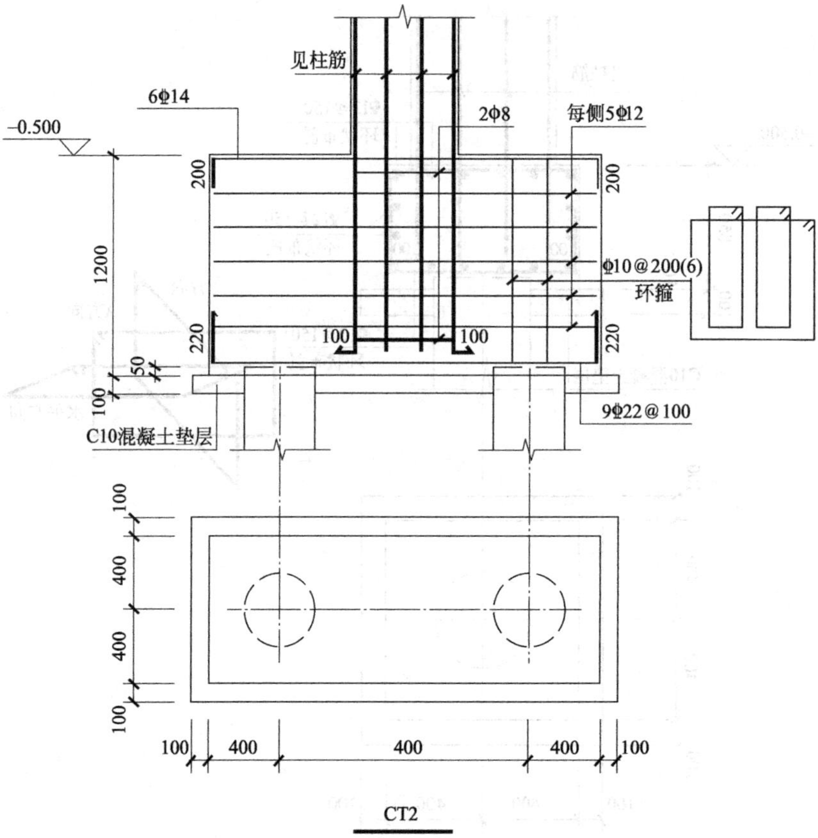

图 3-29 CT2

三桩承台及以上，可计算与构造配置底部纵横向纵筋。对于3桩承台，最里面的3根钢筋围成的三角形应在柱截面范围内。

参 考 文 献

[1] GB 50010—2010.

[2] GB 50011—2010.

[3] JGJ3—2010.

[4] GB 50009—2012.

[5] JGJ94-2008.

[6] GB 50007—2011.

[7] GB 50003—2011.

[8] 杨星．PKPM结构软件从入门到精通．北京：中国建筑工业出版社，2008.

[9] 中国建筑科学研究院 PKPM CAD 工程部．SATWE（2010 版）用户手册及技术条件．北京：中国建筑工业出版社，2013.

[10] 中国建筑科学研究院 PKPM CAD 工程部．JCCAD（2010 版）用户手册及技术条件．北京：中国建筑工业出版社，2013.

[11] 中国建筑科学研究院 PKPM CAD 工程部．STS（2010 版）用户手册及技术条件．北京：中国建筑工业出版社，2013.

[12] 刘锋．建筑结构设计快速入门．第 2 版．北京：中国电力出版社，2011.

[13] 朱炳寅．建筑结构设计问答及分析．第 2 版．北京：中国建筑工业出版社，2013.